ITS 시스템 및 자동차 네트워크

장종욱 저

도서출판 한산

머리말

정보통신기술은 경제사회 등 거대한 변화를 선도하면서 국가사회 시스템을 근본적으로 변화시키는 원동력으로 작용하고 있으며, 또한 미래의 불확실성과 위기에 능동적으로 대처할 수 있는 핵심수단이며, 재도약을 위한 새로운 패러다임이 필요한 정보통신기술은 스마트 사회 실현을 위한 핵심엔진이 될 것이다. 미래사회는 인간적 능력, 사회적성, 국가적 생산성, 인간의 삶의 질 극대화를 추구하게 된다. 이에 정보통신기술의 융합으로 교통시스템은 날로 발전하는 첨단기술과 접목하여 이용자의 안전과 편의를 도모하고, 운영 및 이용효율을 극대화 할 수 있도록 변화하고 있다. 이것이 지능형교통시스템, ITS(Intelligent Transport System)이다.

사람과 물류의 이동만을 강조해 오던 종래의 교통개념은 유비쿼터스시대, 친환경시대가 도래함에 따라 새로운 변화를 맞이하고 있다. 발전된 IT를 기반으로 고속도로와 주요도로에 교통관리 및 정보제공시스템을 구축하고 있으며, 모든 유료도로에 전자지불시스템을 설치, 운영 중에 있다. 또한 시내버스의 70%이상에 실시간 교통정보시스템이 장착되어 있으며, 약 40만명의 이용자에게 그 정보가 제공되고 있다. 머지않아 ITS는 인간과 차량 그리고 교통이라는 매개체를 통해 우리의 삶을 더욱 편리하고 윤택하게 해줄 것이며, 우리에게 한 차원 높은 미래의 교통문화를 제공할 것이다.

이 책은 크게 다음과 같이 이루어져 있다. 첫째, ITS 이해에 기본이 되는 내용과 교통정보제공기술들을 다루어 알기 쉽게 설명하였고 둘째, DB구축과 ITS구축에 필요한 인프라 시스템에 대해 여러 통신 시스템들로 분류하여 설명하였다. 셋째, ITS의 차량 기초 네트워크 시스템을 이루어 현재 차량에 설치되어 사용되어지는 차량네트워크 시스템에 대해 분류하여 각각 설명하였으며 넷째, ITS 평가 및 운영 관리의 개념, 체계 그리고 사례 등을 통해 알기 쉽게 나열하였다. 마지막으로 국내외 ITS 추진 현황 및 표준화와 전망에 대해 국내외의 현황 및 표준화, 전망에 대해 최신 기술 동향으로 집필하였다.

급진적으로 변화하는 정보통신기술들이 하루가 멀다 하고 개발되는 이 시점에 관련 자료들을 수집하는 과정에서도 여러 번의 내용 갱신이 있었지만 최대한 기본적인 부분을 충실히 하고, 최신의 기술동향을 참조하였다. ITS의 기본 기술과 구성 등을 기본으로 기술하였고, 이로 인한 차량의 인프라 기술로 Car-to-Car, Car-to-Infra 등의 기술 개발도 활발히 이루어지고 있어서 차량네트워크의 기술도 함께 설명하였다. 그러므로 인해 소개 된지 얼마 안 된 부분이 다소 포함되어 편저 수준의 내용으로 볼 수도 있겠지만, 향후 더 많은 자료 수집과 심화된 연구를 통해 제대로 된 저서를 내놓을 수 있기를 기대해 본다.

본 'ITS 시스템 및 자동차 네트워크'는 정보통신기술 중 ITS 관련 기술들이 하루가 다르게 빠르게 변화하고 있는 이 시점에서 모쪼록 이 책이 ITS 분야에 관심을 가진 학생들이나 연구하고 있는 분들에게 조금이나마 학습과 연구에 도움이 되기를 바랄 뿐이다. 끝으로 본서를 출판하는 데에 많은 도움을 주신 독자 여러분들에게 이 자리를 빌어 깊은 감사의 말씀을 드린다.

저자 장 종 욱

ITS 시스템 및 자동차 네트워크

차 례

제1장 ITS 개요

제2장 교통 정보 개요

제3장 데이터 베이스 설계

제4장 인프라 시스템

제5장 ITS의 차량 내 네트워크 시스템 및 운영체제

제6장 ITS 평가 및 운영관리

제7장 국내외 ITS추진현황 및 표준화

제8장 ITS 전망

제1장

ITS 개요

첨단 정보통신기술로 인한 모바일과 유·무선 통신 기술은 인터넷과 함께 21세기를 이끌 IT분야의 최첨단 기술이다. 이들 기술의 비약적 발전에 의해 촉진되는 정보화는 변화의 속도가 매우 빨라 그 변화의 폭과 깊이를 짐작하기 어렵다. 특히, 모바일과 무선통신, 인터넷을 결합한 근래의 유비쿼터스 컴퓨팅은 시간과 장소의 한계를 극복하여 언제 어디서나 자유로운 통신과 정보 교환이 가능한 시대를 열어 가고 있다.

도로 위에서의 교통 정보화는 오래전부터 추진되어 왔고, 오늘날 교통정보는 유·무선 통신망을 통해 실시간으로 수집, 가공, 제공되는 과정을 거치면서 새로운 정보로 재생산되고 있다. 교통 정보화는 도로 네트워크가 최적의 교통운영 상태를 유지하게 하고, 궁극적으로는 사람의 통행 형태를 변화시켜, 교통혼잡, 교통사고, 대기오염 등으로 인한 사회 비용을 줄일 수 있다. 따라서 이러한 교통 정보화, 즉 교통과 정보통신 기술을 접목하여 교통수요의 감소, 도로의 효율적 이용, 교통사고의 예방 및 신속한 조치 등을 지원하는 정보 시스템인 지능형 교통시스템(ITS)이 대두되게 되었으며, 도로와 차량, 화물 등에 적용, 교통체계의 이용효율을 높이고 교통안전을 도모하는 지능형교통관리시스템(ITS)에 대한 관심이 높아지고 있다. 특히 IT기술의 급속한 발전에 발맞춰 ITS 기술 및 적용범위도 갈수록 넓어지고 있는 추세다.

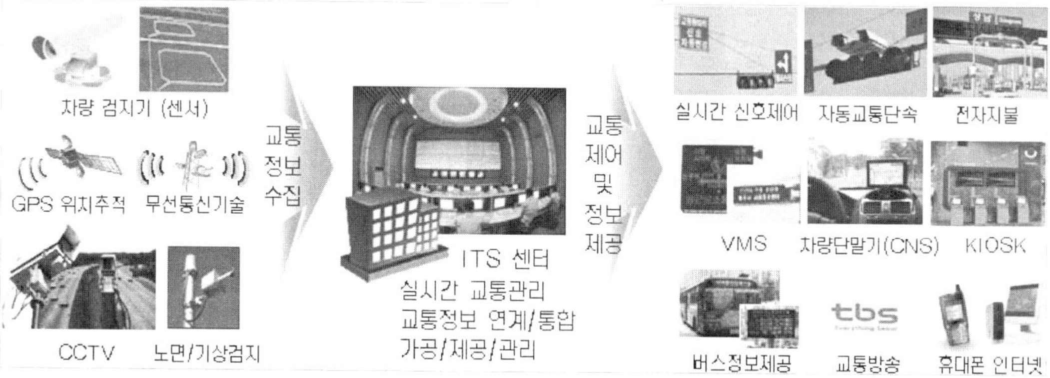

<그림1.1> 지능형 교통 체계의 개념[1]

1.1 ITS 정의 및 목표

ITS란 Intelligent Transport Systems의 약자로 ITS가 구현하는 인간 중심의 신교통 공간으로 지능형 교통체계는 교통시설의 이용을 극대화하고 교통수단의 수송효율을 높이는 한편, 국민의 교통편의 증진과 교통안전을 도모할 수 있도록 교통체계의 운영·관리를 자동화·과학화하는 체계로서 도로·철도·공항 등 교통시설과 자동차·열차 등 교통수단 등 교통체계 구성요소에 교통·전자·통신·제어 등 첨단기술을 적용하여 교통시설·수단의 실시간 관리·제어와 교통정보의 실시간 수집·활용하는 환경 친화적 미래형 교통체계이다. 교통지체, 교통사고, 대기오염을 보다 더 경제적이고 효과적으로 개선하기 위하여 컴퓨터, 통신, 전자 등 첨단과학기술로 기존의 교통체계를 지능화시킨 새로운 개념의 시스템이다. 정부차원의 ITS기본계획은 수도권, 부산권, 대구권, 대전권, 광주권, 강원권 등 6대 광역별 시스템을 구축하여 장기적으로 6개 권역 시스템을 연계, 전국종합시스템으로 확대하는 것이다.

<그림1.2> ITS 목표[2]

정부차원의 ITS기본계획은 수도권, 부산권, 대구권, 대전권, 광주권, 강원권 등 6대 광역별 시스템을 구축하여 장기적으로 6개 권역 시스템을 연계, 전국종합시스템으로 확대하는 것이다. 또한 도로, 자동차, 철도, 항공, 해운 등 기존의 교통시스템에 전자, 통신, 제어 등 첨단기술을 접목시켜 신속, 저렴하고 안전한 교통 환경을 확보하고 운영의 효율화를 목적으로 혁신된 새로운 교통체계이다. 이

는 현대 사회경제가 당면한 각종 교통문제를 해결하고 안전성 증대, 교통의 효율성 증대, 교통흐름의 원활화, 환경오염 감소, 에너지 절감, 그리고 경제 생산성 향상 등의 다양한 목적을 달성하고자 미국, 일본, 유럽 등 주요 선진국들을 중심으로 80년대 중반 이후부터 활발히 연구되어 오고 있다. 추진방향으로는 기술 분야별 추진방향은 핵심요소 기술부문은 국책과제로 추진하되 민간기업의 참여를 유도하여 ITS분야의 산업화를 도모하고, 교통기술부문은 해당체계별로 관련기관에서 추진하고 있으며 총괄조정은 건설교통부가 담당하고 있다.

<그림1.3> 교통체계의 중점 방향의 변화[3]

ITS는 교통의 수요 · 공급 불균형과 교통혼잡 비용 증가에 따라 도입되었다. 인구의 증가와 수도권에 집중되어지면서 교통문제의 발생과 한정된 재원 · 토지에서 승용차의 보급은 확대 되면서 교통시설 공급의 부족현상이 일어나게 되면서 교통혼잡 비용이 발생되었고, 지속적으로 증가한 교통혼잡 비용은 자동차 증가에 따라 지속될 것이며 더욱 심각해 질 것으로 예상된다. 이에 ITS는 교통시설의 이용을 극대화 시킬 수 있는 교통 혼잡완화, 도로 및 차량의 안전체계의 확충을 위한 교통사고 감소, 대중교통의 정보화와 첨단화를 위한 대중교통 이용확대, 물류 수송체계의 정보화와 과학화에 따른 물류비의 절감, 그리고 여행자 서비스의 개선, 에너지 효율 제고 등 점점 가속화되고 있는 정보화 사회에 알맞은 신속하고 안전한 차세대 교통체계를 구현하는데 목표로 하여 변화되고 있으며, 교통체계는 교통량 급증에 따라 중점 방향이 시설확충에서 수요관리 그리고 운영효율화로 변화하고 있다.

1.2 ITS 시스템

ITS 시스템은 크게 5개 분야로 구분할 수 있으며, 각각의 시스템은 개별적인 서비스를 제공하고 있다. 〈그림 1.4〉와 같이 국내의 경우, 5개 분야에 총 14개의 제공서비스를 선정하고 있다.

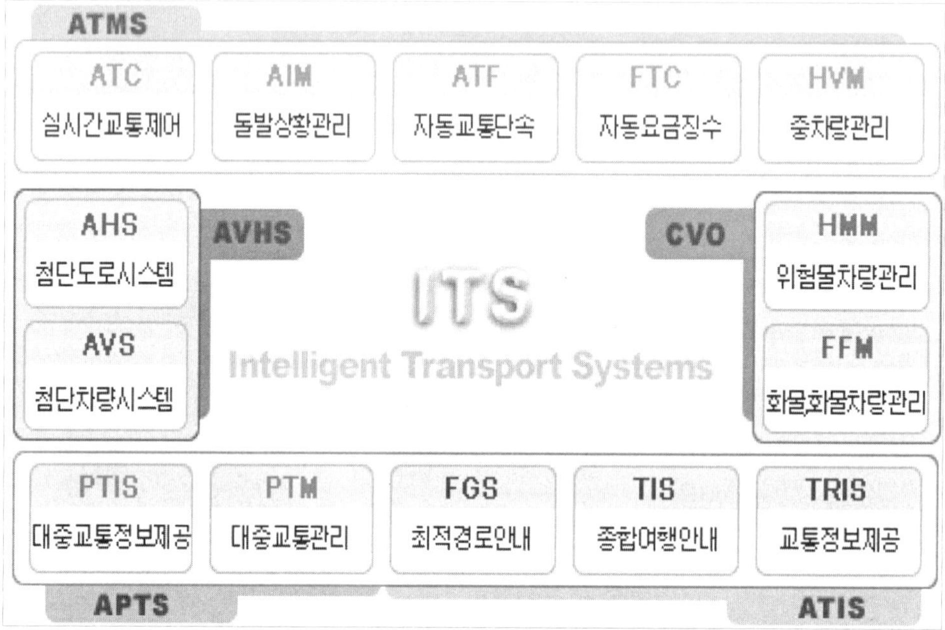

<그림1.4> ITS의 제공서비스 분야[4]

1.2.1 첨단교통관리시스템 (ATMS, Advanced Traffic Management System)

교통관리의 지능화, 첨단화를 통하여 기존 교통시설의 이용을 극대화하고 돌발 상황에 대한 신속한 대응체제 구축을 목적으로 한다. 도로상에 차량 특성, 속도 등의 교통 정보를 감지할 수 있는 시스템을 설치하여 교통 상황을 실시간으로 분석하고, 이를 토대로 도로 교통의 관리와 최적 신호 체계의 구현을 꾀하는 동시에 여행시간 측정과 교통사고 파악 및 과적 단속 등의 업무 자동화를 구현한다. 예로 요금 자동 징수 시스템과 자동단속시스템이 있다.

<그림1.5> 교통정보센터[5]

1.2.2 첨단교통정보시스템 (ATIS, Advanced Traveler Information System)

최적의 교통정보를 사용자에게 제공함으로서 도로시설의 이용효율을 극대화하고 안정성을 보장하는 것으로 목적으로 한다.(예 그림 1.5) 교통 여건, 도로 상황, 출발지에서 목적지까지의 최단 경로, 소요 시간, 주차장 상황 등 각종 교통 정보를 FM 라디오방송, 차량 내 단말기 등을 통해 운전자에게 신속, 정확하게 제공함으로써 안전하고 원활한 최적 교통을 지원한다. 예로 운전자 정보 시스템〈그림1.6〉, 최적 경로 안내 시스템, 여행 서비스 정보 시스템 등을 들 수 있다.

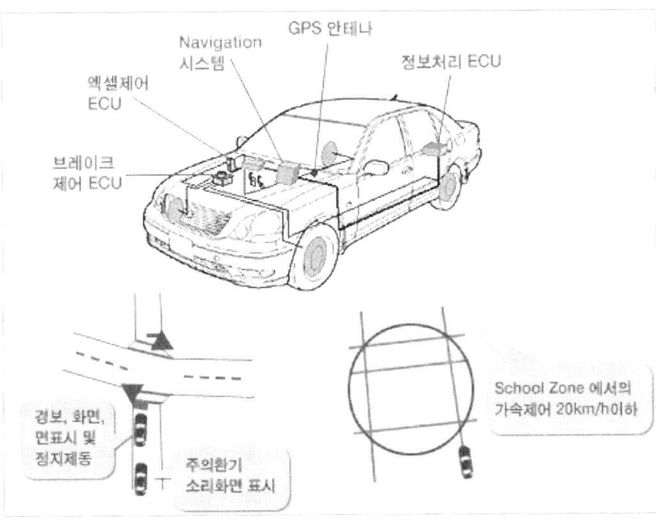

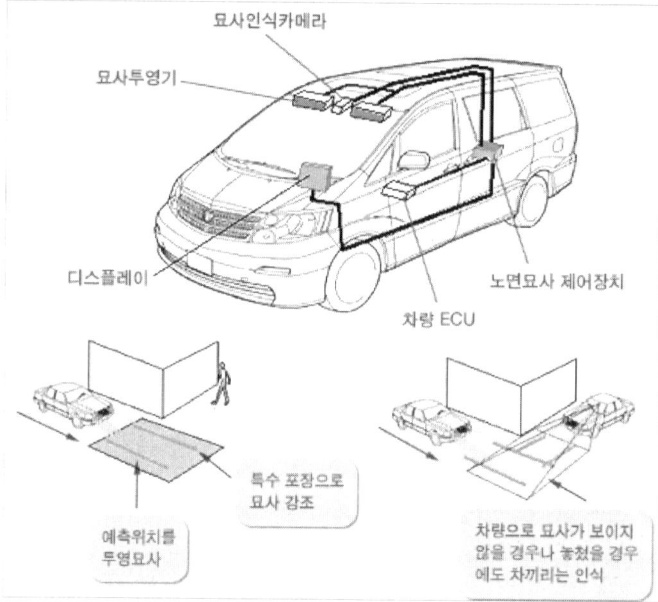

<그림1.6> 차량 내의 각종 정보 시스템[6]

1.2.3 첨단대중교통시스템 (APTS, Advanced Public Transportation System)

대중교통 서비스 개선을 통한 이용 활성화와 운수회사의 경영합리화를 목적으로 한다. 〈그림 1.7〉과 같이 대중교통 운영체계의 정보화를 바탕으로 시민들에게는 대중교통 수단의 운행 스케줄, 차량 위치 등의 정보를 제공하여 이용자 편익을 극대화하고, 대중교통 운송 회사 및 행정 부서에는 차량관리, 배차 및 모니터링 등을 위한 정보를 제공함으로써 업무의 효율성을 극대화한다. 예로 대중교통 정보 시스템, 대중교통 관리 시스템 등을 들 수 있다.

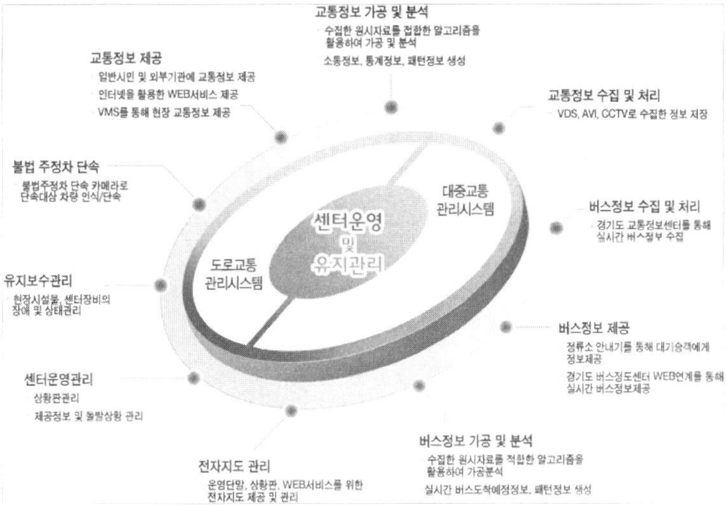

<그림1.7> 대중교통 정보시스템

1.2.4 첨단화물운송분야 (CVO, Commercial Vehicle Operation)

효율적인 화물수송 체계 및 위험물 차량에 대한 특별관리체계 구축을 목적으로 한다. 컴퓨터를 통해 각 차량의 위치, 운행상태, 차내 상황 등을 관제실에서 파악하고 실시간으로 최적운행을 지시함으로써 물류 비용을 절감하고, 통행료 자동 징수, 위험물 적재 차량 관리 등을 통행 물류의 합리화와 안전성 제고를 도모한다. 예로 전자 통관 시스템, 화물차량 관리 시스템〈그림1.8〉 등이 있다.

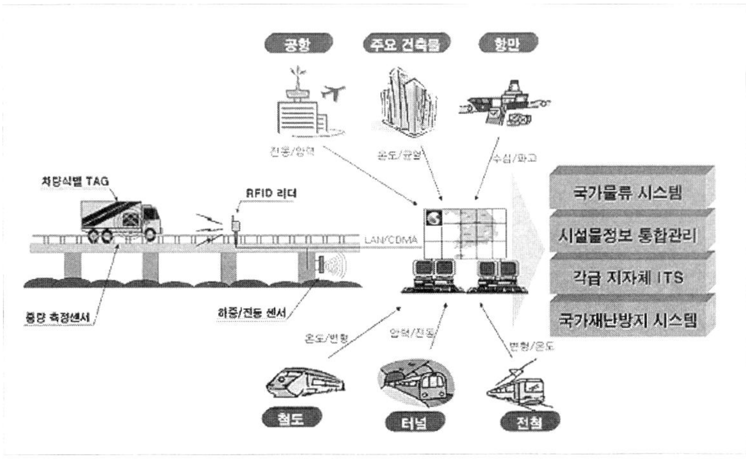

<그림1.8> 화물차량 관리 시스템

1.2.5 첨단차량 및 도로시스템 (AVHS, Advanced Vehicle and Highway System)

차량관련 기술의 첨단화 및 도로 교통의 획기적인 증진을 목적으로 한다. 차량에 교통상황, 장애물 인식 등의 고성능 센서와 자동제어장치를 부착하여 운전을 자동화하며, 도로상에 지능형 통신시설을 설치하여 일정간격 주행으로 교통사고를 예방하고 도로소통의 능력을 증대시킨다.

1.3 ITS 서비스 분류 및 계획

ITS 서비스는 유형에 따라 대분류 7대 서비스〈그림1.9〉, 중분류 18개 서비스로 구분된다. 크게 교통관리 최적화, 전자지불처리, 교통정보 유통 활성화, 여행자정보 고급화, 대중교통 활성화, 화물운송 효율화, 차량 및 도로의 첨단화 등 총 7개 서비스 분야로 구성되어 있으며, 18개의 서비스, 62개의 단위 서비스를 두고 있다.[7]

1.3.1 ITS 서비스 분류

<표1.1> ITS 서비스 분류표

서비스 분야	서비스	내용	단위 서비스
교통관리 최적화	교통류 관리	교통량, 운행속도 등 실시간 교통정보를 수집·관리·제공하고 교통시설을 자동제어함으로써 교통흐름을 최적화하는 서비스	1) 실시간교통제어 2) 고속도로교통류제어 3) 광역교통류제어 4) 교통제어정보제공
	돌발상황 관리	교통사고, 차량고장, 공사 등 비정상적 교통상황에 관한 정보를 실시간으로 수집·관리하고 체계적으로 대응·처리하는 서비스	5) 돌발상황감지 6) 돌발상황대응조치 7) 긴급차량운행관리지원
	자동교통 단속	과속, 버스전용차로 위반, 신호위반, 과적 등 교통법규위반행위를 실시간으로 파악하고 자동으로 행정 처리하는 서비스	8) 속도위반차량단속 9) 전용차로위반차량단속 10) 차로위반차량단속 11) 신호위반차량단속 12) 과적차량단속
	교통공해 관리지원	대기오염, 소음 등 교통공해정보를 실시간으로 수집·관리·제공함으로써 교통으로 인한 환경오염을 자동으로 관리하는 서비스	13) 교통공해관리지원
	교통시설 관리지원	도로, 교량, 신호기 등 교통시설물의 상태정보를 실시간으로 수집·관리함으로써 교통시설을 효율적으로 관리하는 서비스	14) 교통시설유지·관리·운영지원
전자지불처리	통행료 전자지불	유료도로통행료, 혼잡통행료 등 통행요금을 주행상태에서 자동으로 지불하는 서비스	15) 유료도로통행료전자지불 16) 혼잡통행료전자지불
	요금 전자지불	시내버스, 지하철, 택시 등 대중교통요금과 주차요금 등 교통편의시설 이용요금을 자동으로 지불하는 서비스	17) 대중교통요금전자지불 18) 주차요금전자지불

서비스 분야	서비스	내용	단위 서비스
교통정보 유통 활성화	기본교통 정보제공	ITS 시스템이 일반적으로 수집하는 교통정보를 일반 교통이용자에게 제공하는 서비스	19) 기본교통정보제공
	교통정보 관리・연계	ITS 시스템이 수집・관리하는 기본 교통정보를 종합하여 타 시스템 및 부가사업자에게 제공하는 서비스	20) 교통정보관리・연계
여행자정보 고급화	차량여행자 부가정보제공	차량 및 차량여행자에게 교통상황, 최적경로, 주차 등 여행에 필요한 교통정보를 출발 전 또는 주행 중에 제공하는 서비스	21) 여행자정보제공 22) 출발전여행정보제공 23) 운전중교통정보제공 24) 주행안내 25) 주차정보제공
	비차량여행자 부가정보제공	보행자, 자전거이용자 등 차량을 이요하지 않는 여행자에게 여행경로, 교통이용 안내 등 교통정보를 제공하는 서비스	26) 보행자경로제공 27) 자전거경로안내 28) 장애자경로안내 29) 기타 부가정보제공
대중교통	대중교통 정보제공	시내・고속・시외버스의 도착시간, 위치, 환승정보 등 대중교통 운행정보를 제공하는 서비스	30) 시내버스정보제공 31) 고속버스정보제공 32) 시외버스정보제공
	대중교통관리	시내・고속・시외버스의 운행위치, 운행간격, 사고상황 등 버스운행정보를 수집・관리하여 배차간격 조정, 운전자관리, 예약 등 버스운행을 최적화하는 서비스	33) 시내버스운행관리 34) 고속버스운행관리 35) 시외버스운행관리 36) 좌석예약관리 37) 환승요금관리 38) 대중교통안전관리 39) 대중교통시설관리
화물운송 효율화	물류정보관리	화물 및 화물차량의 위치・종류・적재량 등 물류정보를 수집・관리하여 화물운송을 최적화하는 서비스	40) 화물추적관리 41) 화물차량운행관리 42) 화물차량안전관리지원 43) 화물차량경로안내
	위험물 차량관리	위험물 적재차량의 운행경로, 사고상황 등 실시간 운행정보를 수집・관리하여 위험물을 효율적으로 관리하고 사고발생시 체계적으로 대처하는 서비스	44) 위험물사고처리 45) 위험물관리 46) 위험물차량 경로안내・관리
	화물전자행정	화물통관절차를 자동화하고 화물관현행정처리를 최적화하는 서비스	47) 화물전자통관 48) 화물전자행정
차량・도로 첨단화	안전운전지원	근접 차량 운행상태, 철도건널목의 열차운행상황, 사고상황 등 교통안전과 관련한 실시간 교통정보를 수집・관리・제공하여 차량운전자 및 보행자의안전을 지원하는 서비스	49) 사고발생자동경보 50) 차량전후방충돌예방 51) 차량측방충돌예방 52) 교차로충돌예방 53) 청도건널목안전관리 54) 감속도로구간안전관리 55) 차량안전자동진단 56) 보행자안전지원 57) 장애자안전지원 58) 운전자시계향상 59) 위험운전방지
	자동운전지원	차량이 주행 중 필요한 실시간 교통정보를 수집・가공하여 근접차량과의 간격제어, 운전장치 조작 등 자동주행을 지원하는 서비스	60) 차량간격제어 61) 자동조향운전 62)군집운행

<그림1.9> ITS 서비스

1.3.2 ITS 서비스 계획

ITS는 교통문제 해결의 최적 대안으로 국가사회의 안전성 및 효율성을 향상시키고 국민 개개인에게 생활의 편의를 제공할 수 있는 사회 전체로의 파급효과가 큰 분야이다. 또한 다양한 첨단기술이 복합된 분야이므로 기술 파급효과가 높아 각국에서는 ITS 관련 연구개발에 막대한 금액을 투자하고 있다. 우리나라의 경우 1997년 말 8월 "국가 ITS 사업의 핵심공유 기반기술 연구"를 통하여 ITS 기반구축의 국가적 계획안이 수립되었다. 〈그림1.10〉과 같이 ITS 계획은 전국, 광역대도시, 자치단체 지역단위로 수립 운영된다.

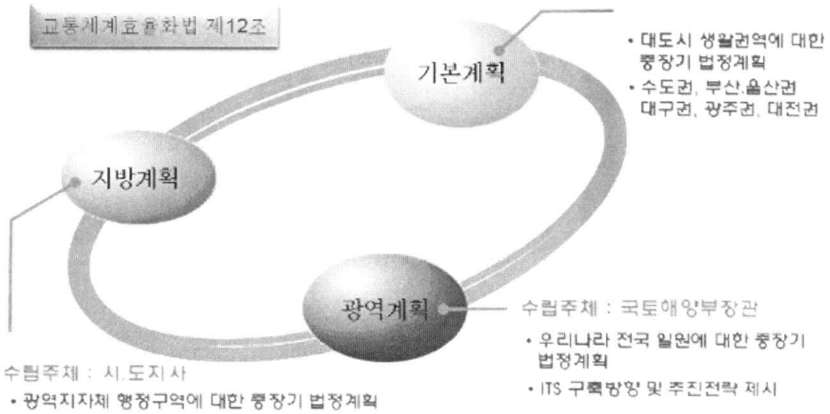

<그림1.10> ITS 국가적 계획

1.3.3 ITS 추진 체계

1.3.3.1 단계별 추진전략[8]

가. 1단계(2001-2005) : 사업추진 기반조성 및 기초서비스 제공

(1) 사업추진 기반조성

○ 시스템 호환성 확보를 위한 표준을 제정하고 법·제도를 정비

○ 제공효과가 큰 단위서비스 관련기술을 중심으로 연구개발 추진

○ 첨단차량·도로서비스분야는 장기 연구개발계획에 따라 추진

(2) 기초 단위서비스 제공

○ 기술이 검증된 단위서비스는 주요간선도로 및 도시지역을 중심으로 제공확대

○ 신기술을 적용하는 단위서비스는 연구개발 성과에 따라 시범서비스를 통해 제공확대

나. 2단계(2006-2010) : 성장·확산단계

(1) 1단계에서 제공한 단위서비스를 전국으로 확대제공

(2) 1단계에서 연구한 단위서비스는 주요간선도로 및 도시지역을 중심으로 제공확대

(3) 첨단차량·도로서비스는 시범서비스 및 연구개발을 병행 추진

다. 3단계(2011-2020) : 성숙·고급화 단계

(1) 기 제공한 단위서비스를 신기술 개발 등 새로운 교통여건에 따라 개선 ·보완

(2) 자동 주행이 가능한 차량·도로첨단화 서비스를 전국에 제공

1.3.3.2 관련주체간 역할분담

가. 공공부문 : 교통관리최적화 등 공공기능에 속하는 서비스 제공 및 인프라를 구축하고, 기타 서비스 분야의 추진계획을 수립하는 등 민간의 서비스 제공을 조장 · 지원

나. 민간부문 : 공공부문이 수립한 추진계획을 기반으로 첨단차량기술개발, 여행자정보제공 등 민간기능에 속하는 서비스를 제공하고 공공부문이 제공하는 서비스에 참여

다. 관련기관

(1) 국토해양부

○ 법 · 제도의 제정·운영 및 전체사업의 총괄 · 조정

○ 연구개발, 국제협력, 표준연구 · 제정, 산업육성 등 기반조성, 소관 서비스 제공을 위한 계획 수립 및 추진

(2) 방송통신위원회

○ 통신 · 방송망 활용계획 수립 및 관련표준 연구·제정

○ 장기적인 전용통신망 구축 방향 설정 및 구축

○ ITS 관련 정보통신 산업의 육성·지원

(3) 교육과학기술부 : ITS관련 기반기술 연구개발·지원

(4) 행정안전자치부 : 지자체 ITS사업의 지원·조장

(5) 경 찰 청 : 도로교통법상 교통시설 및 단속관련 서비스제공

(6) 지 자 체 : 도시교통관리 등 소관 서비스제공

(7) 한국도로공사 : 고속도로관련 ITS 사업계획 수립·추진

다음은 주요 서비스별 총괄 추진계획〈표1.2〉과 ITS 추진체계〈그림1.11〉이다.

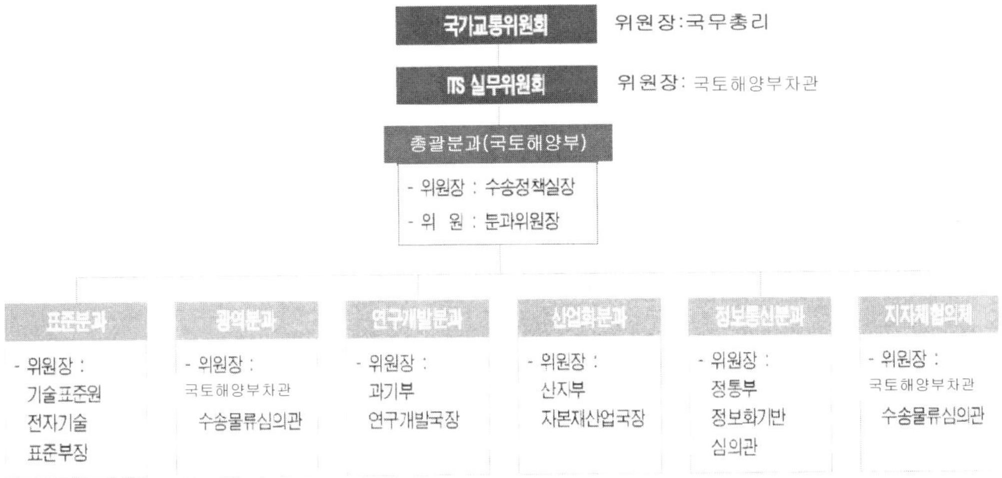

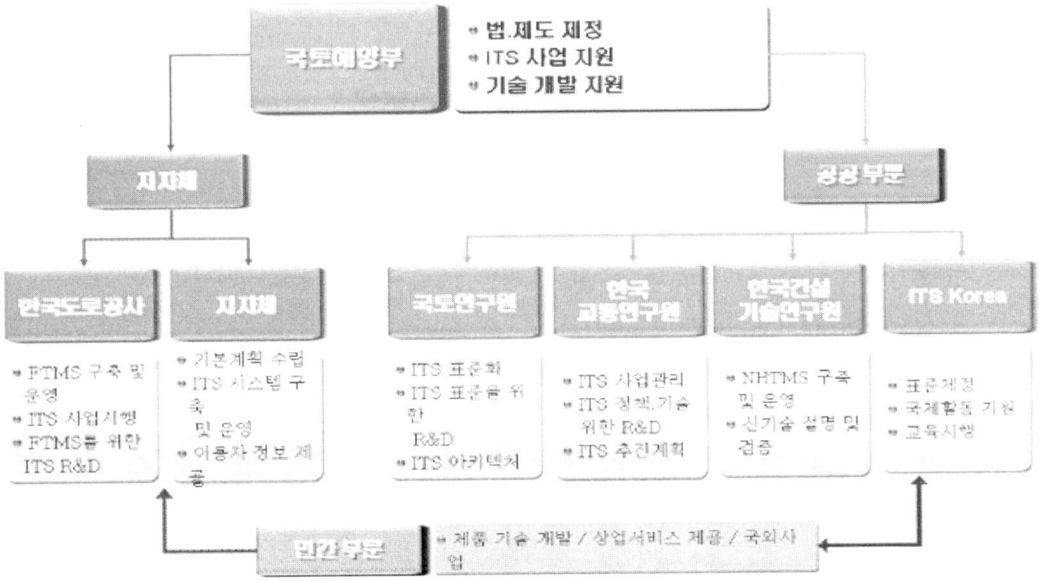

<그림1.11> ITS 추진체계[3]

<표1.2> 주요 서비스별 추진계획

구분	서비스	추진기관	
교통관리	교통류제어, 교통정보제공, 신호제어, 돌발상황관리, 주차정보제공 등	23개 기관	국토해양부, 한국도로공사 지식경제부, 경찰청, 서울, 인천, 대전, 대구, 부산, 광주, 성남, 고양, 안양, 안산, 과천, 원주, 천안, 포항, 김해, 전주, 익산, 여수, 목포
대중교통	버스운행관리, 버스운행정보제공	13개 기관	
교통단속	속도・신호・전용차로・주정차 위반차량단속	8개 기관	경찰청, 서울, 대전, 성남, 안양, 안산, 김해, 목포
전자지불	통행료・대중교통요금・주차요금 전자지불	1개 기관	한국도로공사
안전운전지원	감속도로구간안전관리, 보행자안전지원	2개 기관	김해, 여수

1.3.3.3 ITS 사업 추진 동향

수도권 및 광역권을 중심으로 ITS 사업과 지방자치단체별 ITS 사업이 추진되고 있다. 이를 위해 지자체에 필요한 시스템을 분석하여 체계적으로 구축함을 ITS 기본계획 수립으로 세워서 버스정보관리제공시스템, 교통정보제공시스템, 자동단속시스템, 첨단신호제어시스템 등 주요 시스템 구축을 U-city를 중심으로 전국적으로 지속적인 확대를 가져올 수 있게 ITS 사업이 추진되고 있다.

1.3.3.4 단계별 투자계획

계별 투자계획은 〈표1.3〉과 같다.

<표1.3> 단계별 투자계획

(단위:억원)

분 야	1단계 (2001~2005)						2단계 (2006~2010)	3단계 (2011~2020)	계
	2001	2002	2003	2004	2005	계			
교통관리최적화	2,200	2,330	2,350	2,260	2,137	11,277	15,270	31,656	58,203
전자지불처리	186	172	178	220	230	986	2,251	3,885	7,122
교통정보유통활성화	200	300	200	200	200	1,100	600	600	2,300
여행자정보고급화	200	200	200	200	200	1,000	1,000	3,360	5,360
대중교통	156	156	156	156	156	780	965	2,247	3,992
화물운송효율화	554					554	520	-	1,074
차량・도로첨단화	92	126	296	325	274	1,113	1,133	3,118	5,364
총 계	16,810					16,810	21,739	44,866	83,415

1.4 ITS 시스템 설계

ITS 사업의 범위는 시간적 범위와 공간적 범위로 크게 나누어 시간적 범위에서는 준공 및 개통시기를 고려, 공간적 범위에서는 서비스 제공범위를 고려하여 직접관리구간과 간접관리구간(직접관리구간에 유입되는 차량 및 우회도로 등)으로 구분하여 서비스 제공범위를 우선 선정하여야 한다.[8]

1.4.1 ITS 시스템 설계 반영사항

- 국가 정책, 발주기관 정책 반영
- 국가 ITS아키텍처 및 데이터사전 반영
- 토목공사의 단계별 구축에 따른 ITS시스템의 체계적 구축 설계
- 도로건설에 따른 공정관리 체계 설계
- 공적인 도로운영을 위한 요금징수시스템 설계

1.4.2 설계 방향

ITS 설계 방향은 〈표1.4〉와 같다.

<표1.4> ITS설계 방향

방향	내용
교통관리 전략수립	• 사전교통관리를 통한 교통류의 원활한 흐름유지 및 안전성 제고 • 통행량 유지 및 분배, 운영관리의 효율화로 도로시스템의 효율성 유지 • 정체 상황, 돌발상황, 예고 및 재해상황 등 상황별 대응 시나리오 및 전략 수립 • 운영자 중심의 교통관리전략 수립
이용편의성 및 실시간 교통정보 제공	• 다양한 매체를 통한 신뢰성 있는 실시간 정보제공으로 이용자 편의성 제고 • 정확한 수요예측을 통한 이용자 증가에 대처 • 이용자가 편리하고 안전하게 이용할 수 있는 인간공학적 시스템 구현
통합 및 연계	• 돌발상황 및 혼잡정보의 연계 공유 확대를 위한 시스템 설계 • 타 시스템과 유관 기관과의 연계체제 구축을 위한 시스템 설계
요금징수체계	• 요금징수체계에 적절한 개방식 또는 폐쇄식 시스템 설계 • 과적차량의 통제를 위한 시스템 설계
최적의 통신망 체계	• 실시간 교통정보 수집 및 제공 수단으로 통신망 구축 • 신뢰성, 가용성, 보안성, 안전성을 고려한 설계 • 통신 불가시 발생할 수 있는 다양한 여건 및 상황을 고려한 철저한 예방대책 설계

기술환경 변화 및 확장성 수용	• 설계 시점의 검증되고 신뢰성 있는 핵심 기술을 적용, 안정적인 시스템 설계 • 기술적으로 구현 가능하고 운영효과가 기대되는 시스템 설계 • 정보의 실시간 처리체계의 실현 • 시스템의 신뢰성, 안정성 확보를 위한 설계 • 기능 추가 및 성능개선, 확장을 고려한 시스템 설계
사회환경 변화 수용	• 이용자의 정보통신 매체이용 경향에 맞는 정보제공매체 도입 • 서비스 정보의 다양화 및 고급화 추세 수용 • 도로 이동기능 제공에 맞춘 설계를 기본으로 환경에 최소한 영향을 주는 친환경적인 설계 도입
상시 운영	• 안정적인 전원공급 및 무정전 장치 활용으로 중단 없는 운영 • 장비 보호를 위한 접지시설 설치 • 백업 및 장애대책 수립 • 24시간 운영방안 제시 • 기상악화, 재해상황을 대비한 재해대책 수립
안정적인 구조물 및 유지보수 편의성	• 구조물의 구조역학적 안정성 확보 • 시설물의 유지보수 편의성 제고 • 원격 제어 활용 • 유지보수의 이력 전산화

1.4.3 설계 시 고려요소

ITS 설계 시 고려요소는 〈표1.5〉와 같다.

<표1.5> ITS 설계 시 고려요소

구 분	내용
정보수집 체계	• 현장설비로부터의 정보수집 방안 고려
자료가공 체계	• 센터에서 수집된 정보를 가공방안 고려
정보제공 체계	• 가공된 정보를 도로전광판, 인터넷, 교통상황판 등에 제공하는 통신망 등 고려
타 시스템연계 체계	• 타 ITS 시스템과의 정보제공 및 입수 방안 고려
요금징수 체계	• 통행료 징수, 과적차량 단속, 도주차량 등 감시체계 고려

1.4.4 설계 변경 시 고려요소

ITS 설계 변경 시 고려요소는 〈표1.6〉과 같다.

<표1.6> ITS 설계 변경 시 고려요소

부 문	설계변경 가능한 사항	비 고
교통관리 전략	• 기본계획 대비 상세화	• 교통관리 전략별 알고리즘 및 운영방안 변경
센터시스템	• 기본계획 대비 상세화 • 센터 전산설비 이중화	• 시스템 구축을 위해 상세화 • 센터설비의 안정적 운영을 위한 이중화
현장시스템	• 수량 및 위치 변경	
타 시스템 연계	• 시스템 연계대상 변경	
통신시스템 구성	• 통신관로 추가 및 루트변경 • 현장 통신설비 구성 변경 • 센터 및 현장에 대한 네트워크 구성변경	• 미 설계 부분의 보완 설계 • 센터와 현장간 변경 설계

1.4.5 설계 예시

수도권 남부 국도교통관리체계 상세설계 및 구축방안 연구(한국건설기술연구원)에 대한 대략적인 설계 부분을 간단히 보도록 하겠다.

ITS 국가 기본계획은 첨단교통관리체계, 첨단교통정보체계, 첨단대중교통체계, 첨단화물운송체계, 첨단차량 · 도로체계로 이루어져 있다. 본 사업은 이 중 일반국도를 대상으로 첨단교통관리체계를 구현하는 것으로, 국도 3호선에 이미 시범 사업이 수행되었다. 본 사업에서는 시범 사업을 운용한 경험을 바탕으로 하여 수도권 남부지역의 일반국도를 대상으로 교통관리체계 상세설계를 수행하였다.

가. 사업의 범위 - 공간적 범위

- 수도권 남부 일반국도 11개 노선(1,3,6,17,37,38,39,42,43,45,48호선) 및 우회가능도로 〈그림1.12〉

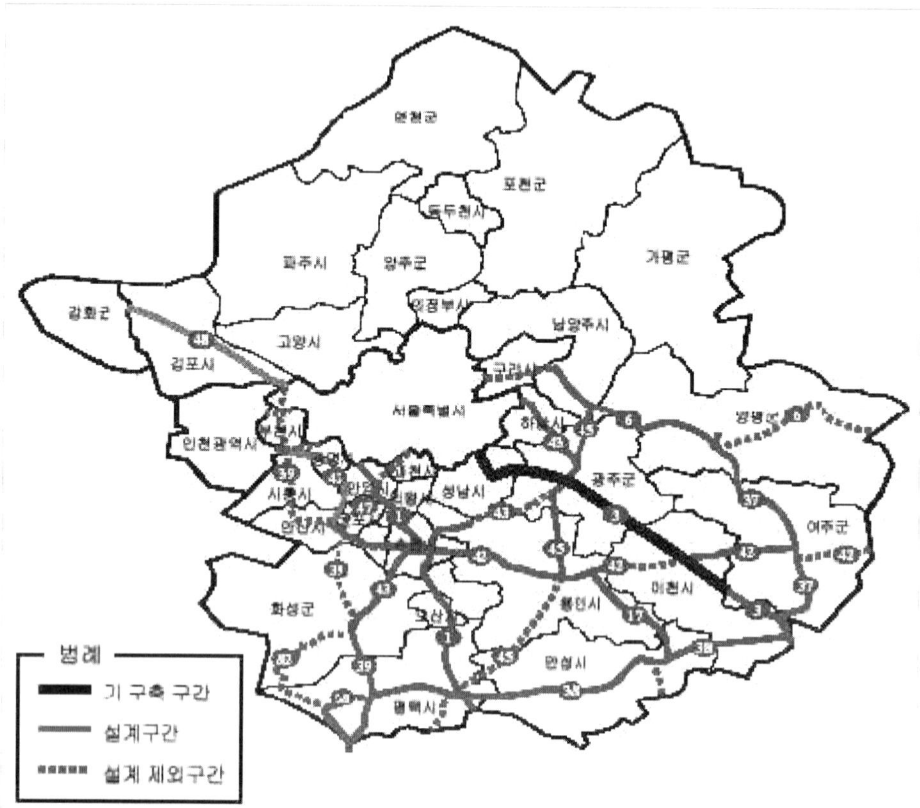

<그림1.12>수도권 남부 국도교통관리체계 설계 대상 구간

나. 사업의 범위 - 내용적 범위

- 수도권 남부 국도교통관리체계(NHTMS) 구축을 2000년도 하반기에 착수 할 수 있도록 일반국도 11개 노선에 대하여 상세설계를 수행함
- 이미 구축되어 있는 국도 3호선 시범 시스템의 설계 · 구축 · 운영상의 문제점을 반영하여 수도권 남부 국도교통관리체계 상세설계를 수행함〈그림1.13〉

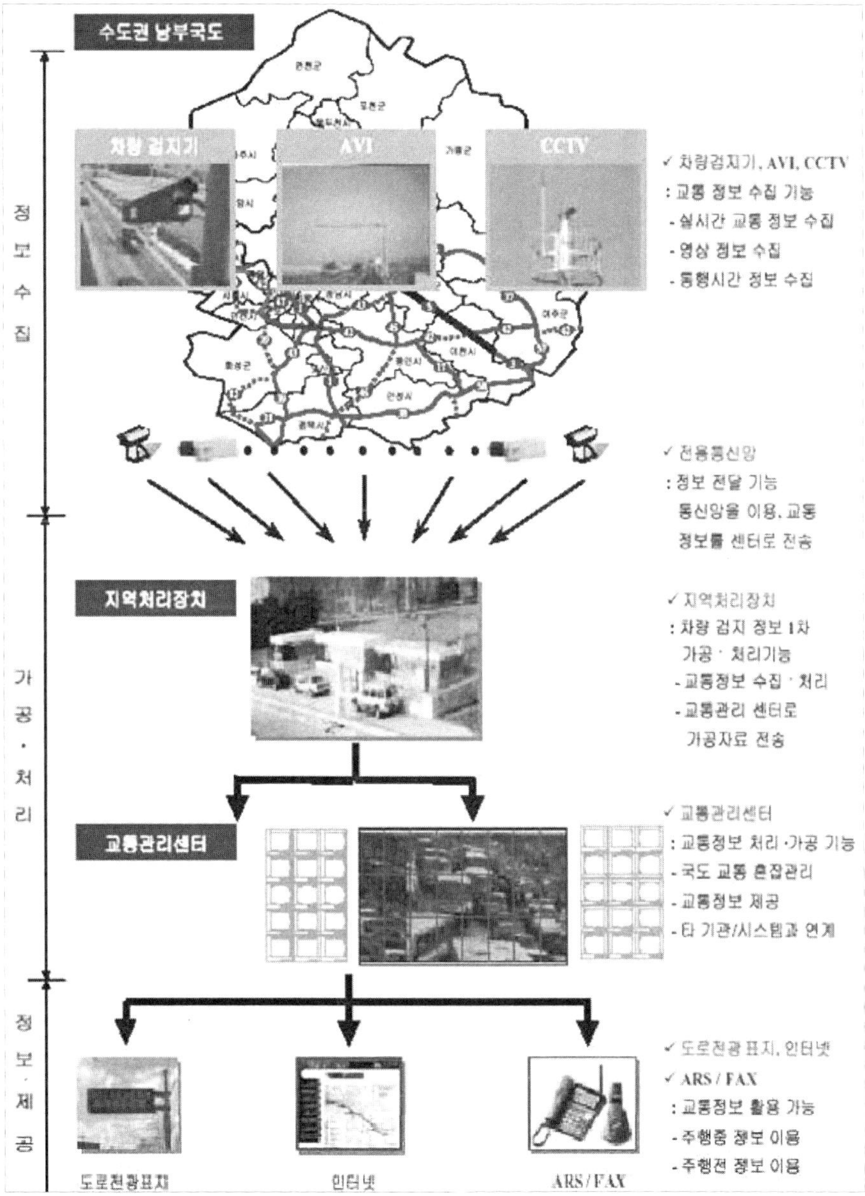

<그림1.13> 수도권 남부 국도교통관리체계 상세계획

다. 세부 수행 내용 및 설계 관례도

- 세부 구축 방안 수립 / 조사 및 분석
  · 세부 구축 방안 수립, 기반 환경 조사 및 분석, 시스템 요구사항 조사 및 분석,
  · 교통 관리 전략 수립
- 시스템 상세설계
  · 정보 수집 및 정보 제공 체계 설계, 교통 데이터베이스 설계 / 교통 운영 프로그램 설계
  · 통신 프로토콜 설계 / 센터 설계
  · 유지관리 시스템 설계 / 통신 시스템 설계 / 전원 시스템 설계
- 시스템 관리 방안 수립
  · 구축관리 및 인수방안 수립, 시스템평가 방안수립, 시스템운영 및 유지관리 방안수립
- 자가통신망 구축 방안 수립
  · 자가통신망 구축 방안 수립, 자가통신망 구축 시나리오 및 구축 방안 제시

● 세부 수행 내용

1) 세부 구축 방안 수립/조사 및 분석

국도교통관리체계의 구축 방안을 보완하며, 수도권 남부 일반국도에 대하여 교통 현황, 구축 환경, 사용자 요구사항 등을 조사 및 분석하였다. 이를 기반으로 수도권 남부 국도교통관리체계에 대한 세부적인 계획을 세우고, 각 시스템의 기능과 사양을 정의하였다.

① 세부 구축 방안 수립
□ 수도권 전역 국도교통관리체계 구축 방안 검토
□ 수도권 남부 국도교통관리체계 구축 방안 수립
② 기반 환경 조사 및 분석
□ 수도권 남부 교통 현황 조사 및 분석
□ 노선별 구축 환경 조사 및 분석
□ 노선별 세부 구축 범위 및 우선순위 결정
③ 시스템 요구사항 조사 및 분석
□ 사용자 요구사항 조사 및 분석
□ 관리 운영자의 요구사항 조사 및 분석
□ 기술적 요구사항 및 기능 결정
□ 시스템의 규모 결정

④ 교통 관리 전략 수립
- 반복 정체와 비반복 정체(돌발상황)의 관리 체계 구축
- 위험 상황에 대한 경고 체계 및 신속하고 효율적인 대응 체계의 구축

2) 시스템 상세설계

교통정보 수집 및 제공 체계, 교통 데이터베이스, 운영 프로그램, 통신 프로토콜, 센터(권역센터, 소권역센터), 유지관리 시스템, 통신 시스템, 전원 시스템 등에 대하여 상세설계를 수행한다.

① 정보 수집 및 정보 제공 체계 설계
- 교통정보 수집 장비의 설치 위치 및 사양 설계
- 교통정보 제공 장비의 설치 위치 및 사양 설계
- 도로전광표지 표출 메시지 설계

② 교통 데이터베이스 설계/교통 운영 프로그램 설계
- 데이터베이스 분석 체계도 작성 및 모형 구축
- 데이터베이스의 물리적 설계
- 요구 및 입출력 명세서 설계
- 코드 및 입출력 모듈 설계
- 백업 및 복구 모듈 설계

③ 통신 프로토콜 설계/센터 설계
- 현장 장비와 센터 간의 프로토콜 설계
- 센터와 센터 간의 프로토콜 설계
- 센터별 시설 규모, 설치 위치 설계
- 센터 시설별 설치 사양 및 부속장비 설계

④ 유지관리 시스템 설계/통신 시스템 설계/전원 시스템 설계
- 유지관리 데이터베이스 및 프로그램 설계
- 통신 시스템 구성 방안 및 설계
- 전원 공급 방안 및 시스템 설계

3) 시스템 관리 방안 수립

시스템 구축에서 운영까지 전반에 걸쳐 관리, 평가 및 인수, 운영 및 유지관리 방안을 수립한다.

4) 자가통신망 구축 방안 수립

향후 자가통신망 구축에 대해 검토하고 방안을 마련한다.

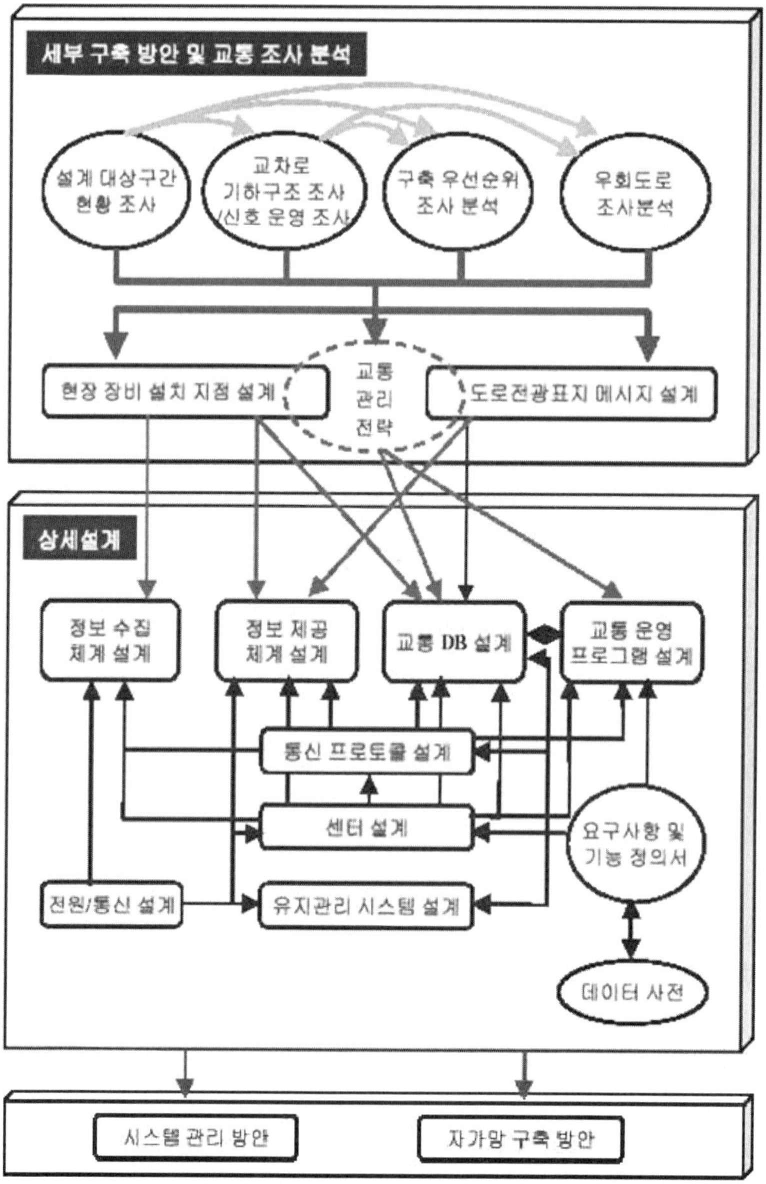
세부 구축 방안 및 교통 조사 분석
설계 대상구간 현황 조사
교차로 기하구조 조사 /신호 운영 조사
구축 우선순위 조사 분석
우회도로 조사분석
현장 장비 설치 지점 설계
교통 관리 전략
도로전광표지 메시지 설계
상세설계
정보 수집 체계 설계
정보 제공 체계 설계
교통 DB 설계
교통 운영 프로그램 설계
통신 프로토콜 설계
센터 설계
요구사항 및 기능 정의서
전원/통신 설계
유지관리 시스템 설계
데이터 사전
시스템 관리 방안
자가망 구축 방안

<그림1.14> 설계 관례도

1.5 ITS 시스템 구성

ITS 시스템 구성을 위한 시스템들은 〈그림1.15〉와 같다.[4]

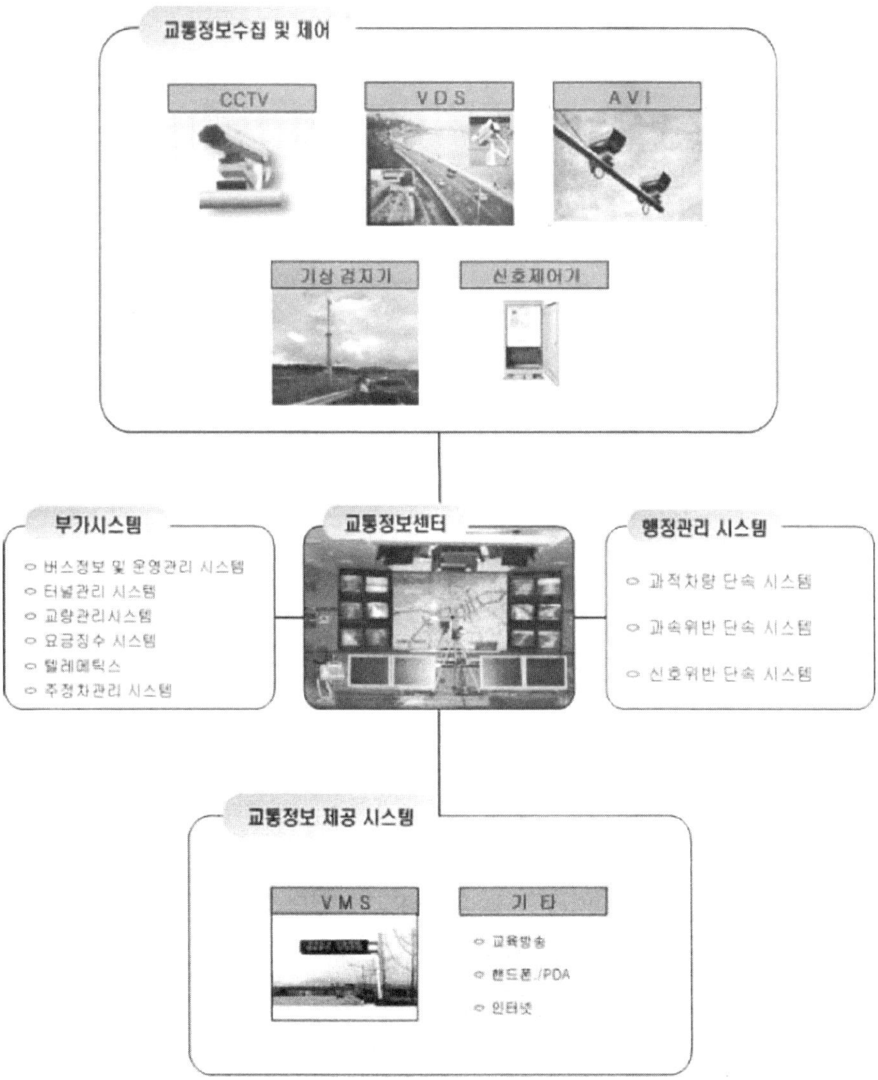

<그림1.15> ITS 시스템 구성도

1.5.1 교통정보센터

안정성과 신속함을 갖춘 종합적인 교통관리체계를 마련하여 유 · 무선 통신을 통해 교통정보 서비스를 제공하며, 최소의 인력 및 비용으로 도시전체를 교통관리가 가능하게 한다.

1.5.2 교통정보수집 및 제어

1.5.2.1 폐쇄회로텔레비전(CCTV)

도심지내의 간선도로 및 교차로에 대한 CCTV 교통감시 카메라를 이용하여 교통관제센터에서 동영상에 의한 교통감시와 실시간 교통정보를 수집하는 시스템으로서 도로현장의 CCTV 감시카메라와 광통신장비, 센터의 영상검지기 및 VDS Sever 컴퓨터 시스템과 동영상 표시 Color Monitor로 구분된다.

1.5.2.2 자동차량인식장치(AVI, Artificial Visual Information Processing System)

- 첨단 전기, 전자공학 기술, 광학 그리고 컴퓨터 공학 기술을 이용해 주행 중인 이동 차량의 번호판을 자동으로 순간 포착하여 판독, 인식하는 시스템이다.
- 이 시스템은 인공지능 기능을 갖추었고, 촬영장치를 사용하여 포착된 차량의 영상을 판독, 인식한 후 정보를 자료화 하며, 이 자료를 경찰청 주 전산기(Host Computer)의 범법 차량 자료와 비교하여 자동검색하고 즉각 검거가 가능하다. 〈그림1.16〉

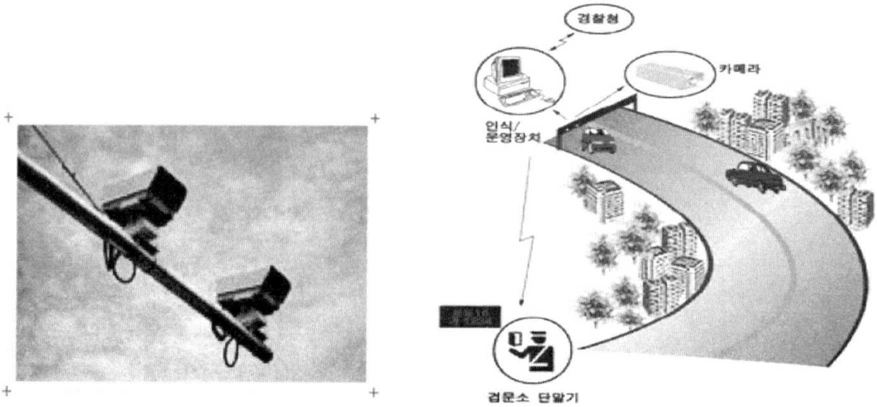

<그림1.16> 차량번호 자동인식 시스템

1.5.2.3 영상검지기 시스템

고속도로나 국도 및 시내의 간선도로에 대한 실시간 교통정보를 수집하는 시스템은 교통관제센터의 정보처리 및 시스템제어 및 정보전달을 위한 센터 설비와 도로 현장의 지역 제어 장치로 구분된다.

- 지역제어 장치는 고속도로/간선도로의 차량검지시스템(Vehicle Detection System : VDS)의 현장 단말 장치로써 비디오 카메라에 의한 영상검지기시스템(Video Image Detection System)으로 수집된 교통자료를 관제센터의 VDS용 Server에 통신 선로를 통하여 실시간으로 전송한다. 〈그림1.17〉

<그림1.17> 차량검지 시스템

1.5.2.4 루프검지기 시스템

- 고속도로의 아스팔트 노면에 차선당 2개의 루프 코일센서(Loop Coil Sensor)를 매설하여 차량검지기 지역 제어 장치의 루프 검지기(Loop Detector)와 연결한 후 루프 검지기가 루프 코일센서 위를 통과하는 차량에 의해 발생되는 미세한 Loop Coil Inductance 변화량을 검지하고 이를 증폭하여 통과차량의 존재와 속도 등을 측정한다.
- 또한 루프검지기 제어기에서 검지된 차량 정보를 저장 및 분석하며 센터에서 요구하는 필요한 교통정보를 전송토록 하는 교통정보 수집 시스템이다. 〈그림1.18〉

<그림1.18> 루프검지기

1.5.2.5 도로기상정보시스템(RWIS, Road Weather Information System)

도로변에 설치된 도로기상관측장비로 지표면의 강수량과 온도, 풍속, 기압, 지중온도 등 기상정보를 분석해 도로결빙과 같은 운전에 장해를 초래하는 위험기상상황을 2~3시간 전에 미리 예보하는 첨단교통안전시스템이다.〈그림1.19〉

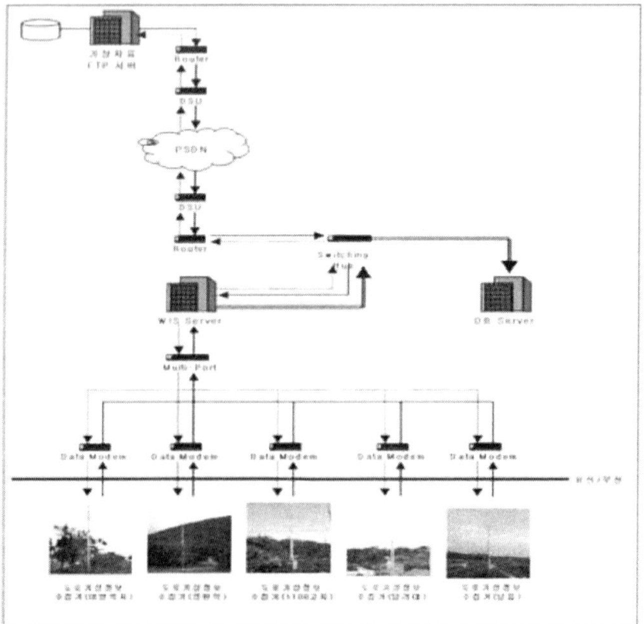

<그림1.19> 도로 기상관측 시스템

1.5.2.6 신호제어기

교통신호 제어기는 교차로 또는 횡단도로에 설치되어 신호등을 제어하는 장비로서 방수시설을 갖춘 함체 안에 마이크로프로세서를 이용한 신호제어용 중앙처리 장치부(CPU), 제어기의 이상동작을 감시할 수 있는 모순 검지부(Conflict Monitor), 신호등 구동을 위한 신호등 구동부(LSU : Load Switch Unit) 및 교통경찰관에 의해 수동조작이 가능한 수동 스위치부(Manual Control Switch)등으로 구성된다.〈그림1.20〉

- 구성 : 제어부(Traffic Controller, 모뎀, CPU카드, LOOP감지기), 구동부(Flash 보드, Cont 보드, LSU 보드), 수동조작 신호제어기

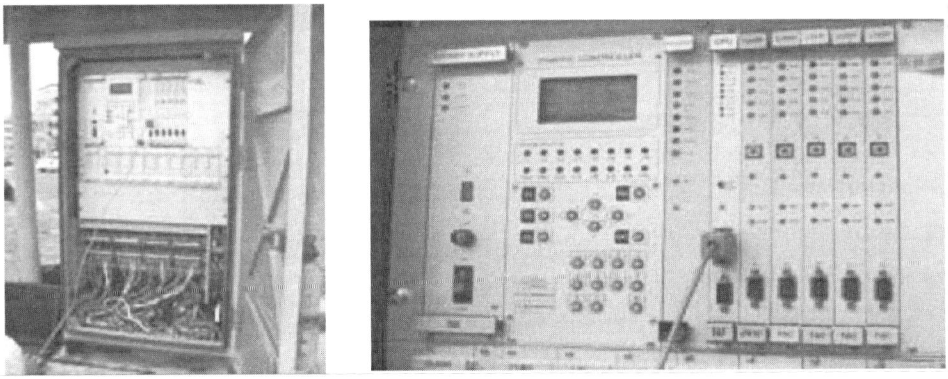

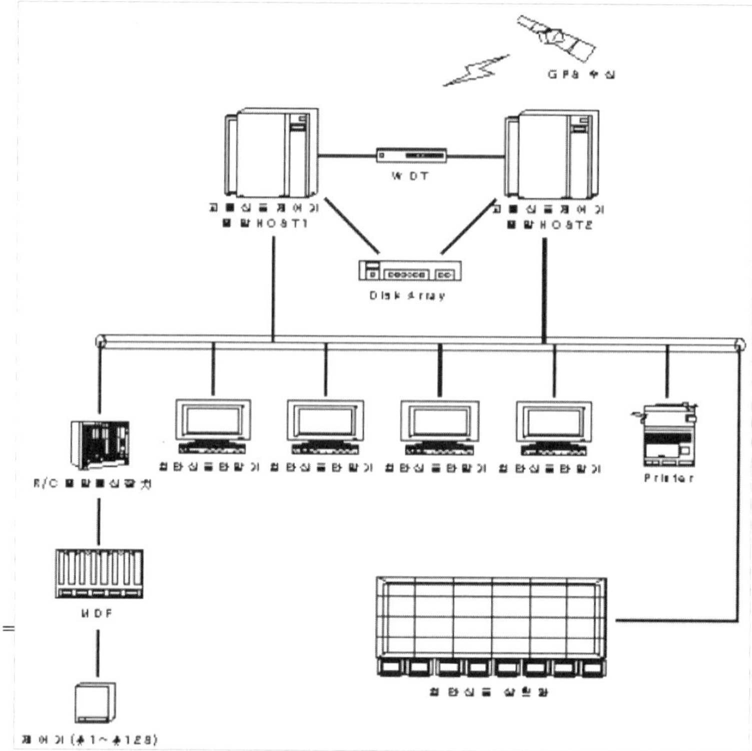

<그림1.20> 교통신호 제어시스템

1.5.3 교통정보제공시스템

1.5.3.1 가변정보표지판(VMS, Various Message System)

전자식 전광판 설비로써 원형 루프검지기 등에서 수집되고 교통정보를 교통정보센터에서 가공하여 실시간으로 대형 LED전광판에 표시하여 운전자에게 교통정보를 서비스하는 시스템이다.

- 구성 : 제어기(RTU), 전광판제어컴퓨터, 전광판, DSU, 광 다중화 장치

(VMS 내부)

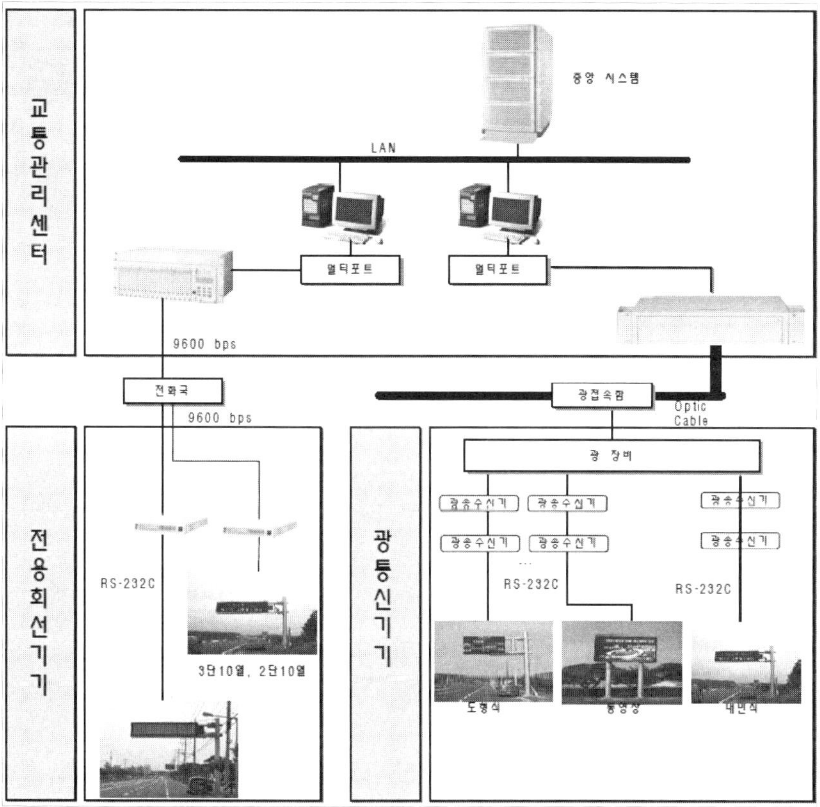

<그림1.21> 도로전광표지 시스템 구성도

1.5.3.2 기타

가. 교통방송 : 교통상황정보를 음성, 영상 정보로 제공

나. 핸드폰/PDA : 현재의 교통상황정보를 핸드폰 및 PDA를 통해 제공

다. 인터넷 : 교통상황정보를 인터넷을 통해 제공

1.5.4 부가시스템

1.5.4.1 버스정보 및 운행관리시스템(BIMS, Bus Information & Management System) : 다양한 버스운행정보를 이용자에게 제공하여 버스의 배차간격 조정 등을 통해 버스를 효율적으로 운영/관리하는 운행관리시스템을 구축하여 대중교통에 대한 고품격의 서비스를 제공하는 시스템이다.〈그림1.22〉〈그림1.23〉

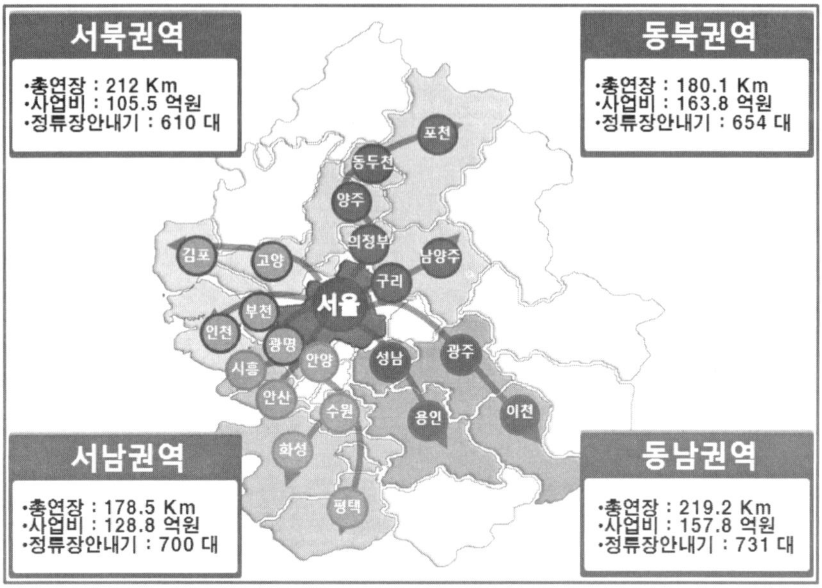

<그림1.22> 수도권 광역 BIS 구축 사업 범위

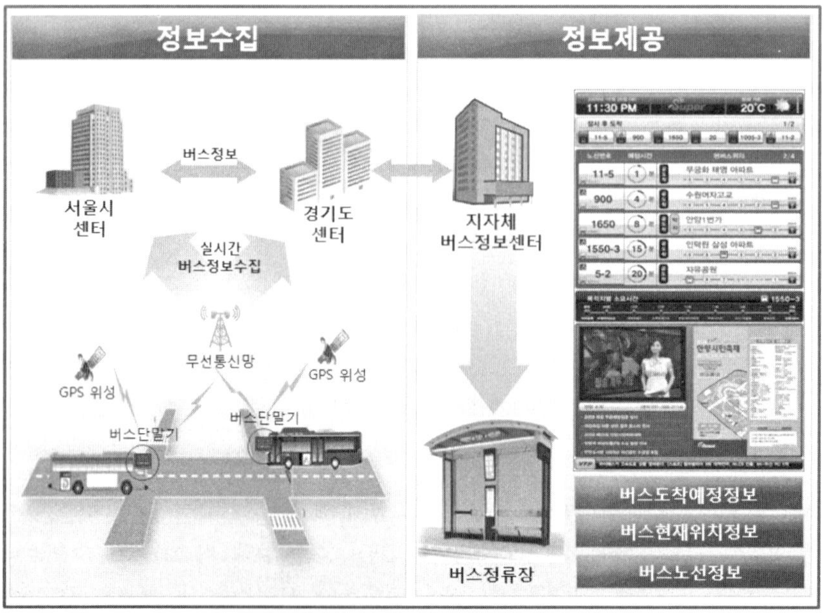

<그림1.23> 광역 BIS 개념도

1.5.4.2 터널관리스시템(TMS, Tunnel Management System)

터널내의 안전한 교통관리를 위해 내부에는 많은 센서와 제어설비들이 설치되며, 이러한 각각의 설비는 터널 내부에서 긴급상황이 발생할 때 통합관제시스템을 통해 신속한 대처와 안내로 인명피해를 최소화하고 설비의 손실을 줄이는 역할을 한다.(비상방송전광판, 무선재방송설비 등)

1.5.4.3 교량관리시스템(BMS, Bridge Management System)

교량의 반영구적 사용을 위해서 적절한 교량관리시스템의 설치가 필수적이며, 동시스템은 설치된 기기의 종류와 기능에 따라 사전 안전을 확보함과 동시에 유지보수비용을 최소화할 수 있다.

1.5.4.4 요금징수시스템(TCS, Toll Collection System)

자동차의 앞유리에 장착한 전자통행카드(리모트카드)로부터 무선에 의해 개체식별 번호를 감지함으로써 차량이 요금소 게이트에서 정지하지 않고 통행요금을 정산하도록 하는 시스템이다.(예. 하이패스 시스템)

1.5.4.5 텔레매틱스

- 동신(Telecommunication)과 정보과학(Informatics)을 합친 합성어로서 차량에서 다양한 정보를 사용하도록 지원하는 통신서비스
- 운전자가 무선 네트워크를 통해 차량을 원격 진단하고, 무선모뎀을 장착한 오토 PC로 교통 및 생활 정보, 긴급구난 등 각종 정보를 이용할 수 있으며, 사무실과 친구들에게 전화 메시지를 전할 수 있음은 물론, 음성 이메일을 주고받을 수도 있고, 오디오북을 다운받을 수도 있다. 즉 무선이동통신과 위치추적 시스템이 자동차와 결합되어 위치추적(GPS), 사고감지, 교통정보, 인터넷 접속, 차량 원격제어 등의 다양한 일들을 차 안에서 가능케 하는 첨단 자동차 정보통신 시스템으로 운전자는 자동차에 장착된 서비스 단말기를 통해 첨단서비스센터와 연결되어 각종 정보를 제공 받을 수 있고 인터넷 접속, 위치추적(GPS), 원격 차량진단, 사고감지, 교통정보 등 일상 생활공간이나 사무공간에서 가능했던 일들이 이제는 차안에서도 가능하게 되었다. 〈그림1.24〉

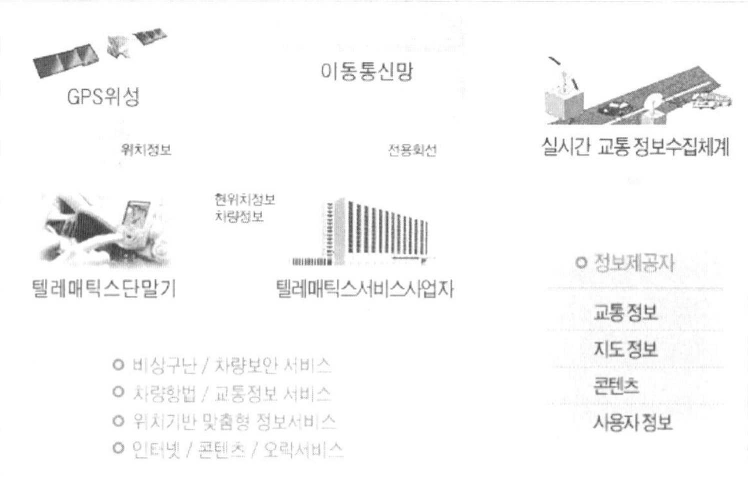

<그림1.24>텔레매틱스 서비스

1.5.4.6 주정차관리시스템

단속에서 부과, 반송관리, 수납처리, 압류, 시효결손이 프로그램에 포함되어 시간을 필요로 하는 수작업 지양(업무처리속도의 배가), 사진과 단속자료의 연계관리로 민원응대 및 자료관리 용이, 단속자료와 연계하여 차적확보 가능, 체납자에 대한 차적재조회 및 대체차량 조회(전국)기능으로 채권 조기확보, 주소 이전으로 인한 반송건에 대한 주민등록상 주소추적 가능(시군구 민원행정 시스템 연계), 장기체납자 및 공시송달자에 대한 행정처분(압류)시 건교부 자동차망 직접 연결하여 처리하고 대체차량에 대하여도 자동으로 조회하는 시스템이다.〈그림1.25〉

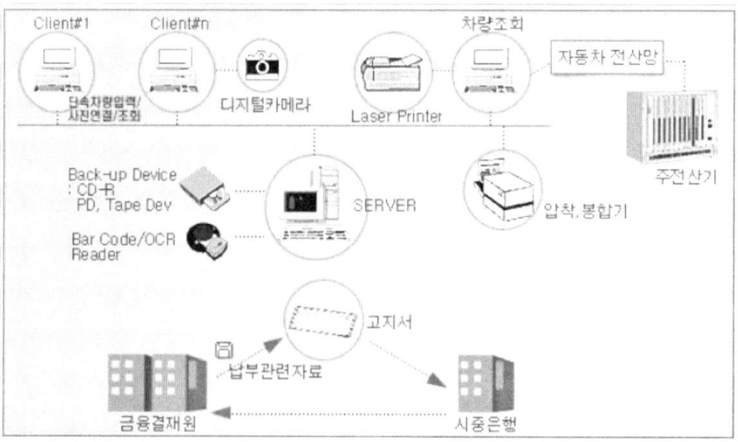

<그림1.25> 주정차 관리시스템

1.5.5 행정관리시스템

1.5.5.1 과적차량단속시스템

과적차량 촬영 시스템은 고속도로 입구 진입 시 또는 출구 진출 시 과적차량을 촬영하는 시스템으로서 과적 적발 시 축중기에서 정보 데이터와 그때 진입한 과적차량 영상을 실시간으로 부합하여 처리하는 시스템이다.〈그림1.26〉

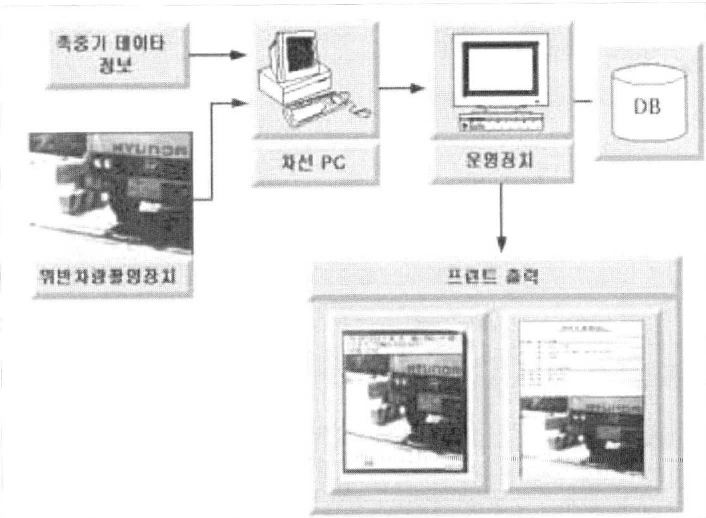

<그림1.26> 과적차량 단속시스템

1.5.5.2 과속위반단속시스템

주 · 야 관계없이 센서를 이용하여 정확한 속도측정과 과속차량만 정확히 촬영, 자동으로 차량번호를 판독하여 장소, 시간 및 위반속도와 영상 Data를 해당 센터(각 지방청이나 지방서)에 실시간으로 전송한 후 자동으로 차적조회를 거쳐 영상을 출력, 고지서를 발부하는 첨단 무인교통 단속 시스템이다.〈그림1.27〉

고정식 무인카메라는 대부분 루프 방식으로, 일종의 감지선으로 카메라 전방 20~30m앞에 사각형으로 그려져 있다. 도로에 속도를 읽는 센서를 내장한 두 줄의 루프를 깔고, 그 사이를 지나는 차의 '시간'을 측정해 '속도'로 환산하는 것이다. '속도=거리/시간'이라는 공식에 따라 센서를 통해 과속이 인지되면 곧바로 카메라 플래시가 번쩍 터지면서 사진을 찍게 되는 원리로 되어 있다. 이 방식은 자동차 경주에서 속도를 기록할 때도 사용되고 있다. 이동식 무인카메라는 말 그대로 이 곳 저 곳을 이동하면서 과속단속을 하는 카메라이다. 고정식과 다른 점이 있다면 레이저를 통해 속도를 감지한다는 것. 1초에 400개 정도의 레이저를 발사해 거리와 시간차를 계산, 속도를 알아내는 원리이다. 즉, 컴퓨터의 본체와 같은 역할을 하는 중앙처리부에 규정 속도를 입력시켜놓고 달려오는 차량에 레이저를 쏘면 이 레이저가 수백 번을 왔다 갔다 하면서 평균속도를 측정하게 된다. 그러다가 입력된 속도를 넘어서는 순간 자동으로 셔터가 내려가도록 만들었다.

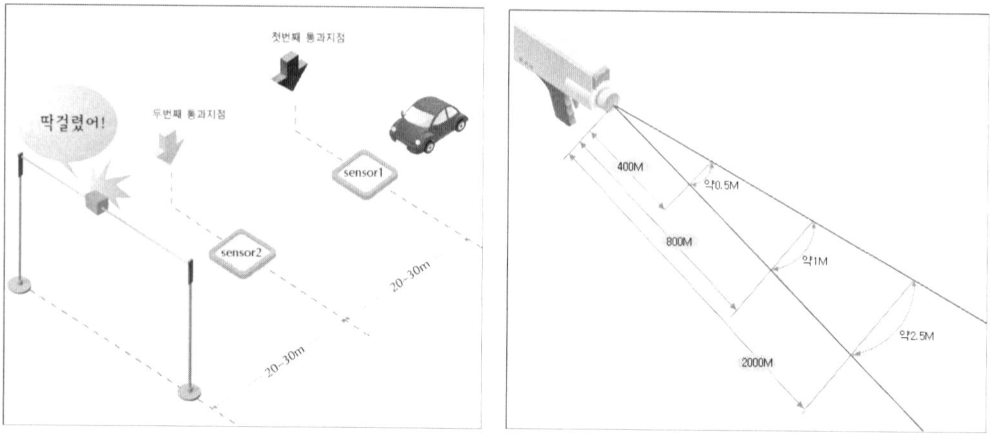

<그림1.27> 과속위반 단속시스템

1.5.5.3 신호위반단속시스템

신호체계와 연계하여 적신호시에 신호를 무시하고 횡단보도를 통과하는 차량 등 위반차량을 단속할 수 있게 만든 시스템이다. 단속에서부터 영상출력까지 자동화한 시스템이며, 과속시스템이나 버스전용차로 시스템과 달리 신호등과 연계하여 신호등의 신호와 위반영상을 함께 표시할 수 있도록 설계된 시스템이다.

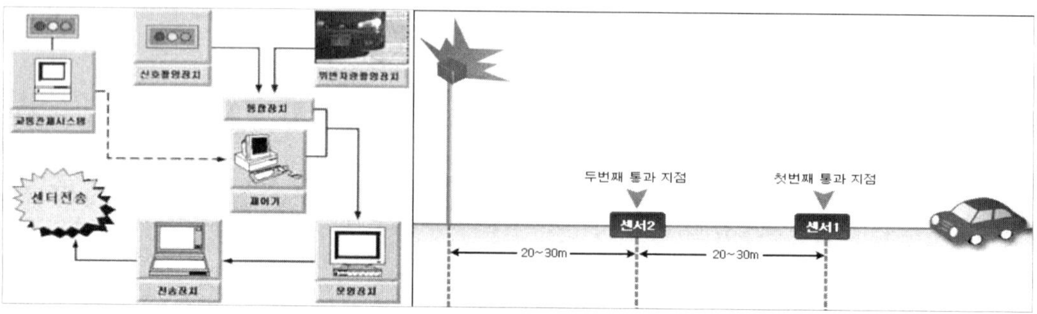

<그림1.28> 신호위반 단속시스템[9]

1.6 ITS 시스템의 기본 작동원리

ITS 시스템의 기본 작동원리는 정보수집 후 정보가공 그리고 정보제공으로 이루어진다. 〈그림 1.29〉 우선 도로에 설치된 교통정보 수집장비(검지기)를 통해 차량운행과 관련된 상황정보를 수집한다. 수집된 정보는 교통관제센터에 전송되며, 교통관제센터에서는 교통시설을 자동 조작하고 실시간 교통정보를 이용자들에게 제공한다.

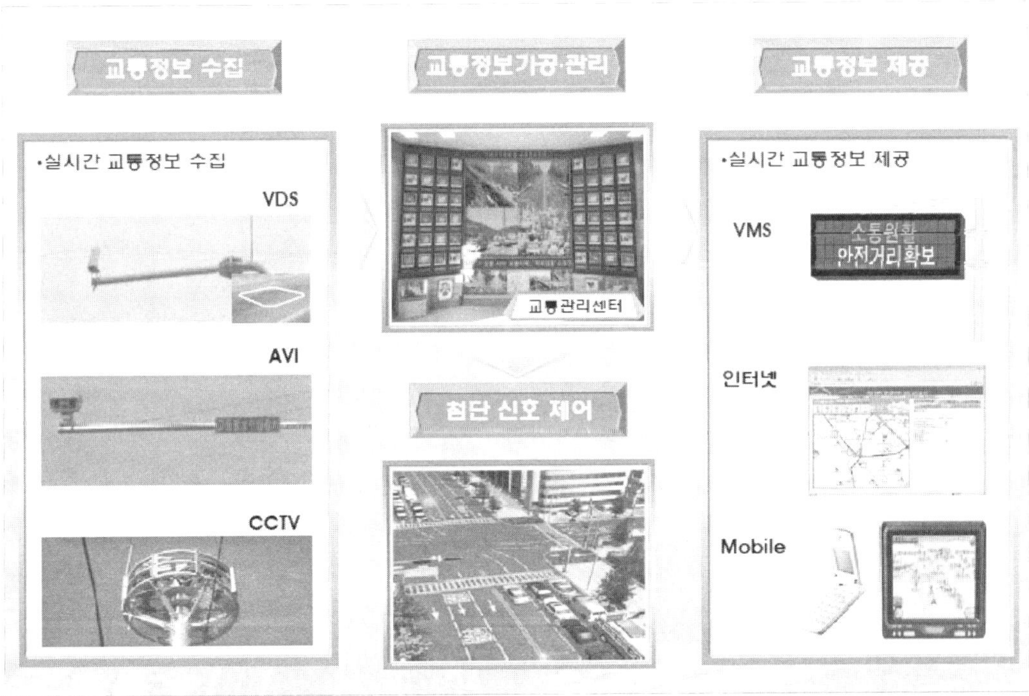

<그림1.29> ITS 기본 작동원리[10]

연습문제

1. ITS 시스템에 대해 설명하시오.
2. 교통정보수집 및 제어의 종류에 대해 각각 설명하시오.
3. 행정관리 시스템의 종류에 대해 각각 설명하시오.

참고문헌

[1] 지능형 교통체계 기본계획안(2008년), 국토해양부

[2] ITS 국가교통정보센터, http://its.go.kr/ct_info/its_introduction01.jsp

[3] ITS 도입배경과 교통체계 변화, 국토해양부, 도로정책관실, 2009, http://blog.naver .com/mltm_road?Redirect=Log&logNo=140065056910

[4] 한국정보통신신문, ITS는 정보통신공사 영역, 2004. 10

[5] 첨단교통관리시스템(ATMS) 구축사업, http://www.nyji.co.kr/bbs/print.asp?group_ name=361&section=0&category=0&idx_num=3741, 2010. 01

[6] 국토해양부, NGIS, http://www.ngis.go.kr/user/gis/GisUse4_4.jsp

[7] 지능형 교통관리시스템-이론과 실무, 변완희 외4 공저, p6.

[8] 정보통신신문, ITS(지능형 교통시스템), p5.

[9] 건아정보기술, 신호위반단속시스템, http://keona.kr.ecplaza.net/4.asp

[10] 수원시 지능형교통체계(ITS)의 현황 및 향후 발전방향, 아주대학교 교통연구센터, 2005, 12

[11] 도로업무편람, 2009, 국토해양부, 11-1500000-001480-10

[12] 국내외 ITS 추진현황과 전망, 이홍재, 기술정책연구팀, 전자통신동향분석, 제14권 제2호 1999. 4.

제2장

교통 정보 개요

ITS의 여러 서비스 분야 가운데 특히 ATIS(Advanced Traffic Information System)는 운전자에게 자동차 주행 중 필요한 교통정체 정보, 우회 정보, 유고 정보 등과 같은 유익한 정보를 직접 제공하는 시스템으로, 교통정보를 제공함에 있어 신뢰성 있고 효율적인 정보를 제공하는 것은 대단히 중요하다. 이러한 정보제공 서비스를 가능하게 하기 위하여 정밀한 검지 체계와 신뢰성 있는 통행시간 산출에 대한 관심이 증가되고 있다.

우리나라의 도로 유형은 크게 지방부와 도시부의 연속류와 단속류로 구분할 수 있으나, 도로 유형별로 도로·교통 조건이 차이가 있이 도로교통 특성에 적합한 교통 소통 정보의 산출방안이 필요하다. 이러한 교통 소통 정보 산출을 위해 제시된 방법으로는 일정 간격으로 도로에 설치된 지점검지기를 통해서 교통 정보를 수집하는 지점 검지방식과, 프로브 차량(Probe Vehicle)들을 이용하여 실제로 도로를 주행하면서 해당 도로의 통행시간을 추정하는 구간 검지 방식, 교통 통신원이나 시민의 제보 등을 통해 도로의 사고 / 통제 등의 정보를 수집하는정성적 수집 방식 등이 있다.

신뢰성 있는 실시간 교통 정보를 제공하기 위해서는 다양한 교통정보 수집 체계로부터 충분한 양의 자료를 수집하고, 이를 분석하는 것이 중요하다. 하지만 현재 제공되는 교통 정보의 부정확으로 인한 이용자들의 불신은 높은 편이다. 이러한 교통 정보의 정확도 부족의 원인은 교통 정보 수집 단계에서부터 수집된 정보의 가공 단계에 있다.

2.1 교통 정보 제공 체계

2.1.1 선진국 기술개발 동향

2.1.1.1 비행선을 이용한 교통관리

1) 일본의 항공 영상을 이용한 교통관리 및 분석〈그림2.1〉
   - 일본의 도쿄에서는 GPS를 장착한 헬리콥터에 비디오 카메라를 탑재하여 도심부 교통관리 및 각종 교통분석을 수행

2) 미국 오하이오 주의 무인 비행기를 이용한 교통관리<그림2.2>

- 미국의 오하이오 주에서는 동영상 카메라를 장착한 무인 비행기(Unmanned Aerial Vehicle, UAV)를 이용하여 교통량, 속도, 밀도, 엇갈림 교통량, 교차로 회전 교통량, 대기 행렬, 주차장 이용율 등을 조하여 각종 교통관리를 광역적 효율적으로 수행

3) 미국 플로리다 주의 UAV를 이용한 교통관리<그림2.3>

- 미국의 플로리다 주에서는 여행자 교통정보 및 각종 교통관리를 위하여 무인 비행기를 이용
- UAV 핵심 기술은 실시간 영상의 전송 기술, 무인 조정 기술 및 실시간 영상을 이용한 처리 기술 등이 있다.

<그림2.1> 교통정보 수집용 헬리콥터 및 비행선

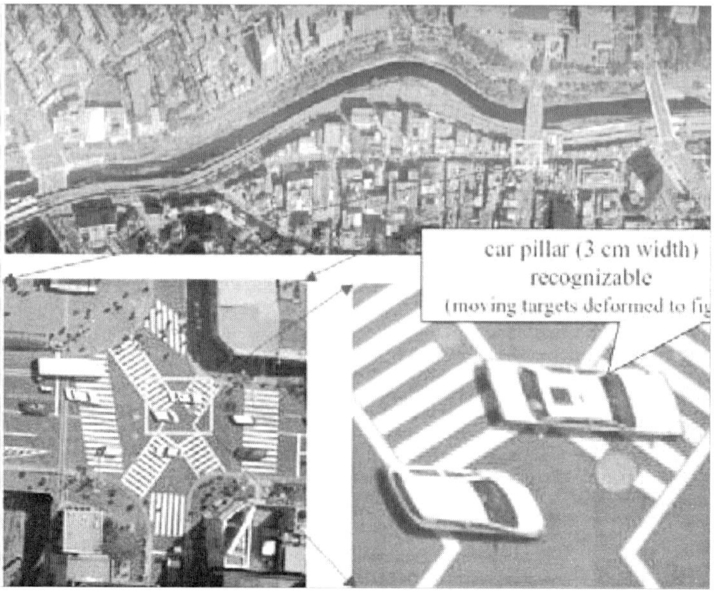

<그림2.2> 항공 영상을 이용한 교통관리

4) 미국 South Florida대학의 UAV를 이용한 교통 정보 추출<그림3.4>

- 미국의 South Florida 대학에서는 교통모니터링을 위한 교통 통계 프로파일을 생성 하기 위해 UAV 영상을 분석하여 O-D(Origin-Destination), 교통밀도, 지체도 등을 추출

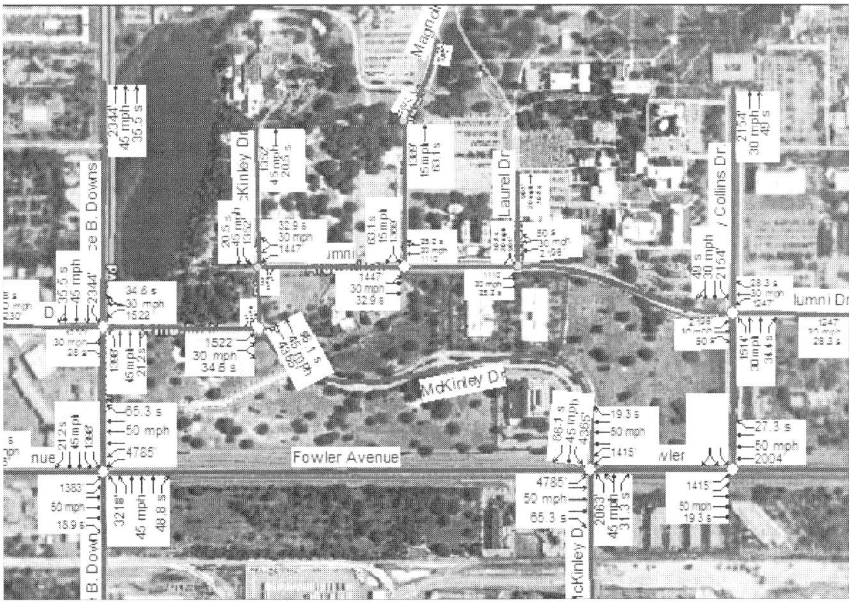

<그림2.3> UAV영상에서 추출된 교통정보

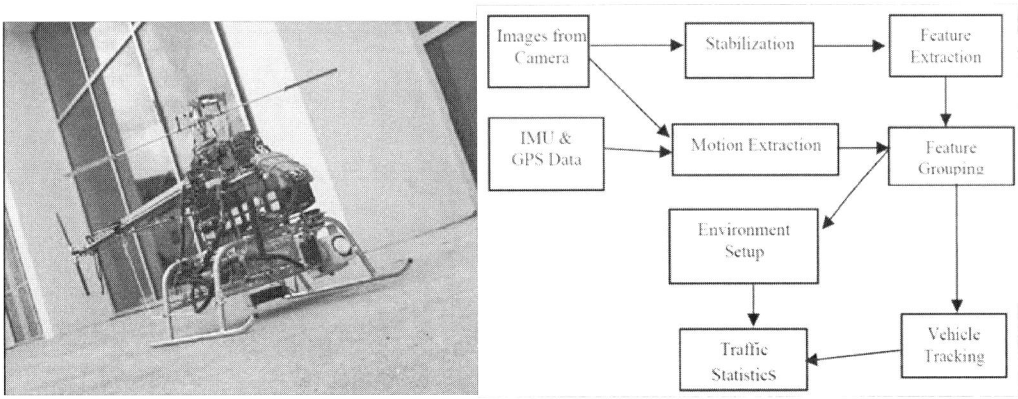

<그림2.4> UAV 및 교통정보추출 프로세스

5) 독일의 비행 플랫폼을 이용한 교통관리

- 독일의 Stuttgart, Cologne, Berlin 3개 도시의 실시간 교통소통상황 측정과 시뮬레이션을 통한 단기미래(약 30분) 교통상황 예측
- Air borne Traffic Analyzer (하드웨어)와 Traffic Finder (소프트웨어)로 구성되며, 비행선, 헬리콥터, 비행기 등 비행체의 촬영영상을 실시간으로 이미지 처리
- 개별차량 검지, 차량 밀도, 차량속도 등 소통상황 측정
- IMU, GPS 안테나, differential GPS리시버, 무선전송장치, 카메라로 구성

6) 핀란드의 헬리콥터 영상을 이용한 교통관리〈그림2.6〉〈그림2.7〉

- 이동성과 일시성의 장점을 가진 헬리콥터 영상과 GIS와 연계하여 교통정보를 추출

<그림2.5> 헬리콥터 영상

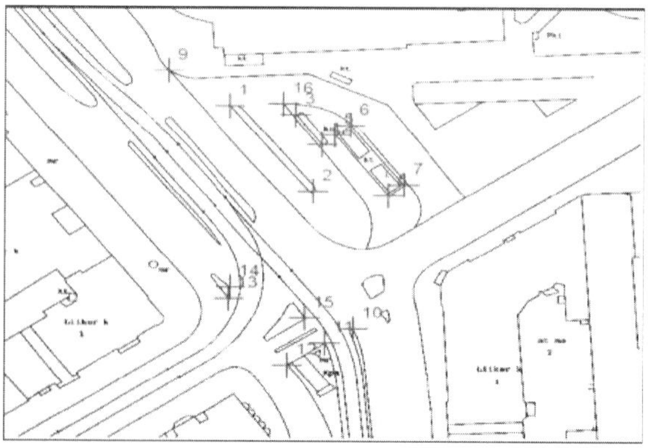

<그림2.6> GIS

2.1.2 도로환경 자료 수집 및 정보 제공

2.1.2.1 일본의 도로환경 정보 제공 시스템

- 일본의 스마트 웨이라는 국가적 ITS 고도화 프로젝트를 수행 중이며, 이 프로젝트의 일환으로 혹한기의 폭설 및 노면결빙에 대비하여 도로기상 정보를 제공함으로써 교통사고 사망자를 연간 5,000명 이하로 줄이겠다는 야심적인 프로젝트를 수행하고 있다.

2.1.2.2 미국의 도로환경 정보 제공 시스템

- 미국은 ITS 근거 법률인 SAFETEA-LU가 제정됨에 따라 향후 5년간의 ITS 고도화를 위한 핵심 프로젝트들을 진행 중에 있다.
- 그 중에서 VII(Vehicle Infrastructure Integration) 및 Clarus 프로젝트에서는 악천후 시 교통안전의 핵심을 좌우하는 도로환경 자료 수집 및 정보 제공에 많은 노력을 기울이고 있다.
- VII의 핵심은 차량 부착식 도로환경 수집 장비(OBE)를 장착하여 도로변에 설치된 노변장치(RSE) 및 SDN(Service Delivery Node)를 통하여 기상관제 센터에 전달된 자료의 가공을 통해 차내 단말기로 기상정보를 제공하는 시스템을 말한다.

<그림2.7>환경 데이터를 이용한 교통관리

2.1.2.3 벨기에, 프랑스의 자동사고감지시스템 AID(Automatic Incident Detector)

- 도로변 설치된 CCTV영상을 실시간으로 분석하여 교통정보와 사고정보 및 사고유발요인을 자동으로 검지하여 교통안전성 향상 및 신속한 사고처리
- 사고검지기능: 역주행, 정지차량, 낙하물, 화재/연기, 보행자

역주행 낙하물 보행자 화재/연기

<그림2.8>CCTV 영상을 이용한 자동사고 감지

2.1.3 통합 도로교통 정보 제공 및 실시간 교통자료 활용성 증대

2.1.3.1 미국의 INTI(Integrated Network for Transportation Information)

- 미국에서는 ITS America를 중심으로 실시간 교통정보의 통합 제공을 위해 AVCS(Advanced Vehicle and Communication System), CVFM(Commercial Vehicle and Intermodal Freight), TSOP((Transportation System Operations and Planning), RITE(Research, Integration, Training and Education), PS(Public Safety), PT(Public Transportation) 등의 서비스를 개발하여 연방정부와 지방정부 사이에서 활발히 추진되고 있다.〈그림2.9〉

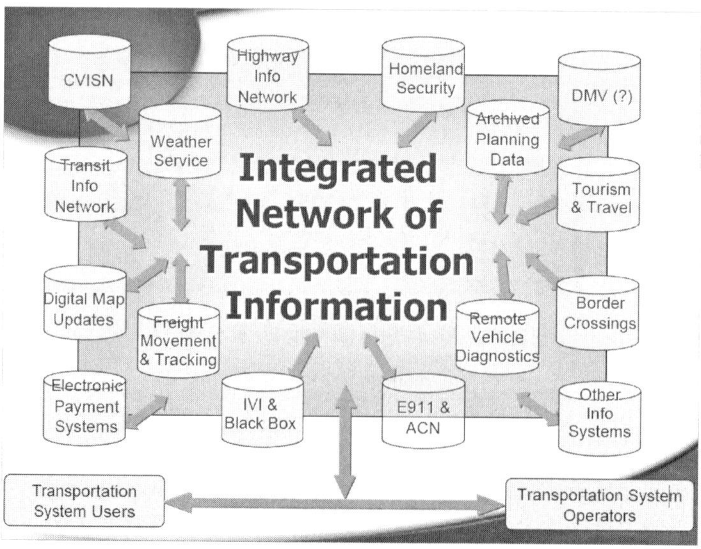

<그림2.9>INIT 개념도

2.1.3.2 일본의 JARTIC(Japan Road Traffic Information Center)

- 일본에서는 1970년대부터 도로교통정보 통합 가공 및 정보제공을 위해 JARTIC을 재단법인 형태로 설립하여 운영 중에 있다. 〈그림3.10〉

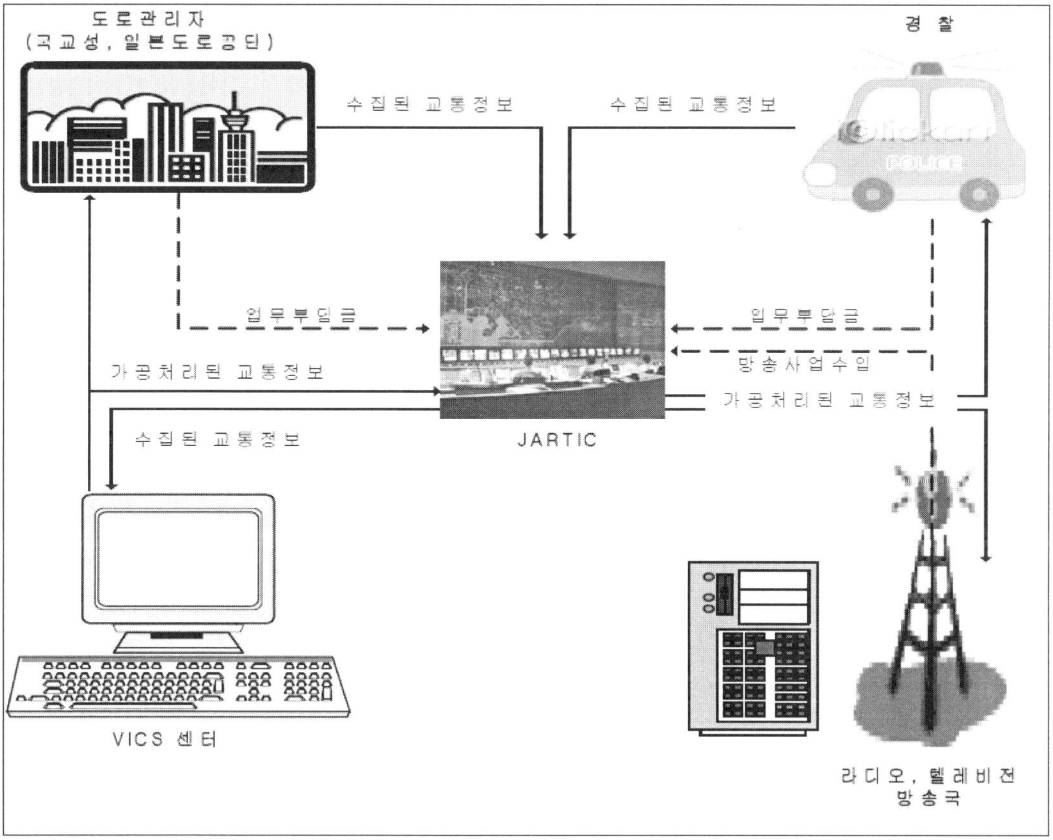

<그림2.10>일본 JARTIC의 정보수집 및 제공 체계

2.1.3.3 미국의 ADUS 및 ADMS

- 미국은 실시간 교통자료의 부가적인 활용을 위해 ADUS(Archived Data User Service) 및 ADMS(Archived Data Management System)을 도입하여 각 교통관리센터별로 ITS 실시간 교통자료의 활용성을 증진하고 있다. 〈그림2.11〉
- 데이터 웨어하우스 구축을 통해 저장된 실시간 교통자료는 필터링 및 평활화 과정을 통한 품질관리를 거친 후 각종 교통관련 의사결정 시스템 및 연구 활동에 중요한 자료로 제공되고 있다.

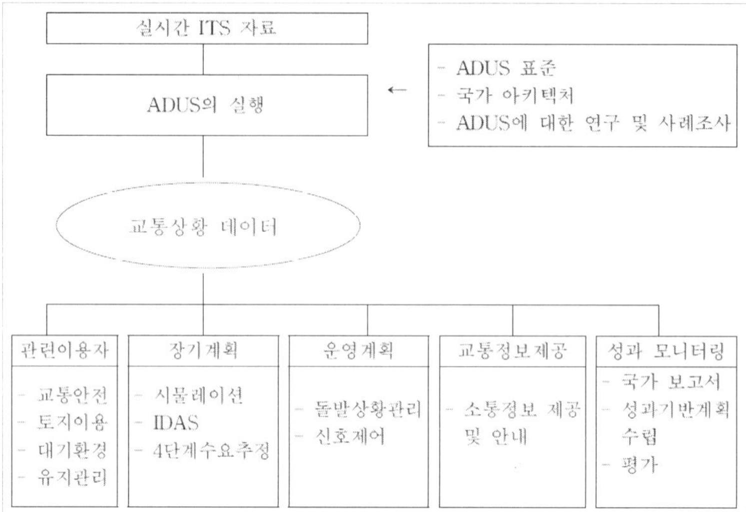

<그림2.11>ADUS/ADMS의 활용분야

2.1.3.4 미국 UC-Berkeley의 PeMS

- 캘리포니아 주 버클리 대학에서는 ITS 교통자료의 활용성 증진을 위해 캘리포니아의 12개 TMC에서 수집되는 30초 주기의 루프검지기 자료를 가공 및 저장하고 있다.
- 교통시스템의 생산성, 신뢰성, 만족도를 원칙으로 구체성, 투명성, 용이성, 일관성, 이행성(데이터 자동수집), 모듈화, 신뢰성을 모토로 구축
- 저장된 자료는 도로교통 관련 정책, 행정 및 연구 활동을 지원하기 위해 인터넷을 통해 제공되고 있으며, Divide and Conquer, Back to basics, Use the Web의 원칙으로 설계되어 있다. 〈그림2.12〉〈그림2.13〉

- 정책자 : 교통시스템의 목표설정을 위한 의사결정 지원
- 엔지니어 : 도로구역 설정, 교통혼잡, 정체, 병목지점, 사고요인 분석
- 교통계획 : 램프 미터링, 시뮬레이션 모델링, 긴급상황 대처방안
- 일반인 : 빠른 Map, 여행시간, 여행경로, 물류정보 제공

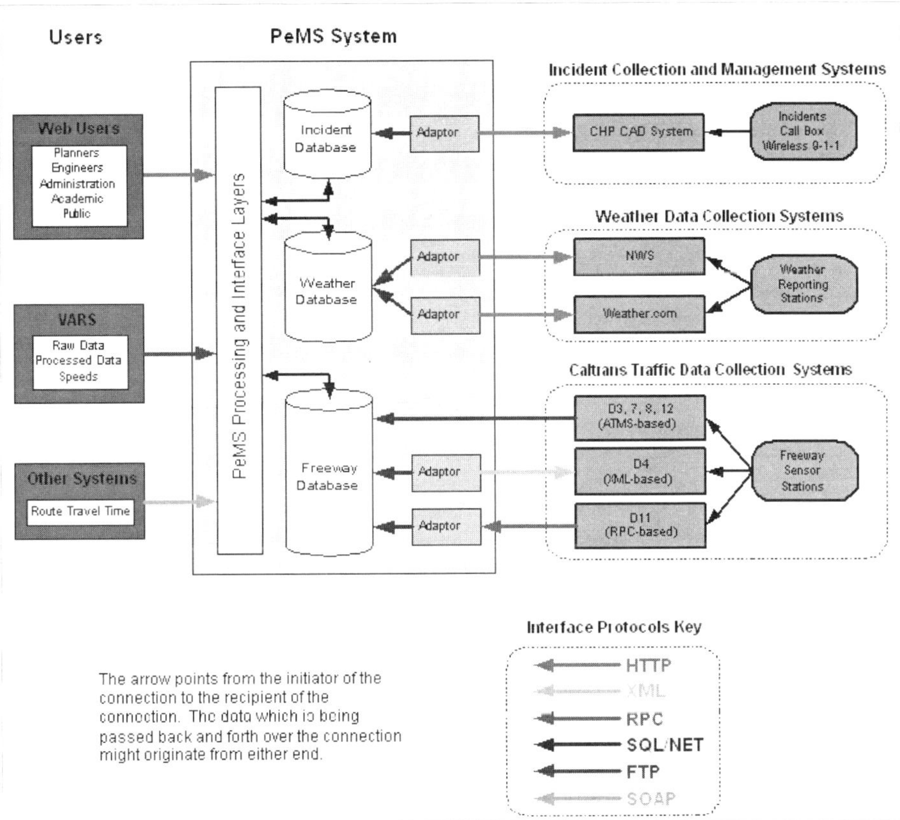

<그림2.12> 미국 PeMS의 자료 수집, 가공 및 제공 프로세스

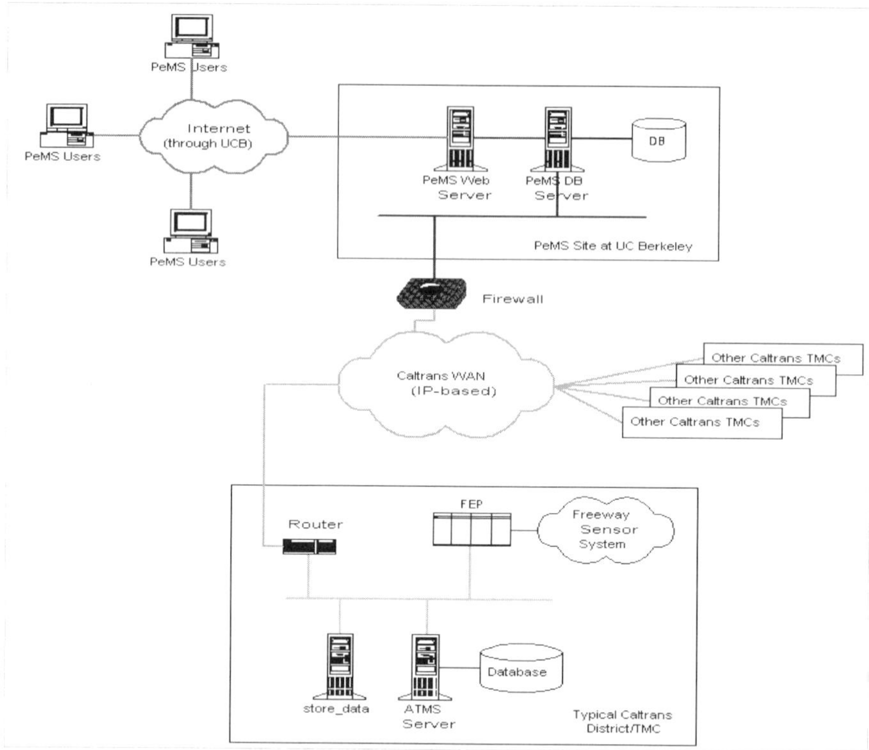

<그림2.13>미국 PeMS의 하드웨어 시스템

2.1.4 대용량 데이터 처리 기술

2.1.4.1 미국 교통국의 대용량 DB 시스템 활용 사례

- 지능형 차량, 지능형 인프라의 상호통합을 추구
- 연방 ITS 프로그램 지원을 통해 지속적으로 발전
- Clarus : 날씨 예보시스템과 교통국 데이터와의 연동을 통한 날씨와 교통을 연계한 서비스를 제공한다.
- 교차로충돌방지시스템(CICAS): 자동차 제조회사와 주교통국이 연계한 충돌방지 서비스를 제공한다.
- 전자화물관리(Electronic Freight Management)
- 긴급교통운영(Emergency Transportation Operation) : 재난재해 및 긴급 상황에 대응하는 부서의 차량 및 교통을 실시간으로 통제, 신속한 대처 가능케 한다.

- 간선도로 통합관리 시스템(Integrated Corridor Management System)
- 차량기반 통합 안전시스템(Integrated Vehicle-Based Safety Systems): 첨단운전보조 장치를 차량에 부착하여 추돌 및 추월로 인한 사고들을 예방한다.
- 지능형 교통 시스템을 통한 정체 해소(ITS Operational testing program to mitigate congestion)프로그램에 활용한다.

2.1.4.2 지식기반 대용량 DB 처리 기술

- 대용량 DB 처리의 지능화를 위한 온톨로지 기반의 데이터 통합/관리 기술개발이 활성화되고 있으며, 관련 핵심 기술인 시맨틱 웹 기술에 대한 표준화 및 연구는〈그림2.14〉와 같이 W3C (World Wide Web Consortium)를 중심으로 진행이 되고 있음. 학계를 중심으로 진행되고 있는 시맨틱 웹에 관한 연구 주제들은 크게 언어(language), 기반구조(infrastructure), 온톨로지(ontology), 그리고 기타 주제 등으로 나뉘어 진행되고 있으며, 복합 응용으로서의 시맨틱 웹과 웹 서비스를 결합시킨 시맨틱 웹서비스(Semantic Web Services)에 관한 연구와 함께 생명과학이나 산업응용 등에 대한 연구개발 등도 활발히 진행되고 있다.

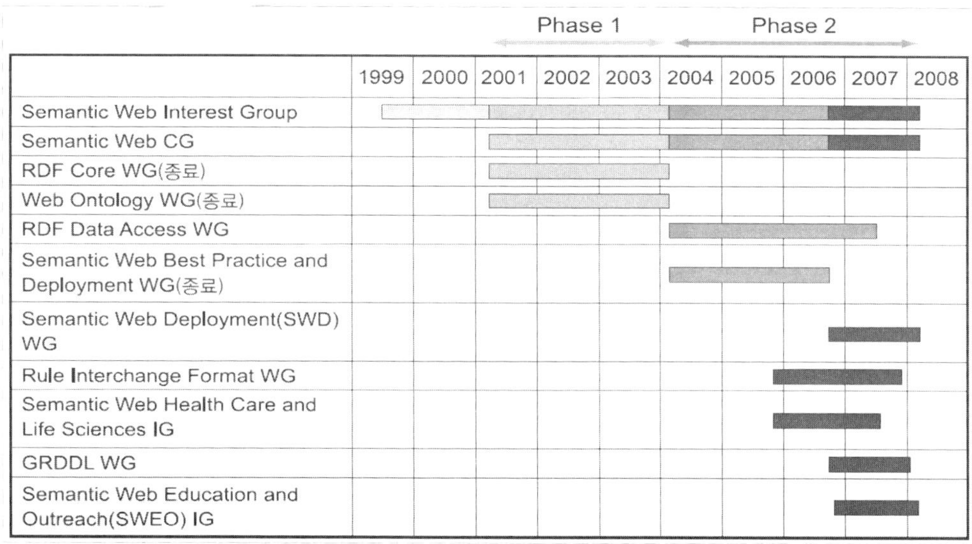

<그림2.14>시맨틱 웹 국제 표준화 추진 현황

2.1.5 실시간 교통정보 제공 기술 고도화

일본의 VICS(Vehicle Information and Communication System)이 있다. 이 시스템은 일본의 VICS에서는 첨단 교통정보 단말기를 통해 JARTIC 및 고속도로공단에서 가공된 정보를 InfraRed 및 전파(Radio-Wave)를 이용하는 비콘, FM 다 중방송등을 통하여 일반이용자에게 제공한다. 그리고 VICS 단말기는 차내 주행안내장치에 문자 표시형, 간이도형 표시형, 지도 표시형 3개의 형태로 도로교통 정보를 가공하여 제공한다.〈그림2.15〉

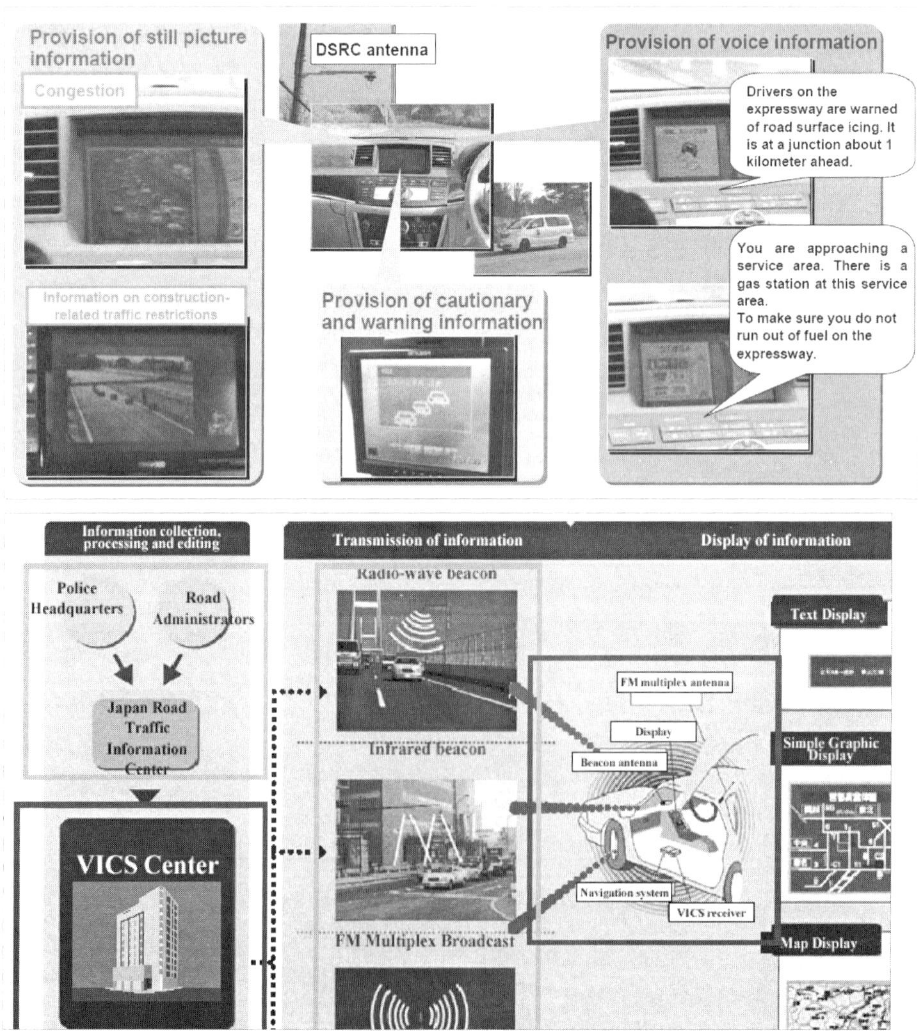

<그림2.15>일본 VICS 단말기 및 정보제공 시스템

2.1.6 DMB를 이용한 교통정보 제공

2.1.6.1 유럽의 교통정보 서비스 기술

- TPEG을 이용한 교통정보 제공 기술 개발 선도
- DAB망을 이용한 TPEG 교통정보 서비스가 상용화 되어 있다.
- 돌발정보 위주의 서비스
- 멀티미디어 교통정보 서비스는 정보 수집 및 제공 체계 미비로 활성화 되어 있지 않다.
- 현재 여러 국가에서 이동 멀티미디어 방송기술 도입을 추진 중에 있으며 이를 이용한 교통정보 서비스 제공 기술 개발도 함께 진행될 것으로 예상된다.

2.1.6.2 미국의 교통정보 서비스 기술

- 자동차 회사가 서비스 주도
- 국토의 면적이 넓고 데이터 서비스 환경이 다양하기 때문에 특정 지역의 교통정보를 제공하는 서비스보다는 장거리 이동 차량의 안전 확보를 우선적으로 고려하는 텔레매틱스 서비스 위주로 기술 개발이 되어 있다.
- 이동 멀티미디어 통신망을 이용한 교통정보 제공 서비스에 대해 관심을 갖고 기술 개발을 준비하는 단계이다.

2.1.6.3 일본의 교통정보 서비스 기술

- 만성적인 교통체증으로 인해 소통정보 제공과 길안내 서비스에 대한 수요가 높다.
- 1996년부터 국가 주도로 민간과 협력하에 FM DARC를 기반기술로 하는 VICS 서비스를 시작한다.
- 수송시간의 단축에 의한 비용절감, 정확한 상황파악에 의한 안전성 향상, 교통의 원활화에 의한 환경 보전, 여유있는 국민생활의 실현과 사회경제발전에 기여하는 것을 목적으로 하고 있다.
- 체계적인 수집과 제공 시스템이 갖춰져 있어 서비스 보급이 활성화 되어 있다.
- 속도 및 돌발정보 위주의 서비스이며 전송속도의 제약 (전송속도: 16kbps, 순수 데이터 제공 속도: 9.78kbps) 때문에 멀티미디어 교통정보와 같은 대용량의 콘텐츠를 수용하는 데 한계가 있다.

3.1.7 HUD를 이용한 교통정보 표현기술

- HUD(Head up Display)란 〈그림2.16〉과 같이 차량이나 항공기 주행 중 운전자 정면 즉 운전자의 주시야선을 벗어나지 않는 범위에서 차량주행 정보나 기타 정보를 제공하는 시스템이다.
- 초창기의 HUD는 〈그림2.17〉과 같이 항공기 특히 전투기에 부착되어 비행 시 비행사에게 비행정보 제공의 목적으로 개발되었음. 이 원리가 차량에 부합되어 개발하게 된 것이 차량용 HUD이다.
- 만약 우리가 고속도로에서 최고속도로 주행하고 있다고 가정할 때 속도나 기름 혹은 다른 주행정보를 보기 위해 계기판으로 눈을 돌린 사이라도 운전 중이므로 앞차의 상황이나 도로위의 상황을 재빨리 파악하기 힘들다. 또한 시야를 계기판에 두었다가 도로로 시야를 고정시키는 시간에도 위험은 존재한다. 이러한 위험을 줄이는 방법의 하나로 차량용HUD를 개발 하는 이유이다.
- 차량용 HUD는 앞 유리창의 운전자의 주시야선에 계기판의 정보(속도, 주행거리, RPM등)를 나타나게 하여 운전자가 운전 중에도 쉽게 주행정보를 파악할 수 있도록 하여 운전자는 도로로부터 눈을 떼지 않고도 중요한 주행정보를 인지함으로써 안전운행을 할 수 있는 것이다.

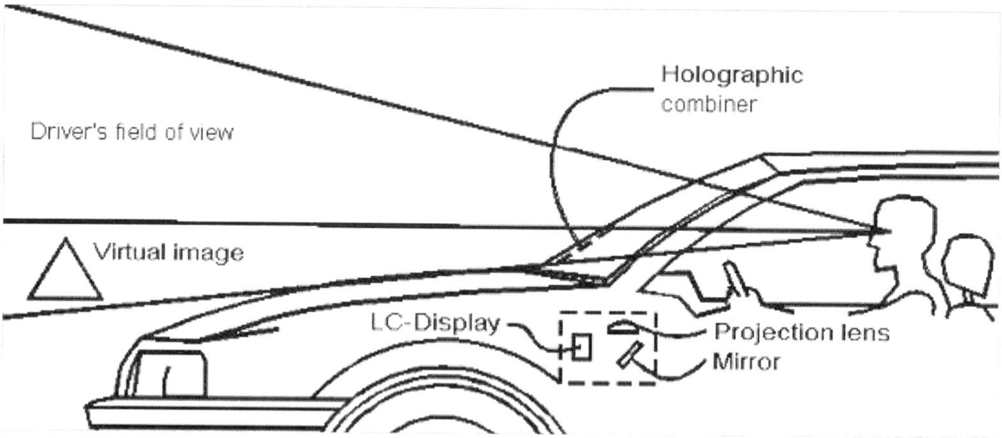

<그림2.16> HUD(Head up Display) 개요

<그림2.17> 항공기용 HUD

- HUD에 사용되는 기술로는 크게 2가지로 나누어 볼 수 있음. 대표적인 HUD SYSTEM 으로는 이레의 〈그림2.18〉과 같다.

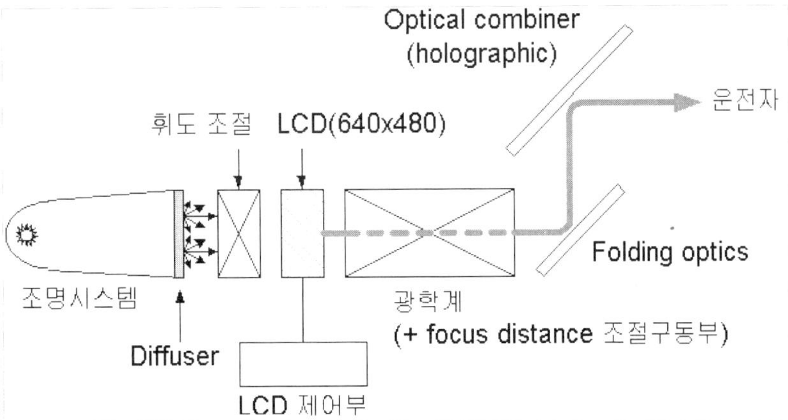

<그림2.18> HUD SYSTEM 개요

- 첫 번째는 운전자에게 제공할 정보들의 영상을 볼 수 있는 디스플레이 컨트롤러를 만드는 것으로 이 부분은 차량 내부의 ECU(Engine Control Unit)에서 측정된 정보를 LCD가 표시할 수 있는 데이터로 변환하는 프로세서와 그 정보를 표시하는 모듈임. 예전에는 HUD의 디스플레이

소자로 CRT가 주로 사용되었으나 디스플레이 소자의 발달로 소형 LCD가 사용되고 있으며 앞으로는 LCoS(Liquid Crystal on Silicon) Microdisplay도 사용될 것으로 보인다. 디스플레이 소자를 선택할 때에는 차량의 특성에 따른 LCD의 사이즈와 휘도, 내구성 등이 고려되어 선택되어진다.

- 두 번째 기술은 HUD에서 가장 중요하다고 말할 수 있는 광학계인데, 디스플레이소자에서 나온 영상을 렌즈와 거울을 통해 윈드쉴드를 투영(See-through)하여 운전자가 볼 수 있도록 하는 역할을 수행함. 특히 요즘에 개발중인 홀로그램을 이용한 HUD는 기존의 HUD의 문제점을 해결할 수 있을 뿐 아니라 광학소자의 수를 줄일 수 있는 장점을 지니고 있음. 〈그림2.18〉에서 Folding Optics는 광학계를 통해 나온 영상을 반사하는 역할을하며 홀로그램 컴파이너는 이 영상을 허공에 떠있는 것처럼 보이게 하며, 이 경우 운전자에게 제공하는 정보와 운전자의 시각으로 볼 수 있는 주변 환경에 영향을 주거나 받지 않으며 자연스럽게 운전자의 시야를 방해하지 않고도 주행 정보를 제공할 수 있음. 차후 HUD의 기술들은 GPS와 Nightvision등과 연계하여 개발. 상용화 될 것이며 특히 야간 운전에서〈그림2.19〉와 같이 Night vision과의 결합은 운전자에게 야간 사고의 위험을 현저히 줄 일 수 있을 것으로 판단된다.

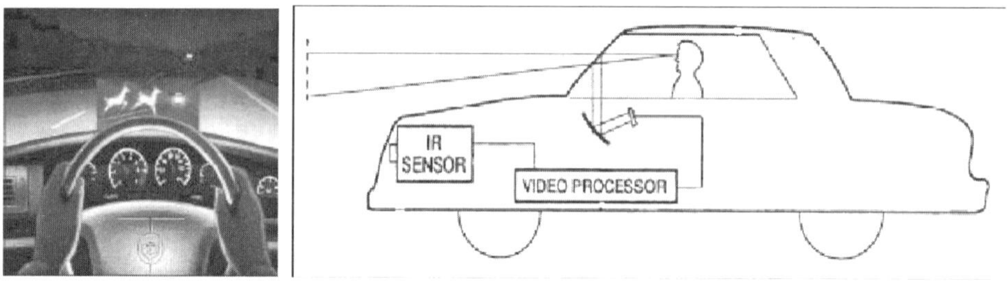

<그림2.19> HUD와 Night vision을 결합한 경우의 예

- Night Vision은 자동차 앞부분에 IR 센서(적외선센서)가 달린 카메라를 부착하여 전방에 있는 대상물체에서 나오는 적외선을 촬영, 대상물을 감지하여 HUD에 디스플레이 함으로서 운전자에게 야간 주행 정보를 제공할 수 있어 야간에 일어날 수 있는 사고를 미연에 방지할 수도 있음. 또한 HMI(Human Machine Interface), 텔레매틱스, 내비게이션과 연동하여 운전자에게 필요한 모든 정보를 제공하기 위한 연구가 진행 되고 있고 일부 고급차종에는 Night Vision은 자동차 앞부분에 IR 센서(적외선센서)가 달린 카메라를 부착하여 전방에 있는 대상물체에서 나오는 적외선을 촬영, 대상물을 감지하여 HUD에 디스플레이 함으로써 운전자에게 야간 주행 정보를 제공할 수 있어 야간에 일어날 수 있는 사고를 미연에 방지할 수도 있다. 현재 HMI(Human Machine Interface), 텔레매틱스, 내비게이션과 연동하여 운전자에게 필요한 모든 정보를 제공하기 위한 연구가 진행 되고 있고 일부 고급차종에는 이미 상용화되고 있는 추세이다.

2.1.8 홀로그램을 이용한 노변정보제공기술

- 빛의 간섭을 이용해 일상 생활 속에서 볼 수 있는 물체와 다름이 없는 3차원 영상의 정보를 사진필름에 기록하는 기술을 '홀로그래피(holography)' 라 하며, 그러한 기술을 통해 물체의 영상이 기록된 사진필름 또 재현된 영상을 '홀로그램(hologram)'이라 한다.
- 3D 디스플레이 방식이 좌, 우안 두 개 영상을 이용한 스테레오 방식에서 다시 점 방식으로 바뀌어 가고 있으며, 궁극적으로 홀로그램 방식과 같은 3D 디스플레이 방식으로 전환되고 있다.
- 현재 도로에 설치된 VMS와 같은 교통정보 제공시설물의 경우 그 규모가 크고 운영유지비 및 교통정보전달효과 측면에서 개선의 필요가 요구된다.〈그림2.20〉

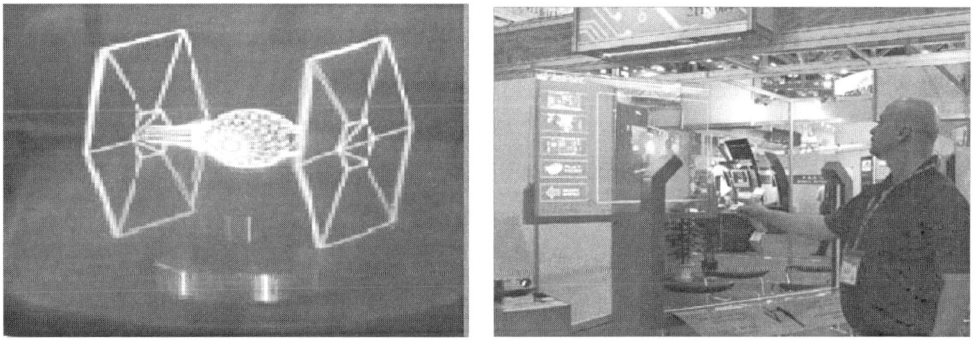

<그림2.20> 홀로그램의 디스플레이 사례

2.1.9 교통정보 제공관련 국내 기술 및 산업 동향

2.1.9.1 교통정보 수집 현황[2]

국내 교통정보 수집기관은 「수요분산과 교통 혼잡 완화를 위하여 교통시설 이용효율의 극대화, 교통소통정보제공 등 교통시설 이용객의 편의도모, 교통사고 감소를 위한 도로 및 차량의 안전도 향상」을 목표로 구축한다.〈표2.1〉

<표2.1> 교통정보 수집기관 일반현황

구분	건설교통부	한국도로공사	경찰청	서울시
목적	• 단속류의 교통혼잡 및 돌발 상황관리를 통한 교통혼잡 완화 • 자동단속 중차량관리 등 효율적인 교통관리 • 타 교통관리시스템과의 연계를 통한 관리의 효율화	• 고속도로 및 우회도로의 실시간 교통정보서비스 및 교통흐름의 분산유도 • 고속도로의 상황 모니터링 및 대처능력 제고	• 시내부도로의 실시간 교통정보서비스 및 교통흐름의 분산유도 • 시내부도로의 상황 모니터링 및 대처 능력 제고	• 도시고속도로의 적정 속도유지와 교통량유지 등 도로의 이동 기능 확보 • 교통사고 사망률제로 달성, 교통사고의 사전예방과 신속한 돌발상황 대응 등 안정성 제고
수집	• VDS / AVI / CCTV	• VDS / AVI / CCTV	• VDS / CCTV / GPS 차량, 교통통신원, 현장교통경찰관	• VDS / CCTV / 톨게이트 통행료 자료
제공	• VMS 전광판 • WEB 서비스 • 교통방송 • FAX • ARS	• VMS 전광판 • WEB 서비스 • FAX • ARS	• 교통방송 • WEB 서비스 • FAX 서비스 • PDA (영상 및 소통정보)	• VMS 전광판 • WEB 서비스 • ARS / FAX

- 수동방식의 ETC 시스템 : 수동형 DSRC 시스템은 삼성 SDS에서 이태리 방식을 사용하고 있으며, 차량 단말기와 노변에 설치되는 차량식별 및 차종분류장치와 과금 처리 장치로 구성되어 있음. 차량단말기는 OBE와 스마트카드로 구성되며 OBE는 노변기지국과의 통신 기능을 담당하고 스마트카드는 과금정보와 인증 알고리즘, 키이 정보를 보관하고 있음. 스마트카드는 ISO 7816 규격을 만족하고 도로공사에서 1997년부터 시험운영 및 현장 성능 시험을 실시하였으며, 시험결과에 따르면· Toll Gate 통과 시 기존에는 8 초/대가 소요되었으나 ETC 시스템 설치 시 2.6 초/대가 소요되어 평균 3배 이상의 도로 소통이 증가되는 효과를 얻고 있으며, 국토해양부에서는 2009년 5월부터 남양주시에서 "도시부 간선도로 첨단교통관리시스템 구축사업"을 준비 중에 있다.

2.1.9.2 다기능 / 복합 검지 기술

- 현재 국내에는 하나의 센서로 다기능을 수행(VDS+CCTV, VDS+AVI, VDS + CCTV +AVI)할 수 있는 검지기는 전무하며, 복합검지를 위한 검지기도 활성화 되어있지 않다.
- 영상검지기의 경우 Tripwire 방식과 Object Tracking 방식으로 구분되어있으나 국내의 경우 대부분 Tripwire 기반의 Loop Emulation 기능에 국한되어 개발 및 설치 운영되고 있는 실정임. 최근에는 대기길이 계측 및 정체 판단을 위한 수요가 있으나 국내 연구개발 사례는 전무한 실정이다.

2.1.9.3 도로환경 검지기술

- 도로부착 형 검지기술은 디지털 무선 송수신기와 별도의 외부전원 공급없이 3~5년간 작동하는 저전력, 초소형, 고성능 디지털 차량 검지용 센서를 장착한 매설형 차량검지 무선장치(W-VDS)

를 이용하여 차량의 속도와 단위 시간당 통과 차량 수 및 점유 시간 등의 정보를 획득하는 수준이며 도로 교통량에 따라 교통 신호를 자동으로 제어하거나 교통 상황 정보 수집하는데 활용되기도 한다.

- 결빙관련 기술은 도로 노면에 결빙감지 센서를 장착하여 도로 결빙 조기 경보 및 도로에 결빙 조짐이 감지되면 자동 융설액 분사 시스템을 이용해 액상 영화 칼슘 용액을 분사하는 도로결빙 방지 시스템 설치 운영 중이다. (수도권, 강원도 진부령 터널, 대관령 2, 3터널 구간 설치)
- 도로변에 설치된 도로기상 관측 장비와 도로 표면의 온도, 습도 센서로부터 기상정보를 제공받아 차량 운전에 위험이 되는 기상상황을 1~2시간 전에 운전자에게 미리 통보해주는 도로기상 정보시스템(RWIS: Road Weather Information System)은 특정 도로 구간의 기상상황을 예측하므로 광범위한 지역의 날씨를 예측하는 일반 기상예보보다 기상예측 정확도가 높다.(서울 북악 스카이웨이, 남부순환도로, 한라산 횡단도로 등 11개 구간 시험운영, 2005년에는 올림픽대로 41.8km 구간에 설치)

2.1.9.4 대용량 DB 처리 기술

- 국내 데이터웨어하우스는 NCR Teradata와 Sybase, SAS, Oracle, IBM 등 외국계 벤더가 주도하는 가운데 위세아이텍, BI CNS 등 국내 벤더들이 공공과 제조업종을 중심으로 시장에 참여/개발 구축하고 있으며, 이 중 NCR Teradata와 Sybase 두 벤더가 양강 체제를 구축하고 있다.
- 데이터 통합과 데이터 마트의 활용 등에 기술개발에 초점을 맞추고 있으며, 특히 데이터품질관리에 대한 연구는 최근 등장한 이슈임. 한국데이터베이스진흥센터의 조사에 따르면 데이터 품질관리를 수행하고 있는 기업은30%에 불과하다.
- 한편 국내에서도 최근 시맨틱 웹에 대한 많은 관심이 고조되고 있으며 모바일 분야를 비롯한 다양한 분야에서도 연구/개발이 진행되고 있으나, 대부분의 연구가 웹의 응용분야로서의 시맨틱 웹 기술보다는 인공지능 기술의 연장으로서의 온톨로지 또는 추론 기술 등에만 초점이 맞추고 있음. 더불어 시맨틱 웹에 대한 핵심 기술 표준화를 추진하고 있는 W3C 표준화 활동에 대한 참여 또한 미진한 상황이며, 이러한 활동에 대한 분석 또한 부족한 실정이다.

2.1.9.5 교통정보 제공 현황

- 현재 한국도로공사, 건설교통부, 서울지방경찰청, 서울시 등에서 교통정보를 제공하고 있다.

<표2.2> 관련기관 정보제공 현황

구분		제공정보	표출형태
한국도로공사		• 고속도로, 국도, 지자체 교통정보 • 경찰청 시가지 교통정보 • CCTV 영상	• Web, MBC Data 망, 휴대폰, ARS, FAX
건설교통부 국도교통관리시스템		• 국도 및 지방도로 교통소통정보 • 기상특보, 돌발상황, CCTV동영상	• VMS, Web, ARS, 휴대폰, FAX
서울지방경찰청		• 도심 교통소통, 통제정보 • CCTV 동영상	• TV, 라디오, Web, ARS, 휴대폰
서울시	도시 고속도로	• 구간 및 노선단위 소통정보 • 돌발상황, 영상, 통제정보	• ARS, VMS, WEB, 휴대폰
	TOPIS	• 대중교통정보, 영상정보, 통행정보 (속도, 교통량, 돌발상황 등)	• Web, 휴대폰을 통한 제공 계획
	BMS	• 버스위치정보, 지하철노선정보	• 휴대폰을 통한 맞춤형 서비스

<표2.3> 지방자치단체의 정보제공 현황

구분		제공정보	표출형태
서울시	경기도	• 소통, 통제, 영상정보 • 최적경로 검색	• PDA, 휴대폰연계 제공
	대전광역시	• 소통, 통제, 영상정보 • 대중교통정보 (BIS)	• 휴대폰연계 제공
	제주시	• 교통상황, 지도서비스	• 핸드폰, ARS, FAX
	전주시	• 교통상황, 빠른길 안내 • 대중교통정보 (BIS)	• 전주시관광정보연계 • 휴대폰, PDA 등
	수원시	• 소통, 돌발, 통제, 영상정보 • 빠른길 검색, 대중교통정보 (BIS)	• Web 등
	과천시	• 소통, 영상, 주차정보	• Web 등
	울산광역시	• 교통상황, 빠른길 안내 • 대중교통정보 (BIS)	• Web 등

2.1.9.6 DMB를 이용한 교통정보 제공현황

- 국내 DMB 기술개발 및 세계최초 상용서비스 성공에 따른 멀티미디어 제공 체계 확보
- 위성 DMB는 '05.5월, 지상파 DMB는 '05.12월(수도권) 본방송을 개시하여 '09. 6월 약 200만명 이용자 확보

※ 위성 DMB 가입자 : 200만명, 지상파 DMB 단말기 : 532.7만대(출처:한국전파진흥협회)

- 2012년 지상파DMB 2,255만명, 위성 DMB 819만명 규모 성장 예상

- DMB를 가장 많이 이용하는 장소는 이동중(자가용)(44%) 〉 이동중(버스/지하철/기차) (37.9%)가 가장 높게 나타남
- DMB를 이용한 교통정보 서비스 기술
  - 저비용 고효율의 DMB망을 이용하여 다양한 형태의 콘텐츠를 동시에 다수의 사용자에게 제공 가능
  - 유럽과 일본에 비해 교통정보 서비스 기술 개발이 늦게 시작되었지만 세계 최초의 DMB 기술 개발과 상용화로 멀티미디어 기반 대용량 교통정보 제공 서비스 기술 개발과 서비스 보급을 주도할 수 있는 기반이 마련되어 있다.
  - 현재는 속도 및 동발상황 정보 위주의 교통정보 서비스와 뉴스 등의 부가적인 텍스트기반 서비스가 제공되고 있고, 향후 다양한 형태의 콘텐츠가 추가 서비스 될 예정이다.
  - 현재는 방송사업자 마다 서로 다른 민간 콘텐츠 제공자로부터 교통정보 데이터가 수급되고 있기 때문에 수집 시스템의 단일한 표준이 마련되어 있지 않다.
  - 국가가 단일한 체계로 콘텐츠를 제공하고 방송사업자는 표준화된 방식으로 정보를 제공함으로써 국가적 차원에서 서비스 개발 비용을 절감할 수 있다.
  - DMB의 기본 특성은 단방향 서비스이지만 실시간으로 사용자 요구 수집 및 분석 시스템과 결합되어 사용자 요청 멀티미디어 정보 제공 서비스 기술 개발 및 적용도 가능하다.

2.1.9.7 HUD를 이용한 정보표현기술

<그림2.21> 국내 개발 HUD 화면자료

- 현재 국내에서 차량용 HUD 제품은 실제 시판되고 있지 않으며 인지도 또한 낮은 형편이다.
- 자동차부품 관련 연구소와 기업이 국책연구과제 등을 통하여 HUD 제품을 선행 개발하였지만 상용화를 위해서는 광학, LCD, 윈드실즈 등의 분야에서 추가적인 기술개발이 필요하다.
- 국내 기업에서 개발 중인 HUD의 경우 각종 정보들이 디지털 신호로 전환되어 광학적 홀로 그래픽 기술을 이용해 차량전면에 투영하는 것으로 유럽이나 미국 등에서 상용화되어 사용되고 있는 미러형과는 다른 형태이다.

2.1.9.7 교통관련 차량단말의 확대에 따른 관련 데이터 활용

- 2007년 8월 현재 전자지불시스템(ETC) 단말기 규모가 40만4천대로 급속하게 확산되고 있으며 2-3년 내에 수백만대로 증가할 것으로 예측된다.(일본의 경우 6년 만에 고속도로 이용율 70%, 약 500만대/일에 이름)
- 버스관리시스템(BMS), 주차관리시스템, 물류관리시스템 등 관련 시스템의 대폭 확대 추세 이다.
- 유로도로 및 요금징수 구간의 확대
  - · 민자고속도로 : 4개 노선 운영중, 5개 사업 건설중, 10개 사업 추진중, 31개 사업 제안 중으로 급속 확대 추세
  - · 지자체 유료도로(19개 노선), 서울남산터널, 서울시 강남·강북 혼잡통행료 등 광범위한 적용 잠재력
- 도로망 시스템의 다양화, 복잡화에 반해 교통정보시스템의 연결성은 취약
  - · 간선도로망 관리주체의 다양화, 복잡화로 인해 향후 간선도로망 효율 저하 및 이용자 불편이 예상됨
  - · 간선도로 네트워크 강화에 대한 사회적 욕구 강함
- 전자지불시스템 등 각종 단말기를 기반으로 한 교통정보 수집, 활용 부가가치 시스템 창출 요구
  - · 교통정보수집 리더기 위치, 규모, 밀도 산정기술
  - · 구간통행시간 정보, OD등 교통정보 산출 기술
  - · 교통정보 수집과 제공 분야에서 아직 표준적인 시스템이 확립되지 못하고 있다.
- 2010년 10월 현재 전자지불시스템(ETC) 단말기 규모가 437만대로 급속하게 확산되고 있으며 향후 점진적으로 증가할 것으로 예측됨.

2.2 교통 정보 수집 방법

지능형 교통체계의 발전으로 도로 이용자들은 보다 편리한 교통시설 이용이 가능하게 되었다. 특히 첨단교통정보시스템(ATIS)의 발달은 도로를 이용하는 운전자에게 다양한 형태의 정보를 실시간으로 제공하는 단계에까지 이르고 있으며, 이러한 정보제공 서비스를 가능하게하기 위해서는 정밀한 검지 체계와 신뢰성 있는 통행 속도 및 시간 산출이 관건이라 할 수 있다. 교통정보 수집 체계는 도로의 한 지점에서 교통량, 점유율, 순간속도 등의 정보를 수집하는 지점 검치 체계, 지점과 지점을 연결하는 한 구간에서의 통행시간, 속도 등의 정보를 수집하는 구간검지체계, 숫자로 계량화하기 어려운 교통상황이나 혼잡정보, 유고 정보 등을 수집하는 정성적 수집체계로 나눌 수 있다. 각 수집체계 별 종류와 특징은 다음과 같다.[3]

2.2.1 지점 검지 체계

지점 검지 체계는 도로의 일정 지점에서 차량의 존재나 통과 상황에 대한 정보를 수집하는 검지 체계이다. 이를 위해 도로변 또는 도로상의 각 지점에 검지기를 장착하고 이를 통과하는 차량들을 검지하여 지점 교통정보를 수집한다. 지점검지체계에는 루프 검지기, 영상 검지기, 초음파 검지기, 초단파 검지기 등 다양한 장치가 활용되고 있으며, 수집 가능한 정보로는 교통량, 점유율, 지점 속도, 대기행렬 길이 등이 있다.

2.1.1.1 루프 검지기

1) 개요

루프 검지 방식은 도로의 한 지점에 루프 코일을 매설하고 전원을 연결하여 자기장을 형성하여 그 위를 차량이 통과할 때 생기는 자기장의 변화를 검지하는 방식이다. 루프 검지기로 수집할 수 있는 정보로는 교통량, 점유율, 속도, 대기행렬 길이 등이 있다.〈그림2.22〉

고속도로나 국도 및 시가지의 간선도로에 대한 실시간 교통정보를 수집하는 시스템은 교통 관제센터의 정보처리 및 시스템 제어 및 정보 전달을 위한 센터 설비와 도로 현장의 지역 제어장치로 구분되어 있다.

지역 제어장치는 고속도로/간선도로의 차량검지 시스템 (Vehicle Detection System : VDS)의 현장 단말 장치로서 Never-Fail Loop Sensor와 루프 차량검지 제어기(Loop Detection Controller)으로 구분하여 수집된 교통 자료를 관제센터의 VDS용 Server에 통신 선로를 통하여 실시간으로 전송한다.

루프 검지 방식은 타 검지기에 비해 설치비가 저렴하고 현장 검지 능력이 우수하여 검지 정보의 신뢰성이 우수하다는 장점이 있는 반면, 도로에 매설하여 설치를 해야 하므로 설치시 교통흐름의 통제가 필요하며, 도로 파손에 따른 유지보수 비용이 많이 들고, 도로의 포장 상태의 변화에 따른 검지기 성능 저하가 발생될 수 있는 단점이 있다.

루프 차량검지기 시스템은 고속도로의 아스팔트 노면에 차선당 2개의 루프 코일센서 (Loop Coil Sensor)를 매설하여 차량검지기 지역 제어 장치의 루프 검지기 (Loop Detector)와 연결한 후 Loop Detector가 루프 코일 센서 위를 통과하는 차량에 의해 발생되는 미세한 Loop Coil Inductance 변화량을 검지하고 이를 증폭하여 통과차량의 존재와 속도 등을 측정한다. 또한 루프검지기 제어기에서 검지된 차량 정보를 저장 및 분석하며 센터에서 요구하는 필요한 교통정보를 전송토록 하는 교통정보 수집 시스템이다.

<그림2.22> 루프 검지기

2) 시스템 구성

속도로 및 중요 국도의 상행 및 하행선의 도로상에 설치된 각 Never Fail 루프 검지기 센서 및 루프검지기 제어장치와 센터의 교통정보수집 Server와의 시스템 구성(이 시스템의 도로현장 설치 구성)은 〈그림2.23〉과 같다.

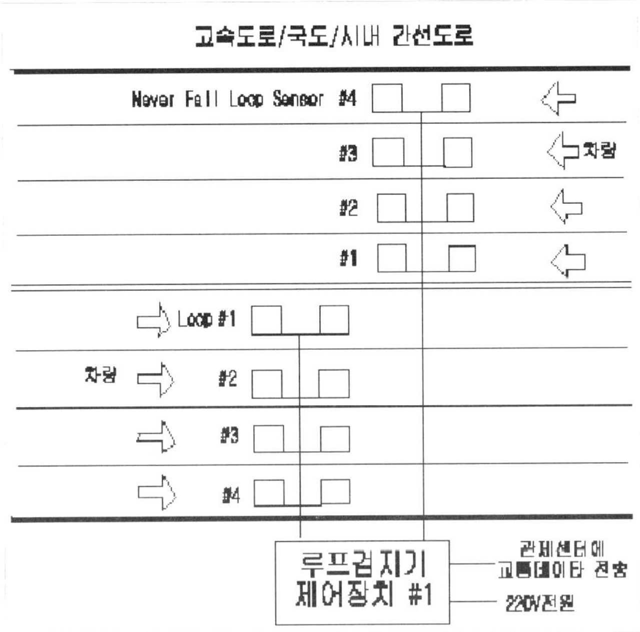

<그림2.23> 루프 검지기 시스템 구성도

Never Fail Loop 검지기 시스템의 도로 현장과 교통관제 센터간의 전체 시스템 Block Diagram은 다음과 같다.

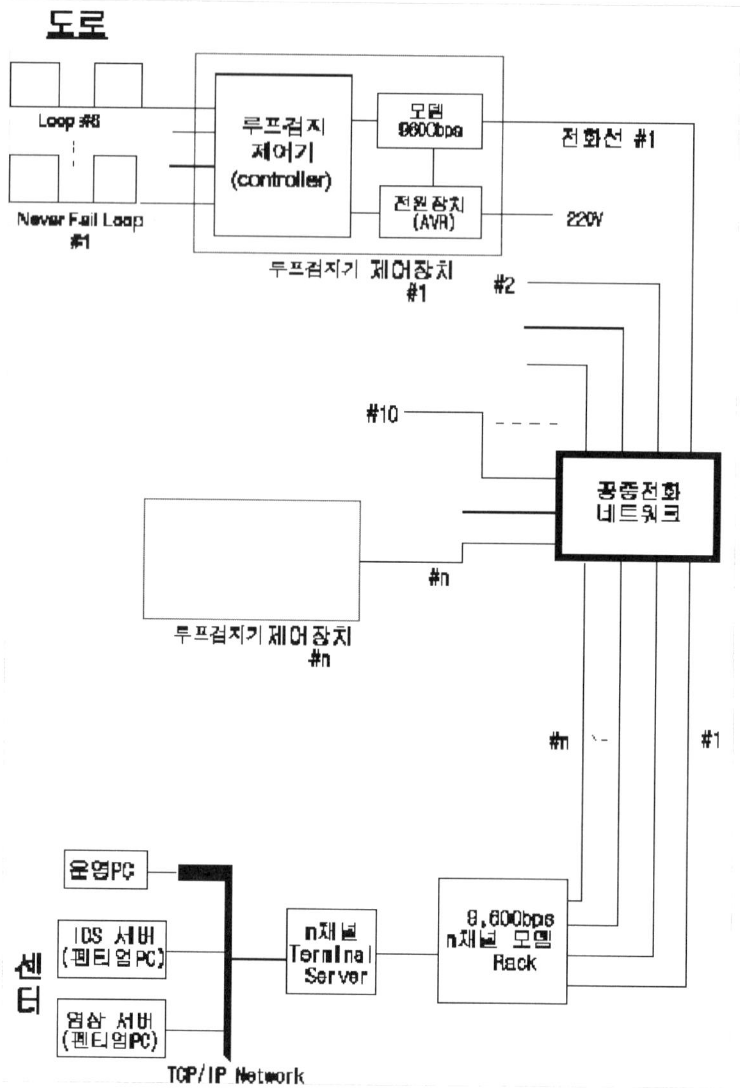

<그림2.24> 전체시스템 블록 다이어그램

3) 주요기기 내용 및 사양

루프 검지기 시스템의 주요 구성장치 및 기기의 성능과 내용은 다음과 같다.

- 루프검지기 제어장치

루프검지기 제어장치는 루프 검지기 제어기 (Loop Detector Controller)와 모뎀 및 전원장치로 구성되어 전천후 방수형 캐비넷에 실장되어 있으며 대 32 Ch.의 Loop Detectors의 Vehicle Data를 제어기에서 받아 이를 통계 교통 Data로 출력시킨다. 루프 검지 제어장치의 기기 구성은 〈그림2.25〉과 같다.

- 루프 검지기 제어기 (Controller) 1 대
- 모뎀 9.6K - 56Kbps 1 대
- 전원장치 및 낙뢰보호기 1 식
- 19" Rack 함체(Cabinet) 1 대

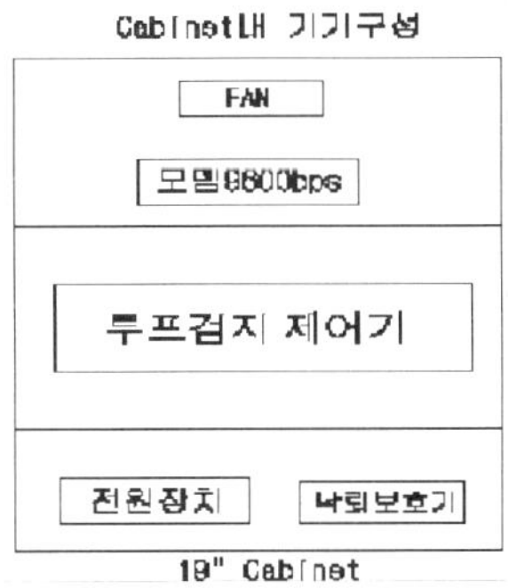

<그림2.25> 루프제어장치 기기구성도

- Never Fail Loop Sensors

Never Fail Loop Sensors는 미국의 Never Fail Loop Systems사에서 개발하여 국제특허를 획득한 Loop Coil Sensors로서 일반적으로 Loop Coil Sensors가 아스팔트의 균열과 파손 및 보수공사 등으로 인하여 성능저하 및 기능 상실이 되는 단점이 많은 것을 보완 하고자 아스팔트와 콘크리트에 안전하게 사용할 수 있는 내열/내인성에 강하고 잘 파손되지 않는 특수한 Plastic Tube속에 Loop Wirel를 내장한 조립된 Preformed Loop Sensor이다. 이 Never Fail Loop Sensors의 주요 특징은 다음과 같다.

▶ 특수 Hose 제품이므로 아스팔트 균열과 파손 시 Loop Coil의 단선이 안됨
▶ Preformed 제품이므로 설치 작업시간의 대폭단축
▶ Hot 아스팔트 포설 또는 콘크리트 타설 전 설치 가능
(아스팔트/콘크리트 Cutting 작업 불필요함)
▶ 사각형 또는 원형 Preformed Loop 제품 제공
▶ 아스팔트의 화학 성분과 환경 요인에 따른 Loop Coil의 품질저하가 없어 수명이 길고 항상 Loop 감도가 최상의 상태로 유지
▶ 설치 후 최소 10년 보장

- 루프 검지 제어기

지역 제어 장치내에 설장되는 루프 차량검지기 제어 장치기는 고속도로에 설치된 Loop Sensor 및 Loop Detector 에서 획득하는 교통량 Data 를 각 차선별로 내장된 CPU에서 분석하여 센터의

교통정보 Server에서 필요한 교통자료를 센타로 송출하여 주며 또한 교통 흐름의 혼잡도를 판단하는 Software가 내장되어 있어 교통사고 상태를 판단하여 경보 신호를 송출토록 한다.

- 주요기능 및 특징

제어기의 CPU Board는 Backplan Bus를 통하여 32채널의 Loop 차량검지기의 검지 상태를 매 20ms 간격으로 수집하여, 이를 분석, 계산하여 각종 파라메타를 산출, 제어하며 별도의 통신 Serial port 와 통신장치를 통하여 교통정보를 출력시킨다.

▶ 최대 16차선 측정 가능
▶ 95% 이상의 신뢰성있는 교통 Parameter 수집
▶ 자체 교통사고 감지 (Incident Detection) Software 내장
▶ 4Ch. Loop Detector Card 사용
▶ Video Image Detector WIM Detector사용가능
▶ 별도의 CPU Board 및 Communication Board 사용
▶ Solar battery 사용 가능
▶ 3U 19" 표준 Rack 사용

2.1.1.2 초음파 / 초단파 검지 방식

초음파 검지방식에서는 도로의 한 지점에서 초음파를 발생시켜 이 초음파가 반사되어 되돌아오는데 걸리는 시간을 감지하여 차량의 속도, 교통량, 점유율 등을 계산한다. 초단파 검지방식은 초음파 검지방식과 유사하나, 초음파 대신 초단파를 발생시키는 차이가 있다. 초음파 / 초단파 검지 방식으로 수집할 수 있는 정보는 교통량, 점유율, 속도 등이 있다.

초음파 / 초단파 검지 방식은 루프 검지기에 비해 설치 및 유지관리가 용이하며, 노면 파손 및 도로 공사 등에 관계치 않는 장점이 있으나, 루프 검지 방식에 비해 상대적으로 설치비용이 비싸고, 주변 환경 조건에 의한 영향이 발생할 수 있는 단점이 있다.

• 초음파 검지기

초음파검지기는 매질(공기)속을 전파하는 20~65Khz의 탄성 진동파를 주행차량에 주사하여 차량으로부터 반사되는 반사파를 검지해 차량의 존재유무를 감지하는 방식이다. 초음파는 공기를 통해 이동하므로 습기, 주위온도 등의 환경요소에 의해 왜곡되거나 약해질 수 있으며, 거의 모든 물체가 초음파 파동을 반사하지만 직물이나 구멍이 많은 표면은 약한 반향을 나타낸다.

초음파검지기는 수동형과 능동형이 있으며 수동형은 스스로 초음파를 발생시키지 않고 초음파를 수신하는 검지기이고, 능동형은 반대로 초음파를 발생시켜 대상체로부터 반사 신호를 수신하는 검지

기이다. 초음파검지기는〈그림2.26〉과 같이 일반적으로 진동자라고 하는 전기음향 변환기와 주변 전자회로로 구성된다.

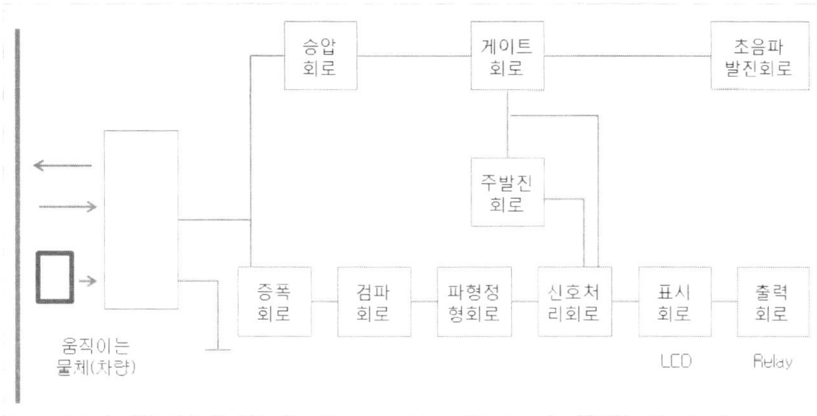

<그림2.26> 초음파 검지기 구성도

▶ 발진회로 : 공진주파수에 합치되는 주파수를 만드는 회로
▶ 게이트회로 : 어떤 일정시간 센서를 구동하기 위한 회로
▶ 승압회로 : 센서에 고전압을 부여하기 위한 회로임
▶ 증파회로 : 물체에서 반사된 초음파신호를 증폭하는 회로
▶ 검파회로 : 신호파만을 추출하는 회로
▶ 파형정형회로 : 아날로그 신호를 디지털 신호로 변환하는 회로
▶ 주발진회로 : 게이트회로나 신호처리회로의 기초가 되는 클럭을 만드는 회로
▶ 신호처리회로 : 디지털 신호를 처리하는 회로
▶ 표시회로 : 물체의 유무를 표시하는 회로

<그림2.27> 초음파 검지기

• 초단파 검지기

초단파검지기는 초단파(Microwave)의 전자기파를 이용하는 검지기로서 도플러효과(Doppler Effect)를 이용하여 움직이는 차량의 속도를 측정하는 검지기와 레이더(RADAR; Radio Detection Ranging)의 원리를 이용하여 차량의 존재유무, 속도, 점유시간 등을 측정하는 검지기로 분류된다. 초단파 레이더 방식의 검지기는 특히, 유럽에서 많이 채택하고 있으며 초단파 레이더 관련 기술은 제2차 세계대전 무렵부터 군사적 목적으로 많이 활용되어 왔다.

도플러효과는 전파나 음파 등의 파동원이 목표물을 향하여 임의의 속도로 접근할 때 주파수는 목표물에서 관측되는 파동원의 주파수보다 높아지고, 반대로 파동원이 목표물에서 멀어질 때 주파수가 파동원의 주파수보다 낮아지는 현상을 말한다.

레이더 원리는 전자기파를 물체에 조사할 때 물체로부터의 반사파 또는 되반사된 전파를 받아 그 왕복시간과 안테나의 지향특성의 관계를 이용하여 물체의 위치를 인식하는 원리를 말한다.

도플러효과를 이용한 초단파검지기에는 주파수 카운터를 이용하는 방식과 주파수/전압 (Frequency/Voltage) 변환기를 이용하는 방식이 있다. 이중 주파수 카운터를 이용하는 방식은 도플러 쉬프트 주파수에 의하여 게이트 신호를 만들고 기준 신호를 확인하는 방식과 기준 신호로 게이트를 만들고 도플러 카운터를 계수하는 방식으로 나눌 수 있으나, 이러한 방식은 검지차량이 저속으로 주행하게 되면 차량을 빠르게 계수할 수 없다는 단점이 있다. 이를 보완하기 위해서는 저주파 카운터(Low Frequency Counter)를 사용하는 PFG방식과 Reciprocal 방식 등이 요구되며 따라서 현재는 주파수를 전압으로 변환시켜 주는 F/V 변환기 방식이 많이 사용되고 있다.

레이더의 원리를 이용한 초단파검지기는 사용하는 레이더의 파형에 EK라 펄스레이다 방식과 연속파 레이더 방식으로 나누고 있으며, 특히 연속파 레이더 방식중에 주파수 변조 연속파(Frequency Modulated Continuous Wave, FMCW) 방식은 기존 연속파 방식의 거리 측정능력을 향상시킨 방식이다. FMCW 방식은 시간의 경과에 따라 송수신 주파수가 끊임없이 변하는 주파수 변조 연속파라 불리는 톱니(Saw-tooth)모양의 파형을 사용하며, FMCW 방식의 검지기는 차량과의 거리측정이 가능하기 때문에 차량의 존재유무 파악이 가능하다.

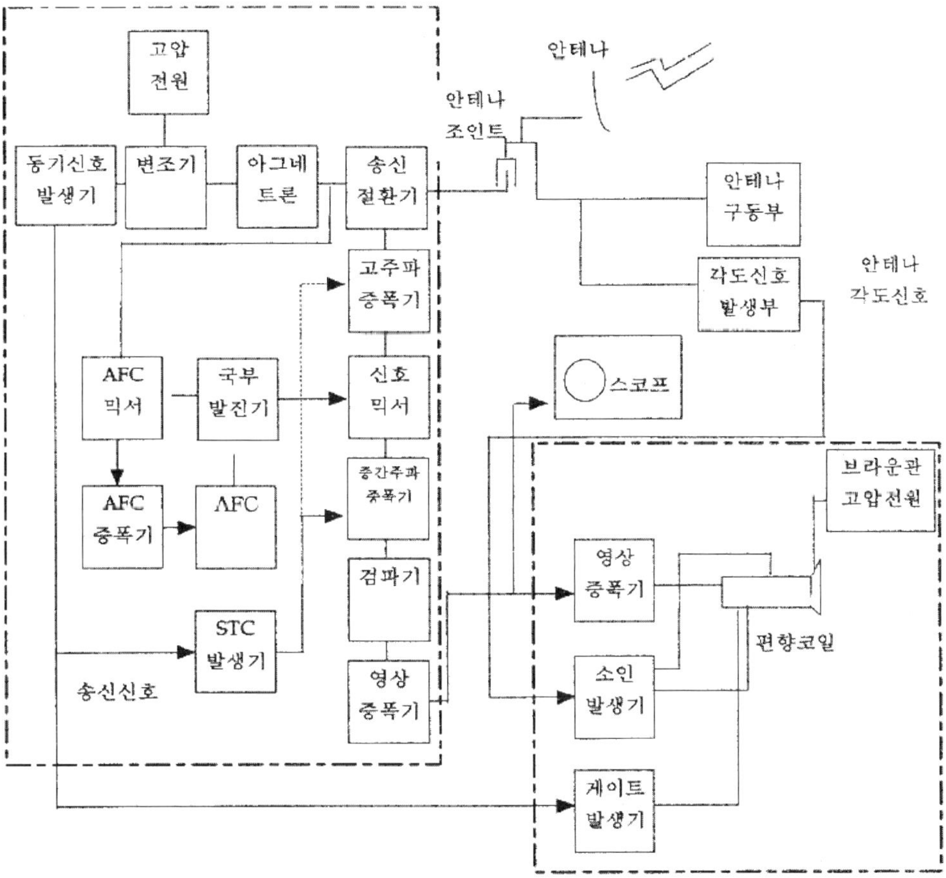

<그림2.28> 초단파검지기 시스템 구성도(펄스 레이더 계통도)

초단파 레이더 방식의 검지기는 특히 유럽에서 많이 채택하고 있으며, 이 방식은 적절한 스캐닝 기술이나 신호처리 기술을 사용하여 여러 차로의 교통량과 속도를 직접 측정할 수 있다. 미국의 경우 교통자료 수집이나 모니터링용 초단파검지기를 주무관서의 인가 없이 사용할 경우에는 초단파 기기에 관한 미연방 통신위원회(FCC)의 제 15편 규정에 따라 사용 가능한 주파수 대역이 10.5~24.0GHz로 제한되어 있다. 우리나라의 경우도 경찰청에서 고속차량의 단속을 목적으로 초단파검지기를 사용할 때는 주로 10.5~24.0GHz 범위의 주파수대역을 사용하고 있으며, 특히 초단파는 주변의 전자기기나 통신장비에 전가기 방해(Electromagnetic Interference, EMI)를 일으킬 수 있으므로 주의를 기울여야 한다. 일반적인 초단파검지기의 구성체계는〈그림2.27〉과 같이 검지부(트랜시버 모듈)와 신호처리부, 레이더 안테나 등으로 구성된다.

초단파검지기는 설치위치에 따라 차량의 진행방향에 정면 설치방식(Over-head 또는 Front Fire)과 측면 설치방식(Side Fire)으로 나눌 수 있으며, 초단파검지기를 정면에 설치하는 경우에 검지기의 신뢰도는 설치각도에 따라 많은 영향을 받기 때문에 검지대상체를 향해 발사되는 초단파가 도로면과 상하로 이루는 경사각이 중요한 요소가 된다. 초단파검사기의 경사각에 따른 차량의 상대속도와 절대속도 간의 관계를 살펴보면 경사각이 0°인 경우에는 상대속도와 절대속도가 같아지며, 90°인 경우에는 측정되는 상대속도가 0에 가까워지며 따라서 초단파검지기의 경사각이 클수록 측정된 자료의 신뢰도는 저하된다. 초단파검지기를 측면에 설치하는 경우에는 검지폭에 따라 측정되는 상대속도가 달라지며, 검지폭이 클수록 상대속도가 커지므로 차량의 속도 측정에 따르는 오류를 최소화하기 위해서는 가급적 검지폭을 줄이는 것이 좋다.

2.1.1.3 적외선검지기(레이져 검지기)

레이저를 사용하는 검지기중에 적외선을 이용한 검지기는 적외선 검지기라고 한다. 적외선 검지기는 검지파 발생방식에 따라 능동형과 수동형으로 나눌 수 있으며, 능동형 적외선검지기는 검지대상에 광선을 발사한 수 반사되어 돌아오는 빛을 감지하여 검지대상을 인식하는 검지기이며, 수동형 적외선검지기는 검지대상이 방출하는 에너지를 통해 검지대상을 인식하는 검지기이다. 능동형인 경우 발광 다이오드(LED; Light Emitting Diode)를 사용하여 저 수준의 적외선 에너지를 검지영역에 방사하거나, 레이저 다이오드를 사용하여 고 수준의 적외선 에너지를 검지영역에 방사하게 된다. 능동형 적외선검지기는 신호교차로에서 차량의 존재유무 판별이나 교통량, 속도, 차량길이, 대기행렬 길이 등의 교통변수를 측정할 수 있으며, 신호교차로 정지선에서 차량의 존재유무 판별이나 혹은 교차로로 접근하는 차량의 존재유무 판별 등과 같이 검지 목적에 따라 검지영역을 조정할 수 있다. 적외선검지기는 보통 15~30피트(4.6~9.1m) 높이로 설치하며, 신호교차로 한곳에 여러 대의 검지기를 설치하여 운용할 수도 있으나, 수동형 적외선검지기는 능동형과는 달리 속도측정이 불가능하다.

수동형 적외선검지기의 작동원리는 검지영역에 차량진입 시 방출되는 열에너지의 변화가 생기는데 이를 감지하여 차량을 인식하는 것으로 수동형 적외선검지기의 경우에는 일기조건이 불량한 경우(구름 많음, 습도 높음, 비가 옴 등) 맑은 날에 비해 대기의 온도가 높기 때문에 차량의 통과로 발생하는 신호가 감소하게 된다. 그러나 이러한 문제점은 검지기 적외선 스펙트럼 중 가장 긴 파장만을 차량의 검지에 이용하거나 검지기 운용 시 측정범위를 상대적으로 짧게 하면 어느 정도 해소할 수 있다.

적외선검지기는 일반적으로 2개의 적외선 송수신기로 구성되며, 그 세부적인 구성도는 다음과 같다.

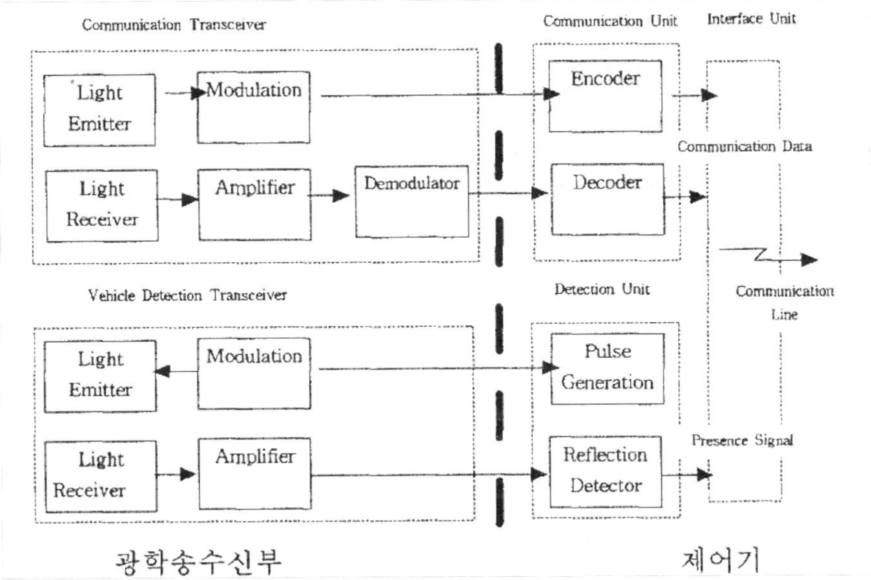

<그림2.29> 적외선검지기의 구성도

적외선검지기는〈그림2.30〉과 같이 직사방식(Direct Sensing), 반사방식(Reflex Sensing), 발산방식(Diffuse Sensing)의 3가지 검지방식으로 운영되는데 각 방식은 운영특성이나 활용측면에 있어 차이가 있다.

- 직사방식은 빛을 발사하는 장치인 발광기와 빛을 감지하는 장치인 수광기로 분리되어 있으며, 두 장치사이로 검지대상체가 통과하면 빛이 차단되어 이를 통해 물체를 인식한다.
- 반사방식은 발광기와 수광기가 같은 하우징에 들어 있으며, 반대편에 반사기가 위치하여 물체가 발광기 및 수광기와 반사기 사이를 통과하면 빛이 차단되어 물체를 인식한다.
- 발산방식은 발광기와 수광기가 나란히 위치한다. 발광기로부터 임의의 한 점에 빛을 발사하면 물체가 없는 경우에는 빛이 반사되지 않다가 물체가 통과하면 반사되는 것을 이용해 물체를 인식한다.

직사방식은 빛이 발광기에서 수광기로 한번만 발사되는 방식이기 때문에 상대적으로 측정거리가 길며, 나머지 방식들과 달리 반사에 의한 에너지 손실이 없다는 것이 특징이다.

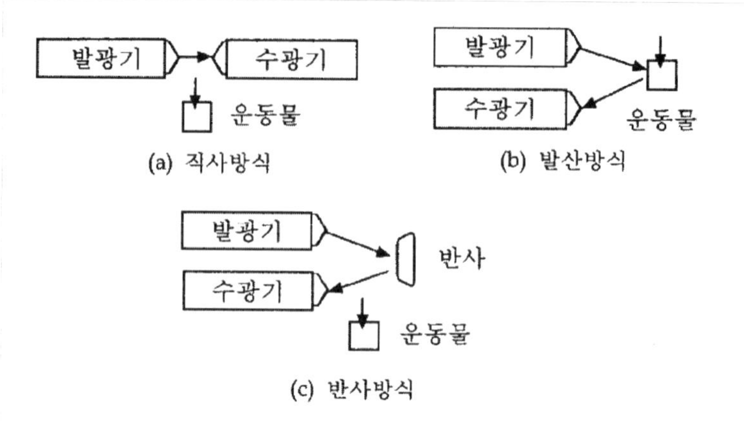

<그림2.30> 적외선검지기의 검지방식

반사방식은 발광기에서 발산된 빛이 반사기를 통해 수광기로 들어오는 방식이기 때문에 측정거리가 짧고 빛의 반사로 인한 에너지 손실이 크고, 또 반사방식은 만약 반사율이 높은 물체가 통과하게 되면 발사된 빛이 그대로 수광기로 반사되어 검지에 실패할 수 있다. 이는 발광기에서 반사된 빛이 물체의 통과로 인해 일정시간 동안 차단되어야 물체를 인자할 수 있는데, 반사율이 높으면 발광기에서 발사된 빛이 물체에 반사되어 수광기로 들어가 물체가 없는 것으로 간주하기 때문이다.

능동형 적외선검지기는 비화상(검지영역이 하나의 화소만을 포함)검지기와 화상(검지영역이 여러 개의 화소로 이루어짐) 검지기로 나눌 수 있다.

- 비화상검지기는 송신기로 LED나 레이저 다이오드를 사용
- 화상검지기는 송신기로 레이저 다이오드를 사용

비화상 적외선검지기인 경우는 일반적으로 전체화면으로부터 빛에너지를 모으는 장치인 에너지에 민감한 소자(ESE)를 사용하지만, 이 장치를 화면에 포착된 물체를 화소로 세분할 수 없다. 그러나 화상검지기는 교통환제를 목적으로 2차원 배열을 사용하며, 각 검지기는 작은 검지영역을 가지게 되며, 따라서 2개 이상의 적외선검지기를 사용하여 화면으로부터 빛에너지를 모으게 되면 물체의 식별이 가능할 정도로 세밀한 화상이 표출된다.

능동형 적외선검지기는 주야에 상관없이 교통변수 측정이 가능하며, 특히 레이저 다이오드 형식인 경우는 차량의 형체를 식별할 수 있기 때문에 차종분류도 가능하다. 그러나 능동형 적외선검지기는 대기의 영향을 많이 받기 때문에 에너지 송수신 과정에서 산란현상이 자주 발생하면, 특히 햇빛에 의한 혼선(Cross-talk)을 빚기도 한다. 또한 적외선검지기의 초점면(Focal Plane)에 도달하는 에너지는 연기나 먼지 등과 같은 오염물질 뿐만 아니라 안개나 강우에도 매우 민감하여 검지기의 성능을 저하시키는 주요 원인으로 작용한다.

수동형 적외선검지기는 검지대상이 방출하는 에너지를 통해 검지대상을 인식하며, 현재 운영되고 있는 대부분의 검지기는 전기적 신호로 처리하는 기능을 가지고 있다. 주야에 구별 없이 운용이 가능하지만 비나 눈에 의한 성능 저하, 잘못된 반응에 대해 지나치게 민감하며, 또한 검지재료와 전자기기의 주파수대역 등이 적절하지 못할 경우 원상복구에 장시간이 소요되고, 검지대상 주변의 점멸하는 불빛에 민감하게 반응한다는 단점이 있다. 적절한 검지범위와 운용 파장, 감광력이 뛰어난 검지재료를 선택하면 특히, 짧은 검지범위에서는 일기조건에 의한 검지오류를 어느 정도 줄일 수 있다.

2.1.1.4 영상 검지 방식

영상 검지 방식은 도로에 설치된 고정식 카메라로 교통 상황을 영상화 하고 영상에 사전 설정된 검지영역에 차량 통과 여부를 판독하여 차종 및 교통량, 속도 등을 측정하는 방식이다. 영상 검지 방식을 통해 수집할 수 있는 정보로는 교통량, 점유율, 속도, 대기행렬 길이 등이 있다.

영상 검지 방식은 정보의 신뢰성, 설치 및 유지보수의 편리성 등이 우수하다는 장점이 있으나, 안개 등의 기상 악화와 야간에 운용이 제한된다는 단점이 있다.

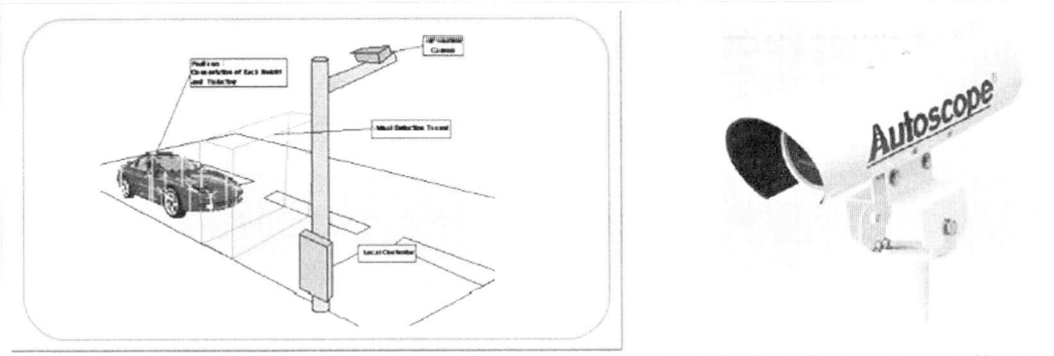

<그림2.31> 영상 검지기

현재 영상검지기는 선진 각국 뿐 아니라 국내에서도 가장 활발하게 개발되고 있으며, 컴퓨터에 의한 영상처리기술의 발달에 따라 영상처리 속도가 크게 향상되고 있다. 영상 검지 이론은 Threshold 기법이며, 각각 대응하는 화소(pixel)나 블록(block)간의 밝기 차를 구하고 일정한 문턱값(Threshold)을 기준으로 밝기값 차이가 문턱값 이상이면 물체가 존재한다고 가정하는 것이다. 카메라로부터 입력받은 아날로그 영상 신호를 디지털로 변환하고 변환된 영상 신호상에서 일정 검지 영역내의 차량 여부를 판단하기 위하여 앞의 Threshold 기법을 사용한다. 검지 할 영역에서의 화소 값들의 분포를 미리 인식하고, 차량이 진입할 때 화소 값들의 변화에 의하여 차량진입 여부를 판단하는 것으로 이는 검지의 에러율을 높이는 주요원인이 된다. 〈그림2.32〉

검지 알고리즘을 간단히 요약을 하면 차량의 움직임이 없을 때 배경 영상을 저장하여 현재 입력 영상과 비교하여 이진 영상 처리하여 차량의 진입 여부를 판단하는 것으로 위의 단점으로 지적된 환경의 변화를 극복하기 위하여 환경 변화 시 신경망 이론에 의해 학습된 새로운 환경 데이터를 적용함으로써 실시간 검지의 효율을 높일 수 있다.

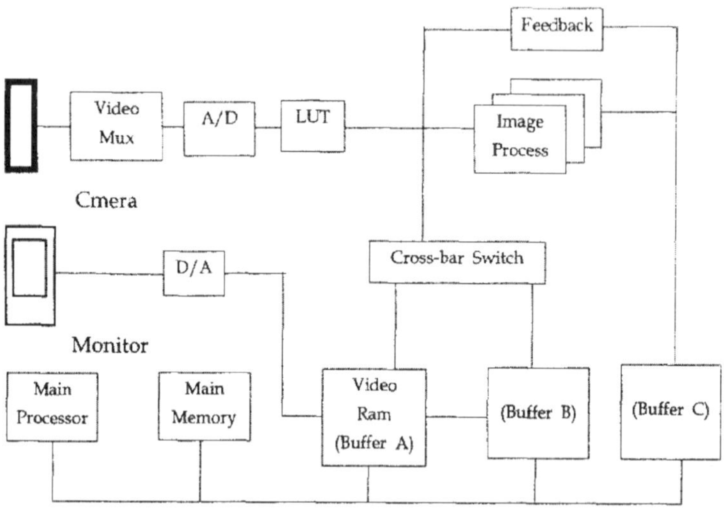

<그림2.32> 영상검지기의 하드웨어 구성도

- 구현 알고리즘의 개요

- 영상 내 특정 위치에서의 검지를 위해 영상내에 가상의 검지선을 정하게 되는데 이렇게 설정된 가상의 검지선내 차량이 들어왔을 경우에 차량의 검지를 인식하게 된다. 즉 매 프레임마다 검지선의 화소값 분포를 감시하여 차량의 검지선에 진입 유무에 대해 분석함으로써 검지하는 것이다.
- 차량이 검지선을 통과하지 않았을 경우에는 노면에 대한 즉 배경의 화소값이 나타나게 되고, 차량이 검지선에 진입했을 경우에는 화소값이 변하게 된다. 이 때, 검지선의 화소값들은 통과 차량의 색상에 따라 노면 화소값들보다 높아질 수도 있고 낮아질 수도 있다. 이 두 가지 경우에 모두 대비하기 위하여 차량 진입 시 화소값들의 높아짐에 대한 최대 임계값과 낮아짐에 대한 최소 임계값을 정한다. 이 임계값의 범위는 차량이 통과하지 않았을 때 검지선의 화소값들이 분포 범위에 의하여 얻을 수 있고, 검지선에 추출된 화소값들이 이 임계값 범위 밖에 있을 때 차량의 진입을 인식할 수 있다. 각 검지선에서 추출된 화소값들이 임계값 범위 안에 있는

지 판단하는 방법으로는 검지선의 화소값들을 임계값과 차례대로 비교하는 방법과 그 평균값을 임계값과 비교하는 방법이 있다.

- 환경에 따른 배경영상 즉, 도로의 화소값의 변화에 대처하기 위하여 신경망 이론을 이용한 학습 방법을 이용한다. 즉 검지의 기준이 될 화소값과 임계값을 입력되고 있는 곳의 환경변화에 맞게 학습하여 이용함으로써 실시간으로 언제, 어디서든지 기능을 발휘할 수 있도록 하는 것이다.

● 영상 검지 알고리즘 구현〈그림2.33〉

- 영상 검지기 알고리즘은 입력영상을 32화소의 일차원 배열로 정규화 한다.
- 정규화된 32화소 중 임의로 설정된 임계값을 넘는 화소수를 계수하여 이 값이 25%를 초과하면 라인이 점유되었다고 판단한다.(차량 흐름의 검지로 판단)
- 임계값 및 점유율은 고정된 값이 아니며 수시로 값을 변경하여 지정할 수 있게 하여 배경 영상의 변화에 대한 적응력을 높인다.
- 영상이 입력되면 8장의 영상에 대해서는 정규화가 이루어지고 매 20분마다 기준 영상을 갱신한다.

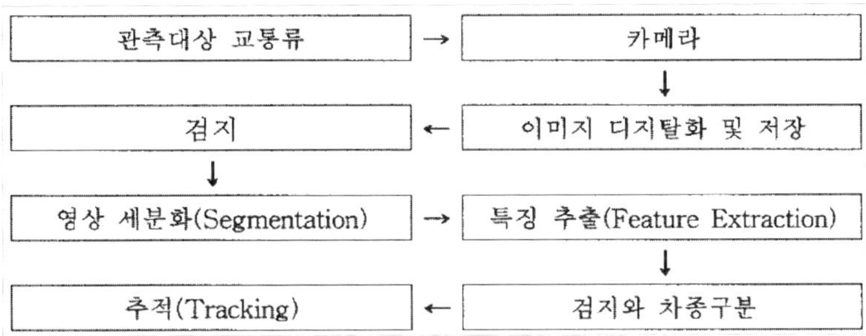

<그림2.32> 영상검지기의 하드웨어 구성도

3.2.2 구간 검지 체계

구간 검지 방식은 일정 구간을 통과하는 데 걸리는 시간을 수집해서 해당 구간의 속도를 산출하는 방식이다. 구간 검지 방식에는 GPS와 무선통신망을 이용한 방법, DSRC (Dedicatied Short-Range Communication)을 이용한 방법, Beacon과 Probe Car를 이용하는 방법 등이 있다.

3.2.2.1 GPS와 무선통신망을 이용한 방식

GPS와 무선통신망을 이용한 방식에서는 GPS 수신기를 장착한 차량에서 자신의 위치 정보를 CDMA 방식 또는 무선데이터망을 통해 중앙 관리센터로 전달하고, 중앙 관리센터에서 통행시간 및 속도를 계산하는 방식이다. 이 방식의 장점은 기존의 Infra망을 그대로 사용이 가능하며, 차량 별로 위치추적이

가능한 장점이 있으나, 차량 단말 장치가 고가이고, 차량 증가에 따른 통신비용이 증가되며, 터널이나 고가도로 또는 빌딩 사이에서 GPS 음영지역에 따른 위치파악 곤란 등의 단점이 있다.

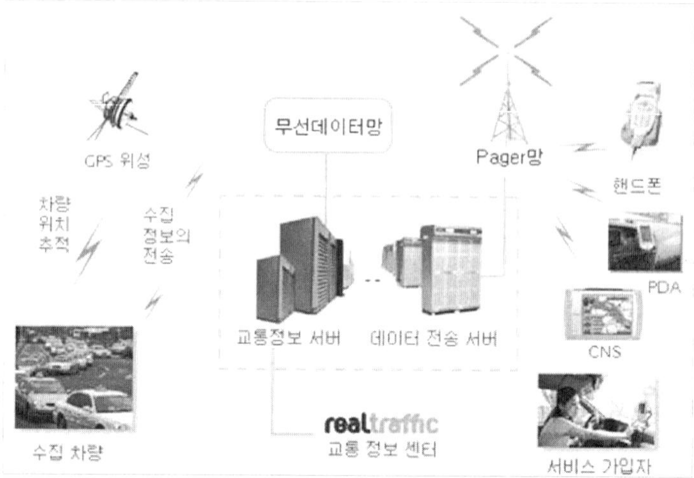

<그림2.34> GPS / 무선통신망 방식 [(주)RealTraffic]

3.2.2.2 PROBE 차량방식(Beacon, DSRC)

프로브차량에 설치된 Active DSRC방식의 차량단말장치(On Board Equipment)와 노변에 설치된 노변기지국(Road Side Equipment)간의 5.8GHz의 실시간 양방향 통신을 차량의 위치정보 및 차량정보를 수집하고 사용자에게 교통정보, 사고/공사정보, 기상정보 등 다양한 정보를 제공하는 근거리 통신방식이다.

RSE는 교차로 및 버스정거장에 설치되어 실시간 양방향 통신을 통해 단말로부터 정보를 수집하여 유선으로 센터와 연동시키는 기지국 장치이며, 프로브차량에 정착되어 실시간 양방향 통신을 통해 교통정보를 제공하는 단말장치이다.

DSRC는 기상(안개, 비, 눈) 환경 등에 심각한 영향을 받는 기존 정보수집 단말방식들의 한계에 비해 DSRC 방식은 날씨와 환경에 영향을 받지 않으며 자기진단 및 백업기능을 통한 신뢰성 있고 안정적인 ITS서비스를 제공한다. 한국정보통신기술협회(TTA)에서 공시한 5.8GHz 대역의 노변기지국(RSE)과 차량단말장치간 근거리 전용 무선통신 표준(표준번호 : TTAS.KO-060025, 제정일 : 2000년 10월 31일)에 규정된 Active DSRC 방식으로서 국가표준에 준하며, 양방향 패킷전송을 수행함으로서 기존ITS에서의 정보수집 단말기들의 단방향전송과 저속데이터전송의 한계를 해소하여 실시간 정보수집 및 다향의 정보제공으로 발전된 ITS 서비스를 제공한다.

• DSRC 방식

DSRC(Dedicated Short-Range Commmunication)방식에서는 도로변에 설치된 노변장치(RSE; Road Side Equipment)를 이용해 한 RSE를 지나는 Probe Car의 위치를 파악하고, 이 정보를 노변장치에서 중앙센터로 송신하며, 마찬가지로 이 차량이 다음 RSE를 통과할 때 시간차를 통해 차량의 통행시간과 구간 통행 속도를 수집하는 방식이다.

DSRC방식은 ETC(Electronic Toll Collection)과 연계하여 적용할 수 있는 장점이 있으나, 통신망 구성을 위한 Infra 투자비가 상대적으로 많이 소요된다.

• Beacon 방식

도로상의 가로등 또는 신호등에 설치된 위치 Beacon에서는 해당 Beacon의 위치를 알려주는 특정 신호를 계속 송신하고, 송수신기가 부착된 Probe Car가 위치 Beacon을 통과하는 순간 그 신호를 받아 차량 정보와 해당 Beacon 통과 시간 정보를 통신 Beacon으로 송신한다. 통신 Beacon(소형기지국)은 이러한 데이터들을 중간 기지국으로 보낸 뒤 이곳에서 구간 통행 속도를 계산하여 메인 서버로 보낸다. 메인 서버에서는 중간기지국으로부터 올라오는 자료를 수집, 가공, 제공하는 역할을 한다.

Beacon 방식은 분산 처리 방식을 이용하여 중앙 관제 센터에 걸리는 부하를 분산시킬 수 있는 장점이 있으나, Infra 설치비용이 많이 소요된다.

<그림2.35> Beacon 방식

<표2.4> 구간검지기의 수집방식의 비교

항목	Beacom	GPS	능동형 DSRC
사용망	• 전용선	• PCS 망	• 모뎀/전용선/Ethernet(LAN)
방식	• 전용선이 접속되어 있는 통신비콘과 ID만을 송신하는 위치비콘의 두 종류로 구성되어 단말기가 비콘을 지나간 시간을 수집하여 통행량 및 구간별 소요시간을 산출함 • 전용선은 Modem으로 통신	• GPS로부터 위치정보를 수집하고 이 정보를 주기적 또는 일정거리의 이동 후 변경된 위치정보와 시간을 PCS망을 통하여 전송	• 기지국과 단말기가 각각 송/수신장치를 갖고 상호요구에 의해 쌍방통신을 하는 방식으로 서비스의 확장성이 뛰어남
전송속도	• 최대 9.6 Kbps	• 9.6 Kbps	• 1 Mbps
다중접속	• 불가	• 다중접속	• 다중접속
신뢰성	• 날씨에 영향	• 날씨에 심각한 영향 • 셀 영역이 커서 정확한 위치 파악이 어려움 •도시환경에서 수신 어려움	• 기후변화에 상관없는 지속적 서비스 가능
확장성		• PCS단말 + GPS단말로 합쳐져야 함	• 통일된 단말로 가능, 향후 Probe증설 필요 없음 • 모든 서비스에 확장가능 • 타 지역, 타 사업자와 단말연동가능
실시간 양방향	• 제한적 정보제공 기능	• 가능	• 가능(1 Mbps)
표준화	• 표준 없음	• 표준 없음	• 표준번호:TTAS.KO-06.025, 2000년 10월 31일 한국정보통신기술협회고시
장점	• 비교적 저가	• 기존 이동통신망으로 구현 가능	• ITS서비스 전반적 무선통신에 적용이 가능 • 타 방식에 비해 고속전송 • 국가표준으로 채택 • PPL을 통한 주파수 변환으로 8CH. 주파수 대역 모두 소화
단점	• 정보수집만 가능	• 정보수집만 가능 • 도심지역 GPS수신율 저하 • 이동망의 사용료 지불	• 비교적 고가

교통개발연구원

• 이미지 인식방식

이미지 인식방식은 도로상을 주행하는 일반적인 차량을 프로브 차량으로 이용할 수 있도록 비접촉식 검지기(레이저 센서)를 이용하여 그 번호판을 인식하여, 도로상의 차량소통정보(통행속도, 여행시간)를 구간 단위로 수집하는 시스템으로 레이저센서를 이용하여 차량 검지를 위한 트리거 신호를 발생시키고, 도로상의 각 지점을 통과하는 차량의 번호를 카메라로 촬영하여 촬영된 차량 영상을 이용하여 자동으로 번호를 추출, 인식한 후 번호 정보와 차량이 통과한 일자, 시간, 분, 초를 수집하여 대상도로를 주행하는 차량에 대한 정보를 수집한다. 수집된 정보는 현장제어기를 통하여 분석, 처리하여 각 지점을 통과한 시간 차이로 구간 여행시간 및 통행속도를 산출한 후, 센터로 전송하거나 현장에서 정보를 제공할 수 있도록 자료를 가공하여 자료를 저장하고, 필요시 현장제어기간 또는 센터, 도로전광표지 등 외부로 송수신할 수 있도록 구성되어 있다.

시스템은 차량검지부, 촬영장치부, 주처리제어부로 구성되며, 차량검지부에서는 트리거신호를 발생하고 촬영장치부에서는 번호판을 촬영하여 차량을 검지하며 주처리제어부에서 번호판 매칭을 하여 여행시간 · 속도 등을 산출하고 자료 · 정보 등을 송출한다.

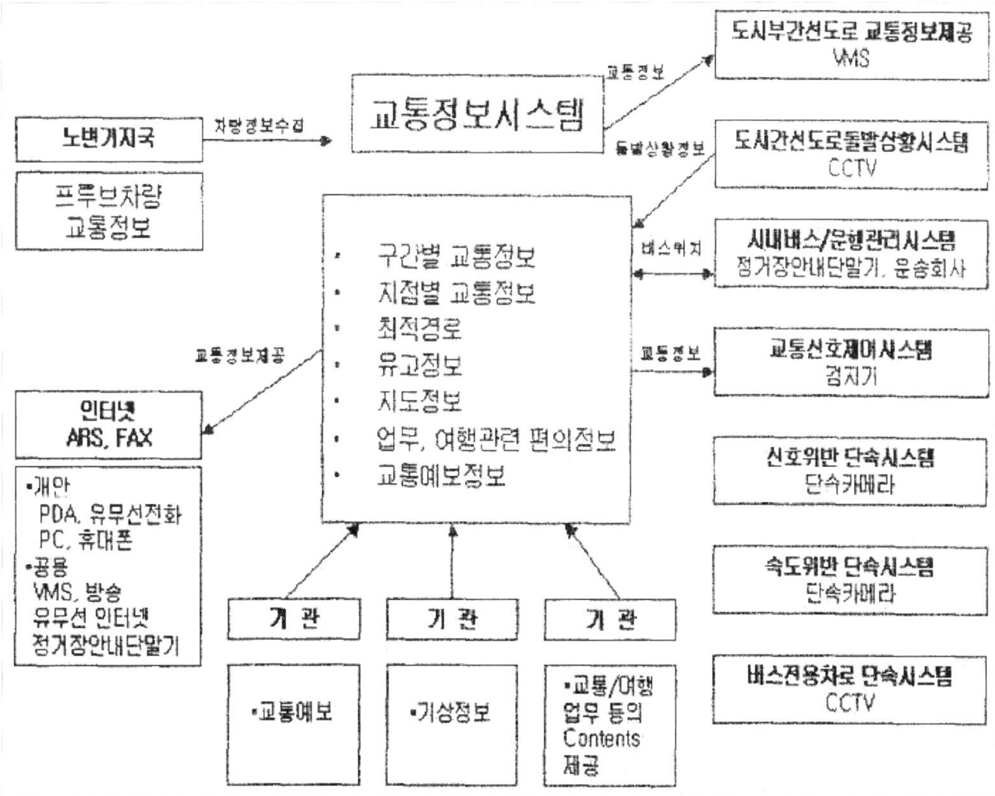

<그림2.36> 이미지 인식 검지 시스템의 구성도

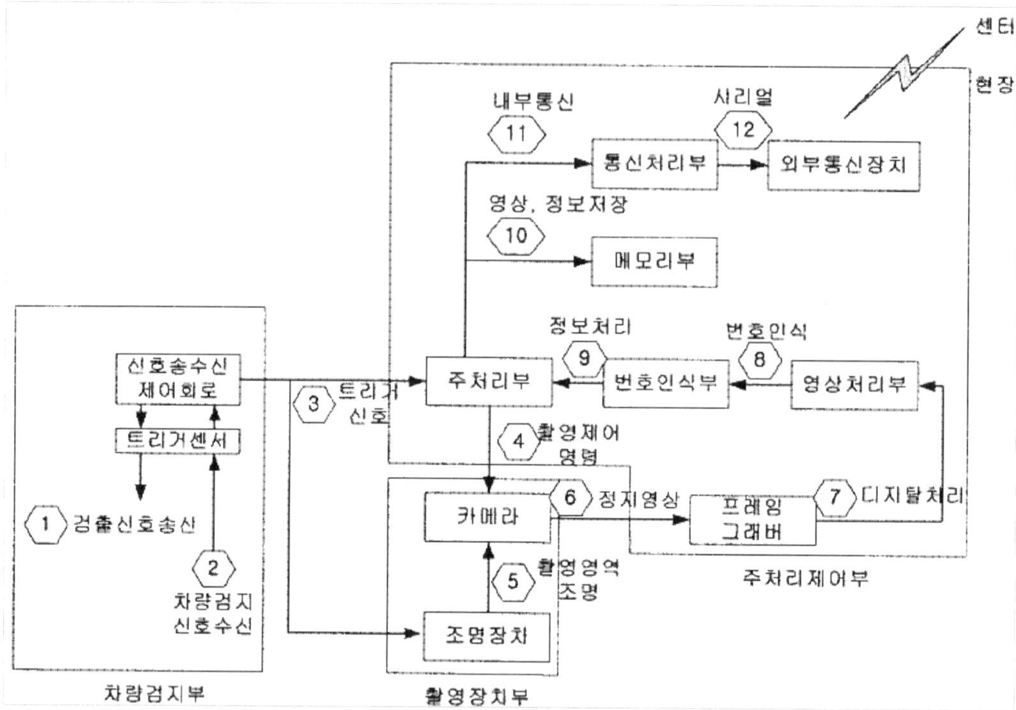

<그림2.37> 이미지인식 검지 시스템의 신호처리블록도

3.2.2.4 차량 번호판 검지 방식

차량 번호판 검지 방식(AVI; Automated Vehicle Identification)은 대상 구간의 진입 / 진출 지점에 검지기를 설치하여 통과하는 차량의 번호판 영상을 촬영 후 번호판 판독 알고리즘을 통해 차량을 인식하여 진출/입 차량의 통행시간을 검지하는 방식이다. AVI 방식은 검지기가 설치된 차로에 대해 전수조사를 실시하기 때문에 비교적 정확도가 높지만, 야간 및 기상 변화에 민감한 단점이 있다.

3.2.3 정성적 수집 체계

정성적 정보란 정량화하기 힘든 정보로서 지점이나 구간 검지체계에서 얻을 수 잇는 지점 속도나 구간 통행시간과 달리 수치화하기 힘든 교통상황, 즉 도로의 혼잡 정도나 공사로 인한 교통 통제 등의 정보를 의미한다. 정성적 수집 체계에는 중앙 교통정보센터에서 주요 교차로 혹은 도로 구간의 교통상황을 모니터링하기 위해 설치한 CCTV나 교통 통신원, 제보 등이 있다.

정성적 수집 체계는 CCTV 모니터링을 통한 육안 감시나 통신원의 제보에 의한 정보 수집으로 가장 저렴한 비용과 정확도 높은 수집이 가능하다는 장점이 있으나, 전 지역에 걸쳐 조사가 이루어지지 못하고, 객관적이기보다 주관적인 판단에 따라 소통 상태 정보가 다르게 파악될 수 있는 단점이 있다.

<표2.5> 교통정보 수집 방식별 비교

수집 방식	수집 기술	수집 내용	설치 목적	특징
지점 검지 방식	지점 검지기 (루프, 초음파, 초단파, 영상 검지)	교통량, 점유율, 지점 속도, 대기행렬길이, 차종	교통량조사, 대기행렬 길이 조사, 신호시간 조정	구간에 걸친 특성을 반영하지 못하기 때문에 구간 통행시간 제공 불가
구간 검지 방식	DSRC 방식 Beacon+Probe Car GPS + 무선통신 AVI(Automatic Vehicle Identification)	구간 통행 시간 및 속도, 위치	구간통행시간 조사	구간 정보 누락구간 발생 시간 지연 발생 일반 차량 소통 정보와 차이발생
정성적 수집 방식	CCTV	흰잡도, 사고 정보	교통 상태 모니터링	정성적 정보 높은 신뢰성 실시간 처리 곤란
	교통 통신원	혼잡도, 도로공사, 교통 통제 구간, 재해 도로파손, 신호고장 등	정체구간 파악	

2.3 국내외 검지기 운영현황

2.3.1 유럽

2.3.1.1 영국

영국 NMCS2시스템은 초기에는 비상전화로 시작되어 현재 CCTV시스템, 차로제어 시스템, 가변교통정보전광판 시스템, TRAFFIC MASTER 라고 불리는 적외선 센서와 통신시스템이 합쳐진 시스템으로 통합되었다. NMCS2시스템이 첫 번째로 설치된 곳은 M25 고속도로로, 4개의 경찰관제실에서 제어되었으며, 현재는 총 33개의 경찰관제실이 제어하고 있다. NMCS2시스템은 기본적인 통신시스템으로서, 33개 시스템 각각이 도로변에 설치된 장비와 통신하고, 또한 서로 통신할 수 있게 하기 위해 설치된 시스템이다.

2.3.1.2 프랑스

1) BP 시스템

BP(Boulevard Peripherique)는 총연장이 35Km이며, 인터체인지가 약 36개소에 이르는 매우 복잡한 환상형 도시고속도로로 파리 전체도로의 2.5%를 점유하고 있지만, 전체 교통량의 40%에 달하는 교통수요를 감당하고 있는 순환도로이다. 파리시에서 관장하고 있는 BP 교통관리시스템은 약 100대의 CCTV를 이용하여 현장교통소통상황을 모니터하고 있으며, 교통관리센터까지는 광통신망으로 연결되어 있다. 비상전화는 평지에서 약 500m간격, 지하도로에서는 약 250m간격으로 166개가 설치되어 있으며, 10대의 경찰순찰차와 2개의 오토바이 순찰팀이 주야로 계속 순찰을 돌고 있다.

교통데이터 수집을 위한 검지기는 65개의 Loop Sensor와 약 500m간격으로 설치된 71개의 Counting Station(Controller), 2.5Km마다 설치되어 있는 속도검지용 루프로 구성되어 있다. 이런 정보가 취합되는 교통관리센터에는 구간별 교통상황을 한 눈에 파악할 수 있는 교통상황판(Wall-map)이 설치되어 있으며, 유고를 자동으로 감지하는 유고감지알고리즘도 탑재되어 있다.

교통관리센터에서 처리된 정보는 운전자에게 약 340개의 가변교통정보전광판을 통하여 제공되며, 가변교통정보전광판의 메시지는 추정통행시간을 포함하여, BP의 교통상태, 주로 야간에 이루어지는 유지보수공사에 의한 도로폐쇄, 수도권 고속도로망에서의 심각한 사고 등의 정보가 전달되는데 통행시간의 경우 매 1분마다 갱신되며, 정보제공내용은 미리 결정된 우선순위에 따라 송출된다. 특히 가변교통정보전광판은 주로 이 BP와 평행한 도로인 Boulevard des Marechaux에 집중적으로 설치되어 있다.

2) REGA 시스템

REGA 시스템은 Paris-Rhin-Rhone 도로공사인 SAPRR의 관리하에 있는 약 1,200Km연장의 고속도로 구간에 설치된 교통관리시스템으로 Beaune에 관리센터가 위치하고 있으며, 하부조직으로 Regional Check Point와 District Check Point를 두고 있다. 한 곳의 District CP에서는 약 50Km정도의 구간을 관장하고 있으며, 이곳에서는 검지기, 기상장비, CCTV등에서 수집된 모든 정보를 Regional CP로 보내는 동시에 도로의 유지보수 및 차도로색, 겨울철의 도로관리, 고장차량 등에 대한 순찰차 파견 등의 업무를 담당하고 있다.

Regional CP에서는 4~5개의 District CP로부터 수집된 자료를 정리하여 관리센터로 보내며, 경찰과 동시에 연결되어 있는 비상전화와 가변교통정보전광판을 관리한다. 관리센터에서는 모든 도로구간의 교통상태를 파악 · 감시하여 타 관제시스템이나 경찰, 관련부서 등과의 정보교환 등을 담당하며, 만약 Regional CP나 District CP에 이상이 있을 경우에는 직접 이상부문의 제어기를 관리한다.

차량검지기는 약 1.5~2.0Km 간격으로 매설되어 있으며, 동결 등의 도로상황을 파악하기 위한 노면결빙 검지기가 주요지점에 설치되어 있고, 비상전화는 2Km간격으로 설치되어 있다. 순찰차는 전 구역을 4시간마다 순찰하면, CCTV는 80개가 설치되어 있으나 터널구간에 집중되어 있다.

광섬유를 이용한 가변교통정보전광판은 각 유출램프의 약 2Km전방에 설치되어 유출안내, 하류의 교통흐름상황, 사고정보 및 대체도로 안내의 4가지 기본기능을 수행하며, Default 정보로는 기온 및 시간을 나타내어 주고 있다.

3) AREA 시스템

AREA 시스템은 Rhone에서 Alpes에 이르는 도로의 통관제시스템으로 Nances에 관리센터를 두고 있으며, 350대의 비상전화, 30대의 가변교통정보전광판, 55대의 기상검지기, 그리고 51대의 CCTV로 이루어져 있다.

2.3.1.3 독일 북 Bayern 아우토반(Autobahn) 시스템

1,000Km 고속도로망을 대상으로 24Km 연장의 차선제어 시스템과 300Km 연장의 우회도로 안내 시스템을 포함하고 있다.

- 검지기 243개, 지역관제센터 6개
- 지역관제센터 : 교통자료 처리, 차선제어, 가변정보판 관리
- 차선제어시스템 : 교통정체와 교통사고 위험이 높은 구간에 가변정보판을 설치하여 최대속도, 추월금지, 정체경고, 인개위험 등의 정보 제공

2.3.1.4 덴마크 Aalborg

Aalborg 네트워크는 DRIVE II 프로젝트 QUO VADIS의 두 곳 중 하나로, Aalborg에 있는 TRAFIX 시스템은 교통혼잡을 줄이기 위해 14개의 VMS가 다리와 터널사이에 분포되어 있다. 14개의 VMS는 120개의 루프검지기로부터 정보를 수집하며, 잘못된 알람신호들을 거르기 위해서는 VMS가 시작되기 전에 지연시간을 3분동안 계속적으로 계산해야 한다.

2.3.2 북미

2.3.2.1 미국 Chicago, Illinois

일리노이주는 1961년부터 교통관리센터를 설치 · 운영하고 있으며, 고속도로 교통관리시스템은 교통관리센터, 통신센터 및 비상순찰대의 3개 기구로 구성되어 있다. 고속도로 교통관리시스템은 총연장 약 190Km를 관리하며, 약 2,000개의 루프검지기, 95개소의 Ramp Metering System과 13개의 가변교통정보전광판(최종적인 계획에는 35개소)으로 구성되어 있으며, 13개의 방송채널에 교통정보를 제공하고 있다. 루프검지기는 800mak다 Single-loop, 4.8Km마다 Double-loop로 구성되어 있고, 각 검지기 및 가변교통정보전광판의 제어기는 수집한 교통데이터를 센터로 전송하는 기능을 담당한다.

통신센터에서는 각 구역별 노측방송(HAR : Highway Advisory Radio) 및 비상전화의 관리, 순찰대와의 통신을 포함한 전체 시스템을 관장하고 있으며, 야간에는 교통관리센터의 기능도 함께 수행한다. 또한 노측방송은 AM을 이용하여 매 5분마다 새로운 정보를 디지털로 방송하고 있다. 고속도로 수요와 용량의 균형을 유지하고, 본선 합류부의 교통소통을 원활히 해주기 위하여, 1963년 일리노이주 교통부에서는 Ramp Metering System을 개발하여 도입 · 시행하고 있으나, 신호 준수율은 낮은 수준이다.

2.3.2.2 미국 California District 7

캘리포니아 교통부에서 관장하는 교통관리센터는 약 450Km의 고속도로 구간을 관리하고 있다. CCTV를 통해 수집되는 현장교통상황은 마이크로웨이브를 통하여 교통관리센터로 전송되고 있으며, 검지기로는 공사의 편의를 고려하여 루프 검지기를 이용하고 있다. 비상전화는 태양에너지를 사용하며, 약 400mrksrur으로 설치되어 있고, 45대의 가변교통정보전광판이 설치되어 있다.

교통관리센터에는 고속도로 전체 교통상황을 파악하는 교통상황판(Wall-Map)이 설치되어 있으나, 교통상태정도만 표시될 뿐 거의 모든 정보는 그래픽화된 CRT화면을 통해 운영자에게 전달되며, 교통정보제공은 가변교통정보전광판, 노측방송, 상업방송, 자동응답전화(ARS) 등을 통해 이루어지고 있다.

시카고처럼 본선의 원활한 교통류관리를 위하여 Ramp Metering을 실시하고 있는데, 시카고와는 달리 준수율이 약 85%에 달한다.

2.3.2.3 미국 Houston, Texas

텍사스주의 휴스턴시에는 트랜스타(Transtar)라는 교통 및 방재관리센터가 설치 운영되고 있으며, 드랜스타의 교통관리시스템은 방재시스템을 포함하여 1998년에 완전히 구축되었다. 휴스턴시의 트랜스타는 과거 개별적 · 산발적으로 진행되던 교통관리의 효율성을 높이기 위하여 하나의 통합된 시스템으로 구축되었는데, 이 시스템은 루프검지기를 중심으로 구성되어 있으며, 영상검지기(Image Sensing Detector)는 실험 중에 있다.

한편, 휴스턴 트랜스타(Houston Transtar)의 교통관리기법 중에 특이한 점은 HOV Lane 의 적극적인 운영을 위하여 HOV Lane과 함께 버스우선신호에 대한 고려가 여타 다른 지역에 비해 적극적이다.(휴스턴에서는 당초 경전철을 구상하기도 하였으나 HOV Lane의 운영으로 대체하였다고 한다.) 휴스턴 트랜스타의 주요 교통관리 프로그램은 다음과 같다.

- Traffic Signalization System
- Freeway Management System
- Transit Management System
- Incident Management System
- Electronic Toll Collection System

- Electronic Transit Rare Payment System
- Smart Railroad Grade Crossing System
- Coordinated Emergency and Disaster Services
- Real-time Traveler Information System

2.3.2.4 미국 Atlanta, Georgia

아틀란타시의 교통관리시스템은 96년 올림픽에 대비하여 특별한 관심을 갖고 추진하고 있다. 아틀란타시의 교통관리시스템에서 특히 주목할 만한 점은 첫째로, 기존의 루프 검지기 체계에서 벗어나 영상검지기를 고속도로 교통특성조사의 기본 토대로 하였다는 점이며, 둘째는 대중교통관리시스템을 교통관리센터에 접속시켜 통합적으로 관리하고 있다는 점이다. 마지막으로 일반 간선도로의 교차로 신호체계개선을 교통관리시스템의 일부로 접목시켜 운영하고 있다는 점을 들 수 있다.

1) 시스템의 주요 구성요소

- Advanced Traveler Information System
- 25 Changeable Message Sings(CMS), 3 lines of text, 21 characters/line
- 16CMS for Express Lanes, 3 lines of text, 10 characters/line

- Surveillance System
- 63 pan, tilt and zoom CCTV cameras located along the freeway on 30 to 100ft poles
- 316 fixed cameras with 53 Autoscope(video detection) units on freeways
- Under-pavement loop detecrion systems on arterial roads

2) System Software

- Based upon commercial off-the-shelf products (COTS) including
- Geographic Information System (GIS) software
- Reational database management system (RDBMS)
- Real-time data acquisition and expert system software
- Graphical User Interface (GUI) build software
- Traffic control and freeway traffic management software

3) Incident Management Improvements:

- Highway Emergency Response Operators (HERO) patrolling Interstates to minimize the disruption of traffic

- Installation of MoVER Team to effectively manage freeway incidents
- Free ★DOT cellular telephone service for reporting traffic incidents

2.3.2.5 미국 Minneapolis, Minnesota

미네아폴리스 면적은 서울과 비슷하나 인구는 250만명, 자동차보유대수는 300만대 수준이다. 전체 도시고속도로 250mile(약 400Km) 중에서 170mile(약 275Km)이 FTMS에 의해 체계적으로 운영되고 있으며, 목표수준은 LOS B,C 이다. FTMS의 주요 구성요소는 다음과 같다.

- Surveillance System (CCTV, 루프검지기)
- Incident Management
- Ramp Metering System
- HOV Lane
- Highway Helper
- Driver Information System (라디오방송, 가변교통정보전광판)

현장 교통상황은 173대의 CCTV가 평균 1mile 간격으로 설치되어 70대의 모니터를 통해 순차적으로 제공하고, 교통데이터는 3,000개의 루프검지기를 통해 매 30초 간격으로 수집된다. 유고관리는 고속도로 순찰대로 하여금 일정한 구간을 반복적으로 순찰토록 하여 인력에 의해 직접 감지 · 대응하고 있다. 다인승차량(2인이상 탑승한 차량)의 원활한 소통을 위하여 실시하는 다인승전용차로제는 고속도로 중앙부의 1차로를 오전 · 오후 방향을 전용회선을 사용하고 있으며, 다른 차로와 완전분리되도록 방지턱이 설치되어 있다. 또한, 본선 교통류의 원활한 소통을 위하여 램프진입교통량을 제어하는 램프미터링을 실시하고 있다. 매 녹색주기 마다 한 대의 차량만 진입하도록 하는 single vehicle entry 방식을 적용하고 있으며, 램프지점의 대기차량들에게 진입시까지 소요되는 시간을 알려줄 수 있는 정보전달장치를 마련해 놓았다.

이상에서 기술한 시스템들 중에서 이용자(운전자)가 선호하는 시스템은 고속도로 순찰대, 가변교통정보시스템, 다인승전용차로제, 교통방송, 램프미터링 순인 것으로 조사결과 나타났다. 즉, 운전자들에게 직접적으로 편의를 제공할 수 있는 고속도로 순찰대가 시민의 반응이 가장 좋고, 고속도로 이용에 통제가 따르는 램프미터링에 대한 시민의 호응도가 제일 낮은 것으로 나타났다.

2.3.2.6 캐나다 Compass 시스템

캐나다 콤파스(Compass) 시스템은 토론토시 권역의 북서부에 위치하고 있는 고속도로 401 구간 중 Renforth로부터 Birchmount에 이르는 약 29Km 구간(Birchmount로부터 Neilson까지는 CCTV만 설치)의 도로를 관리하고 있다. 콤파스시스템의 구성요소는 다음과 같다.

- 차량검지기
- 가변교통정보전광판
- CCTV
- 교통관리센터

교통관리센터는 온타리오주 교통부 본부 내에 설치되어 있으며, 관리센터에는 교통상황판(Wall-map)이 없이 그래픽화된 CRT를 통해 전체 네트워크의 교통상황을 파악하고, 운영자 탁자위에 설치된 CCTV 모니터를 통하여 현장교통상황을 확인 · 감시한다. 검지기는 500mrksrur으로 Double-loop로 설치되어 있으며, CCTV는 양방향 1Km 간격으로 총 45개가 설치되어 있다. 비상전화는 설치되어 있지 않으며, 노견에서 비상등을 켠 채로 있으면 운영자가 CCTV로 확인하여 10분 이내에 순찰차를 출동시키도록 되어있다.

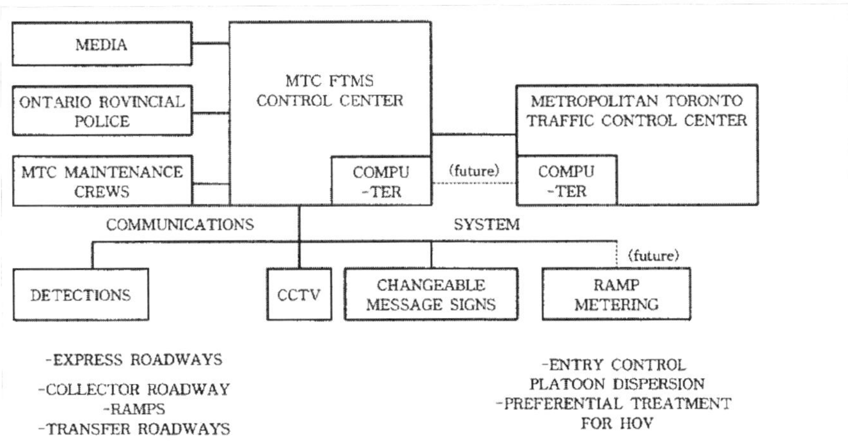

<그림2.38> COMPASS의 구성

인터체인지 및 램프 상류 약 1Km지점에 LED식 가변교통정보전광판이 모두 13개 설치되어 있으며, 통신은 100% 전용망인 광통신을 이용하고 있다.

3.3.3 극동아시아

2.3.3.1 일본 한신고속도로 시스템

일본의 한신고속도로 교통관리시스템은 교토대학에서 기본설계하고, 1969년에 주우전기(OMRUN)에 의해 설치되었다. 주요한 특징을 살펴보면, 미국과는 달리 초음파검지기를 500m간격으로 설치하였으며, CCTV의 관제령역이 전 구간의 60%에 이fms다. 가변교통정보전광판은 일반적 형태인 본선 정보전달용, 진입램프에 설치된 구간운행시간 정보판, 혼잡구간을 그래픽으로 나타내어 주는 도형정보판 등으로 세분화되어 있다. 특이한 시스템으로는 차량번호판 인식시스템을 이용하여 구간의 통행시간을 측정하는 시스템을 들 수 있다.

관리센터장비로는 음성합성시스템을 두어 교통정보를 자동적으로 녹음 · 방송하고 있으며, 고속도로 전체 교통상황을 파악하는 교통상황(Wall-Map)이 설치되어 있다. 또한 고속도로 휴게소에도 운행시간, 혼잡구간 등의 정보를 조회할 수 있는 시스템을 설치하여 운전자들에게 서비스를 제공하고 있다.

1) 정보수집

정보를 수집하는 장치로는 차량검지기, 차량번호취득장치, CCTV 카메라 등이 있다.

- CCTV 카메라 : 교통상황을 영상에 의해 확인하도록 하는 것이며, 시인 범위는 전노선의 약 8할이 되고 있다.
- 차량검지기(초음파검지기) : 본선상에 500m 간격으로 설치된 차량검지기는 교통량과 시간점유율을 계측한다. 지체길이의 자동계측이나 소요시간의 산정에 이용한다.
- 차량번호취득장치(AVI) : 본선의 상류와 하류에 설치된 AVI장치에서 차량번호를 읽어들여 이것을 조합하여 5분간의 평균운행소요시간을 산출한다. 이 데이터는 차량검지기에서 산정된 운행소요시간의 검증에 이용된다.

2) 정보처리

센터에서는 정보처리를 수행하는 컴퓨터와 관제업무를 수행하기 위한 판넬이나 관제부자가 설치되어 있다.

- 판넬 : 관제실에 graphic panel, free panel, TV 모니터 및 CRT(화상표시장치)가 설치
- 관제부자 : 문자정보판, TV 모니터, CRT 등을 조작하는 기능과 컴퓨터의 정보처리에 필요한 도로상황, 제어상황, 기상상황 등의 정보를 입력하는 기능
- 컴퓨터 : 중앙처리장치 2대와 부처리장치 13대의 총 15대로 구성
- 중앙처리계 : 교통제어 제안, 소요시간예측연산, 관리데이터의 축적, 보존작도, 작표
- 수집계 : 교통데이터의 수집처리
- 표시계 : 문자정보판, 도형정보판, 소요시간표시판, 도로정보 데이터 등의 제어
- 음성계 : 도로정보 라디오, 자동전화안내 제어
- 정보교환계 : 타기관 시스템의 정보교환
- 조작계 : 관제실의 판넬로의 표시, 관제부자로부터의 입력처리

3) 정보제공

- 문자정보판 : 본선, 진입로부근의 가로에 free-pattern의 문자정보판 375면을 설치하여 지체정보, 장애정보 등을 자동적으로 표시
- 도로정보판 : 지체구간을 도형에 표시한 도형정보판을 방사선 상행의 본선에 5면 설치
- 도로정보 라디오 : 본선 30개소의 방송구간에서 구간마다 다른 음성정보를 자동적으로 제공. 방송구간은 각 노선에 2~4개소 설치되어 전 노선의 약 3분의 1 구간에서 방송청취 가능
- 도로정보 터미널 : 도로정보를 문자, 도형, 화상 및 음성으로 제공한 도로정보 터미널을 조교와 경교의 parking area 및 중도 parking area에 설치
- 소요시간표시판 : 주요지점까지의 소요시간을 표시하는 소요시간표시판을 본선요금소나 진입로 부근의 가로에 186면 설치
- 요금소내표시판 : 요금소의 Boothso의 요금징수원에게 도로의 상황, 사고, 공사, 통제정보 등을 알 수 있도록 표시하여 이용자로부터의 질문에 신속하게 응답
- 자동전화안내 : 전화에 의한 도로정보의 문의에 컴퓨터가 자동적으로 응답(영어로도 안내)
- 돌발사상표출장치 : 기하구조가 불량한 곡선부에 CCD 카메라를 설치하여, 사고, 고장, 지체에 의한 정지차량의 발생(돌발사상)을 화상처리기술로 자동검출하여, 표시판에 표시하여 후속차량에 주의를 환기시킴

2.3.3.2 대만

대만의 고속도로 교통관리시스템은 1차로 약 20Km구간(기흥-양메이)에 대해 1980년대 초에 설치하여 운영 중이며, 2차로 약 80Km에 이르는 구간을 일본의 NEC에서 일괄 설치하여 운영 중이며, 현재 3차 사업이 계속되어 진행 중에 있다. 교통검지기는 모두 Double-loop이며, CCTV는 매표소 부근, 터널, 인터체인지 부근에 집중적으로 설치되어 있고, 가변교통정보전광판은 램프매트릭스 방식으로 램프의 유출부 상류에 설치되어 있다. 비상전화는 매 1Km마다, 농무측정기는 주요지점에 설치되어 있으며, 필요지점에 가변속도제한표지가 설치되어 있다.

교통관리센터에서는 교통상황판(Wall-Map)과 CCTV 모니터를 통하여 교통소통상황을 파악하고 있으며, 최근에 램프미터링시스템을 포함한 3차 사업이 Elevated Freeway를 대상으로 진행 중에 있다. 또한 통신망은 Trunkline 광통신으로, 지선은 Paired Cable로 구성되어 있다.

2.3.4 국내검지기 설치운영현황

2.3.4.1 지차체

정부에서는 99년 2월에 교통체계효율화법을 제정하여 제도적 차원에서의 ITS시행 및 설치 기반을

마련하였으며 2000년 9월에 대전광역시, 전주시, 제주시가 첨단교통모델도시로 선정되었고, 2001년 8월 실시설계가 마무리되어 2002년 말 완공되어 현재 서비스를 개시하였다. 지자체 검지기의 설치 운영은 신호제어용으로 루프검지기가 주종을 이루고 있으며, 서울시, 첨단교통모델도시(대전, 제주, 전주), 울산광역시에서 사업화 되어 주도적으로 교통정보제공시스템 및 신호제어시스템의 교통정보 수집체계로써 구축 운영되고 있다.

1) 서울시

● 공공부문

- 교통정보 서비스센터 : GPS 차량 100여대, CCTV 109개소, 검지기 250개소
- 교통방송 : 영상검지기 40개소, CCTV 76대, 지역방송실 4개 지역, 방송 POST 2개 지점
- 올림픽대로 교통관리센터 : 영상검지기 34개, CCTV 2대, 서울시경 CCTV 활용

● 민간부문

- ROTIS : 비콘(위치파악비콘 3300개, 수집비콘 1810개), 프로브차량 12800대
- SK C&C : 지점검지기(영상검지기+RTMS+CCTV), 프로브차량
- KATIS : 영상검지기 194대(서울시내 70대, 수도권 124대), TRS차량 3대
- 서울시에서는 내부순환로 40.1Km에 교통관리시스템을 설치하여 교통정보를 제공, 소통수준 관리, 돌발상황 관리를 수행중임
- 내부순환로 교통관리시스템 내역
  · 차량검지기 228개소(영상 216개소, 루프 12개소)
  · 도로전광표지 65개소, CCTV 38개소
  · 인터넷 및 ARS/FAX 서비스, 무인단속 시스템 26개소
  · 진출입연결로제어시스템 : 12개소

2) 대전시

대전시의 ITS사업은 2002년 월드컵의 개최에 대비하여 국내외 관람객에게 신속하고 안전하며 편리한 교통서비스를 제공하기 위하여 국고를 일부 지원 받는 동시에 민간자본을 유치하여 종합적인 도시교통관리시스템을 구축하는 것에 주요목적을 두고 있다. 대전시의 구축시스템은 도시간석도로시스템, 교통단속시스템, 시내버스 시스템, 전자지불시스템, 도시고속도로시스템 등으로 구성된다. 주요구축장비는 제어기, VMS, 프로브카, 단속시스템, 정류장안내단말기, 버스안내단말기, 요금징수부스, CCTV 등이 있다.

● 도시부 간선도로 시스템 : 도시부 간선도로 교통신호제어 시스템, 도시부 간선도로 교통정보제공 시스템, 도시부 간선도로 돌발상황 관리 시스템

- 187개 교차로, 가변 정보판(VMS) 총 34기, CCTV 50기
- 실시간 교통제어, 교통제어 정보 제공, 돌발상황 탐지 및 신속한 대응조치

● 교통정보 시스템 : 기본정보제공 시스템, 출발전 교통정보안내 시스템
- 노변통신장치(RSE) 399개소, 차량용 통신장치(OBE) 4,000개
- 기본 교통정보 제공, 출발전 여행정보 제공

● 교통단속 시스템 : 속도위반 단속 시스템, 신호위반 단속 시스템
- 속도단속 카메라 30개소, 신호위반 단속카메라 7개소
- 속도위반차량 단속, 신호위반차량 단속

● 시내버스 시스템 : 시내버스 정보 시스템, 시내버스 운행관리 시스템, 버스전용 차로관리 시스템
- 정류장안내 단말기 200대, 노변통신장비(RSE) 191개소, 차량통신장치(OBE) 967개, 단속카메라 13개소
- 시내버스 정보제공, 시내버스 운행관리, 대중교통 시설관리

3) 전주시

전주시의 첨단 교통모델전주시를 대상으로 도시간선도로의 교통류를 실시간으로 관리하여 적정 통행속도를 유지하는 쾌적한 도로환경조성이 목적이다. 전주시의 ITS 사업은 교통관리최적화, 교통정보유통활성화, 대중교통활성화부문에서 10개의 서브시스템으로 구성되어 있다. 10개의 서브시스템은 간선도로교통신호제어, 간선도로교통정보제공, 간선도로돌발상황관리, 속도/신호/버스전용차로위반단속, 기본정보제공, 출발 전 정보제공, 주차안내, 시내버스정보제공, 시내버스운행관리, 대중교통요금징수이다.

<표2.6> 검지기 설치물량

구분	32각 (신설)	8각 (기존)	원형검지기			총 계		
			신설	기존	계	신설	기존	계
신호제어용	106	23	208	26	234	314	49	363
정보수집용	0	3	30	20	50	30	23	53
계	106	26	238	46	284	344	72	416

현재 전주시 전자교통신호시스템에서 운영되고 있는 매설형 검지기는 8각 루프검지기와 원형검지기로 구분하여 주요 간선도로망에 총 117개가 설치되어 있다. 교통신호제어시스템과 관련하여 사용하게 될 검지기는 전체 416개이며, 이중 신설검지기는 344개(신호제어용 314개, 구간정보용 30개)이며, 기존 검지기 활용개수는 72개(신호제어용 49개, 정보수집용)중 원형 검지기 46개, 8각 루프검지기는 26개이다.

4) 제주시

제주시 첨단교통체계모델도시 건설사업의 목적은 대상도로에 첨단의 전자, 정보, 통신기술을 접목시켜 적정통행 속도를 유지하는 등 교통정체를 관리하며, 돌발상황 발생 시 도로관리자가 신속하게 대응하도록 하고, 도로 이용자에게 교통, 기상, 관광 정보 등을 제공하여 제주시 교통체계의 효율성을 높이는 것이다. 총 연장 74.7Km의 도로에 차량검지기, 신호제어기, 검지기, 동영상자료수집기, 교통위반단속기, 차량위치정보수집기, 기상정보수집기 등을 설치하여 도로전광표시, 인터넷, ARS, FAX, 버스이용자안내단말기 등으로 정보를 이용자에게 제공한다. 루프검지기는 제주시 첨단교통 모델도시 건설사업의 교통정보 수집을 위한 주요장비이다.

- 도시고속도로 구간 중 본선은 이중루스(8각), 램프는 단일루프(8각)
- 간선도로 구간은 모두 단일루프 검지기, 좌회전정지선과 직진정지선은 8각 · 32각, 대기행렬은 8각으로 설치

AVI식 검지기는 전력수전현황, 통신현황을 고려하여 서부산업도로 대체도로의 소통정보를 생성하기 위해 5.16도로에 설치된다. 총 298개 지점에 루프검지기와 AVI식 검지기가 설치되어 있다.

연습문제

1. ITS의 분야 가운데 운전자에게 자동차 주행 중 필요한 교통체제 정보, 유고 정보 등과 같은 유익한 정보를 제공해 주는 시스템은 무엇인가?
2. 미국의 교통정보 제공 체계에 몇 가지 예를 들어 설명하시오.
3. 국내의 교통정보 수집 방법 중 초음파/초단파 검지 방식의 장단점을 설명하시오.
4. 교통정보 수집 방법 중 적외선검지기에 대해 설명하시오.
5. 구간 검지 체계에 대해 몇 가지 예를 들어 설명하시오.

참고문헌

[1] 교통체계효율화사업-교통정보유통혁신-기획보고서, 건설교통기술연구개발사업[교통체계효율화사업], 한국건설기술연구원, 2007.09, p10.

[2] 교통체계효율화사업-교통정보유통혁신-기획보고서, 건설교통기술연구개발사업[교통체계효율화사업], 한국건설기술연구원, 2007.09, p39.

[3] 지능형 교통 체계에서의 WiBro를 이용한 실시간 교통 정보 분석 방법 연구, 포항공과대학교 정보통신대학원, 이성주, p18.

[4] 검지기별 구간소통정보 산출 및 성능평가사업-연구보고서, 한국건설기술연구원, 강원의, 2003. 11

제3장

데이터 베이스 설계

3.1 ITS와 분산 데이터베이스

지능형 교통 시스템(ITS:Intelligent Transportation Systems)은 점점 가속화 되고 있는 정보화 사회에 전자,정보, 통신, 제어 등의 기술을 교통체계에 접목시킨 시스템이다. 신속, 안전, 쾌적한 차세대 교통체계를 만드는데 목적을 두고 있다. ITS 서비스로는 요금 자동 징수 시스템, 자동단속 시스템, 운전자 정보 시스템,최적 경로 안내 시스템, 여행 서비스 정보 시스템, 대중 교통 정보 시스템, 대중 교통 관리 시스템, 전자통관 시스템, 화물차량 관리 시스템등 다양한 서비스를 제공하고 있다

분산 데이터베이스는 여러 곳에 분산되어 있는 데이터베이스들의 집합을 말한다. ITS는 각 도시마다 시스템을 구축하여 운영하고 있다. 이렇게 분산되어 있는 ITS의 정보를 네트워크상에 논리적으로 연결하여 하나의 데이터처럼 사용할 수 있다면 이를 분산데이터베이스 시스템이라 할 수 있다. 운전자가 어떤 도시에 가서 그 도시의 교통 정보를 네비게이션으로 자유롭게 접근하고 연속적인 정보를 교통방송으로 제공을 받길 원할 것이다. 이렇게 자연스럽고 연속적인 정보를 제공받기 위해서는 각 도시의 ITS간의 연계가 하나가 되어 자연스러워야 한다.

각 도시의 ITS는 통합적 운영이 필요하다고 할 수 있다. 단, ITS가 분산 데이터베이스의 역할을 하기 위해서는 다음과 같은 특징을 가져야 한다.

정보를 사용하는 유저의 접근 방법이 로컬 시스템과 원격 시스템으로 접근할 수 있어야 한다. 유저의 위치에 관계없이 시스템에 접근 할 수 있어야 한다. 각 데이터베이스간의 데이터 이동이 자유로워야 한다. 유저가 요구한 정보가 여러 시스템과 관련이 있어도 처리가 가능해야 한다.

3.2 분산 데이터베이스 개요 및 구조

3.2.1 분산 데이터베이스 개요

분산 데이터베이스는 네트워크 노드상에 여러 곳에 분산되어 있는 데이터베이스들의 집합을 말하

며, 네트워크상에 물리적으로 분산된 데이터베이스들은 논리적으로 연결되어 하나의 시스템처럼 사용할 수 있는 것을 분산데이터베이스 시스템이라 한다. 네트워크 노드상에 분산되어 있는 지역 데이터베이스는 서로 연결되어 전체의 데이터가 논리적으로 같은 위상에 놓이게 된다. 이처럼 분산데이터베이스에는 데이터의 물리적 분산과 논리적 연결이라는 두 가지 중요한 속성이 있다. 모든 데이터가 하나의 동일한 위치에 있는 것이 아니며, 이런 점에서 분산 데이터베이스는 하나의 노드에 집중되어 있는 중앙집중형 데이터베이스와는 구별된다. 데이터베이스를 효율적으로 사용하기 위해 동일한 위치에 데이터베이스도 서버에 따라서 데이터베이스를 분산시켜 이용하는 분산 기법이 사용되고 있다. 분산 데이터베이스를 구축하기 위해서는 하드웨어, 소프트웨어, 네트워크, 데이터베이스 관리 시스템 등을 검토하여 전략적으로 설계를 해야 한다.

분산 데이터베이스의 장점은 데이터를 지역적으로 제어하여 원격 데이터에 대한 의존도를 감소시키고 단일 서버에서 불가능한 대용량 처리가 가능하며 기존 시스템에 서버를 추가해 점진적 증가가 용이하다.

분산 데이터베이스의 단점은 분산 처리에 의해 복잡도가 증가하여 소프트웨어 개발 비용이 증가하고 통제 기능이 취약하고 분산 처리에 따른 오류 발생 가능성이 내재된다.

3.2.2 분산 데이터 처리의 목적 및 특징

데이터를 분산 처리하는 것은 데이터의 갱신이나 사용이 분산되어 발생하는 환경으로 볼 때 당연한 대안이라 할 수 있다. 분산 데이터베이스는 데이터의 처리나 이용이 많이 발생하는 지역에 데이터베이스를 둠으로써 데이터에 대한 요구가 발생했을 때 해당 지역에서 해결할 수 있도록 하는 데이터베이스 시스템이다. 이렇게 데이터 처리에 대한 요구들을 해당지역에서 처리할 수 있도록 함으로써 효율적인 데이터의 관리를 도도할 수 있다.

분산 데이터베이스는 전통적인 중앙 집중식 데이터베이스와는 다른 특징을 갖고 있으며, 중요한 특징을 몇 가지 간추리면 다음과 같다.

첫 번째는 데이터베이스 통제(Database Control)의 측면이다. 분산 데이터베이스에서는 중앙 집중식 데이터베이스에서의 중앙 통제라는 개념보다는 계층적인 구조에 따라 통제하는 형태를 가지고 있다. 이를 위해 분산 데이터베이스에는 데이터베이스 전체에 대한 접근을 통제하는 전역 데이터베이스 관리자(Global Database Administrator)를 둔다. 이러한 계층적인 구조에서는 각각의 지역 데이터베이스에 대한 접근을 통제하는 지역 데이터베이스 관리자(Local Database Administrator)가 별도로 존재한다. 이 경우에 지역 데이터 베이스 관리자는 고도의 자치성을 갖게 되며, 경우에 따라서는 노드간의 조정 작업이 이들에 의해서 수행된다. 이러한 특성을 지역 자치성(Local Autonomy)이라고 한다.

두 번째는 데이터의 독립성(Data Independency)이다. 데이터 독립성이란 데이터의 실제적인 구조가 애플리케이션과 무관하다는 것을 의미하며, 프로그램이 일단 작성된 뒤에는 데이터의 실제적인 구조가 변경되더라도 프로그램은 전혀 영향을 받지 않는다. 분산 데이터베이스에서도 역시 데이터 독립성이 중요한 사항이며, 이에 부가하여 분산 투명성(Distributed Transparency)을 갖는다. 분산 투명성이라 함은 프로그램을 마치 데이터베이스가 분산되지 않는 것처럼 생각하고 작성할 수 있는 것을 말한다. 따라서 데이터가 노드간에 이동된다 하더라도 프로그램은 아무런 영향을 받지 않는다.

세 번째는 데이터 중복(Data Replication)이다. 분산 데이터베이스는 데이터 중복성을 이용하여 다음과 같은 두 가지 바람직한 특성을 갖게 된다. 먼저, 작업 처리 시 작업이 제기된 노드 내에서 처리될수 있는 지역성이 높아지며, 이 경우 데이터는 여러 노드에 중복되어 저장된다. 또한 데이터가 중복되면 하나의 노드에 고장이 생겨 작동이 안 될 경우에도 다른 노드에 필요한 데이터가 중복 저장되어 있으므로 작업의 실행이 중단되는 일이 적어지게 된다. 따라서 시스템의 신뢰도(Reliability) 및 가용성(Availability)이 증가하게 된다. 그러나 어느 정도의 중복을 허용하느냐 하는 것은 여러 가지 요인을 고려하여 평가해야 한다.

이밖에도 분산 데이터베이스는 효율적인 데이터 접근(Efficient Data Access)을 위한 최적화(Optimization)방법, 일관성의 유지를 위한 무결성(Integrity), 고장(Failure) 발생시 트랜잭션의 원자적 성질을 보존하기 위한 회복(Recovery), 그리고 동시성 제어(Concurrency Control) 및 보안(Security) 측면에서 중앙집중식 데이터베이스와는 상이한 특성을 갖고 있다.

분산 데이터베이스는 향후 ITS 관련 데이터베이스 처리 환경에서 매우 중요한 역할을 담당하게 될 것이다. 그러나 분산 데이터베이스가 현재의 모든 문제점들을 해결해 줄 수는 없으며, 나름대로의 제약 사항을 가지고 있다. 그러므로 분산 데이터베이스 환경을 구축할 때, 이런 특징을 잘 파악하고 적용하는 것이 중요하다.〈표3.1〉

데이터 분산 처리하는 경우의 장점은 다음과 같다.

- 데이터 처리의 분산성
- 데이터의 가용성과 신뢰성 향상
- 데이터 처리 부하의 분산 및 병렬 데이터 처리
- 데이터 공유 및 관리의 지역화

● 데이터 처리의 분산성

기존의 중앙 집중식 데이터베이스의 경우에는 모든 데이터들이 단일 데이터베이스에서 처리되었다. 즉 데이터베이스가 오직 한 곳에만 존재하고, 데이터베이스에 저장된 데이터들이 중앙에서 처리된 후 저장되는나 분산된 곳에서 처리된 후 중앙으로 이동하여 저장되었다. 이러한 데이터 처리의 집중은 데이터의 통신 비용을 증가시키므로, 가능하면 발생한 곳에서 데이터를 저장하고 이용하도록 하는 것이 바람직하다.

• 데이터의 가용성과 신뢰성 향상

분산 데이터베이스는 같은 데이터를 복제하여 여러 지역에 중복 저장할 수 있다. 같은 데이터를 여러 지역에 저장함으로써 데이터의 가용성을 향상시킬 수 있고, 특정 지역에 저장된 데이터베이스에 장애가 발생하거나 손실되었을 때 다른 사본을 사용할 수 있도록 함으로써 데이터베이스의 복구를 가능하게 한다.

즉, 분산 데이터 처리는 병렬 시스템을 유지하도록 함으로써, 단일 시스템의 경우에 비해 높은 신뢰성을 확보할 수 있다.

• 데이터 처리 부하의 분산 및 병렬 데이터 처리

데이터베이스를 이용하여 대용량의 데이터를 처리하는 경우 가장 중요한 문제는 데이터의 처리 속도이다. 특히 관계형 데이터베이스는 테이블 단위로 처리되는데, 각 단일 테이블의 레코드들이 순차적으로 처리되어야 한다. 많은 양의 데이터를 순차적으로 처리하기 위해서는 많은 시간과 비용이 필요하다.이러한 대용량의 데이터를 효율적으로 처리하기 이한 방법으로 병렬 처리(Parallel Processing)를 사용한다.

대용량의 데이터베이스가 여러 사이트에 분산되면, 각 사이트에는 작은 데이터베이스가 존재하게 된다. 단일 사이트에서 데이터에 접근하는 경우에 비해 작은 데이터베이스에서 트랜잭션을 수행하는 경우에는 여러 사이트에서 병렬로 수행할 수 있어서 결과적으로 응답시간이 줄게 된다.

• 데이터 공유 및 관리의 지역화

분산 데이터베이스 시스템의 유형에 따라 각 사이트에서 데이터와 애플리케이션을 지역적으로 제어하는 것이 가능하다. 또한 분산 데이터베이스 시스템을 통하여 다른 지역의 유저들이 접근하는 것이 가능하므로 분산 시스템을 통하여 데이터의 제어된 공유가 가능하다.

<표3.1> 분산 데이터베이스의 특징

특징	설명
접근 방법의 동일성 (Access)	동일한 접근 방법으로 로컬 시스템과 원격 시스템을 동시에 엑세스할 수 있음
위치 투명성(Location)	유저가 서버의 위치에 대한 정보 없이 서버에 액세스할 수 있는 성질
이전 용이성(Migration)	서버는 논리적인 이름으로 참조되고, 자원의 변경 없이 다른 물리적인 위치로 이동 가능한 서버에서 실행 중인 분산 시스템 자원이 다른 서버로 이전하는 데 아무런 제약이 없음
동시성 (Concurrency)	유저는 서로에 대한 간섭 없이 서버 자원 공유
복제 허용과 일관성 (Replication)	복제를 허용하더라도 일관성 있는 결과 제공
병렬 처리(Parallel)	유저가 요구한 처리를 유저가 알지 못하는 가운데 다중 처리를 통해 결과를 얻게 됨
장애 극복 (Fail)	분산되어 있는 여러 개의 시스템은 어느 한 시스템에 장애가 발생하더라도 전체 시스템은 이상 없이 작업 처리 가능

3.2.3 분산 데이터베이스의 구조

먼저 스키마를 정의하면 외부스키마는 실재에 존재하는 데이터들을 어떤 형식, 구조, 배치로 화면으로 사용자에게 보여주는 것이고, 내부스키마는 디스크에는 어떤 구조로 저장할 것인가에 대한 것이며, 개념스키마는 데이터베이스에 실제로 어떤 데이터가 저장되었으며 데이터 간의 관계는 어떻게 되는가에 대한 것을 정한 것을 스키마라 한다. 〈그림3.1〉

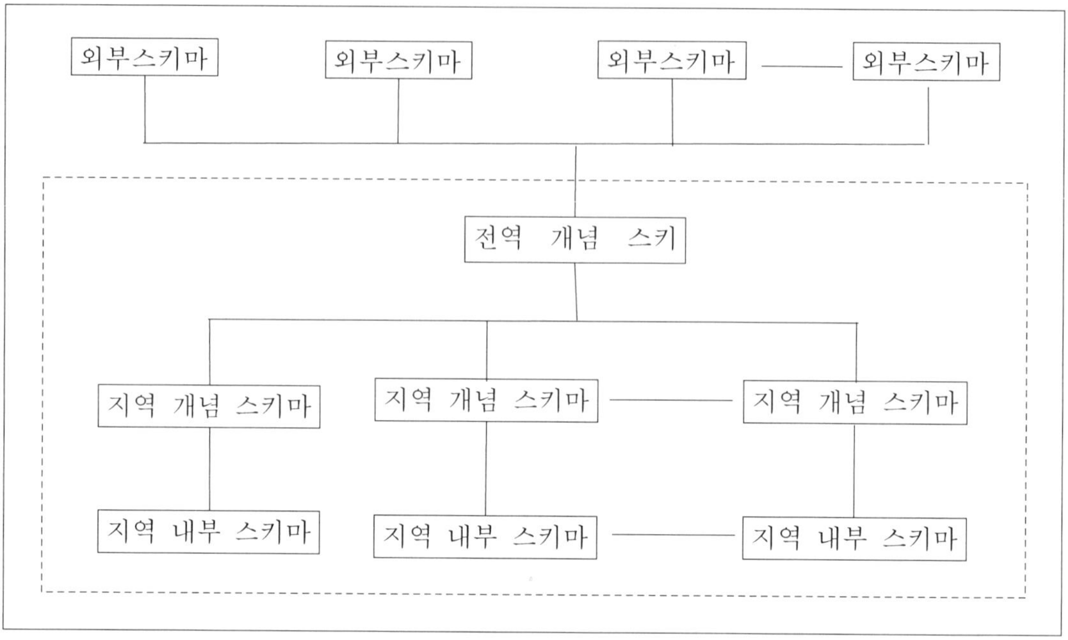

<그림3.1> 분산 데이터베이스의 구조

3.2.3.1 내부 스키마(Internal Schema)

내부 스키마는 데이터베이스의 물리적 구조를 정의하며 데이터의 실제 저장 방법이다. 물리적 저장장치와 밀접한 계층이다. 시스템 프로그래머나 시스템 설계자가 보는 관점의 스키마이다.

- 지역 내부 스키마

물리적인 데이터베이스 구조는 시스템마다 서로 차이가 있다. 이는 각 노드마다 개별적인 내부 스키마에 대한 정의가 있어야 함을 나타낸다. 이를 지역 내부 스키마(Local Internal Schema)라고 한다.

3.2.3.2 개념 스키마(Conceptual Schema)

개념 스키마는 데이터베이스의 전체적인 논리적 구조로서, 응용 프로그램이나 유저들이 필요로 하는 데이터를 종합한 조직 전체의 데이터베이스로 하나만 존재한다. 개념 스키마는 개체 간의 관계와 제약 조건을 나타내고 데이터베이스의 접근 권한, 보안 및 무결성 규칙에 관한 명세를 정의한다. 단순히 스키마라고 하면 개념 스키마를 정의한다. 기관이나 조직체의 관점에서 데이터베이스를 정의한 것이다. 데이터베이스 관리자(DBA)에 의해서 구성된다.

• 전역 개념 스키마

시스템 전체의 관점에서 보면 데이터는 전역 개념 스키마(Global Conceptual Schema)에 의하여 표현되어야 하며, 이를 통해 모든 노드 데이터에 대한 논리적인 구조를 기술할 수 있게 된다.

• 지역 개념 스키마

분산 데이터베이스에서 데이트는 분할(fragmentation) 또는 중복(replication)된다. 이러한 분할 및 중복의 문제를 다루기 위하여, 데이터에 대한 논리적인 구조가 필요하며, 이것이 바로 지역 개념 스키마(local conceptual schema)이다. 지역 개념 스키마들이 모여 전역 개념 스키마를 구성한다.

3.2.3.3 외부 시키마(external schema)

전체 데이터베이스의 한 논리적인 부분으로 유저나 프로그래머가 각 개인의 입장에서 필요로 하는 데이터베이스의 논리적 구조를 정의한 것이다. 하나의 데이터 베이스 시스템에는 여러 개의 외부 스키마가 존재 할 수 있고 하나의 외부 스키마를 여러 개의 응용 프로그램이나 사용자가 공유할 수도 있다. 같은 데이터베이스에 대해서도 서로 다른 관점을 정의할 수 있도록 허용한다. 애플리케이션 및 데이터베이스에 대한 접근은 전역 개념 스키마에서 정의한 외부스키마(external schema)에 의하여 이루어진다.

3.2.3.4 분할

전역 개념 스키마는 분산 데이터베이스의 데이터를 정의함에 있어서 데이터베이스의 분산을 고려하지 않는다. 다시 말해, 전역 개념 스키마는 중앙집중형 데이터베이스와 동일한 방법으로 정의할 수 있다. 전역 데이터베이스 테이블은 분할이라는 방법을 이용하여 데이터베이스를 중복되지 않게 나눈다.

분산 데이터베이스를 분할하는 방법에는 수평, 수직 분할의 두 가지 있다.

수평 분할은 한 관계의 행(튜플)을 분할하여 각각의 지역 데이터를 다른 장소에 저장하는 것으로 지역 데이터베이스의 속성이 유사할 경우 사용할 수 있다. 분할된 테이블은 서로 중복되는 레코드가 없도록 해야 한다. 수평 분할에 의한 데이터베이스를 동질 분산 DB라 한다

예) 대구지역 고객정보는 대구 시스템 배치, 부산지역 고객정보는 부산시스템에 배치

수직 분할은 한 관계의 열(속성)을 분할하여 데이터 속성들을 몇 개의 그룹으로 나누어 각각의 지역 데이터베이스에 저장하는 것을 말한다. 분산 데이터베이스에서 지역 데이터베이스의 각 속성 그룹이 어떤 특정 성질을 나타낼 때, 이 분할 방법이 매우 유용하다. 수직 분할은 중복된 속성들을 포함 가능하다. 수직 분할에 의한 데이터베이스를 이질 분산 DB라 한다.

예) 전기사용 고객정보가 있을 경우 기본사항은 중앙에 보관하고 변동사항은 지역배치

혼합 분할은 수평분할과 수직분할을 혼합한 방법이다.

분할은 데이터베이스 시스템의 다수 개의 데이터베이스에 위치하는 전역 테이블의 논리적인 부분이다. 할당 스키마(Allocation Schema)는 분할이 어느 데이터베이스에 위치할 것인가를 결정하며, 이 할당 스키마에 정의된 구조가 분산 데이터베이스의 중복 또는 비중복을 결정한다.[1]

3.3 분산 환경의 형태

분산 데이터베이스 환경은 통신상 상호 연결된 노드의 집합으로 되어 있으므로, 분산 데이터베이스의 중요한 목적은 유저 및 애플리케이션이 원격지 데이터베이스를 마치 자기 지역의 데이터베이스에 접근하듯 하여 원하는 작업을 수행 할 수 있게 하는 것이다.

분산 데이터베이스 설계는 분산 환경의 형태를 결정하고, 현재 구현된 시스템에 적합한 분산 데이터베이스의 구조를 선정하는 작업으로 이루어진다. 기본적인 분산 환경의 형태는 한 노드에서 단일 유저가 원격지에 위치한 데이터베이스를 접근하는 클라이언트/서버 구조(client/server architecture)이다. 이 상황에서 데이터베이스에 대한 접근 요청하는 노드를 클라이언트(client)라 하며, 요청에 응답이 되어 데이터를 제공하는 노드를 서버(server)라고 한다.

무엇을 어떻게 분산하여 처리할 것인가에 대하여 여러 가지 형태의 클라이언트/서버 시스템(client/server system)이 존재 할 수 있다. 어떤 기능들을 분산할 것인가에 대하여 클라이언트/서버(client/server)는 일반적으로 여러 가지 유형으로 구분된다. 하나의 네트워크 시스템에서 각각의 적용 업무에 따라 이러한 여러 가지 유형들이 공존하게 되며, 분산 환경의 구축 시에 어떠한 형태의 클라이언트/서버 시스템을 구축할 것인지에 대하여 신중하게 고려하여야 한다.

3.3.1 중앙집중 방식

중앙 집중 방식은 가장 보편적으로 사용되는 방식의 하나로 한 장소에 위치한 단일 컴퓨터에 모든 데이터베이스 처리가 이루어진다.〈그림3.2〉

중앙 컴퓨터는 데이터베이스뿐만 아니라 데이터베이스 관리시스템(DataBase Management System), 애플리케이션 등이 집중되어 데이터를 중앙에서 직접 처리하며, 유저는 단말기를 이용해서 메시지와 데이터를 중앙 컴퓨터에 전송한 후 결과를 전송 받는다. 이런 이유로 대부분의 단말기 화면은 그래픽보다는 문자 형태의 단순하고 간결한 경우가 많았다.

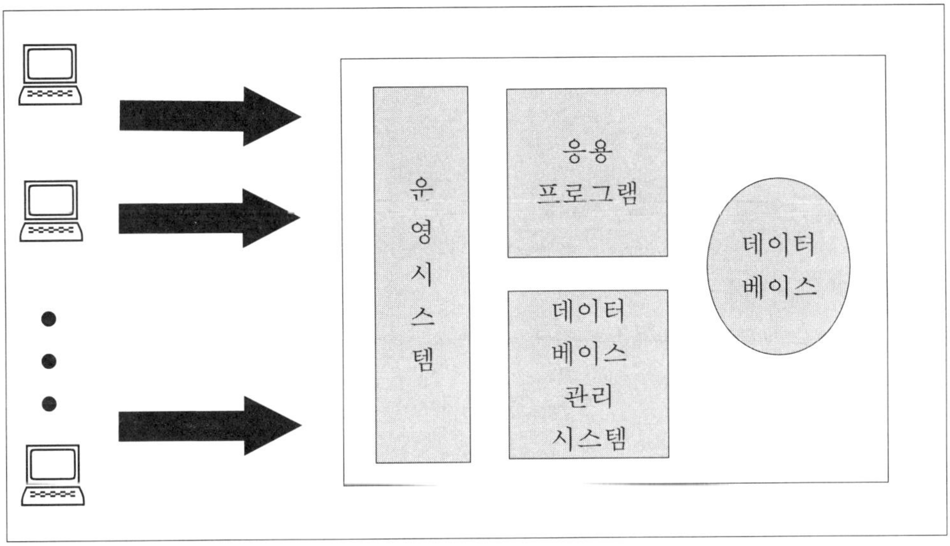

<그림3.2> 중앙 집중 방식

과거에는 데이터베이스를 관리하기 위해서 대형 또는 석어노 미니급의 컴퓨터를 사용하여야 동시에 여러 사용자의 데이터 요구 처리를 수행 할 수 있었지만, 최근에 들어 개인용 컴퓨터의 성능이 눈부시게 향상되어 데이터베이스의 분산이 자연스런 형태가 되었고, 이 때문에 중앙 집중식 구조는 필요성이 점점 사라지고 있다.

3.3.2 파일 서버 방식

파일 서버 방식은 중앙 집중 방식과는 다르게 다수의 컴퓨터가 네트워크로 연결된다.〈그림3.3〉

파일 서버 방식은 일반적으로 한 대의 파일 서버와 다수의 유저가 클라이언트로 구성되어 있는데, 여러 대의 파일 서버가 네트워크로 연결 될 수도 있다. 이런 경우, 서로 다스 데이터베이스가 파일 서버에 저장되어 있다면 파일 서버 방식이 아닌 분산 데이터베이스 방식이 된다.

〈그림3.3〉에 파일 서버 방식에서 유저 컴퓨터는 필요한 애플리케이션과 데이터베이스 관리 시스템을 각각 보유하고 있고, 파일 서버는 데이터베이스 관리 시스템이 없이 데이터베이스 파일만을 보관하고 있다. 유저 컴퓨터에서 데이터 처리 요구가 발생하면, 유저 컴퓨터의 데이터베이스 관리시스템이 운영 시스템을 통해 파일 서버 컴퓨터에 데이터베이스 파일을 전송해 줄 것을 요청한다. 이 요청을 받은 파일 서버는 데이터베이스 파일의 복사본을 유저 컴퓨테에 전송하게 된다.

파일 서버 방식은 네트워크를 통한 전송량이 상대적으로 많고, 병행 제어가 데이터베이스 수준에서만 가능하기 때문에, 한 유저가 데이터베이스에 접근하여 사용하고 있는 경우에는 다른 유저가 접근할 수 없어서 데이터베이스의 가용성이 떨어진다. 이러한 문제점으로 인하여 파일 서버 방식의 다수의 유저가 동시에 대량의 데이터 처리를 하는 경우에는 거의 사용되지 않는 방식이다.

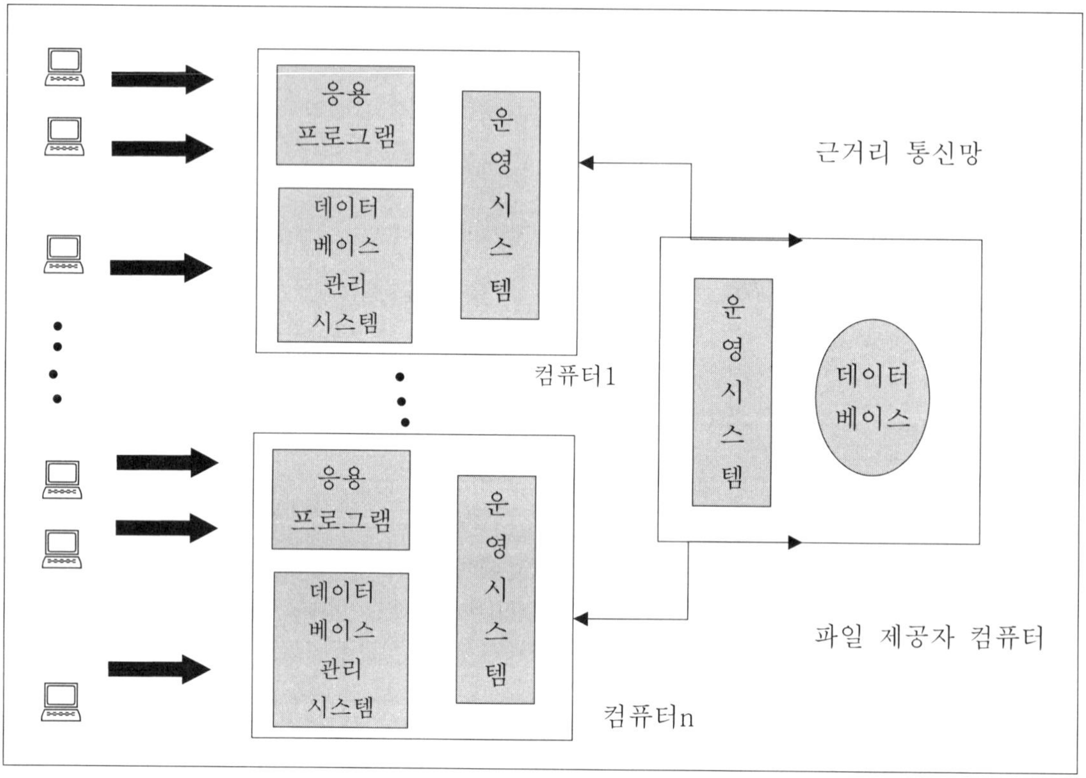

<그림3.3> 파일 서버 구조

3.3.3 클라이언트 서버 방식

클라이언트 서버 시스템은 다수의 컴퓨터가 네트워크와 연결되어 있다는 점은 파일 서버 시스템과 같지만, 클라이언트 서버 시스템은 데이터베이스가 저장되어 있는 컴퓨터에 데이터베이스 관리시스템이 함께 있다는 점에서 파일 서버 시스템과 다르다. 클라이언트 서버 방식은 파일 서버 시스템의 발전된 형태로, 그 구조는 〈그림3.4〉에서 볼 수 있다. 한 대의 데이터베이스 서버와 다수의 클라이언트가 근거리 통신망으로 연결되어 있으며, 데이터베이스 관리시스템과 데이터베이스 파일이 모두 데이터베이스 서버에 위치하고 있다. 여기서 클라이언트는 유저의 데이터나 명령을 받아, 데이터베이스 서버에 데이터 처리를 요구하며, 그 처리 결과를 유저에게 통보한다.

클라이언트 서버 방식은 파일 서버 방식 간에는 분명한 차이가 있다. 예를 들어 어느 구간의 교통 정보를 검색하고자 할 경우에 파일 서버 방식은 파일 서버에 데이터베이스 관리시스템이 없기 때문에 모든 구간의 교통 정보를 네트워크를 통해 유저 컴퓨터로 전송하고, 유저 컴퓨터에서 필요한 구간의 교통 정보를 검색하게 된다. 따라서 효율성이나 신속성 면에서 클라이언트 서버 방식이 뛰어나다고 할 수 있다. 그러나 동시에 서로 다른 운영 시스템을 가진 다수의 클라이언트로부터 데이터베이스 처리 요청을 받아서 병렬로 처리해야 하기 때문에 데이터베이스 관리시스템의 기능이 복잡해진다.

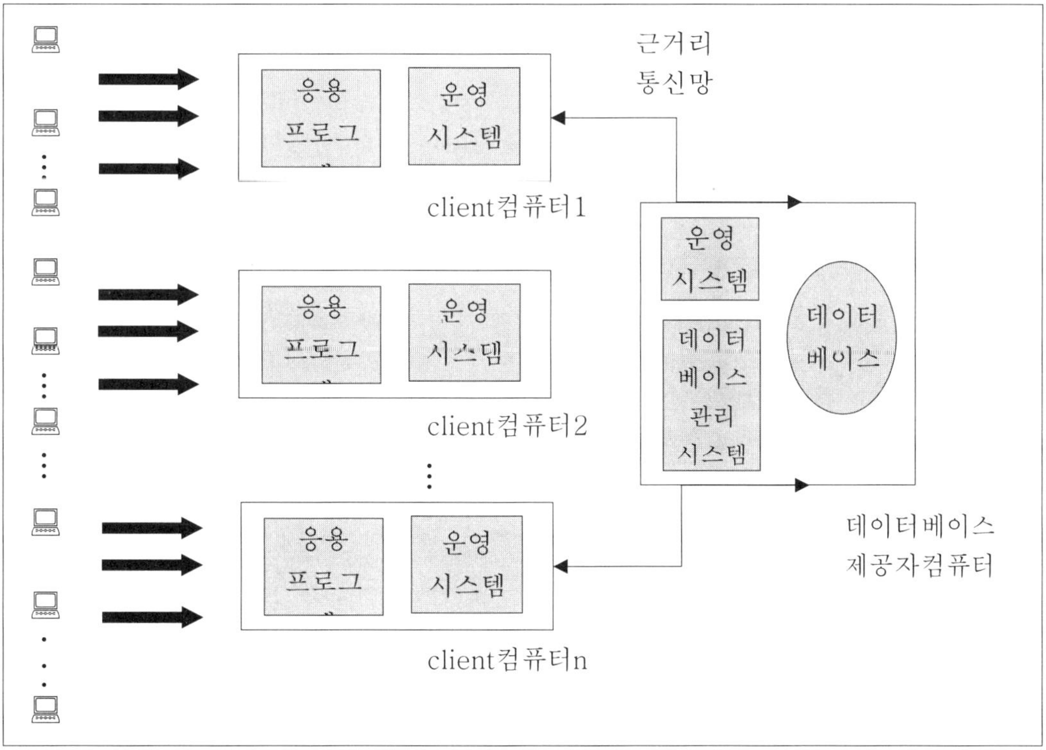

<그림3.4> 클라이언트 서버 데이터베이스 구조

3.3.4 분산 데이터베이스 방식

분산 데이터베이스 방식은 앞서 설명한 세 방식과는 다르게 하나의 논리적 데이터베이스가 지역적으로 분산되어 저장, 관리되는 방식이다. 〈그림3.5〉에서와 같이 하나의 논리적 데이터베이스가 n대의 물리적 컴퓨터에 분산되어 있는데, 이들 각각은 지역 데이터베이스로 표현되어 있다. 물론, 이 지역 데이터베이스들은 한 장소에 위치할 수 도 있고, 서로 다른 장소에 위치할 수도 있다.

지능형 교통관리 시스템(Intelligent Transport Systems)은 정보수집 체계가 상이하고 담당 영역도 다른데, 이들 수집 정보들을 필요에 따라 상호 공유하여 사용할 수도 있다. 이때 이들 연계 시스템의 데이터베이스는 자연스럽게 각 지역 데이터베이스를 두고 있는 분산 데이터베이스 방식이 된다. 국가 지능형 교통 시스템 아키텍처에서는 기능을 정의하고, 데이터베이스 테이블의 속성들과 테이블 간의 상호 관계를 정의해 놓았기 때문에 시스템 간에는 자연스런 분산 데이터베이스 형태가 이루어지게 하는 것도 목표의 하나인 것이다. 분산 데이터베이스는 이론적으로 한 장소 또는 여러 장소에 위치할 수 있으나, 보편적으로 서로 다른 지역에 위치한 컴퓨터에 분산 할 때 보다 높은 효율을 기대할 수 있다. 특히 조직이 여러 곳에 분산되어 있고, 각 지역별로 각기 데이터 처리 요구가 있을 때 분산 데이터베이스가 적절하게 활용 되어질 수 있다.

분산 데이터베이스는 데이터를 자주 사용하는 물리적 장소에 가능한 가깝게 위치시킴으로 통신망을 통하여 전송되는 시간과 비용을 줄일 수 있다. 또한 데이터의 분산으로 위험성이 줄어들고, 같은 데이터를 많은 곳에 복제하면(지역 데이터를 다른 지역에 복제) 데이터의 가용성과 신뢰성이 증가한다. 그리고 각 지역의 요구 수요에 맞게 설계할 수가 있어 시스템이 굉장히 유연해 질 수 있다.

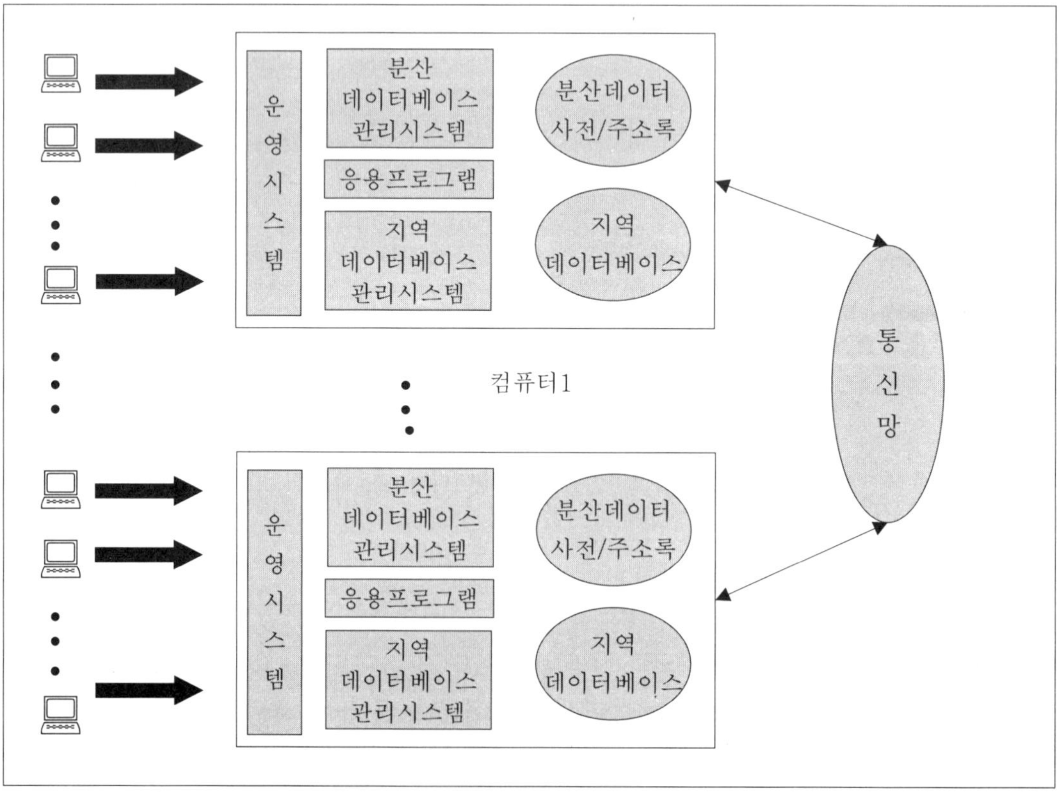

<그림3.5> 분산 데이터베이스 구조

반면에 설계 및 관리가 어렵고, 데이터 무결성을 완전히 보장 할 수가 없다는 것이 문제점으로 남아 있다. 또한 여러 지역에 분산된 데이터 항목을 결합하여야 할 경우, 그 처리 방법에 따라 응답 시간의 차이가 클 수 있다.

분산 데이터베이스에는 동질형 분산 데이터베이스(Homogeneous Distribute DataBase)와 이질형 데이터베이스(Heterogeneous Distribute DataBase)가 있다.

동질형 분산 데이터베이스 환경은 분산 환경 내의 지역 데이터베이스가 동일한 데이터베이스를 갖고 있는 경우며, 이때 하드웨어 및 운영체계는 반드시 같아야 할 필요는 없다. 그러나 각 노드에 대한 통신 소프트웨어는 데이터 요청 및 교환을 위하여 동일한 프로토콜을 가져야 한다. 또 데이터베이스 언어 및 데이터 모델이 네트워크상의 모든 노드에서 동일하므로, 클라이언트 노드에서 제기된 데이터베이스 요청은 번역될 필요가 없다.

이질형 분산 데이터베이스 환경은 하드웨어, 운영체계, 통신 시스템 및 데이터베이스 관리시스템이 상이해도 무방하다. 여기서 상이한 데이터베이스 관리시스템이란 데이터 모델 및 데이터베이스 언어가 같지 않음을 의미한다. 또 클라이언트에서 제기된 요청은 서버가 그 요청을 수행 할 수 있도록 번역되어야 한다. 이러한 이질성에는 여러 등급(Degree)이 존재한다. 예를 들어 상이한 데이터베이스 관리시스템인 경우에는 관계형 데이터 모델이나 SQL 지원 시스템들 간 조차도 다른 데이터베이스 관리시스템의 SQL을 완벽하게 수용하지 못하고 있으며, 상호 호환을 위해서는 원격지의 데이터 베이스 접근을 위한 별도의 표준이 필요하다.[2]

3.4 분산 데이터베이스 설계

데이터를 분산하여 저장하고 처리하도록 분산 데이터베이스를 설계하려면, 어떻게 데이터베이스를 분산하여 구축하는 것이 효과적인지 이외에도 여러 가지 사항을 고려해야 한다.

일단 설계 시 분단 데이터베이스를 고려했다면, 데이터와 프로그램들을 어떤 자원에 배분시킬 것인지도 고려해야 한다. 또한 분산 데이터베이스는 네트워크의 대역폭에 많은 영향을 받으므로 네트워크에 대한 고려도 이루어져야 한다. 분산 시스템이 내부적으로는 복잡하게 분산되어 있어도, 이를 이용하는 사용자가 볼 때는 하나의 시스템으로 보이게 해야 한다. 따라서 분산 데이터베이스를 설계하는 경우, 어떤 관점에서 시스템을 바라보는지를 생각해야 한다.

3.4.1 접근 방법

분산 데이터베이스의 설계를 위해서는 설계에 대한 전략이 필요하며, 두가지 주요 접근 방법이 있다. 하향식 접근 방법(Top-Down Approach)과 상향식 접근 방법(Bottom-Up Approach)이 그것이다. 하향식 방법은 전역 스키마를 설계한 후 데이터베이스의 분할 설계 및 분할의 할당을 수행하며, 마지막으로 각 노드에서 할당된 데이터들을 물리적으로 설계하는 방법이다. 이 방법은 합리적으로 설계를 수행하기 때문에 처음부터 시스템을 단계적으로 구축할 경우에 적합하다. 반면, 기존의 데이터베이스를 통합하여 분산 데이터베이스를 구축할 경우에는 상향식 방법을 적용할 수 있다. 이 방법은 현재 구현된 스키마를 통합하여 하나의 전역 스키마로 변형시키는 것이다. 그러나 실제로 이들 두 가지 방법 중의 한가지 방법만으로 실제 애플리케이션이 구성되는 경우가 거의 없다. 대부분의 데이터베이스 설계의 경우, 위의 두 가지 방법이 상호 보완되어 적용되는 것이 일반적이다.

3.4.1.1 하향식 접근 방법

하향식 방법은 시스템 환경 및 유저들의 요구 사항을 파악하는 요구 사항 분석(Requirement Analysis)단계에서 시작된다. 요구 사항 분석 단계에서는 최종 시스템의 성능, 신뢰성, 가용성, 경제성 및 확장성 등을 고려되어야 한다.

요구 사항 분석 단계에서 나온 문서는 뷰 설계(View Design) 및 개념적 설계(Conceptual Design) 단계의 입력 자료로 이용된다. 뷰 설계는 최종 사용자를 위한 인터페이스를 정의하는 과정이며, 개념적 설계는 조직의 엔티티 및 엔티티들간의 관련성(Relationship)을 정의하는 과정이다.

뷰 설계의 결과로 나온 전역 개념 스키마와 접근 형태에 관한 정보는 분산 설계(Distributed Design) 단계의 입력 자료로 이용된다. 분산 설계 단계의 목적은 일레이션을 분산 시스템의 각 노드에 분산시킴으로써 지역 개념 스키마를 설계하는 것이다. 이때 릴레이션을 단순히 분산시키기보다는 , 릴레이션을 보다 작은 릴레이션으로 나누는 것이 더욱 일반적이다. 이를 위한 분산 설계의 단계가 바로 분할 및 할당이다.

설계 단계의 맨 마지막에는 물리 설계(Physical Design)가 있으며, 이는 지역 개념 스키마를 각 노드에 있는 물리적인 저장장치에 사상시키는 작업이다. 이 단계에 대한 입력 자료는 지역 개념 스키마 및 접근 형태에 대한 정보이다.

3.4.1.2 상향식 접근 방법

하향식 접근 방법은 처음부터 데이터베이스 시스템을 구축할 경우에 적합하지만, 실제적으로 이미 데이터베이스가 구축되어 있는 경우도 존재할 수 있다. 이러한 경우, 이들 데이터베이스를 하나의 데이터베이스로 통합(Integration)하는 작업이 필요하며, 상향식 접근 방법은 이 경우에 매우 적합하다. 상향식 방법에서는 개별적인 개념 스키마로부터 시작하며, 지역 스키마를 전역 개념 스키마로 통합하는 과정이 필요하다.

상향식 방법을 이용하는 데이터베이스를 통합할 경우, 수평 분할된 릴레이션을 구성하기가 쉽지 않음에 주의해야 한다. 동일한 전역 스키마의 수평분할들은 동일한 스키마를 가지고 있어야 한다. 이는 하향식 방법에서는 쉽게 구현할 수 있지만, 상향식 방법에서는 쉽게 구현될 수 없다. 수평 분할은 분산 데이터베이스의 중요한 특성이므로, 통합 과정에서 지역 스키마를 변형하여 같은 전역 릴레이션의 수평 분할로 취급될 수 있도록 설계해야 한다.

또한 상향식 방법의 경우, 기존의 데이터베이스를 통합하여 통합 데이터베이스를 만드는 과정에서 각각 다른 데이터베이스 관리시스템을 사용하게 되는 경우가 생길 수 있다. 이러한 이질형 시스템에서는 서로 다른 표현들간의 전환이 필요하기 때문에 데이터 통합을 더욱 복잡하게 만든다. 이 경우에 서로 다른 데이터베이스 관리시스템간의 일대일 전환 방법을 사용할 수 있다. 그러나 이질형 시스템에서 가장 많이 사용되는 방법은 하나의 공통 데이터 모델을 선택하여 모든 지역 스키마들을 공통 모델로 변형시키는 방법이다. 요약하면, 상향식 설계 방법에서는 먼저 데이터베이스의 전역 스키마를 기술할 공통 데이터 모델을 선택하고, 각 지역 스키마를 공통 데이터 모델로 변환하여, 마지막으로 지역 스키마를 공통 스키마로 통합하는 세 가지 단계를 거치게 된다.

3.4.2 데이터의 분할 기법

분산 데이터베이스를 설계하는 데 가장 중요한 것은 데이터베이스를 어떻게 분할할 것인지, 그리고 분할된 데이터베이스를 어떻게 지역에 분산시킬 것인지를 결정하는 것이다.

데이터를 분할하는 경우, 데이터베이스의 가장 중요한 특징인 무결성을 보장하기 위해서는 완전성, 재구축성을 보장해야 한다. 즉, 원래의 테이블에 있는 데이터는 분할된 어느 곳이든지 반드시 있어야 하고, 분할된 데이터를 합치면 반드시 분할 이전의 모습을 갖춰야 한다는 뜻이다. 수평 분할에 있어서는 모든 데이터가 수직 분할에 있어서는 기본 키를 제외한 데이터가 중복이 없어야 한다.

데이터의 중복을 고려할 경우는 특정 사이트가 다운이 되어도 데이터가 다른 곳에 있으므로 서비스를 계속할 수 있다는 장점이 있고, 지역적으로 가까운 곳으로 접근을 하므로 빠른 응답을 보장할 수 있다. 그러나 이는 데이터의 중복으로 인한 저장 공간을 더 필요로 하고 갱신 비용이 더 들어간다. 그러므로 이러한 중복은 읽기 전용의 데이터베이스에 적합하다.

데이터 분할의 문제는 테이블을 보다 작은 테이블로 나누는 방법을 찾는 것이다. 이를 위한 두 가지 대안이 있는데, 수평 분할 및 수직 분할이 그것이다. 그러나 분할은 다음과 같은 몇 가지 문제점을 가지고 있다.

첫 번째 문제는 애플리케이션이 테이블을 상호배제적인 분할(Mutually Exclusive Fragments)로 분리하기 어려운 복잡한 요구 사항을 가질 경우, 그러한 애플리케이션은 성능상의 저하를 가져올 수 있다. 두 개의 분할된 테이블로부터 데이터를 검색하여 결합(Union)하거나 Join을 하는 것이 필요하며, 이때 그 처리 비용이 증가하게 된다. 이러한 현상을 회피하는 것이 분할이 해결해야 할 기본적인 문제점이다.

두 번째 문제는 의미적 데이터 조절(Semantic Data Control)과 관련이 있으며, 특히 무결성 검사(Integrity Check)와 관련이 있다. 분할의 결과로, 관련된 속성들이 서로 다른 테이블로 분할되어 서로 다른 지역에 위치하게 된다. 이 경우, 가장 간단한 형태의 연관성 검사(Dependency Check)의 경우에도 여러 노드에 걸쳐 데이터를 찾아야 하는 결과를 가져 온다.

데이터베이스가 적절히 분할이 되었다고 가정할 경우, 분할을 네트워크상의 여러 노드에 할당하는 것을 결정해야 한다. 데이터가 할당되었을 때, 이는 중복되거나, 또는 단일 복사본(Single Copy)으로 유지될 수 있다. 중복을 하는 이유는 읽기 전용 질의에 대한 신뢰성 및 효율성 때문이다. 만일 데이터에 대한 여러 복사본이 존재하면, 시스템 결함이 발생하더라도 다른 곳에 존재하는 복제된 데이터에 접근할 수 있는 확률이 증가된다. 더구나 동일한 데이터에 접근하는 검색 전용 질의가 여러 개 존재할 경우, 동시적인 수행이 가능하다는 이점도 있다. 반면, 갱신 질의의 경우는 모든 복제된 데이터가 동시에 갱신되도록 보증해야 하므로, 문제를 야기할 소지가 있다. 그러므로 복제에 대한 결정은 검색 전용 질의 및 갱신 질의의 비율에 대한 상쇄 조건(Trade-Off)을 가진다. 이러한 결정은 모든 분산 데이터베이스 관리시스템 알고리즘 및 조절 기능에 영향을 미친다.

<표3.2> 복제 방법에 대한 비교

구분	완전 복제	부분 복제	분산
질의 처리	쉬움	어려움	어려움
디렉터리 관리	쉬움	어려움	어려움
동시성 제어	적절함	어려움	쉬움
신뢰성	매우 높음	높음	낮음
현실성	가능	현실적	가능

복제가 되지 않는 데이터베이스는 노드에 할당된 분할을 가지며, 네트워크상에 단지 하나의 복제본만 존재한다. 복제의 경우, 데이터베이스는 네트워크의 전체 노드에 존재하는 완전 복제 데이터베이스(Fully Replicated Database)의 형태를 가지거나, 또는 하나의 분할이 여러 노드에 복제됨으로써 분할이 분산되는 부분 복제 데이터베이스(Partially Replicated Database)의 형태를 가질 수도 있다. 후자의 경우, 복제본의 수는 할당 알고리즘의 입력 값(Input Value)이 되거나, 알고리즘에 의해 결정되는 결정 변수(Decision Variable)가 될 수 있다. 다음 〈표3.2〉는 세가지 복제 방법에 대한 비교를 나타낸 것이다.

3.4.2.1 수평 분할

수평 분할(Horizontal Fragmentation)은 테이블을 레코드 단위로 나누는 방법으로, 전역 테이블을 구성하는 레코드들을 해당 테이블의 부분집합으로 분할하는 방법이다. 분할된 테이블들은 전역 테이블의 각 레코드들이 오직 하나의 분할에 속하여 서로 중복되는 레코드가 존재하지 않도록 분해해야 한다. 지역 데이터베이스에서의 중복된 저장은 이들 테이블들을 중복하여 저장함으로써 구현된다.

예를 들어 다음의 테이블 A를 지역에 따라 수평 분할하면 〈표3.3〉과 같이 테이블 A1, A2, A3로 분리된다.

<표3.3> 수평 분할된 릴레이션

테이블 A

업무 번호	업무명	예산	지역
J1	통신 장비	150000	수원
J2	데이터베이스	135000	서울
J3	CAD/CAM	250000	서울
J4	유지보수	310000	용인

테이블 1

업무 번호	업무명	예산	지역
J1	통신장비	150000	수원

테이블 2

업무 번호	업무명	예산	지역
J2	데이터베이스	135000	서울
J3	CAD/CAM	250000	서울

테이블 3

업무 번호	업무명	예산	지역
J4	유지보수	310000	용인

수평 분할의 경우 다음과 같은 장점을 가진다.

- 효율성
- 지역의 최적화
- 보안 향상

수평으로 분할되어 있기 때문에 데이터베이스에 접근하는 데이터의 양은 상대적으로 적고, 또한 분리된 리소스를 사용하므로 로크(잠김)에 대한 이슈도 상대적으로 적다. 그러므로 지역적으로 분리된다면 성능이 매우 향상될 수 있다. 또한 한 사이트에 집중되지 않으므로 한쪽의 보안에 구멍이 났다고 해도 그 사이트에만 국한된다.

그러나 수평분할은 다음과 같은 단점을 가진다.

- 지역적인 접근 속도 불일치
- 복사의 취약성

데이터가 복사되지 않았기 때문에 어느 지역의 데이터가 접근할 수 없거나 손상을 입었을 경우, 각 지역에서 적절한 백업이 이루어지지 않을 경우에는 데이터를 상실할 수 있다. 그러므로 수평 분할은 조직 기능이 지역적으로 분산되어 해당 지역에서는 테이블의 일부 행에만 관심이 있는 경우 주로 사용된다.

3.4.2.2 수직 분할

수직 분할(Vertical Fragmentation)은 전역 테이블을 구성하는 속성들을 몇 개의 부분집합으로 분할하는 것으로, 수평 분할에 비해 복잡하며, 애플리케이션에 따라 속성을 그룹핑 (Grouping:집단화) 하는 방법과 분열하는 방법이 있다. 수직 분할된 테이블은 운 테이블의 프로젝션을 통해 얻을 수 있고, 역으로 원 테이블은 분할된 테이블의 Join 연상을 통한 재결합으로 얻을 수 있어야 한다. 수직 분할의 이점과 단점은 수평 분할과 같다. 수평 분할은 지역적으로 조직 기능이 중복되었을 경우 적용하고, 수직 분할은 서로 다른 데이터 요구 사항을 가진 조직 기능 간에 적용하는 것 보통이다. 〈표3.3〉의 테이블 A를 분할하면 〈표3.4〉처럼 분할된 테이블 B1 및 B2를 얻을 수 있다.

<표3.4> 수직 분할된 테이블

테이블 B1

업무 번호	예산
J1	150000
J2	135000
J3	250000
J4	310000

테이블 B2

업무 번호	업무명	지역
J1	통신 장비	수원
J2	데이터베이스	서울
J3	CAD/CAM	서울
J4	유지보수	용인

수직 분할은 많은 애플리케이션들이 단지 한 개의 분할만을 이용해서 업무를 수행할 수 있도록 테이블을 보다 작은 테이블로 분할하는 것이다. 예를 들어 전역 테이블 R이 수직적으로 R1과 R2로 분할되었다고 가정하자. 만약 애플리케이션이 R1 또는 R2만으로 수행될 수 있으면 전역 테이블 R에 접근하지 않아도 되기 때문에 이 방법은 유리하다. 그러나 애플리케이션이 R1과 R2를 모두 필요로 하면 이 분할 방법을 사용하는 것은 R을 재구성하기 위한 추가적인 연산이 필요하므로 이득이 없다.

이런 기준은 중앙 집중식 데이터베이스의 경우에도 적용이 된다. 분산 데이터베이스에서 R1을 사용하는 애플리케이션들과 R2를 사용하는 애플리케이션들이 다른 노드에서 발생할 때 수직 분할의 이점이 더욱 커진다. 이때, R을 한 노드에만 두면 어느 한 애플리케이션의 실행 비용이 커지는 반면, R을 분할하면 두 애플리케이션 모두를 만족시킬 수 있다.

수직 분할 방법은 근원적으로 수평 분할 방법보다 훨씬 복잡하다. 수직 분할은 분할 가능한 경우의 수가 수평 분할보다 많기 때문이다. 또한 속성의 수가 증가할수록 가능한 수직 나눔의 수가 급격하게 증가하며, 수직 모음의 경우에는 더욱 많아지게 된다. 그러므로 규모가 큰 테이블의 경우, 수직 나눔 및 수직 모음을 결정하기 위해서 일반적으로 휴리스틱 방법(Heuristic Method)을 사용하게 된다. 전역 테이블의 수직 분할을 위하여 가능한 두 가지 방법은 다음과 같다.

- 그룹핑 : 최초에 테이블의 각 속성의 하나의 분할에 지정하고, 각 단계에서 특정 기준(Criteria)이 만족될 때까지 분할의 일부를 Join한다.
- 분리화(Splitting): 최초로 전역 테이블로부터 시작하여, 애플리케이션이 속성에 접근하는 방식에 따라 분리를 결정한다.

수직 그룹핑은 중첩되는 속성의 값들이 중복되기 때문에 분할들 내에서 중복이 생긴다. 중복은 검색 전용 애플리케이션과 갱신 애플리케이션에 각각 다른 효과를 미친다. 검색 전용 애플리케이션은 데이터를 지역적으로 참조할 수 있기 때문에 중복을 이용하게 된다. 그러나 갱신 애플리케이션의 경우에는 일관성을 유지하기위하며 모든 사본을 갱신해야 하므로 부수적인 작업이 필요하다. 수직 분할에 필요한 주요한 정보는 애플리케이션과 밀접한 관련이 있다. 수직 분리의 경우에는 동시에 접근되는 속성들을 하나의 분할에 위치시키므로, '동시성(Togetherness)'을 더욱 정확하게 정의할 수 있는 측정치(Measure)가 필요하다. 이 측정치는 속성의 근접성(Affinity)을 말하며, 이는 속성이 얼마나 밀접하게 연관이 되어 있는지를 알려준다. 그러나 불행하게도 설계자나 유저가 이러한 값들을 쉽게 결정짓도록 기대하기는 어렵다.

애플리케이션과 관련된 주요한 데이터 요구 사항은 접근 빈도(Access Frequency)이다. 분할의 과정은 먼저 접근 빈도를 이용하여 상호 높은 근접성을 가진 속성들을 함께 묶고(Clustering), 이에 따라 테이블을 분리(Splitting)하면 된다. 분리의 목적은 개별적인 애플리케이션의 집합에 의하여 유일하게 접근되는 속성의 집합을 찾는 것이다.

수평 분할에서와 마찬가지로 수직 분할에서도 앞서 기술한 완전성 조건, 재구성 조건 및 상호중첩 배제 조건이 만족되는지를 점검해 보아야 한다.

3.4.2.3 혼합 분할

대부분의 경우 데이터베이스 스키마의 단순한 수평 또는 수직 분할만으로는 유저 애플리케이션을 만족시킬 수 없다. 이 경우 수직 분할을 한 후 수평 분할을 적용하거나, 또는 수평분할을 한 후 수직 분할을 적용하거나, 그 밖의 여러 가지 경우로 분할을 구성할 수 있다. 두 가지의 분할 방법이 순서적으로 상호 적용될 수 있기 때문에, 이 방법을 혼합 분할(Hybrid Fragmentation)이라고 한다. 이런 방법은 반복적으로 여러 번 적용할 수 있지만, 어느 정도의 현실적인 제약을 가지고 있다. 수평 분할의 경우, 각 분할이 단지 하나의 튜플을 가질 때 분할을 정지해야 한다. 반면에 수직 분할의 경우에는 분할이 하나의 속성을 가질 때가 종료 시점이 된다. 그러나 이러한 제한마저도 매우 이상적인 경우이고, 대부분의 현실적인 애플리케이션에서는 중첩의 단계가 두 번 이상 되는 경우는 거의 없다. 정규화된 전역 테이블은 보통 작은 차수(Degree)를 가지게 되며, 수직 분할을 수행할 경우 Join을 위한 비용이 매우 커지기 때문이다.

3.4.3 데이터의 할당 기법

분할된 테이블 또는 사본은 분산 시스템의 특정 사이트에 할당되어야 하는데, 이를 데이터 분산 또는 데이터 할당(Data Allocation)이라 한다. 데이터베이스의 할당 기법은 시스템의 구조와 네트워크, 데이터베이스 관리시스템 등에 의해 결정되나, 기본적으로 다음의 네 가지 기법이 있다.

- 중앙집중식 할당방법 : 모든 데이터를 네트워크 상에서 한 노드에만 위치시키는 방법이다.
- 분산 할당 방법 : 분할된 테이블들을 네트워크상의 다른 노드, 즉 지역 데이터베이스에 위치시키는 방법이다. 지역 데이터베이스를 이용함으로써 지역 참조성을 향상시킬 수 있지만, 지역별로는 분할된 데이터들이 편재되기 때문에 신뢰성이 떨어질 수 있다.
- 중복 할당 방법 : 분할된 테이블들을 네트워크상의 다른 노드, 즉 지역 데이터베이스에 중복하여 위치시키는 방법이다. 즉, 여러 노드들이 서로 같은 복사본을 두고 이용하는 방법으로써 신뢰성이 향상되지만, 데이터의 추가나 갱신 연산을 수행할 경우 모든 복사본을 다 갱신시켜야 하므로 효율성이 떨어질 수 있다.
- 혼합 할당 방법 : 분할된 테이블들을 선택적으로 중복 할당하는 방법으로, 분할된 테이블을 중요한 분할과 중요하지 않는 단편으로 구분한다. 중요한 분할의 경우는 여러 지역에 중복 할당하고, 중요하지 않는 단편은 한 지역에만 분산 할당하는 방법이다.

분할된 테이블을 각 지역에 할당하는 방법을 할당 알고리즘이라 한다. 데이터의 할당은 통신이나 작업 처리 수행 과정에서 발생할 수 있는 여러 사항들을 고려할 경우, 매우 다양한 알고리즘들을 고려할 수 있다. 다음은 트랜잭션의 발생 빈도와 평균 소요 시간 등과 같은 매우 기본적인 사항들만을 고려하는 일반적인 알고리즘이다.[3]

3.4.3.1 최적 비중복 할당 알고리즘

분할된 테이블을 중복하지 않고 할당하는 방법 중에서 가장 대표적인 방법으로, 가장 최대의 이익을 낼 수 있는 지역에 분할된 테이블을 할당하는 방법이다. 데이터들을 원격 처리할 때 발생하는 비용이 모든 테이블에 대하여 동일하다고 가정할 경우, 특정 테이블을 특정 지역에 할당함으로써 발생하는 이익은 해당 테이블이 해당 지역에 할당되지 않을 경우에 원격 처리되어야 하는 트랜잭션의 수, 즉 데이터들이 특정 지역에 할당됨으로써 지역 처리 될 수 있는 횟수에 비례하게 된다.

최적 비중복 할당 알고리즘을 사용하는 경우에는 읽기와 쓰기에 따라 발생 이익이 다를 수 있고, 테이블별로 발생 이익이 다를 수도 있으며, 지역별로 저장 용량이 제한 될 수 있다. 이런 점들을 고려하여, 각 테이블별로 이들을 특정 지역에 할당할 경우 발생하는 지역 처리 횟수를 계산하고, 전체적으로 가장 이익을 만이 발생시키는 지역에 테이블을 할당한다.

3.4.3.2 최적 중복 할당 알고리즘

분할된 테이블을 중복하여 할당하는 방법 중에서 가장 대표적인 방법으로, 각 테이블을 해당 지역에 할당하는 이익(효과)이 비용보다 클 경우 모두 중복하여 할당하는 방법이다. 비중복 할당과 다른 점은 중복 할당을 할 경우에는 중복 저장된 사본들을 동시에 갱신하기 위한 노력(비용)이 추가로 소요된다는 것이다.

중복 할당의 경우에는 해당 지역에 테이블이 할당됨으로써 원격 처리해야 할 것을 지역 처리함으로서 이익이 발생하고, 해당 지역에 테이블이 할당됨으로써 다른 지역에서 해당 테이블을 원격 갱신하기 위하여 비용이 발생한다.

3.5 분산 데이터베이스 통합

도로 교통공단은 교통사고분석센터를 설립하여 도로교통사고에 관한 분산 데이터베이스를 통합하여 운영하고 있다. 교통사고 총량의 파악, 교통투자 우선순위의 선정 등 국가 교통안전사업의 기초 데이터베이스로 활용하기 위해 경찰, 손해보험사, 공제조합 등 각 기관별 분산관리 되고 있는 교통사고 자료를 통합하여 관리함으로써 국가 교통사고 데이터베이스의 효율적 운영이 필요로 하고 있다. 뿐만 아니라 개인용 컴퓨터 및 네트워크 기술의 급속한 향상, 시스템의 개방화 추세는 기업의 컴퓨팅 환경을 분산 처리 환경으로 변화시키고 있다.

이러한 환경에서 데이터베이스의 분산, 애플리케이션의 분산 등을 통합해야 한다는 부담과 서로 다른 환경에서 서로 다른 기종의 하드웨어나 프로토콜, 통신환경 등을 연결해 응용프로그램과 그 프로그램이 운영되는 환경 간에 원만한 통신이 이루는 것이 큰 문제점이자 중요한 과제가 되고 있다. 이런 문제점의 해결책으로 미들웨어(Middleware)가 있다.

3.5.1 미들웨어

한 기업에 설치된 다양한 하드웨어, 네트워크 프로토콜, 응용 프로그램, 근거리통신망 환경, PC 환경 및 운영체제의 차이를 메워주는 소프트웨어를 말한다. 즉, 복잡한 이기종(異機種) 환경에서 응용 프로그램과 운영환경 간에 원만한 통신을 이룰 수 있게 해주는 소프트웨어이다.

인터넷의 보급과 중앙에 집중된 메인프레임(mainframe) 컴퓨팅 파워를 업무의 특성에 따라 다중의 호스트(host)로 분리하고자 하는 다운사이징(down sizing) 기법, 기존에 구축된 독립적인 이기종의 시스템들을 하나의 네트워크로 연결하고자 하는 SI(system integration:시스템통합) 기법이 등장하면서 기존의 집중식 컴퓨팅(centralized computing)은 급격히 분산 컴퓨팅(distributed computing)으로 변하였다.

분산 컴퓨팅은 초고속정보통신망 등 통신망의 구축이 확산됨에 따라 그 중요성이 부각되고 있지만, 이를 실현하기 위해서는 서로 다른 운영체제와 서버 프로그램과의 호환성뿐만 아니라 이종(異種)의 통신 프로토콜을 사용하는 네트워크 간의 접속, 네트워크 자원에 대한 접근, 그리고 시스템을 연결해 단일한 사용자 환경으로 만들어 주는 것이 필수적이다.

이처럼 분산 컴퓨팅 환경을 구현하는데 발생하는 여러 문제점들을 해결하기 위해 등장한 소프트웨어가 미들웨어(middleware)이다

미들웨어를 사용함으로써 얻을 수 있는 효과는 다음과 같다.

- 시스템 개발 기간 단축 및 비용 절감
- 환경 변화에 신속하고 유연하게 대응
- 네트워크 프로토콜에 대한 독립성 유지
- 다양한 하드웨어에서도 용이한 시스템 구축

3.5.2 미들웨어의 종류

상용화 되어 있는 제품은 전송 스택 미들웨어, 네트워크 운영체제 미들웨어, 데이터베이스 미들웨어, 트랜잭션 미들웨어, 객체관리 미들웨어, 리플렉티브 목적 지향 미들웨어, 튜플스페이스 기반 미들웨어, 문맥인지 미들웨어, 기타 미들웨어가 있다. 이 제품이 지원하는 기술은 분산성, 상호운영성, 이식성을 향상시키기 위한 플랫폼 투명성, 네트워크 투명성 및 독립성, 위치의 투명성, 클라이언트-서버 연결성 등이다.

- 전송 스택 미들웨어 : 네트워크 프로토콜에 관계없이 응용 프로그램이 네트워크 자원을 접근할 수 있도록 인터페이스를 제공한다.(TCP/IP)
- 네트워크 운영체제 미들웨어 : 네트워크 상의 프린터, 모뎀, 파일 디렉토리등과 같은 원격 자원에 대한 접근, 원격 프로시저 호출(RPC) 그리고 비동기식 메시지 처리 기능을 제공한다.
- 데이터베이스 미들웨어 : 데이터베이스 벤더에서 제공하는 소프트웨어로서 클라이언트에서 원격의 데이터베이스와 연결한다. 실제 광범위한 의미에서 미들웨어라고 하지만, 단순히 원격에 있는 데이터베이스를 접근할 수 있도록 중계한다고 할 수 있고, 이 제품을 사용하여 시스템을 구축하는 경우에 보통 2-티어 아키텍쳐라고 한다. 예) 오라클의 Sql*Net, IBM 인포믹스의

I*Net, ODBC 드라이버

- 트랜잭션 미들웨어 : 클라이언트가 다양한 업체들의 트랜잭션 서버의 서비스를 사용할 수 있도록 한다.(TP-모니터)
- TP 모니터(Transaction Processing monitor) : 클라이언트 애플리케이션과 DBMS간의 트랜잭션의 흐름을 코디네이터하는 미들웨어를 말한다. 이 미들웨어는 짧은 주기와 고효율성 트랜잭션에 적합하다, 주로 C/S 시스템에 사용됨
- 객체관리 미들웨어 : 원격지에 있는 객체의 메소드를 요청할 수 있도록 한다. (CORBA)
- 리플렉티브(reflective) 목적 지향 미들웨어 : reflective시스템은 검사와 적응의 수단을 가지고 사진을 스스로 변경할 수 있다. 최소한의 기능을 제공하는 미들웨어의 핵심부분을 이동임베디드 디바이스에 설치한 후에, 응용 프로그램이 자신의 요구에 따라 미들웨어의 동작을 모니터링하고 시스템을 새롭게 구성할 수 있다.
- 튜블스페이스(tuplespace) 기반 미들웨어 : 임베디드 시스템은 네트워크 단절이 발생하더라도 작업을 지속적으로 수행할 수 있어야 하며, 재연결 시 이를 적절하게 이용할 수 있어야 한다. 튜플스페이스는 전역으로 공유되며, 튜플이라고 하는 자료구조의 저장소로 동작한다. 네트워크 상대에 상관없이 튜플스페이스를 통해 자료를 공유할 수 있나.
- 문맥인지(context-aware) 미들웨어 : 사용자의 환경 변화, 이기종 호스트와 네트워크에 적용될 수 있는 응용프로그램을 위해서 시스템은 자신이 사용되는 문맥을 인지할 수 있는 이동 프로그램을 제공해야 한다. 사용자 문맥으로는 시스템의 위치 정보, 근접한 프린터나 데이터베이스 등과 같은 연관된 위치정보, 디바이스의 특성 정보, 사용자의 움직임 정보등이 있다.
- 웹 애플리케이션 서버(Web Application Server) : 웹용 애플리케이션을 지원하는 미들웨어
- 엔터프라이즈 서비스 버스(Enterprise Service Bus) : 메시지 기반으로 느슨한 결합 상태의 표준 인터페이스 통신을 지원하는 미들웨어로 기업 안팎에 있는 모든 시스템 환경을 연동하는 미들웨어
- RPC(Remote Procedure Call) 미들웨어 : 원격 프로시져를 마치 로컬 프로시져처럼 호출하는 방식의 미들웨어 예) DCE RPC, 엔테라(RPC 기반에서 발전된 형태임) 등
- MOM(Message Oriented Middleware) 미들웨어 : 주로 비동기형 메시지 처리를 전달하는 방식의 미들웨어이다. 온라인 업무에 사용되기 보다는 이 기종 분산 데이터 시스템의 데이터 동기를 위해 많이 사용되고 있다.예) IBM MQ시리즈, BEA Message Q, J2EE의 JMS 기반 제품 등
- WAS(Web Application Server) 미들웨어 : 클라이언트/서버 환경 보다는 웹 환경을 구현하기 위한 미들웨어. Web Application Server는 HTTP 세션 처리를 위한 웹서버 기능 뿐만 아니라, TP 기능을 보강하여, 미션-크리티컬한 기업 업무까지 자바, EJB 컴포넌트 기반으로 구현 가능

하게 해주는 미들웨어. 예) BEA WebLogic, IBM WebSphere, Oracle 9iAS, SUN iPlanet[4]

3.6 분산 데이터베이스 관리시스템의 특징

데이터베이스를 둘 이상의 장소에 분산시키고, 이를 하나의 논리적 데이터테이스와 같이 사용하기 위해서는 기존의 데이터베이스 관리시스템의 기능 외의 각 장소의 정보를 교환하고 관리해 주는 기능이 추가되어야 한다. 따라서, 네트워크상에 논리적으로 연결된 시스템의 데이터의 처리와 저장을 위해 분산 데이터베이스 관리시스템(DBMS)는 일반 데이터베이스 관리시스템(DBMS)보다 더 복잡하다. 분산 데이터베이스 관리시스템(DBMS)의 기본적인 특성을 살펴보자

- 위치 무관성

분산 데이터베이스 관리시스템는 유저나 응용프로그램이 접근할 데이터의 물리적 위치관계하지 않는 독립적이어야 한다.

분산 데이터베이스 관리시스템은 위치 무관성을 보장받기 위하여 각 지역의 데이터를 연결할 수 있는 분산 데이터 사전 및 주소록을 관리하여야 한다. 또 분산 데이터 사전 및 주소록에는 분산 데이터베이스에 저장되어 있는 모든 데이터의 메타데이터와 위치 정보를 저장하고 있어야 한다. 각 지역의 컴퓨터 시스템은 그 지역에 저장된 데이터베이스를 관리하여 지역 데이터베이스 관리시스템, 다른 지역의 데이터베이스를 연계시키기 위한 분산 데이터베이스 관리시스템, 분산 데이터 사전 및 주소록을 가지고 있어야 한다.

분산 데이터베이스에서 트랜잭션은 지역 트랜잭션과 전역 트랜잭션으로 구분된다. 지역 트랜잭션은 지역 내의 데이터를 참조하는 경우를 가리키며, 전역 트랜잭션은 하나 이상의 다른 지역의 데이터를 참조하는 경우를 가르킨다.

- 복제 무관성

복제 무관성은 유저나 응용프로그램이 접근할 데이터가 다른 여러 곳에 중복 저장되어 있지 않고 한 곳에만 저장된 것처럼 인식하게 하는 것이다. 즉 복제 무관성으로 인하여 유저나 응용 프로그램은 분산 데이터베이스의 모든 데이터가 중복 없이 단 한번만 저장된 것처럼 인식하게 된다. 복제 무관성과 위치 무관성이 보장될 경우, 유저는 물리적으로 여러 지역에 분산되고 복제된 데이터베이스를 중앙 집중 방식의 단일 데이터베이스처럼 사용할 수 있게 된다.

복제 무관성을 보장하기 위하여 분산 데이터베이스 관리시스템은 각 트랜잭션 요청을 적절한 데이터베이스 행위로 전환해야 하며, 여러 지역에 복제된 요청을 적절한 데이터베이스 행위로 전환해야 한다. 데이터 사전에 중복에 대한 최신 정보가 기록되어 있어야 한다.

• 병행 무관성

병형 무관성은 여러 유저나 응용프로그램이 동시에 트랜잭션(저장, 갱신, 검색등)을 수행할 때 실행 결과에 영향을 미치지 않는 것이다.

분산 데이터베이스 관리시스템은 각 지역마다 트랜잭션 관리자라고 불리는 프로그램이 있고, 각 지역 트랜잭션 관리자는 분산 데이터의 병행 제어를 위하여 서로간에 필요한 정보를 교환한다.

분산 데이터베이스의 병행 제어를 위하여 일반적으로 차단 (locking)과 시간기록기(timestampe)의 두 가지 방법을 사용한다.

차단은 여러 곳에 복제된 각 데이터 항목의 어느 한 사본을 특별 사본으로 지정하고, 그 사본이 저장된 지역으로 모든 차단과 해제 요청을 보내는 것이다.

시간기록기 방식은 모든 트랜 션에 대하여 트랜잭션이 일어난 시간과 장소를 기록하여 트랜잭션 간의 충돌을 방지하는 방법이다. 시차가 다른 여러 곳에 데이터베이스가 분산되어 있을 수 있으므로, 각 지역의 시간이 아닌 모든 지역에서 동일한 시스템 내의 절대 시간으로 기록하여야 한다. 시간기록기 목적은 모든 트랜잭션이 순서대로 진행되도록 보장하여 차단의 필요성을 제거하는 것이다.

• 실패 무관성

실패 무관성은 데이터베이스가 분산되어 있는 각 지역의 시스템이나 통신망에 이상이 발생하여도, 데이터의 무결성이 유지될 수 있는 성질을 의미한다. 모든 논리적 트랜잭션은 원자(atomic) 트랜잭션으로 취급되어야 하며, 만약 논리적 트랜잭션을 구성하는 물리적 트랜잭션 중 어느 하나의 실행이라도 실패하면 그 논리적 트랜잭션은 취소되어야 한다.

분산 데이터베이스 관리시스템에서의 실패의 유형이 다양하고 복잡하므로 실패 무관성을 달성하는 것은 매우 어렵다. 분산데이터베이스 환경에서는 다음과 같은 문제가 발생하였을 때 반드시 조치가 필요하다.

- 개별 지역 시스템의 손상 : 일부 지역의 시스템에 문제가 발생시 다른 시스템에서 가능한 트랜잭션을 계속 수행해야 한다.
- 통신망의 실패 : 통신망의 일부 또는 전부에 문제가 발생시 그에 상응하는 조치가 있어야 한다.
- 분산 실행의 실패 : 여러 지역의 데이터가 하나의 논리적 트랜잭션에 의하여 갱실 될 경우, 어느 한 지역의 하나라도 트랜잭션이 실행되지 못하면 그 논리적 트랜잭션은 취소되어야 한다.[5]

연습문제

1. 분산 데이터베이스의 정의와 목적을 기술하라.
2. 분산 데이터베이스의 특징을 기술하라.
3. 분산 데이터베이스의 구조를 도식화하라
4. 분산 환경 형태는 어떻게 있는가?
5. 분산 데이터베이스 설계의 상향식 접근 방법과 하향식 접근 방법을 기술하라.
6. 데이터 할당 기법 4가지를 설명하라.
7. 미들웨어 정의와 목적을 설명하라.
8. 분산 데이터베이스 관리시스템의 특징을 설명하라.

참고문헌

[1] 지능형 교통관리 시스템 (변완희, 김주현, 윤여환, 이용택, 조현우 공저, 청문각)

[2] 데이터베이스 개론 (정선호 저, 한빛 미디어)

[3] http://blog.naver.com/p1ngp1ng?Redirect=Log&logNo=120040234808, 임베디드시스템|작성자 jeon,

[4] http://blog.naver.com/swinter8?Redirect=Log&logNo=130000604759 미들웨어 개념 및 종류|작성자 아는남자g129

[5] 교통시스템 설계론 (변완희,김주현 공저, 청문각)

제4장

인프라 시스템

미국은 ITS 사업의 효과적인 추진을 위하여 1990년 설립된 민간자문기구인 ITS America의 자문을 받으면서 연방운수성의 ITS 관련 업무를 통합 지휘할 JPO(Joint Program Office)를 설립하였다. 1991년 미국은 지능형 교통시스템 연구 개발을 촉진시키기 위하여 육상교통효율화법(ISTEA: Intermodal Surface Transportation Efficiency Act)을 제정하여 지능형 교통시스템의 연구 및 개발의 법적, 제도적 근거를 마련하였다.

1996년 DOT(Department Of Transportation)는 기존 교통시스템의 기술적인 연동성 및 호환성 문제의 해결을 위한 국가ITS 아키텍처(National ITS Architecture)안을 최종 채택하였다. 국가 ITS 아키텍처는 주어진 사용자 서비스를 구현하기 위해서 필요한 기능들 (예: 교통정보 수집, 최적경로 요구), 이러한 기능들이 수행되는 물리적인 개체 및 서브시스템들, 물리적 서브시스템간의 인터페이스 및 정보의 흐름, 그리고 정보흐름에 필요한 통신 요구사항 (예: 유선 또는 무선)들을 정의하고 있다. 또한 국가 ITS 아키텍처는 ITS 시스템들간의 호환성 및 상호 운용성을 가능하게 하는 표준화 요구사항, ITS 구축시 경제성을 고려한 제품 표준들을 식별하여 나타내고 있다.

미국의 국가 ITS 아키텍처는 논리적 아키텍처(Logical Architecture)〈그림 4.1〉와 물리적 아키텍처(Physical Architecture)〈그림 4.2〉로 구성된다. 논리적 아키텍처는 ITS 사용자 서비스들의 기능적 관점(Functional View)을 나타낸다. 다시 말하면, 논리적 아키텍처는 ITS 사용자 서비스들을 수행하기 위하여 요구되는 기능들 및 프로세스 명세서(Process Specifications)기능들 간의 교환되는 정보와 데이터의 흐름을 규정한다. 〈그림 4-1〉은 간략화된 최상위 레벨 논리적 아키텍처를 보여주고 있다.

논리적 아키텍처에 의해 정의된 기능들은 물리적 아키텍처에 의해 시스템, 서브시스템들로 분할된다. 이러한 시스템들의 분할은 논리적 아키텍처에서 규정된 기능들이 수행되는 위치와 프로세서 명세서(Process Specifications)의 기능적 유사성에 기반을 두고 있다.[1]

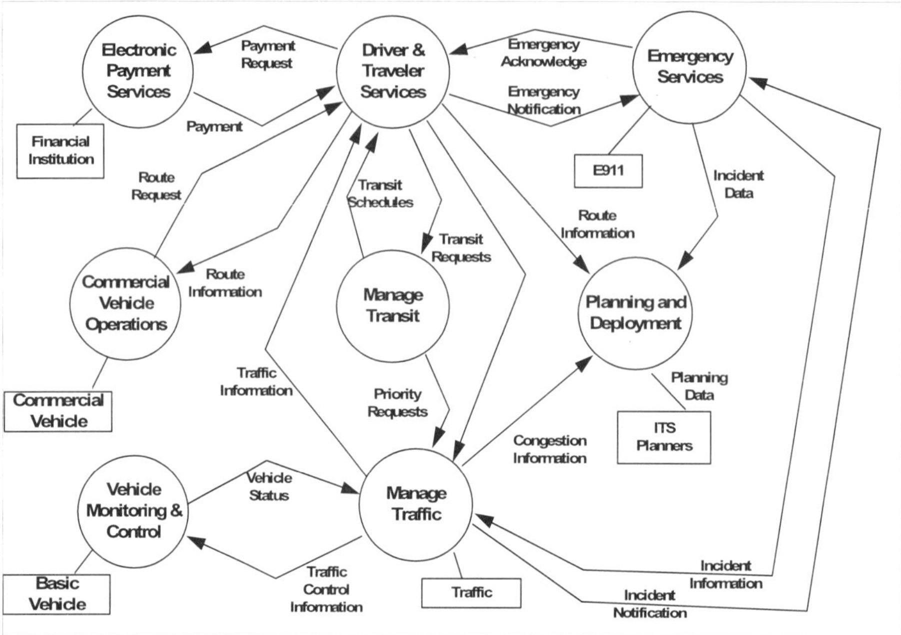

<그림4.1> ITS 논리적 아키텍처

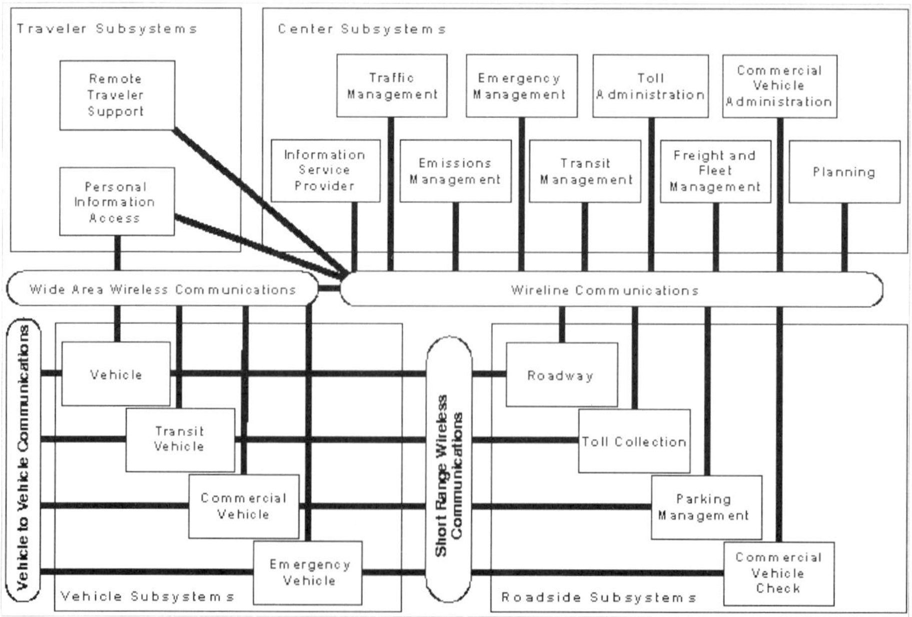

<그림4.2> ITS 물리적 아키텍처

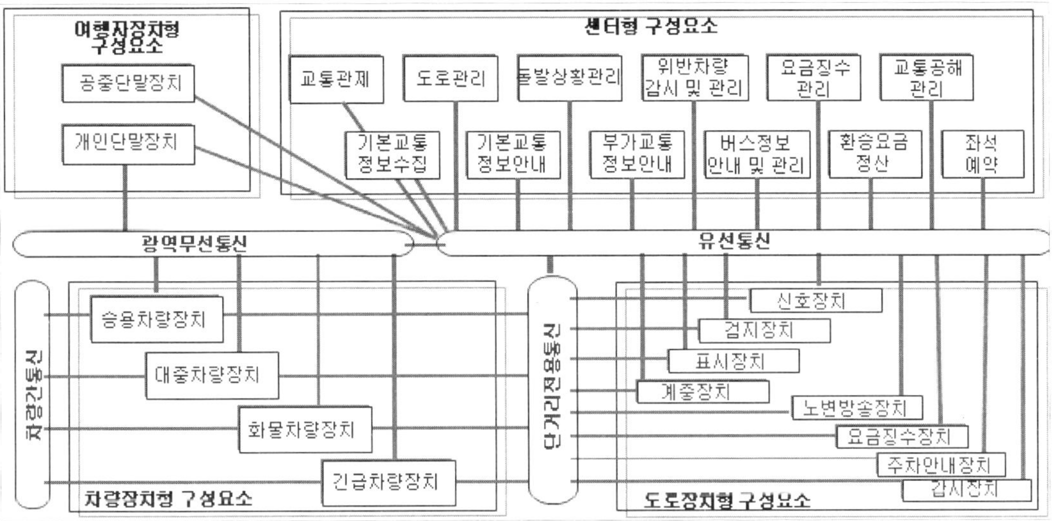

<그림4.3> 우리나라 ITS구성 요소간 통신연계도

위의 물리적 아키텍처〈그림 4-2〉는 여행자(Traveler), 센터(Center), 노변(Roadside), 차량(Vehicle) 시스템들과 19개의 서브시스템들로 구성되어 있으며, 이러한 시스템들은 유선통신(Wireline: fixed-to-fixed), 광역 무선통신(Wide area wireless: fixed-to-mobile), 단거리 전용통신(Dedicated short range communications: fixed-to-mobile), 그리고 차량 대 차량 통신 (Vehicle-to-vehicle: mobile-to-mobile)의 4개의 통신매체 기술들로 연결 통합되어 있다.〈그림 4.3〉

4.1 유선통신(Wireline: fixed-to-fixed)

유선통신망을 통하여 연결되어 있는 센터 서브시스템들은 교통정보를 수집 및 통합하고 수집된 정보를 서로 분배함으로서 공유한다. 유선통신망들은 크게 사설망, 공중망, 그리고 위의 두 가지의 혼합된 형태로 구분된다. ITS 아키텍처에서 언급된 사설망으로는 Ethernet, FDDI(Fiber Distributed Data Interface), SONET(Synchronous Optical NETwork), ATM(Asynchronous Transfer Mode)등이 있으며, 공중망으로는 Leased analog line, Leased digital line, Frame relay, ISDN(Integrated Services Digital Network), Metropolitan ethernet, Internet, SMDS(Switched Multimegabit Data Services)등이 있다.

4.1.1 사설망

4.1.1.1 Ethernet

가. Ethernet 개요

이더넷은 가장 광범위하게 설치된 근거리통신망 기술이다. 이제는 IEEE 802.3에 표준으로 정의되어있지만, 이더넷은 원래 제록스에 의해 개발되었으며, 제록스와 DEC 그리고 인텔 등에 의해 발전되었다. 이더넷 랜은 일반적으로 동축케이블 또는 특별한 등급이 매겨진 비차폐 연선을 사용한다. 가장 보편적으로 설치된 이더넷 시스템은 10BASE-T 이라고 불리며, 10Mbps의 전송속도를 제공한다. 모든 장치들은 케이블에 접속되며, CSMA/CD 프로토콜을 이용하여 경쟁적으로 액세스한다. 이 방식은 전송속도 10Mbps를 지원하는 베이스밴드 방식의 동축케이블을 사용한 LAN으로 현재 가장 광범위하게 널리 채용되고 있다. 네트워크 형성은 버스형〈그림 4.4〉이다. 고속 이더넷이나 100BASE-T 등은 전송속도가 최고 100Mbps까지 제공되며, 일반적으로 10BASE-T 카드가 장착된 워크스테이션들을 지원하기 위한 근거리통신망의 백본으로 많이 사용된다. 기가비트 이더넷은 1,000Mbps 정도로서, 보다 높은 수준의 백본 속도를 지원한다.

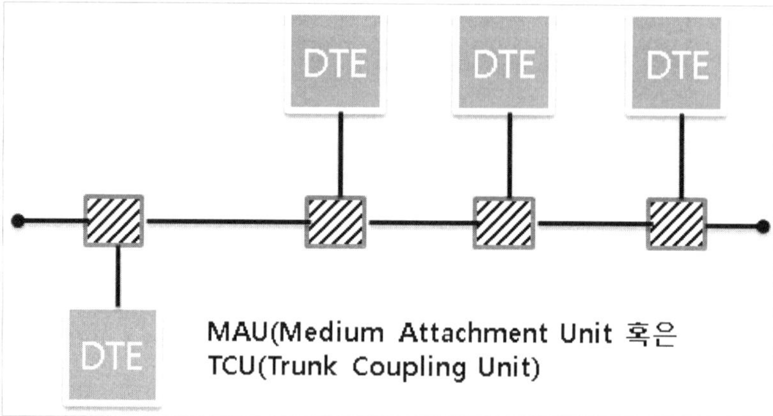

<그림4.4> 버스형상 네트워크(CSMA/CD, 토큰버스)

나. 10Mbps 이더넷 시스템 종류

가장 많이 설치된 이더넷 근거리통신망은 보통 전화선을 이용하는데, 이 전송매체가 이더넷에 사용될 때 10Base-T〈텐 베이스 티〉라고 불린다. 10 Mbps 속도의 이더넷은 〈그림 4.5〉을 이용해서도 구현될 수 있다.

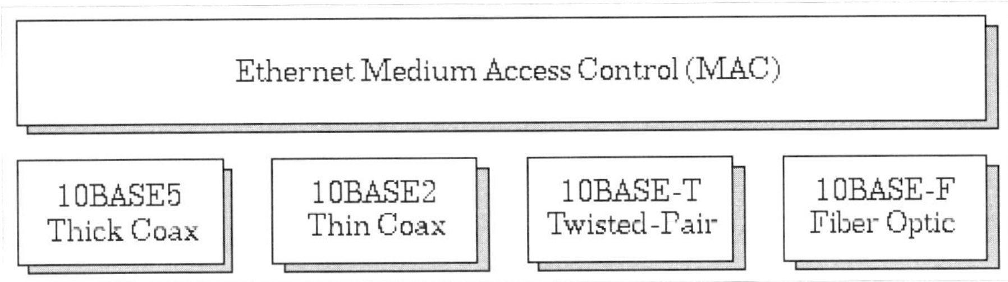

<그림4.5> 10Mbps 이더넷 물리계층 종류

- 10BASE-2 : 얇은 동축케이블을 이용하며, 세그먼트의 최장 길이는 185m이다
- 10BASE-5 : 굵은 동축케이블을 이용하며, 세그먼트의 최장 길이는 500m이다
- 10BASE-F : 광케이블을 이용한다

이러한 호칭은 IEEE에서 붙인 속기용 이름이다. 호칭에서 "10"은 전송속도가 10Mbps라는 것을 의미하며, "BASE"는 베이스밴드(baseband) 변조방식을 의미한다.

"T"는 "twisted-pair"를 "F"는 광케이블(fiber optic cable)"을 그리고 "2"와 "5"는 각각 동축케이블의 세그먼트 길이를 나타내며 185m는 반올림하면 200이므로 "2"로, 500m는 "5"로 줄여 나타낸다.

1) 시스템 연결

〈그림 4.6〉은 10Mbps 이더넷의 시스템 연결을 보여준다

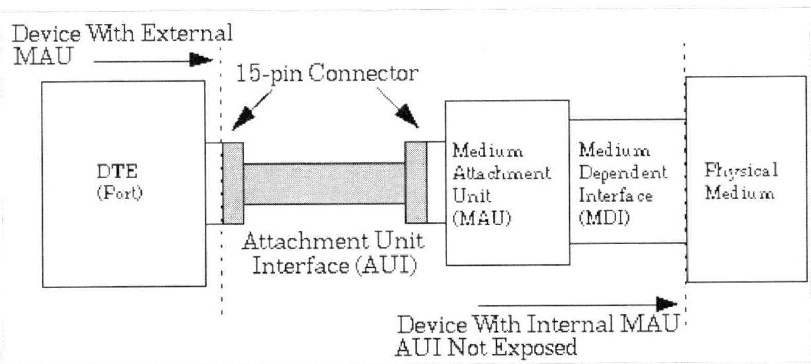

<그림4.6> 10Mbps 이더넷 시스템 연결

CSMA/CD (Carrier Sense Multiple Access/Collision Detect) 프로토콜은 이더넷에 접속되어 있는 장치들은 어느 때라도 데이터를 전송할 수 있는데, 전송하기 전에 회선이 사용 중인지 감시하고 있다가 회선이 비어 있을 때 데이터를 전송한다. 만약 데이터를 전송하는 시점에 다른 장치가 동시에

전송을 개시하면 충돌이 발생하게 되며, 충돌한 데이터들은 버려지고 데이터를 전송한 장치들에게 재전송을 요구하게 된다. 각 장치들은 일정시간을 대기한 후 성공할 때까지 어느 횟수만큼 데이터를 재전송한다.

이더넷 하나의 세그먼트에 장치가 과다하게 접속되어 있다든지 데이터 발송 빈도가 상당히 잦으면 충돌을 일으킬 확률이 높은데, 이때 사용자는 네트워크 속도 저하를 느끼게 되므로 이더넷에서는 접속 단말 수를 적정하게 유지하는 것이 매우 중요하다.

다. Fast Ethernet 시스템

Fast Ethernet은 10Mbps급 Ethernet의 단점을 보완하기위해 등장했다. 10BaseT는 음성급 데이터 전송용 꼬임 2선식 케이블을 사용했기 때문에 고속데이터 전송을 위한 방안으로 Fast Ethernet이 도입되었다.

Fast Ethernet 은 4쌍의 심선을 사용함으로써 각 쌍에 흐르는 데이터의 전송속도를 낮추는 방식인 100Base TX가 대표적이다.

100Base T4는 100Mbps 이더넷을 실현키 위해 새로 개발된 전송 방식인데 비해 100Base TX는 미국규격협회(ANSI)에서 표준화 되어있던 FDDI의 UTP케이블 전송방식인 TP-PMD를 사용하였다. 이 FDDI 트위스티드 페어판의 물리층 규격이 채용됨에 따라 FDDI의 광파이버용의 물리층을 사용하는 100Base FX로 Fast Ethernet 규격에 포함되었다.

Fast Ethernet은 1993년 7월에 결성된 Fast Ethernet 연맹에 의한 지원과 표준화 심의를 시작으로 1995년 6월에 표준화가 완료되었고 1995년 10월에는 IEEE802.3 규격이 제정되었다.

기존의 10 Mbps 이더넷 카드를 장착하고 있는 워크스테이션들도 Fast Ethernet에 접속될 수 있다. 이더넷과 마찬가지로 Fast Ethernet도 역시 액세스 방식은 CSMA/CD에 기반을 두고 있다.

아래 〈표 4.1〉은 10M와 100M 이더넷의 비교를 나타낸다.

<표4.1> 10M, 100M 이더넷 비교

10 Base T	100 Base T	변경유무
MAC 프레임은 이더넷프레임	MAC 프레임은 이더넷프레임	변경없음
10Mbps MAC(CSMA/CD)	100Mbps MAC(CSMA/CD)	변경없이 속도 10배 증가
10Mbps 물리층	100Mbps 물리층	새로운방식
최대100m UTP	최대100m UTP	변경없음
스타형 토폴로지	스타형 토폴로지	변경없음

1) Fast Ethernet 시스템 종류

Fast Ethernet은 케이블 사용에 따라 100 Base T4, 100Base TX, 100Base FX 등 다음 3가지 종류가 있다.

- 100BASE-T4 : 보통 UTP (Category 3 UTP) 케이블 철심 네 쌍
- 100BASE-TX : 고급 UTP (Category 5 UTP) 케이블 철심 두 쌍
- 100BASE-FX : 광케이블 (광섬유 두 가닥)

<표4.2> Fast Ethernet 종류 비교

항목	100BASE-T4	100BASE-TX	100BASE-FX
전송매체	4쌍 8선 UTP (카테고리 3)	2쌍 4선 UTP (카테고리 5)	2심광 파이버 (다중모드광파이버)
중계기구간	100m	100m	320m
부호화방식	8B6T	4B/5B, MLT-3	4B/5B, NRZI

이 호칭은 IEEE 속기용 식별자이다. 미디어 형태 호칭 내의 "100"이라는 숫자는 전송속도가 100 Mbps라는 것을 의미한다. "BASE"는 베이스밴드 신호의 준말로서, 이 매체에는 오직 이더넷 신호만이 전송될 수 있다는 것을 의미한다. "T4", "TX", 그리고 "FX" 등은 신호를 전송하는 매체를 의미한다.

TX와 FX 형식을 함께 지칭하기 위해 "100BASE-X"라는 표현을 쓰기도 한다. 〈그림 4.7〉

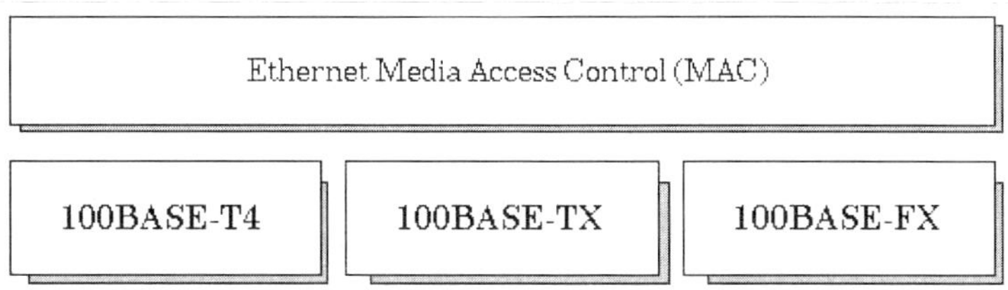

<그림4.7> 100BASE-T 물리계층 종류

2) 시스템 연결

아래 블록 다이어그램은 100Mbps 물리계층 연결에 사용을 보여준다.〈그림 4-8〉

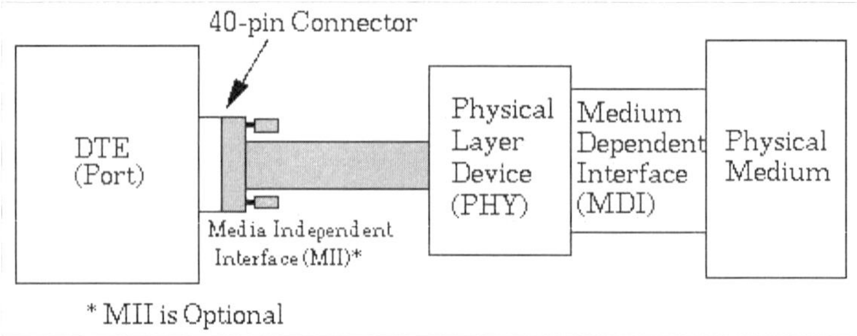

<그림4.8> 100Mbps 이더넷 시스템 연결

IEEE 표준에 의해 100Mbps 미디어 시스템으로 표준화되어 있다.

라. 기가비트 이더넷 시스템

멀티미디어 시대를 맞아 인터넷과 인트라넷에서 취급하는 정보로는 화상 또는 동화상이 급속히 증대하는 한편, 의료 데이터나 출판 데이터 등 대용량 파일 전송 또는 데이터웨어 하우스의 보급에 의한 수 기가 바이트에서 수 테라 바이트에 이르는 대용량 파일전송, 더욱이 데스크 탑에서의 비디오 회의 등의 보급에 의한 연속적인 데이터 스트림 사용 등 네트워크 대역폭의 증대 요구는 급속히 높아지고 있다.

이러한 요구를 배경으로 최종 사용자의 데스크 탑 환경에서는 10 Mbps(10 Base-T)에서 100 Mbps(100 Base-T)로의 전환이 시작되고 저가격화되고 있으며, 1997년에 들어서는 100 Base-T의 보급이 가속화되고 있으며, 이 때문에 초기의 100 Base-T의 백본으로는 대역폭이 부족해져 광대역을 실현하는 기가비트 이더넷에의 기대가 높아지고 있다.

이러한 시대의 흐름에 반영하여 100 Mbps의 전송속도를 갖는 100 Base-T가 IEEE 표준으로 성립된지 5개월 뒤인 1995년 11월에 IEEE 802.3에서 이더넷의 고속화를 목표로 하는 HSSG(high speed study group)가 조직되어 기가비트 이더넷의 표준화 활동이 시작되었으며, 11개 사에 의한 GEA(Gigabit Ethernet Alliance)가 결성되어 1998년 1차 표준화가 완료되었다.

1) 기가비트 이더넷의 종류

기가비트 이더넷의 종류에는 〈그림 4.9〉와 같이 IEEE 802.3z에서 추진중인 1000 Base-X 패밀리 표준과 IEEE 802.3ab에서 표준화하는 1000 Base-T 표준이 있다.

1000 Base-X 패밀리에는 1000 Base-LX, 1000 Base-SX, 1000 Base-CX등 3종류의 표준이 있으며, 이 표준들은 이미 ANSI NCITS T11에서 표준화되고 있는 화이버 채널의 물리층인 FC-1과 FC-0을 그대로 사용하고 있으므로 표준화 작업이 크게 단축되었다. 1000 Base-T는 4대의 UTP 카테고리-5

를 사용하여 최대 100m의 전송거리를 실현하는 규격으로 100 Base-TX, 100 Base-FX는 4B5B 등 FDDI에서 사용하고 있는 물리층을 그대로 사용한다.

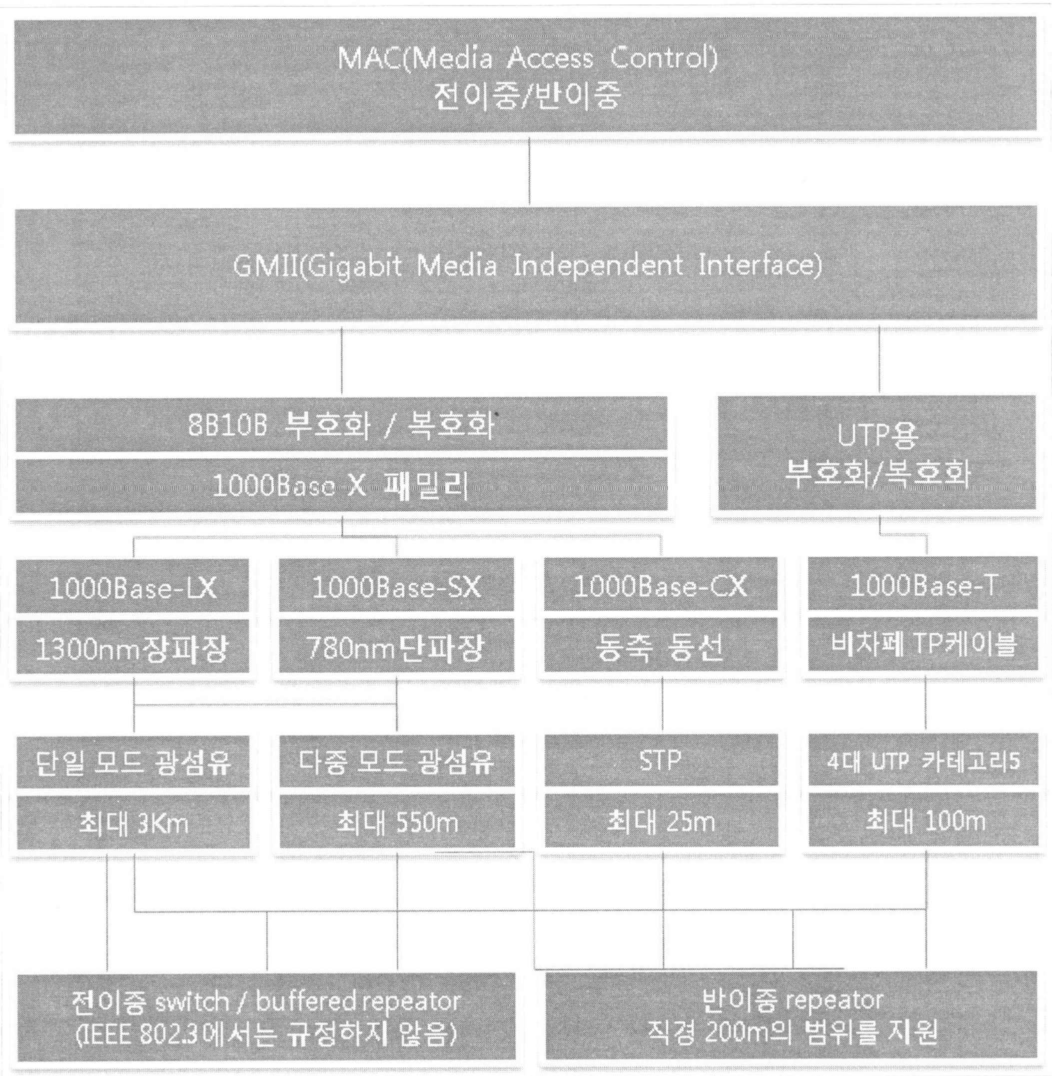

<그림4.9> 기가비트 이더넷의 패밀리 구성

2) 10/100/1000 Mbps 비교

사설망을 이용한 유선통신으로 이더넷, Fast이더넷, 기가비트 이더넷을 정의하였으며 아래 〈표4.3〉,〈표4.4〉에서 상호 비교를 하였다.

<표4.3>이더넷 상호비교

구 분	이더넷	Fast 이더넷	기가비트 이더넷
전 송 속 도	10 Mbps	100 Mbps	1000Mbps
Scalability - 트렁크 대역폭 - 네트워크 SPAN	 미 흡 미 흡	 미 흡 미 흡	 미 흡 미 흡
네트워크 관리	미 흡	미 흡	미 흡
멀티미디어 수용	미 흡	미 흡	미 흡
비 용	쌈	쌈	비 쌈

<표4.4> BASE-T, 100 BASE-T 및 1000 BASE-X 하위 계층 비교

7	응용계층	LLC				LLC			
6	표현계층								
5	세션계층	MAC				MAC			
4	전송계층								
3	망계층	MMI				GMII			
2	데이터링크 계층	10Base-T1 (UTP3)	10Base-T4 (UTP3)	100Base-TX (UTP5)	100Base-FX (MMF)	1000Base-LX (SMF/MMF)	1000Base-SX (MMF)	1000Base-CX (STP)	1000Base-T (UTP5)
1	물리계층	맨체스터	4T+	4B5B	4B5B	8B10B	8B10B	8B10B	PAM5
기존 물리층 이용				FDDI물리층을 사용		화이버 채널의 물리층 (FC-0,FC-1)을 사용			
전송속도		10Mbps		100Mbps		1000Mbps(1Gbps)			

4.1.1.2 FDDI(Fiber Distributed Data Interface) 개요

FDDI는 최장 200km까지 연장이 가능한 근거리 통신망의 광케이블 데이터 전송의 표준이다.

FDDI(Fiber Distributed Data Interface)는 100Mbps의 전송 대역폭을 지원하는 프로토콜로서 LAN들을 연결하는 백본(backbone)망으로 사용될 수 있다. 기본적인 전송 매체는 광섬유이며, 전송 매체에 접근하는 방법은 토큰링의 접근방식과 유사하다. FDDI 관련 기술은 80년대 초반에 처음 발표되었으며, 이후 ANSI 표준안으로 채택되었다. FDDI는 최대 4,500 바이트의 가변적 길이를 갖는 패킷을 전송할 수 있다. 따라서 음성이나 동화상 등과 같은 회선 교환형 데이터 전송 서비스를 지원하기 어렵다. FDDI도 동기 데이터 전송 기능을 갖고 있지만 이 기능은 사용자에게 단순히 최소한의 데이터 전송만을 유지시켜 주며, 고정된 전송 지연(fixed delay)을 지원하지는 못한다. 예를 들면, 사용자는 FDDI를 이용하여 평균 5Mbps의 속도로 데이터를 전송할 수는 있지만, 패킷 단위로 전송되는 데이터들을 반드시 1/16초에 한번씩 도착하게 할 수는 없다는 것이다. 이러한 단점을 극복하기 위하여 개발된 것이 FDDI-II이다.

FDDI는 Local Area에서 고속의 컴퓨터를 연결하는 수단으로써만이 아니라, 백본(Backbone) 기술로써 자주 사용된다.[2]

가. FDDI 네트워크

FDDI망은 반대 방향으로 동작하는 주링(Primary ring)과 부링(Secondary ring)의 이중 링(Dual ring)과 이 링에 연결되는 스테이션(station)들로 구성된다. 링에는 최대 1,000개 정도의 스테이션을 연결할 수 있으며, 링의 최대 길이는 약 100~200Km 정도이다. 다중 모드 광케이블을 이용할 경우, 리피터를 사용하지 않고 연결할 수 있는 스테이션간의 최대 거리는 약 2Km이다. FDDI 프로토콜은 데이터링크계층, 물리계층, 그리고 이 두 개의 계층을 관리하는 SMT(Station Management)로 구성된다. 물리계층은 전송매체에 독립적인 부분(PHY, Physical)과 매체에 종속적인 부분(PMD, Physical Layer Medium Dependent)으로 구성된다. PMD 부계층은 전송매체에 종속적인 부분으로 전송매체는 광케이블을 사용하고, 호스트간 최대 거리는 멀티모드 광케이블의 경우는 2km이고 단일모드 광케이블의 경우는 40km이다. 다중모드 광케이블의 경우 코어의 직경이 빛의 파장에 비해 충분히 커서 빛이 여러 각도로 반사되어 빛이 통과하는 경로가 여러 개 존재한다. 이에 반해 단일모드 광케이블은 코어의 직경이 빛의 파장 정도여서 단지하나의 전송경로만 존재한다. 〈그림4.10〉은 FDDI 네트워크의 일반적인 형태를 나타낸 것이다.

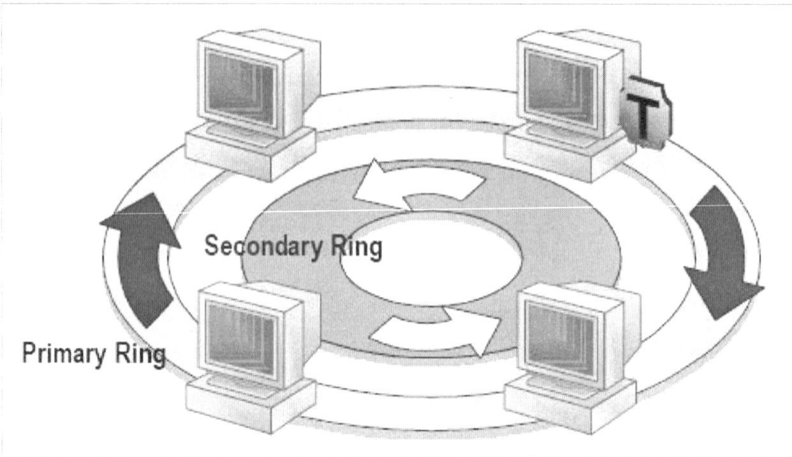

<그림4.10> FDDI 네트워크 구조

1) FDDI 프로토콜 구조

〈표4.5〉은 FDDI의 프로토콜 전체 구조를 나타낸 것이다.

<표4.5> FDDI 프로토콜 구조

Data Link Layer	LLC(Logical Link Control)	
	MAC(Media Access Control	SMT(Station Management)
Physical Layer	PMD(Physical Medium Dependent)	
	PHY(Physical Layer Protocol)	

PHY(물리) 부계층은 전송매체에 독립적인 부분으로 비트 신호의 코딩방식, 전송방식, 변조방식 등을 담당한다. MAC 부계층은 전송매체에 대한 접근 방식에 대한 부분으로 IEEE 802.5 토큰 링 방식을 기초로 하여 동기 및 비동기 전송방식을 동시에 수용하는 타임드토큰회전(Timed Token Rotate)방식을 사용한다. 〈그림 4.11〉는 MAC 프레임 구조를 나타낸 것이다. 프리엠블(Preamble)은 데이터를 수신하는 측에서 동기를 맞출 수 있게 해주는 부분이며, SD는 프레임의 시작을 나타낸다. FC는 프레임의 종류를 나타내 부분이며, 프레임의 종류로는 LLC 프레임, MAC 제어 프레임, SMT 프레임, 토큰 프레임, 비동기 데이터 프레임, 동기 데이터 프레임 등이 있다. DA는 목적지 주소를, SA는 데이터를 발신한 측의 주소를 나타낸다. 목적지 주소(DA)는 단일 스테이션의 주소, 그룹의 주소, 또는 방송(Broadcast)용 주소 등이 될 수 있다. FCS는 데이터 전송 중에 불생 할 수 있는 에러의 검출을 위해서 사용되며 CRC-32를 사용한다. ED는 프레임의 끝인 것을 알린다. FS는 수신측에서 프레임을 잘 수신하였는가의 여부를 나타내는 값으로 수신측에서 이 필드에 특정한 값을

기록함으로써 송신측에게 프레임이 잘 수신되었는가를 판단할 수 있도록 해 준다(한 스테이션에서 송신된 프레임은 FDDI 링을 한바퀴 돌아서 송신한 스테이션으로 다시 돌아온다). FS는 E, A, F의 세 부분으로 구성된다. 링 상의 호스트는 자신의 주소를 목적지로 하여 수신된 모든 프레임에 대해서 A 영역에 값을 표시하고 또한 수신한 프레임에 에러가 발생한 경우에는 E 영역에 값을 표시한다. 그리고 수신한 프레임을 호스트 자신에게 복사를 성공한 경우에는 F 영역에 값을 표시하게 된다. 송신측에서는 사신이 발신한 프레임이 링을 돌아 자신에게 되돌아오며(발신자의 주소가 자신의 주소인 프레임) 프레임을 제거하게 되는데, 프레임을 제거하기 전에 프레임의 FS 필드를 조사하여 에러 발생 여부, 목적지 스테이션의 동작 여부, 목적지 스테이션에 프레임 복사 여부 등을 알 수 있게 된다.

PA (PreAmble)	SD (Start Delimiter)	FC (Frame Control)	DA (Destination Address)	SA (Source Address)	Data field	FCS (Frame Check Sequence)	ED (End Delimiter)	FS (Frame Statue)

<그림4.11> FDDI MAC 프레임 구조

FDDI의 MAC 계층 프로토콜은 IEEE 802.5 토큰링 프로토콜과 유사하지만 FDDI 에서는 선택 사항인 투큰 조기 해제 방식을 기본적으로 사용한다는 점과 IEEE 802.5에서 사용하는 우선순위 방식 대신에 용량 할당 방식을 사용한다는 점에서 토큰링 방식과 차이가 있다. 토큰 조기해제 방식이란 링의 대역폭을 효과적으로 사용하기 위하여 데이터를 발신하는 호스트는 프레임의 송신을 마친 후 토큰을 즉시 다음호스트로 전달하는 것을 말한다. 즉, 발신 호스트는 자신이 발신한 프레임이 링을 돌아서 자신에게 다시 돌아 올 때까지 토큰을 소유하지 않고 데이터 전송을 마친 후 즉시 다음 호스트에게 토큰을 넘겨서 다른 호스트가 데이터를 전송할 수 있도록 해준다. FDDI의 MAC 계층에서는 토큰 조기 해제 방식을 사용함에 따라 링에는 여러 스테이션에서 전송한 프레임들이 동시에 존재할 수 있고 규모가 큰 네트워크에서 FDDI가 토큰링보다 더욱 효율적인 정보 전송을 가능하게 해준다. FDDI의 MAC 프로토콜의 중요한 기능으로는 네트워크 전체의 전송 용량을 각 호스트에 할당하는 용량 할당 기능과 링의 상태를 감독하는 링 감독 기능을 들 수 있다.

나. FDDI MAC의 중요한 기능

1) 용량 할당(Capacity allocation)

FDDI에서는 자신이 전송한 프레임이 되돌아오기 전에 토큰을 조기 해제하기 때문에 IEEE 802.5 토큰링에서는 사용하고 있는 우선 순위 방식을 사용할 경우 효용성이 떨어지게 된다. 더욱이, FDDI는 고속으로 동작하며 다양한 트래픽 특성을 갖는 응용 서비스들을 동시에 지원할 목적으로 FDDI는 긴 시간 동안 계속적으로 데이터 전송 요청이 발생하는 스트림 트래픽(Stream Traffic)응용과, 짧은 시간동안 많은 데이터 전송 요청이 발생하는 버스트 트래픽(Burst Traffic)응용을 동시에 지원할 수 있도록 설계되었기 때문에 망의 용량에 대한 엄격한 제어가 필요하다. 그러므로 FDDI에서는 모든 트래픽을 동기 트래픽(Synchronous Traffic)과 비동기 트래픽(Asynchronous Traffic)으로 구분한다. 망의 전체 용량 중에서 동기 트래픽에 할당되지 않은 용량 또는 동기 트래픽에 할당되었으나 실제로 사용되지 않은 용량은 비동기 트래픽 데이터 전송에 사용된다. 다시 말해 망의 전체 용량에서 동기 데이터를 위한 용량이 우선적으로 할당되며, 비동기 데이터는 동기 데이터를 전송하고 남은 용량 동안 전송될 수 있다.

2) 링 감독((Ring Monitoring)

링 감독 기능은 망 내의 모든 호스트의 협조에 의하여 이루어지며 토큰 요구 과정, 초기화 과정, 비컨(Beacon) 과정 등이 있다. 토큰 요구 과정은 망에서 토큰이 없어진 경우 수행되며, 수행이 완료되면 네트워크 내에서 새로운 TTRT(Target Token Rotation Time) 값이 결정된다. TTRT란 토큰 회전 시간을 의미하는데, 이는 임의의 호스트가 토큰을 다음 호스트로 전달한 후 다시 되돌아오는데 걸리는 시간을 말한다. 네트워크에서 토큰이 없어지면 이를 발견한 스테이션이 다른 스테이션들에게 토큰이 없어졌다는 것을 알리면서 자신이 요구하는 새로운 TTRT 값을 요청(claim)프레임에 실어서 링을 통해서 전송한다. 링 상의 호스트는 이전 호스트로부터 수신된 요청 프레임의 TTRT 값과 자신이 필요로 하는 TTRT 값 중에서 작은 TTRT 값을 다음 호스트에 전송한다. 이와 같은 과정을 계속해 나가는 도중에 어떤 호스트가 자신이 전송한 TTRT 값과 같은 값의 TTRT를 받으면 작업이 완료된다. 그 결과 네트워크 내의 TTRT 값은 각 호스트에서 요구한 TTRT 값들 중 가장 작은 값으로 새롭게 결정된다. TTRT 값이 작다는 것은 토큰을 받고 다음 토큰을 받을 수 있는 시간 간격이 짧다는 것을 의미하므로 동기 데이터의 실시간 전송에 적합하다. 그러나 토큰을 여러 번 받았을 때, 데이터를 전송할 수 있는 시간은 짧아지고, 링 사용 율(Ring Utilization)은 떨어지게 된다. 반대로 TTRT 값이 커지면 토큰을 한 번 받았을 때 데이터를 전송할 수 있는 시간이 길어지며, 링 사용 율은 높아지게 된다. 토큰 요구 과정이 끝나면 초기화 과정이 시작되는데 네트워크 내에서 가장 작은 TTRT 값을 요구한 스테이션은 토큰을 생성하여 망을 초기화시킨다. 비컨 과정은 어떤 호스트가 이상 동작을 하거나 호스트 사이에 있는 전송 매체에 문제가 발생한 경우에 수행되는데 이상 동작을 하는 호스트를 격리시키거나 문제가 발생한 전송 매체를 배제한 새로운 네트워크가 구성된다.

3) FDDI 네트워크 구성

FDDI에 연결될 수 있는 스테이션은 일반 컴퓨터, 라우터, 브리지 등 여러 가지 DAC(Dual Attachment Concentrator : 이중 접속 집중기), SAC(Single Attachment Concentrator : 단일 접속 집중기) 등이 있다. FDDI는 이중 링 구조를 가지고 있어서 FDDI 링에는 이중접속 장비(DAS, DAC)만이 직접 연결될 수 있고, 단일 접속 장비(SAC, SAS)는 링과 연결된 DAC를 통해서만 FDDI 네트워크와 연결될 수 있다. 또한 SAC들은 계층적으로 연결될 수 있다.

주 망은 원형 구조를 가지며, 일부의 스테이션들은 DAS를 통하여 계층적인 형태로 구성되어 있다. FDDI는 스테이션들을 연결할 수 있는 A, B, M, S등 4종류의 포트 타입을 정의하고 있다. 타입 A와 B는 주 링과 부 링의 연결에 쓰이며, M과 S는 집중기를 통하여 스테이션들을 계층적으로 구성할 때 쓰인다.

4) SMT(스테이션관리 : Station Management)

SMT의 주요 기능으로는 연결관리, 링 관리, 그리고 SMT 프레임 서비스 등이 있다. 연결 관리 기능은 스테이션을 링에 추가로 연결하거나 링으로부터 스테이션을 제거할 때 사용되고 링 관리는 비컨(Beacon)의 처리나 중복된 주소 등의 문제를 해결할 때 사용한다. SMT 프레임 서비스는 링이 동작 상태로 되돌아온 이후 스테이션을 관리하는 데 사용된다.

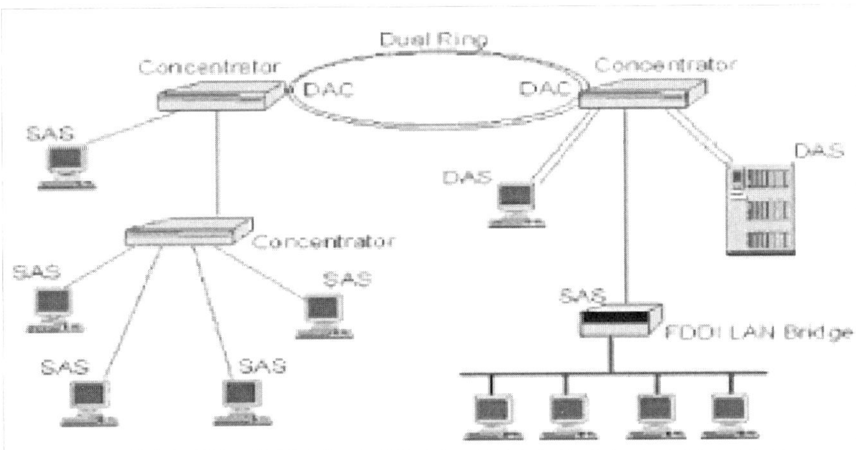

<그림4.12>DAS, SAS및 집중기를 활용하여 FDDI네트워크를 구성한 모습

4.1.1.3 SONET(Synchronous Optical NETwork)/SDH(Synchronous Digital Hierarchy)

SONET(Synchronous Optical NETwork)는 광섬유 매체를 통한 고속 데이터 통신을 위한 전 세계 모든 장거리 전화망의 광케이블 구간에 적용되고 있는 물리계층 표준이며 전송 속도는 51.84Mbps에서 2.5Mbps이다.

SONET은 미국 RBOC의 공동 연구기관인 벨코어가 제안해 현재 북미 표준이된 디지털 전송 조직. 52Mbps를 기본단위로 n배(n=3.12....)마다 속도를 규정한다. ITU-T에서 규정한 국제 표준 인터페이스와도 일치한다

SONET은 동기식 광 전송망(Synchronous Optical NETwork)의 줄임 말로 여기서 동기식이라고

하는 것은 신호를 보내는데 있어서 보낼 데이터가 존재하는지 여부에 상관없이 일정한 시간간격을 가지고 전송하는 것을 말한다. 이와 반대로 비동기식 전송에서는 시간 간격과 상관없이 보낼 데이터가 있는 경우에만 보내는 것을 의미한다.

동기식 시스템으로 설계되었기 때문에 전체 대역폭이 다양한 부채널들에 할당된 다수의 타임 슬롯들을 포함하고 있는 하나의 거대한 채널로 이용되며, 반송프레임은 사용자 데이터 포함 여부에 관계없이 125us 간격으로 끊임없이 전송된다.

Bellcore(Bell Communication Research)에서는 1985년에 광전송 신호의 표준을 정하기 위해서 이를 연구하기 시작하였으며, 그 후 4년여 동안 세계 곳곳에서 활발한 연구가 이루어져서 1988년에 북미 지역에서는 SONET, 유럽지역에서는 SDH라고 불리는 표준안이 마련되었다. 여기에는 51.84Mbps/s 이상의 속도로 수행되는 광전송을 위한 광학 인터페이스(Optical interface), 전송률(Rate), 전송 형태(Format) 등을 포함하고 있고, 이 두 표준(SONET/SDH)은 거의 비슷하다.[3]
다음 〈표 4.6〉은 SDH 와 SONET의 비교 표이다.

<표4.6> SDH 와 SONET의 전송 속도 비교

SDH 신호	SONET 신호	전송 속도
	STS-1	51.840 Mbps
STS-1	STS-3	155.520 Mbps
STS-4	STS-12	622.080 Mbps
	STS-24	1244.160 Mbps
STS-16	STS-48	2488.320 Mbps

가. 장점

SONET/SDH은 매우 넓은 대역폭을 제공한다. SONET/SDH이 이러한 장점을 가질 수 있는 것은 대부분의 구조를 동기화(Synchronize) 시킴으로서 가능한 것이었다. 지금 현재 공용 통신망에서 사용되고 있는 비동기식 통신 시스템과 비교해 볼 때 SONET/SDH의 주요 장점은 다음과 같이 정리할 수 있다.

SONET/SDH이 갖고 있는 장점들 중 하나인 Midspan meet은 광 전송로를 구축하는데 있어 여러 공급업체의 장비를 공통으로 쓸 수 있는 기능을 말한다. 이와 같이 여러 장비 공급자가 장비를 공급할 수 있으므로 SONET/SDH은 장치들 간에 접속이 용이하고 긴급 상황이 발생하더라도 빠른 복구가 가능하다. SONET/SDH은 다중화(Multiplex) 작업이 간단하므로 장비들의 크기가 작아지게 된다. SONET/SDH은 두 통신 지점(End point) 사이에 존재하는 설비가 간단하므로 매우 높은 신뢰도를 가진다. SONET/SDH은 가까운 미래에 HDTV와 같은 응용분야에서 요구되어질 고속전송을 지원한다.

SONET/SDH은 고객의 요구에 신속히 대응할 수 있으므로, 운영, 관리, 유지, 설비(OAM&P: Operations, Administration, Maintenance, and Provisioning)에 대한 비용을 절감할 수 있다.

SONET/SDH에서는 ADM(Add-drop Multiplexer)를 이용하여 경제적으로 전송을 수행할 수 있다.

SONET/SDH은 비용 효율적인(Cost-effective) 망 구조를 지원한다. 따라서 SONET/SDH은 생존도(Survivability)와 새로운 서비스 측면에 있어서 더욱 유용한 통신 기술이 될 것이다.

나. SONET

1) SONET Frame

SONET의 기본 전송단위인 STS(Synchronous Transport Signal)-1은 90byte*9의 2차원 논리적 배열 구조를 가지는 프레임으로, 전체 810byte 영역에서 36byte는 프레임의 올바른 전송에 필요한 프로토콜 오버헤드로 이용된다.

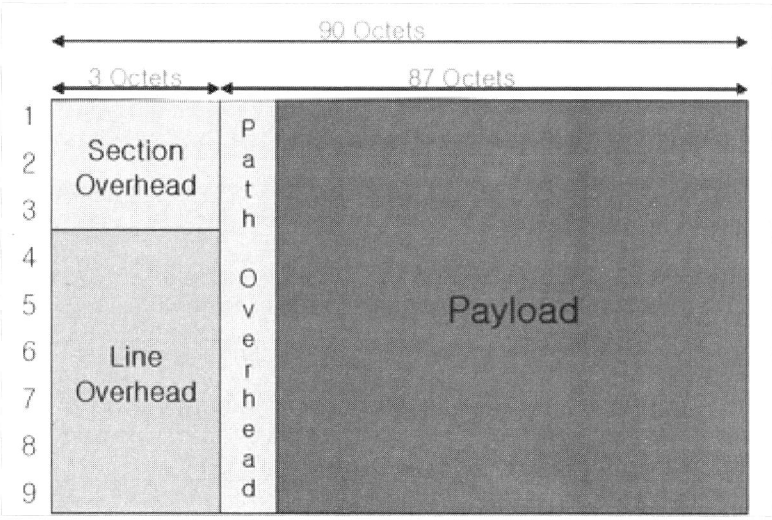

<그림4.13> SONET Frame 구조

〈그림 4.13〉의 프레임이 초당 8000번(125us 간격) 전달되기 때문에 STS-1의 전송속도는 8000*810*8, 즉 51.84Mbps이다.

프레임 당 36byte의 overhead가 있기 때문에 상위계층 프로토콜에서 이용할 수 있는 순수한 데이터 전송속도는 8000*774*8, 즉 49.536Mbps이다. 그런데 36byte의 overhead 가운데 시스템 관리를 위한 27byte를 제외한 9byte(Path overhead)는 SPE(Synchronous Payload Envelope)라 불리우는 SONET의 페이로드에 포함된다. 따라서 SONET의 페이로드 전송속도는 50.112Mbps이다.

SONET이 Gigabit급 이상의 전송속도를 가지기 위해서는 이와 같은 프레임들이 커다란 하나의 프레임으로 다중화 되어야 한다. 다중화는 STS-1 프레임 단위로 이루어지고 다중화된 프레임은 STS-3, STS-12등과 같이 다중화에 포함된 STS-1 프레임의 수로 표시한다.

어떤 octets은 제어를 위해 사용되는데 프레임의 시작부분과 끝부분에 위치해있지는 않다.(헤더와 트레일러처럼) 프레임의 처음 3개 열에는 관리(Administraioin) 오버헤드가 붙는다. 나머지 프레임은 Synchronous payload envelope(SPE)라고 부른다. SPE는 전송 오버헤드와 유저 데이터를 포함한다. Frame Transmission SONET frame은 실제 데이터가 없어도 빈 프레임은 더미 데이터로 채워져서 전송된다.(동기식이기 때문에)

SONET은 Synchronous transport signals(STSs)라고 불리는 시그널링 레벨 계층을 정의한다. 〈표 4.7〉와 같이 각 STS 레벨 (STS-1 ~ STS-192)은 확실한 data rate을 기반하고 있으며, 초당 megabit로 기술된다.

<표4.7> STS 레벨 종류

전기신호 (STS)	광신호 (OC)	프레임속도 (Mbps)	페이로드 속도 (SPE(Mbps))	데이터속도 (Mbps)
STS-1	OC-1	51.84	50.12	49.536
STS-3	OC-3	155.52	150.336	148.608
STS-9	OC-9	466.56	451.008	455.824
STS-12	OC-12	622.08	604.344	594.432
STS-18	OC-18	933.12	902.016	891.648
STS-24	OC-24	1244.16	1202.688	1188.864
STS-36	OC-36	1866.23	1804.032	1783.296
STS-48	OC-48	2488.32	2405.376	2377.728
STS-192	OC-192	9953.28	9621.604	9510.912

STS의 각 레벨로 전달되기 위해 정의 된 Physical link들은 Optical carriers(OCs)라고 부른다. OC 레벨은 각 시그널링 레벨이 지원하는데 요구된 링크의 개념적, 물리적 기술로 표현된다. 실제 그러한 상세들의 구현은 제조업자에 의해 구현된다. 현재 가장 인기있는 것은 OC-1, OC-3, OC-12, OC-48이다.

다. SONET 구성도

SONET은 〈그림 4.14〉와 같이 기본적으로 3단계로 구성되어 진다.

- PTE(Path Terminating Equipment) : 상위계층의 사용자 payload를 SONET 형식으로(STS-n) 만들어 주는 장비로 CPE(Customer Premises Environment)를 위해 payload를 분리/결합하는 모든 망 구성요소들에 포함된다
- LTE(Line Terminating Equipment) : 망 구성요소들 사이에 위치하여 동작하는 일종의 허브로 PTE 계층에 대해 다중화, 동기화, 백업 스위칭등의 서비스를 제공한다
- STE(Section Terminating Equipment) : 프레임 정렬, scrambling, 오류 검출, 모니터링등의 기능을 수행하는 재생기이다.

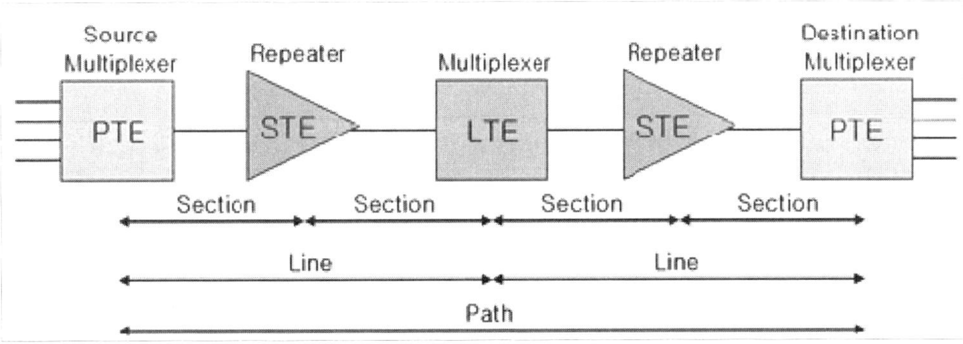

<그림4.14> SONET 구성도

라. SDH

1) SDH Frame

SDHD의 기본 전송단위는 STM-1이며 기본속도는 155.52Mbps이다. 〈그림 4.15〉와 같이 STM-1 Frame은 신호프레임의 반복주기가 9행 * 270 Byte이고, Over Head와 Payload로 구성되어 있다. 기본속도 155.52Mbps는 8,000Frame/sec*9*270*8bit이다.

Over Head는 정보신호의 감시 및 망운용 정보를 전송하며 구간 오버헤드(SOH:Section Over Head)와 경로 오버헤드(POH: Path Over Head)로 구성되어 있다. SOH는 재생기간의 전송의 신뢰성을 높이는데 사용되는 3 byte의 재생기 SOH(Regenerator SOH)와 다중화기간에 필요한 정보를 상호 전달하는데 사용되는 5 byte의 다중화기 SOH가 있다. 반면 POH는 VC에 대하여 Data에러를 감시하고, VC 신호가 구성될 때마다 삽입된다. 상위 POH는 VC-4, VC-3이고, 하위 POH는 VC-11, VC-12, VC-2가 있다.

SOH은 Section Overhead, STM-n 신호가 구성될 마지막 단계에 삽입된다. STM-n 신호의 전송 성능 표시, 운용 및 보수등을 목적으로 재생기, 다중화기 구간에서 삽입, 추출한다.

VC가 TU 또는 AU신호로 정렬될 때, TU 또는 AU 프레임 내에 VC가 시작되는 주소를 지정한다.

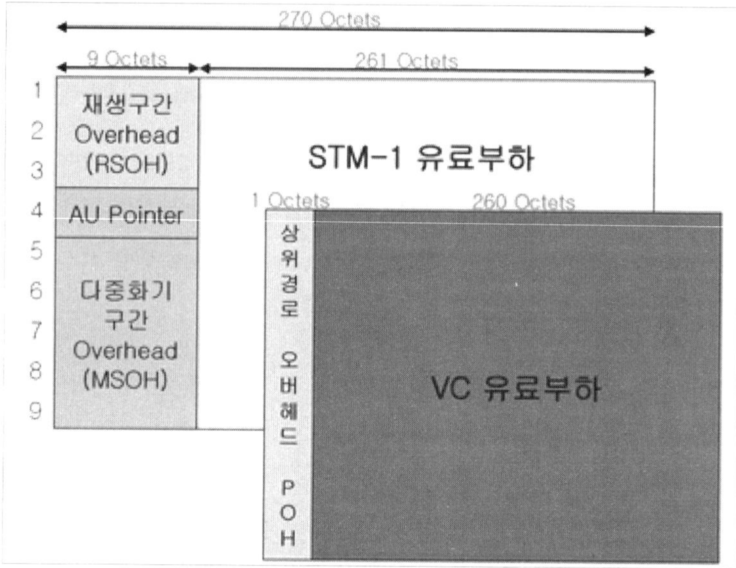

<그림4.15> STM-1 Frame

POH(Path Overhead, 9*1byte, 0.576Mbps)는 VC 신호가 구성될 때마다 삽입된다. 해당 VC가 조성되는 점과 해체되는 점 사이의 End-to-End 통신을 위해 사용한다.

2) SDH 계층

SDH 계층의 overhead와 전송기능은 〈그림 4.16〉와 같이 4단계로 나누어진다

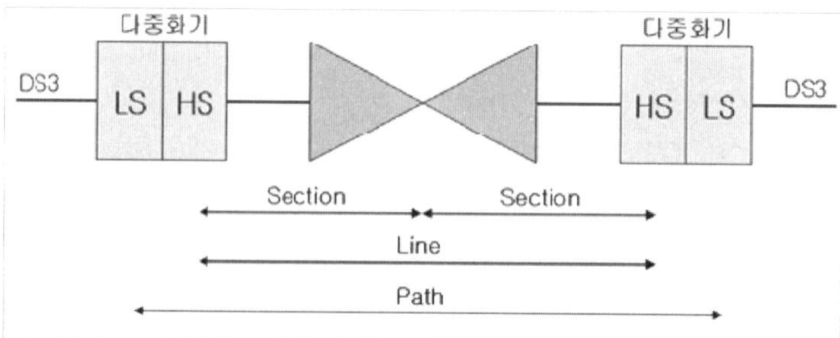

<그림4.16> SDH 계층

- Path : 두 단국의 다중화 장비 사이에 서비스를 전송
- Line : 물리매체를 통하여 VC-3, VC-4 path layer payload와 MSOH를 전송

- Section : 물리계층을 통하여 STM-n frame을 전송
- Physical : 물리매체를 통하여 광 또는 전기신호를 bit 단위로 전송

4.1.1.4 ATM(Asynchronous Transfer Mode)

가. 개요

LAN 백본이 초기 FDDI를 거쳐 이더넷 계통의 고속이더넷으로 이전하는 과정에 새롭게 등장한 것이 비동기전송방식(ATM)이다. WAN 기술에 뿌리를 둔 ATM이 각광받는 LAN 백본으로 데뷔한 것은 지난 89년이다. 그러나 실제로 그 형태가 잡히기 시작한 것은 지난 80년으로 통신업체인 AT&T 산하 벨연구소가 패킷스위칭기술을 본격적으로 연구하기 시작하면서부터이다.

ATM이란 사용자정보를 일정한 크기의 패킷으로 나누어 패킷 헤더 부분에 목적지 정보를 부가하여 고정크기의 셀 형태로 전달한 후 도착지에서 원래의 정보로 환원하는 방식이다.

Asynchronous Mode라 함은 헤더의 주소에 이용자정보를 포함하고 있기 때문에 STM(Synchronous Transfer Mode)의 경우에서처럼 이용자별로 시분할방식의 대역폭 분할이 필요 없다는 의미이다. 물리 및 데이타링크 계층에서의 비동기식 방식을 의미하는 것이 아니다.

ATM 방식의 전송에서는 음성, 영상, 데이터 등 어떠한 서비스 데이타두 셀 형태로 포장되어 셀 헤더의 정보에 따라 목적지에 전송된다. 셀 헤더의 주소정보는 VC(Virtual Circuit)와 VP(Virtual Path)로 구성되며, 헤더 안에 각각 VCI(Virtual Circuit Identifier)와 VPI(Virtual Path Identifier) 필드에 표현된다.

ATM 방식은 액세스 채널별로 정보의 유무에 따라 필요시에만 채널이 할당되므로 STM이 고정적으로 채널이 할당되는 것에 비해 전송효율을 증가시킬 수 있고, 채널속도의 가변성으로 인해 다양한 속도의 서비스가 가능한 이점이 있다. 또한 고속의 전달속도(155Mbps이상)와 고정 셀을 이용한다는 점이데이터 전송에 따르는 지연시간 개선의 요인으로 작용된다.

망 내에서의 프로토콜을 간략화하여 하드웨어적으로 처리되는 셀 헤더의 가상채널번호(VCI)와 가상경로번호(VPI)를 이용한 다중화 및 라우팅 등의 셀 전송에 필요한 최소한의 기능만 담당하고 흐름제어와 에러제어는 단말간에서 처리토록 함으로써 회선교환과 같은 고속성을 실현할 수 있다.

ATM의 또 다른 장점은 데이터가 잘 도착했는지 여부를 가리는 에러체크기능을 필요로하지 않는다는 점이다. 에러체크기능은 보통 프로토콜상에서 이루어지는데 이 때문에 데이터가 폭주할 경우 원활한 데이터 송수신이 불가능한 것으로 알려졌다. ATM은 이를 제거하여, 데이터전송의 최적화를 유도하고 있다. 이와 함께 데이터의 라우팅 및 스위칭을 하드웨어로 진행시키는 것도 ATM이 갖고 있는 특징이다. 데이터 전송속도가 ATM에 비해 수배 빠른 기가비트이더넷이 최근 등장, LAN 백본 분야에서 ATM에 강력한 도전장을 내고 있다.ATM 장비는 94년부터 제품이 출시되기 시작했다. 현재 공급 되고 있는 ATM 장비는 전 이중 155Mbps와 622Mbps 접속을 제공하며, 음성이나 데이터,

비디오와 같은 다수의 데이터 유형을 집합하도록 설계되었으며 서비스의 품질을 본래적으로 보장한다.[4]

ATM은 원래 WAN의 일종인 광대역종합정보통신망(B-ISDN)을 지원하기 위한 프로토콜로 LAN을 목적으로 탄생된 이더넷, FDDI 등과는 다른 형태와 성질을 갖고 있다. 기업내에 구축된 LAN을 외부망인 WAN에 접속시킬 때 라우터를 필요로 하는 이더넷 계통의 네트워크와 달리 별다른 장비를 사용하지 않고도 LAN과 WAN을 동시에 지원할 수 있는 것이 바로 이 때문이다. ATM의 장점은 우선 데이터를 53Byte 크기의 데이터 묶음(셀)으로 전송하는 한편 비디오, 음성 등 각종 멀티미디어 데이터를 할당된 대역에 따라 보낸다는 점이다. ATM이 화상회의, 비디오온디맨드(VOD) 등 멀티미디어 관련 소프트웨어 전송에 적합한 네트워크로 평가받는 이유이다.

나. ATM의 SELL의 구조

광대역 종합 정보 통신망(B-ISDN)의 핵심인 비동기 전송 방식(ATM)에서, 전송 단위로 채택한 고정 길이의 패킷이다. 처음에는 미국전기전자학회(IEEE)와 벨코어(Bellcore)사에서 고속 패킷 전송용으로 개발했다.

셀의 크기가 일정함으로써 고속처리를 할 수 있게 하였다. (하드웨어가 단순해지고 병렬처리가 가능하며, 큐의 처리가 편리해진다.) 위와 같은 효과는 셀의 크기가 작을수록 좋다. 왜냐하면 셀 내의 빈공간이 있을 확률이 작기 때문이다. 그러나 셀의 크기가 작을수록 헤더가 차지하는 비율이 상대적으로 커져서 전송효율은 나빠지게 된다.

셀에서는 주소의 크기를 3바이트로 고정함으로써 위의 문제를 해결하였는데 이 주소는 네트웍 계층의 주소가 아니라, 즉, 장비마다 배정되는 주소가 아니라 ATM 채널을 구분하는 주소이다.

〈그림 4.17〉와 같이 셀은 53바이트의 고정 셀로 5바이트의 헤더와 48바이트의 정보영역(Information Field)으로 구성된다. 모든 정보를 고정길이 셀로 보냄으로써 고속, 병렬 처리가 가능하고 새로운 Service를 추가하는데 있어 유연성을 제공한다. 셀에 우선순위를 붙여 보낼 수 있어서 다양한 데이터의 전송 서비스에 있어 서비스에 맞는 Quality를 확보할 수 있다.

- GFC (Generic Flow Control, 4 bit) : UNI(User Network Interface)에서는 가입자 망내에서 ATM 교환기 방향으로의 흐름제어 또는 MAC 프로토콜에 사용된다. (NNI (Network Node Interface)에는GFC가 없다.)
- VPI (Virtual Path Identifier, 8 bit : NNI에서는 12 bit) : 셀이 ATM 망에서 실제로 전달되는 경로(Path)를 구분하는 주소이고 노드와 노드간의 경로 설정을 위하여 물리적 링크를 논리적으로 구분하여 부여하는 식별자로 쓰인다

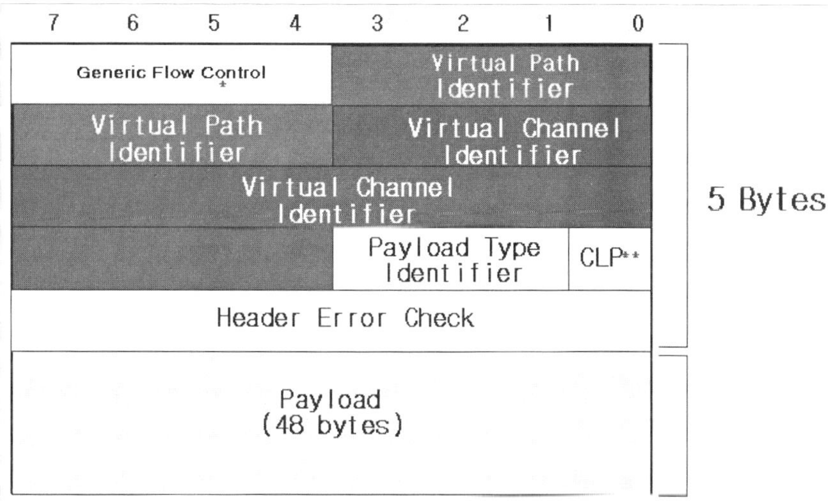

<그림4.17> ATM SELL 포맷

- VCI (Viertual Channel Identifier, 16 bit) : Virtual Path 내에서 가상채널을 구분하기 위하여 사용되는 주소. 주소를 VPI와 VCI로 나누는 이유는 교환기(Switch)를 단순하고 빠르게 만들기 위해서이다. 〈그림 4.18〉

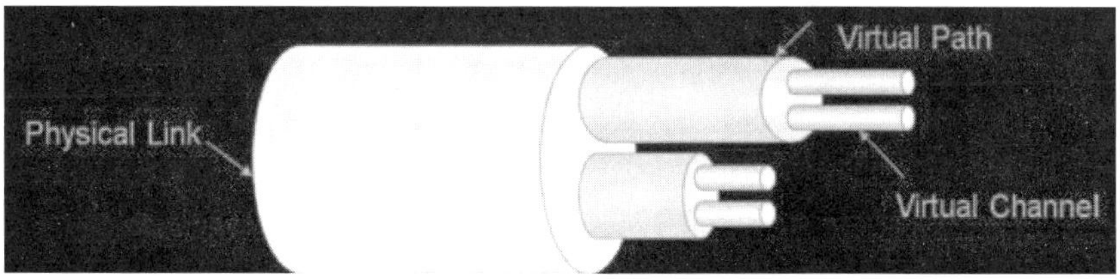

<그림4.18> VPI/VCI 구조

- Payload Type (3 bit) : ATM 셀내에 담겨있는 정보의 형태가 이용자 정보인지 망제어 정보인지를 식별하기 위한 영역을 말하며, 3 비트가 할당되어 있다. PT값이 0~3은 사용자용 셀을 의미하고, 4~5는 OAM(Operation and Maintenance)정보를 의미한다.〈표 4.8〉

<표4.8> Payload Type 구분 방식

type	종 류
000	사용자 데이터 셀, 혼잡 무, 셀 타입 0
001	사용자 데이터 셀, 혼잡 무, 셀 타입 1
010	사용자 데이터 셀, 혼잡 유, 셀 타입 0
011	사용자 데이터 셀, 혼잡 유, 셀 타입 1
100	인접 스위치간 관리정보
101	송신지 및 목적지 스위치간 관리정보
110	자원 관리 셀 (ABR 혼잡제어용)
111	장래사용 예비

- CLP (Cell Loss Priority, 1 bit) : 망에서 과밀현상 발생시 우선적으로 버려도 되는 셀을 표시한다. 망내에서 폭주시에 중요하지 않은 셀부터 먼저 폐기하고 조금이라도 더 중요한 셀은 구제 하기 위한 방안이다.〈그림 4.19〉

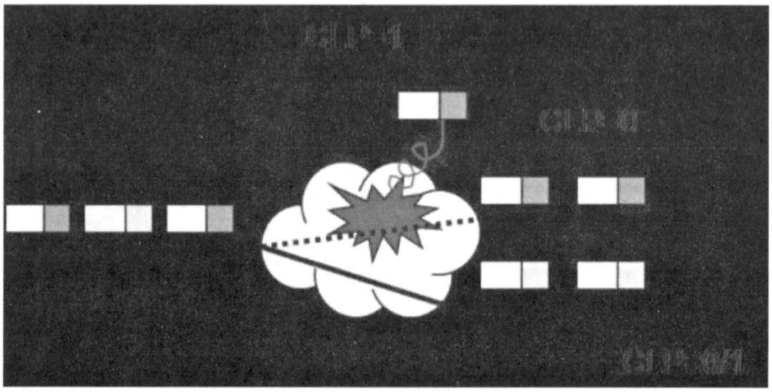

<그림4.19> CLP의 기능

- HEC (Header Error Check, 8bit) :5바이트 헤더네 1바이트의 CRC가 포함되어 있어서 나머지 4바이트 헤더에 대한 오류를 판단하고 정정하는 기능을 수행하고 이와 동시에 CRC는 어느 위치에 있어야 하는지 그 장소를 정하는 기능도 가지고 있다. 셀 헤더 전체를 대상으로 하여 단일오류정정 기능과 다중비트오류검출 기능을 수행한다. Error detection 과 correction 모드로 작동하여 detection 모드에서 에러가 감지되면 셀을 버린다. 이 CRC 계산이 주기적으로 즉, 53바이트 간격으로 맞는지를 확인함으로써 셀의 경계를 식별할 수 있다.

다. ATM Protocol

ATM 프로토콜은 〈그림 4.20〉와 같이 물리계층, ATM 계층, AAL (ATM Adaptation Layer) 세 개의 계층으로 이루어진다. 물리계층은 ATM 계층이 전송매체와 무관하게 ATM 셀을 전송하도록 한다. 전송매체로는 광섬유, 동축선 등이 사용되며 광섬유의 경우 SONET(Synchronous Optical Network) 프로토콜이 널리 사용된다. ATM 계층은 5 바이트의 ATM 셀 헤더를 처리하는 계층이다

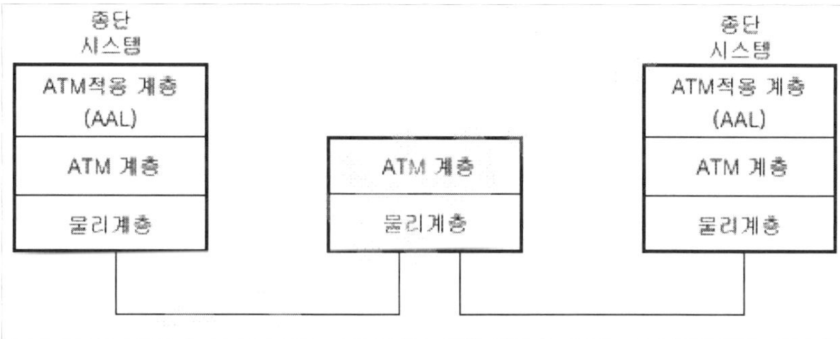

<그림4.20> ATM 프로토콜 구성도

1) 물리계층

물리 계층(Pysical layer)은 전압, 비트 동기화 등의 물리 매체를 다룬다. ATM은 특정 규칙을 규정하지는 않지만 ATM 셀이 스스로 유선이나 광섬유를 통해 전송되기도 하고 또한 다른 반송 방식의 페이로드드로 포장될 수도 있다. 다시 말해, ATM은 전송매체와는 독립적으로 설계되었다.

2) ATM 계층

ATM 계층에서는 셀에서 발생한 오류에 대한 처리가 없다. ATM 계층에서는 단지 셀을 전달할 뿐이며, 저속의 패킷망에서와 같이 자동재전송(ARQ)은 하지 않으며 오류에 대한 처리는 상위계층은 AAL로 넘긴다는 것이다. 이렇게 하는 이유는 ATM 계층에의 오류제어 또는 흐름제어는 매우 비효율적인 작업이기 때문이다. ATM은 동기식 전송기술에서 발전한 것으로 모든 정보를 일정 크기의 셀에 실어 전송한다. 연결형 패킷 스위칭을 제공하며 연결설정을 위하여 Q.2931 신호방식을 사용한다. 사용자의 요구에 맞는 QoS를 지원함으로써 B-ISDN 구축의 기본 전송 기술로 되었다. 전송, 교환, 인터페이스를 셀단위로 함으로써 처리 속도를 높인다.

3) AAL 계층

ATM 계층과 상위의 사용자 서비스 계층의 중간 계층으로서 사용자 메시지를 ATM 셀 크기로 나누거나 재결합하고 오류가 발생한 셀의 처리 등을 수행한다. 이를 SAR (Segmentation and

Reassembly) 기능이라고 한다. B-ISDN에서 제공하는 서비스 타입을 연결성, 비연결성, CBR, VBR, 동기의 유지 등의 관점에서 분류하여 AAL1, AAL2, AAL3/4, AAL5로 분류하였는데 AA5는 AAL3/4의 기능을 간소화하여 고속 데이터 통신기능을 제공하도록 한 것이다. AAL1은 송수신측 사이의 엄밀한 실시간성 및 동기성을 필요로 하므로, 셀 전송시 전송지연에 발생하는 변동(Jitter)을 처리하여야 한다. AAL3/4와 AAL5는 비연결성인 서비스를 지원하며 송수신측 사이에 시간적인 동기 관계를 제공하지않는다. 즉, 전송중에 지연이 발생하여도 무방한 서비스를 지원한다.

4.1.2 공중망

4.1.2.1 전용선(Leased line)

가. 일반전용회선

1) 개요

Leased-Line(이하 L/L)은 말 그대로 하나의 회선을 가입자 혼자 독보적으로 점유함을 의미(독점)하며, 일반적인 전화회선의 경우, 교환망을 통하여 연결하는 것과 달리 1대 1의 연결을 의미한다. 따라서, A라는 지점과 B라는 지점의 연동시 A와 B사이에서 확보될 수 있는 최대 대역폭은 항상 일정하게 보장됨이 기본이다. 전기 통신 사업자 또는 통신 주관청과의 임차 계약(전용 계약)에 따라 사용자가 원하는 두 지점 간 또는 다지점 간을 직통으로 연결하여 독점 사용하는 전기 통신 회선. 임대 회선이라고도 한다.

전용 회선은 이용하고 싶을 때 언제나 신속,편리하게 이용할 수 있고, 회선이 고정되어 있기 때문에 항상 안정된 통신 품질을 얻을 수 있으며, 교환기를 거치지 않기 때문에 고속·광대역 회선을 이용할 수 있고, 요금은 접속 시간에 관계없이 정액제이므로 일정량 이상의 통신량이 있으면 공중 회선(교환 회선)보다 저렴하며, 통신 용도와 통신 방법에 따라 독자적인 망을 구축하여 다양한 종류의 단말기를 접속 사용할 수 있는 등의 장점이 있다.

각국에서 통신 사업자나 통신 주관청이 다양한 종류와 규격의 전용 회선을 여러 가지 전용 계약과 구분에 따라 제공하고 있다.

전용 회선의 종류와 규격은 다양하며, 대체로 주파수 대역별로 임대하는 아날로그 전용 회선, 디지털 데이터의 비트 속도(bit rate)에 따라 임대하는 디지털 전용 회선, 텔레비전 방송이나 동영상 전송을 위한 영상 전용 회선, 이동체 통신이나 동보 통신(broadcast communication) 전송이 가능한 위성 전용 회선과 무선 전용 회선 등으로 분류된다.

임대 기간에 따라 1개월 이상의 장기 임대와 1개월 미만의 단기 임대가 있으며,사용 구간에 따라 시내 전용 회선,시외 전용 회선 및 국제 전용 회선이 있다.

2) 망 구성도

아래 〈그림 4.21〉은 전용회선 망 구성도이다.

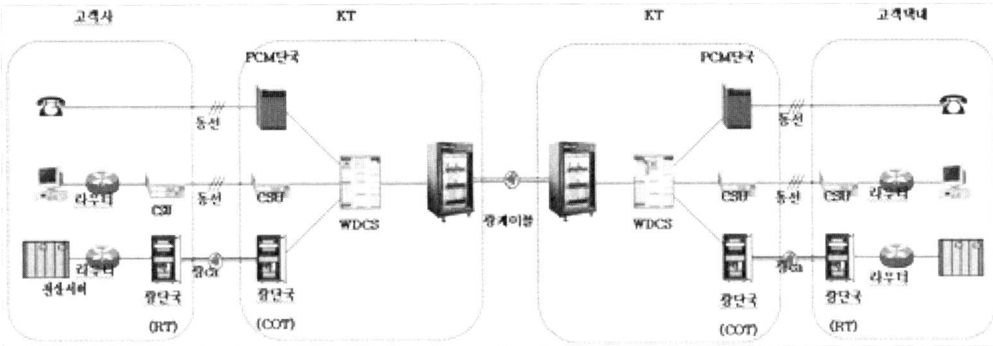

<그림4.21> 전용회선 망 구성도

나. 인터넷전용회선

1) 개요

전용선이란 통신회선의 일부를 특정인이나 회사가 독점적으로 사용하는 회선서비스로, 인터넷 서비스 제공업체인 ISP(Internet Service Provider)와 서비스 이용자, 또는 본점과 지점 간을 직통으로 연결하는 회선을 가리킵니다. 전용회선은 크게 아날로그형과 디지털형이 있지만, 지금은 대부분 고속 디지털 회선을 쓰죠. 전용회선의 장점은 아무래도 전송속도가 빠르고 안정적이라는 데 있습니다. 하지만 그만큼 회선 사용요금이 비싸다는 단점이 있습니다.

이런 전용회선은 최대 전송속도에 따라 그 종류가 나뉘어지는데, 일반회선은 56K, 128K, 256K, 512K가 있고, T1은 1,544M / E1은 2,048M / T2는 6,312M / E2는 8,448M / E3는 34,368M / T3 44,736M의 속도를 가지고 있습니다.

전용선으로 인터넷에 접속을 한다는 말은 결국 모뎀을 사용하던 때처럼 전화선을 통해서 인터넷에 접속하는 것이 아니고, 전화선이 아닌 별도의 전용 통신회선을 이용해 인터넷에 접속한다는 말입니다. 전용선을 사용하여 인터넷에 접속을 할 때에는 라우터와 DSU, CSU 같은 종단장치, 그리고 서버 컴퓨터에 개인컴퓨터 사이를 연결해 주는 허브, 개인컴퓨터의 랜카드 같은 장비들이 필요로 합니다.

2) 망 구성도

아래 〈그림 4.22〉는 인터넷 전용성 망 구성도이다.

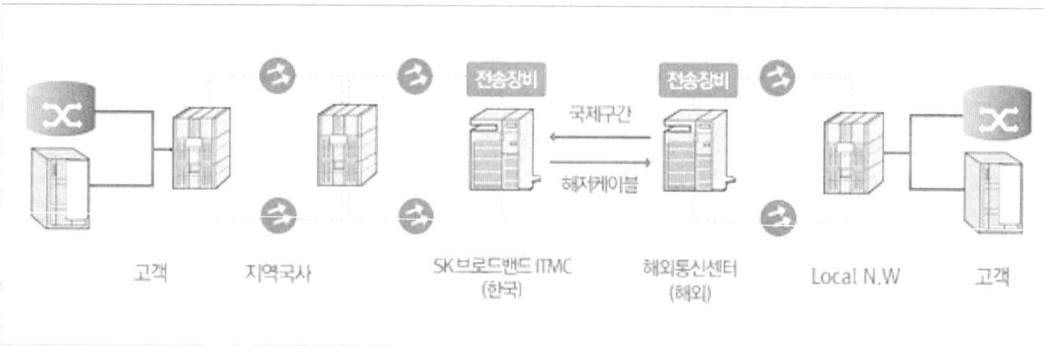

<그림4.22> 인터넷 전용선 망 구성도

다. 인터넷 전용선의 종류

1) 기업 인터넷 전용선

도시권 이더넷망. 가장 광범위하게 설치된 구내 정보 통신망(LAN) 기술로, 이더넷 방식으로 인터넷에 접속되고 별도의 인터넷 접속 장비 없이도 기업의 네트워크와 연결이 가능하며, 공공기관, 일반 기업, 벤처 기업, 사이버 아파트 등에 적합한 서비스를 제공한다. 메트로 이더넷은 광 케이블을 통해 직접 연결되어 있어 광 네트워크의 속도가 그대로 전달돼 인터넷 서비스를 빠르게 이용할 수 있는 기존 SONET/SDH 기술을 보완한 좀 더 진보적인 형태의 망구조이다.〈그림 4.23〉

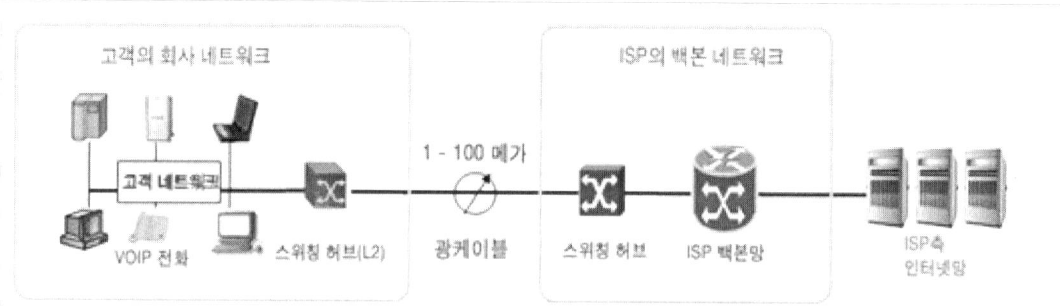

<그림4.23> 기업인터넷 전용선 구성도

2) VPN 전용선

VPN은 Virtual Private Network의 약자로서 초고속 인터넷 망을 이용하여 자체적으로 개발한 VPN솔루션에 연결함으로써 통신사업자의 공중네트워크를 통해 사용자가 마치 자신의 전용회선처럼 사용 할 수 있게 하는 서비스이다.인터넷 VPN은 일반적으로 터널링(Tunneling) 기법을 사용하며 이 터널은 IP패킷이 인터넷 등 공중망 통과할 때 사용자간에 마치 터널이 뚫린 것처럼 통로를 마련,

이 터널을 통해 데이터를 안전하게 전송하는 것으로 이에 적용되는 보안 기술이 현재 하이온넷이 서비스하고 있는VPN이다.〈그림 4.24〉

<그림4.24> VPN 전용선 구성도

4.1.2.2 Frame relay

가. 개요

프레임 릴레이는 근거리통신망들 사이, 또는 광역통신망 내의 단말지점들 간에 간헐적인 트래픽을 위해, 비용대 효율이 좋은 전송 서비스이다. 프레임 릴레이는 프레임이라고 불리는 가변적인 크기 단위 내에 데이터를 집어넣고, 꼭 필요한 에러 교정 기능은 종단장치에 맡김으로써, 전체적인 데이터 전송 능률을 올린다. 대부분의 서비스들에서, 프레임 릴레이 네트웍은 전용회선 비용을 내지 않고서도, 지속적으로 접속되어 있는 것처럼 느끼게 되는 고정 가상회선(PVC)을 제공하며, 서비스 제공업체들은 목적지로 향하는 각 프레임들의 루트를 해결하고, 사용량에 따라 요금을 매길 수 있다. 기업들은 일부 프레임들에 대해 우선 순위를 두고 처리하는 서비스품질(QoS) 등급을 선택할 수 있다. 프레임 릴레이는 미국에서는 AT&T를 비롯한 여러 개의 서비스 회사들에 의해 제공되고 있다. 프레임 릴레이는 T-1 회선의 일부 또는 전부에서 제공된다. 프레임 릴레이는 128 Kbps의 속도로 서비스를 제공하는 ISDN과, 프레임 릴레이와 다소 비슷한 방법으로 동작하지만 155.520 Mbps

또는 622.080 Mbps의 속도로 서비스를 제공하는 ATM 사이를 보완하는, 중간 정도의 서비스를 제공한다

프레임 릴레이는 음성대화와 같은 아날로그 데이터를 전송하기 위해 설계되었던 옛날의 X.25 패킷 교환 기술에 기반을 두고 있다. 그러나, 아날로그 신호를 위해 설계된 X.25와는 달리, 프레임 릴레이는 프로토콜에서 에러를 교정하려는 시도를 하지 않는 고속 패킷 기술 중 하나이다. 프레임 내에서 에러가 발생하면, 그것은 그저 버려진다. 버려진 프레임을 감지하고 재전송하는 책임은 종단장치들이 진다 (그러나, 디지털 네트웍에서의 에러 발생은 아날로그 네트웍에 비해 엄청나게 적다).

프레임 릴레이는 공중 광역통신망뿐 아니라 주요 백본들과 근거리통신망들을 접속하는데 종종 사용되며, 또한 T-1급 이상의 전용회선을 사용하는 사설망 환경에서도 사용된다. 프레임 릴레이는 데이터를 전송하는 동안에는 전용으로 접속되어야 하며, 전송 플로우가 끊임이 없어야 하는 음성 및 비디오 전송에는 그리 적합하지 않다. 그러나, 사정에 따라서는 음성이나 비디오 전송에도 사용된다.

프레임 릴레이는 OSI 모델의 네트웍 계층이 아닌 데이터링크 계층에서 패킷들을 중계한다. 하나의 프레임은 이더넷이나 X.25와 같은 다른 프로토콜들로부터 온 패킷들과 통합될 수 있다. 그것은 크기가 가변적이므로, 수천 바이트 이상이 될 수도 있다.

프레임 릴레이는 가상회선을 통해 연결지향적인 2계층 통신을제공 한다. 즉 떨어진 다른 네트워크를 프레임릴레이를 사용하여 마치 같은 네트워크에 있는 환경처럼 만들어 준다.

가상회선은 두 대의 DTE(라우터나 스위치)간에 논리적인 연결을 만들어 준다.

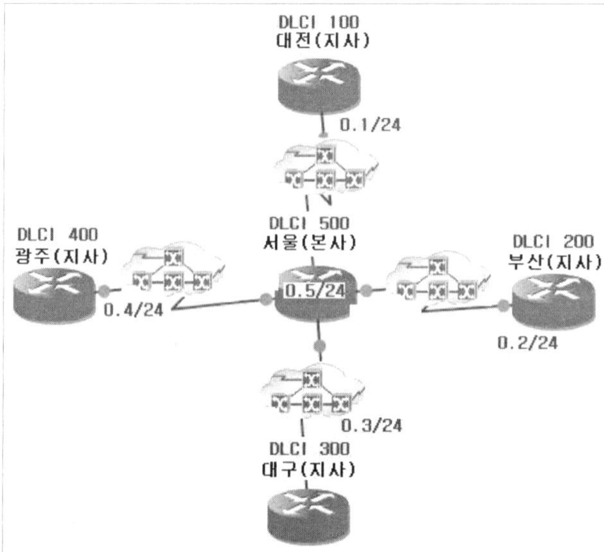

<그림4.25> 프레임릴레이 구성도

- PVC (Permanent Virtual Circuit) : 물리적인 연결, 영구 가상회선
- SVC (Switched virtual circuit) : 논리적인 연결, 요구에 의해 연결이 설립, 해제되는 가상연결
- DLCI (data-link connection identifier) : 라우터와 프레임 릴레이 스위치 사이의 논리적인회선 식별번호
- LMI (Local Management Interface) : 디바이스긴의 연결과 유지상태를 관리하는 책임을 가시는 프레임 릴레이간의 시그널링 표준이다.

나. 프레임릴레이 특징

간헐적 대량정보처리에 적합하도록 패킷 프로토콜을 단순화하여 대량의 데이타가 필요한 영상정보, 대량화일전송, LAN간 통신을 고속으로 전송이 가능 하다 또한 오류 회복 및 흐름제어 기능이 없는 VC(가상회선) 기반의 패킷교환 서비스이다.

하나의 물리적 회선으로 1,024개까지의 논리적 채널 지원하는 다중화 기능을 지원하고 프레임릴레이 속도는 56Kbps에서 1.544Mbps까지 가능하다.[5]

프레임릴레이는 기존의 WAN(광역통신망) 서비스에 비해 전송지연이 작고 대역폭을 절약할 수 있으며 하드웨어 구현비용이 적게 들고 임의로 대역폭 조정이 가능하지만 데이타만을 위한 서비스이며 동시에 발생하는 트래픽을 지원하지 못하므로 프로토콜이 사용자 데이타의 에러검사를 하지 않으므로 디지털 회선이 필수적으로 요구된다.

다. 프레임 릴레이의 프로토콜

프레임 릴레이 서비스는 프레임 중계 서비스 (frame relaying service)와 프레임 교환 서비스 (frame switching service)로 구분된다. 프레임 중계 서비스는 PVC설정 지원, 데이터의 송신 및 수신 기능, 에러 프레임 제거 등의 서비스를 지원하며 프레임 교환 서비스는 PVC설정 지원, 데이터의 송신 및 수신 기능, 에러 프레임 교정, UNI (user-to-network interface)에서의 양방향 흐름 제어 등의 서비스를 지원한다.

기본 프로토콜과 제어 프로토콜의 두 종류로 구분되는 프레임 릴레이의 프로토콜 구조에 있어서 프레임 중계 서비스는 기본 프로토콜을 이용하며, 프레임 교환 서비스는 제어 프로토콜을 이용하게 된다.

1) 기본 프로토콜

〈그림 4.26〉와 같이 기본 프로토콜은 제어 프레임이 없기 때문에 에러 제어 및 흐름 제어의 기능 없이 사용자의 데이터만을 전송하게 된다.

Flag는 모든 프레임의 시작과 끝에 위치하여 프레임을 구분하는 역할을 하며, FCS는 2개의 CRC (Cyclic Redundancy Check)로 프레임의 에러를 검색하며 에러가 발생한 경우 해당 프레임은 제거

된다. 각각의 길이는 1옥텟의Flag, 2~4옥텟의 Address Field, 2옥텟의 Frame Check Sequence이며, Information Field는 물론 가변적이다.

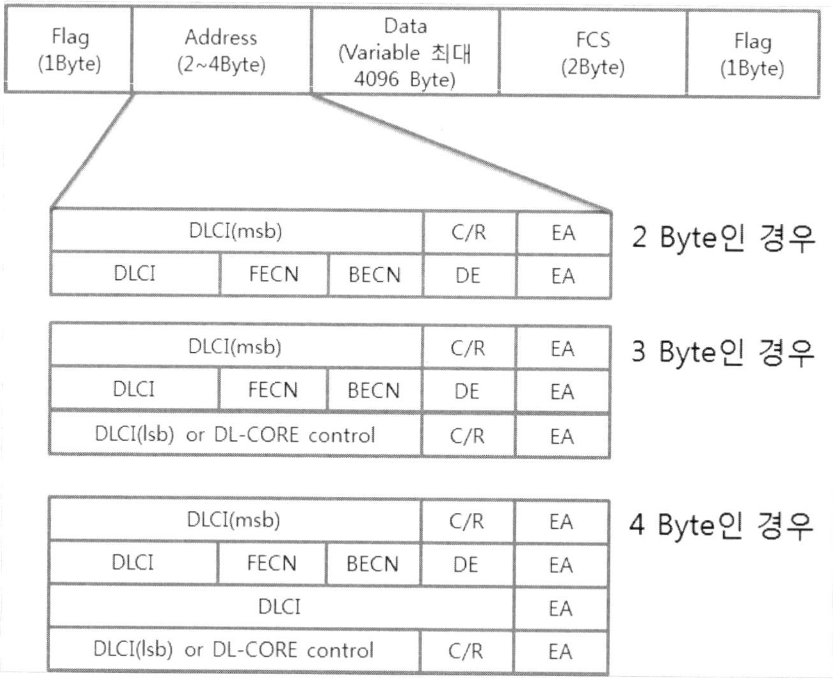

<그림4.26> 프레임 릴레이 기본 프로토콜

<표4.9> DLCI 분류

DLCI			기능
2 Byte	3 Byte	4 Byte	
0	0	0	LMI channel (LMI 메시지와 신호 전송용)
1– 15	1– 1023	1– 131071	미래를 위한 예약
16– 991	1024– 53487	131072– 8126463	사용자의 가상회선용
992– 1007	53488– 64511	8126464– 8257535	프레임 릴레이 베어러 서비스 2계층 관리용
1008– 1022	64512– 65534	8257536– 8388606	미래를 위한 예약
1023	65535	8388607	채널 계층의 관리용 (상위 계층 접속 정보 교환용)

- DLCI (Data Link Connection Identifier)는 영구적 가상 회선 (PVC)을 구분하는 0부터 1023까지의 십진수의 Address로써 X.25와의 가상 회선 번호와 비슷한 기능을 하는데, 하나의 채널에 여러 개의 논리적인 프레임 중계 연결을 다중화 시키는 일을 담당하며 이 값은 프레임이 망 내의 각 노드를 경유할 때 값이 변경된다. 또한 하나의 물리적 링크를 여러개의 논리적인 링크로 사용하기 위하여 이 각각의 논리적인 링크를 구별하기 위하여 DLCI가 배정된다 〈표 4.9〉
- C/R (Command/Response bit)는 기본 프로토콜에서는 사용되지 않고 제어 프로토콜에서 흐름 제어에 사용된다
- EA (Extended Address bit)는 주소 영역의 추가 여부를 알리며 '0' 은 추가를 의미하고 '1' 은 끝을 의미한다. EA값이 1로되어있는바이트가 주소필드의 마지막옥탯을 나타낸다. EA를 사용해 보다긴 DLCI를 사용할수있다
- FECN (Forward Explicit Congestion Notification bit)과 BECN (Backward Explicit Congestion Notification bit)는 망 내의 혼잡을 제어할 목적으로 사용되는데, 특히 FECN은 데이터 진행 방향의 폭주 여부를 통보해주는 기능을 하며 BECN은 데이터 진행 반대 방향의 폭주 여부를 통보해주는 기능을 한다. FECN-1로 설정되면 목적DTE에 발신지에서 목적지 방향으로 프레임전송 혼잡발생을 알리는 단일비트 필드이고 BECN 1로 설정되면 발신지에서 목적지 전송의 역방향으로 혼잡을 알려주는 단일비트 필드이다
- DE (Discard Eligibility bit)는 프레임의 폐기 가능 여부 표시(DE 비트1) 기능을 하는데, 그 절차는 우선 순위가 낮은 프레임을 set시킨 후 망 내에서 프레임들을 제거할 필요가 있을 경우 이 set된 프레임을 먼저 제거하는 원리이다. 여기에서 우선 순위가 낮다는 것은 사용자가 연결 설정 시 기술한 정도 이상의 traffic을 발생시킬 때나 종단 사용자의 장비에서 데이터가 중요하지 않은 것을 알 때를 의미한다.(DTE에서 설정) 프레임 정체가 발생한 네트워크에서 다른 프레임보다 먼저 버려진다.

2) 제어 프로토콜

제어 프로토콜은 기본 프로토콜과는 달리 제어부 (Control Field)가 있어서 에러 제어 및 흐름 제어의 기능을 갖는다.

Flag (1Byte)	Address (2~4Byte)	Control (1/2Byte)	Data (Variable 최대 4096 Byte)	FCS (2Byte)	Flag (1Byte)

<그림4.27> 제어 프로토콜 포맷

위 〈그림 4.27〉와 같이 Control Field의 길이는 1/2바이트이며 나머지는 기본 프로토콜과 같다.

라) LMI 포맷

라우터 디바이스와 디바이스간의 연결과 유지 상태를 관리하는 책임을 가지는 frame-relay 간의 시그널링 표준으로 라우터에 LMI를 셋팅할 경우 LMI 타입을 서로 맞추어 주어야 통신이 가능하다, 접속을 관리하고 장비사이의 상태 유지하는것을 책임진다.

<표4.10> LMI의 종류

표 준	규 정
ANSI	미국 표준 협회 (ANSI) 표준 T1.617 에 의해 정의됨, ANSI T1.617 AnnexD (가장 많이 사용되고 있는 방식)
CISCO	시스코, startaCom, Northern Telecom 및 Digital Equipment Corperation에 의해서 정의된 LMI 타입 (디폴트 값)
Q933a	국제전기통신연합 (ITU-T) 표준 Q.933 AnnexA

마) 프레임의 종류

프레임의 종류에는 폐기 가능성에 따라 'Green Frame', 'Amber Frame', 'Red Frame'의 세 종류로 나눠지는데, 그것들에 대한 설명은 다음과 같다.

'Green Frame'은 절대로 폐기되지 않는frame이며 Bc값 이내의 frame을 의미한다.

그리고 Bc값 이상 Be값 이내의 frame을 의미하는 'Amber Frame'은 DE가 설정된 frame으로 혼잡(congestion)시 폐기될 수도 있으며 'Red Frame'은 DE가 설정되고 Graceful Discard feature가 setting된 frame으로 여기에서는 Graceful Discard feature가 disable되면 'Red Frame'은 무조건 폐기되고 Be값 이상의 frame이다.(Bursy Data : Bc 와 Be 사이에 최대로 보내는 Data로 혼잡시 폐기될수 있다)

바) Rate의 정의

앞에서 프레임의 종류에 대해서 설명할 때 Bc값과 Be값에 대해서 언급하였다.

Bc (Committed Burst Size)값은 각 PVC마다 정의되는 것으로 Normal Condition상태에서 T시간 동안 Network이 받아들일 수 있는 (보장하는) 최대 bits수를 말한다.

그리고 Be (Excess Burst Size)값은 Normal Condition상태에서 T시간 동안 Bc값 이상의 Network이 받아들일 수 있는 (보장하지 않는) 최대 bits수를 의미하는데 혼잡 (congestion)시에는 frame이 폐기될 수도 있다.

참고로 Normal Condition상태에서 보장하는 최저 전송 속도를 의미하는 CIR (Committed

Information Rate)은 고객이 요구하는 회선 속도이다.

(CIR : Tc동안 망이 허용하는 데이터의 전송ㄴ속도, Be : 스위치에서 Tc동안 전송될수 있도록 허용된 최대비트수, EIR : CIR(Bc) + Be 가입자가 사용가능한 최대 대역폭)

4.1.2.3 ISDN(Integrated Services Digital Network)

가. 개요

ISDN은 다른 매체는 물론, 평범한 구리전화선 위에서도 디지털 전송을 할 수 있게 하기 위한 일련의 CCITT/ITU 표준들이다. 모뎀 대신에 ISDN 어댑터를 설치한 가정이나 회사의 사용자들은 최고 128 Kbps 까지의 빠른 속도로 제공되는 웹 페이지를 볼 수 있다. ISDN은 전송 양단에 어댑터가 필요하므로, 서비스제공자 역시 ISDN 어댑터가 필요하다. ISDN은 일반적으로 미국이나 유럽의 대부분 도시지역의 전화회사가 서비스를 공급하며, 우리나라에서도 한국통신에서 1993년부터 ISDN 서비스를 시작하였다. ISDN에는 두 종류의 서비스가 있는데, 가정이나 소규모회사에는 BRI가, 많은 사용자를 위해서는 PRI 서비스가 적합하다. 두 종류 모두 여러 개의 B 채널과 한 개의 D 채널을 포함한다. B 채널에는 데이터, 음성 및 기타 다른 서비스를 전송할 수 있으며, D 채널은 제어 및 신호정보를 전송한다.

ISDN의 개념은 음성 등의 아날로그 데이터와, 디지털 데이터를 같은 네트웍을 통해 함께 통합하여 전송하는 것이다. 비록 ISDN이 아날로그 전송을 위해 설계된 매체 상에 이러한 것들을 통합해서 전송할 수 있지만, 광대역 ISDN(BISDN)은 종단회로를 포함한 처음부터 끝까지를 광케이블과 무선 매체 등을 사용하여 이 두 가지 서비스의 통합을 확대할 수 있을 것이다. 광대역 ISDN은 많은 량의 데이터를 고속으로 송신하기 위한 프레임릴레이 서비스와 FDDI 그리고 SONET 등을 포함하게 될 것이다. 광대역 ISDN은 2 Mbps 이상의 빠른 속도로 전송할 수 있게될 전망이지만, 정확한 최고 속도는 아직 정의되지 않았다.

나. ISDN 채널 종류

- A (아날로그 채널): 4Khz의 아날로그 전화 채널
- B (디지털 채널): B채널은 64Kbps 속도의 동기 데이터에서 전 이중 모드로 동작한다. B채널의 주기능은 가입자의 디지털 트래픽을 운송하는 대역폭을 제공하는 것이다. 트래픽은 데이터와 음성 모두나 또는 디지털 음성, 데이터의 혼합일 수도 있다. 음성, 영상 등 데이터를 위한 64Kbps의 DATA 채널
- C (혼합 채널): 8Kbps 혹은 16Kbps의 디지털 신호
- D (제어 채널): 제어신호를 위한 16Kbps 혹은 64Kbps의 디지털 신호, 즉 신호채널(Signaling Channel) D채널 작동은 Full-Duplex 모드에서 16Kbps 또는 64Kbps로 동작한다. D채널의 주

기능은 하나, 그 이상의 B채널을 요구하는 Circuit-Switched의 제어와 관리를 위한 정보신호를 운반하는 것이다. 예를 들면 만약 당신이 Voice Call을 만들기 원한다면, D채널은 B채널이 디지털 음성 데이터를 운반하는데 사용되는 동안에 요청을 setup하기 위해 사용된다. 제어신호를 위한 16Kbps 혹은 64Kbps의 디지털 신호, 즉 신호채널(Signaling Channel) D채널 작동은 Full-Duplex 모드에서 16Kbps 또는 64Kbps로 동작한다. D채널의 주 기능은 하나, 그 이상의 B채널을 요구하는 Circuit-Switched의 제어와 관리를 위한 정보 신호를 운반하는 것이다. 예를 들면 만약 당신이 Voice Call을 만들기 원한다면, D채널은 B채널이 디지털 음성 데이터를 운반하는데 사용되는 동안에 요청을 setup하기 위해 사용된다. D채널이 B채널들을 조정하며 사용하지 않을 때 X.25 패킷의 수신과 송신을 위한 운송채널로서 조정할 수 있다. D채널은 videotex와 다른 형태의 터미널 트래픽을 포함한 낮은 속도의 데이터 전송의 다른 형태를 보완할 수 있다. D채널은 단지 B채널들의 조정을 필요로 하는 대역폭의 작은 일부분이기 때문에 저속 전송을 공급한다. 논리적으로 DATA(B채널)와 제어(D채널)로 나누어진 채널의 용도는 "out-of-band signaling"이라고 불린다. out-of-band 신호는 사용자 DATA와 함께 동시에 전송하는 제어정보를 허용한다. 가입자는 사용자의 DATA 흐름에 분열 없이 진행되어 접속하는 동안 네트워크 관리 정보를 획득한다.[6]

다. ISDN 구성도

ISDN은 〈그림 4.28〉와 같이 사용자와 네트워크 간에 2가지 채널 접속 규격(기본율 접속(BRI, Basic Rate Interface)과 1차율 접속(PRI, Primary Rate Interface)으로 구성된다.

1) 기본율 접속(BRI, Basic Rate Interface)

가정이나 사무실 등에 일반적으로 사용하는 ISDN 서비스며 구성 방식은 '2B + D'라 불리는 64Kbps 속도의 2개의 통신 채널(Bearer Channel)과 16Kbps 속도의 1개의 신호 채널(Delta Channel)로 구성되며, ISDN의 가장 기본 서비스를 제공한다.〈그림 4.29〉

2) 1차율 접속(PRI, Primary Basic Rate Interface)

통화량이 집중되고 이용자가 많은ISP(Information Service Provider) 및 고속 데이터 통신 등에서 접속하여 사용하는 서비스이다 구성 방식은 '23B + D'라고 불리는 북미 방식과 '30B + D'라고 불리는 유럽 방식이 있으며, 한국은 유럽 방식을 채택. 64Kbps 속도의 23개 또는 30개의 통신 채널과 기본율 접속과 달리 64Kbps 속도의 1개의 신호 채널로 구성되며, ISDN 사설 교환기 또는 기업의 LAN의 서비스를 제공한다. 북미 방식은 T1급 전송로(1.544 Mbit/Sec)에, 유럽 방식은 E1급 전송로(2.048 Mbit/Sec)에 연결 가능하며, 한국은 유럽 방식을 채택을 하였다.

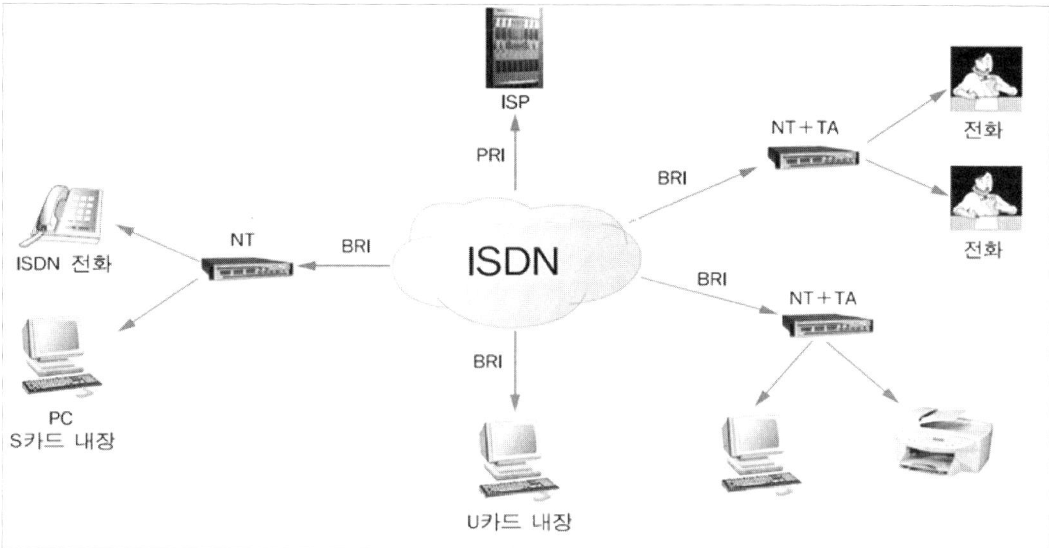

<그림4.28> ISDN 구성도

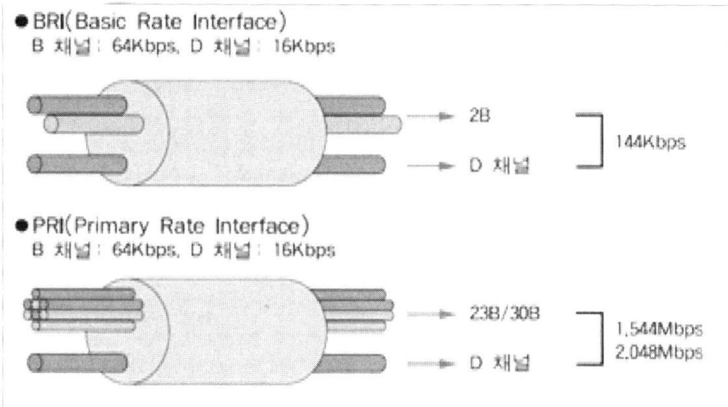

<그림4.29> ISDN의 채널 접속 규격

4.1.2.4 N-ISDN

가. 개요

ISDN은 서비스 수용 능력에 따라 협대역 ISDN(N-ISDN: Narrowband ISDN)과 광대역 ISDN (B-ISDN: Broasband ISDN)으로 구분된다. 협대역 ISDN은 기존의 64 Kbps 전화망과 X.25패킷 교환 데이터 통신망을 근간으로 구성되며, 지원하는 데이터의 전송 속도는 64 Kbps ~ 1.92 Mbps이다.

광대역 ISDN은 협대역 ISDN의 성능을 수용하고, 2Mbps ~ 100Mbps급의 광대역 종합 정보 통신 서비스를 제공하기 위해 개발되었다. 기반 기술의 관점에서 비교해 볼 때 협대역 ISDN은 동기식 시분할 다중화 기반을 사용하며, 광대역 ISDN은 통계적 시분할 다중화 방식을 사용한다.

나. N-ISDN의 기능

협대역 ISDN에서는 〈표 4.11〉와 같이 B 채널, D 채널, H 채널의 디지털 데이터 전송 채널을 사용한다. B 채널은 사용자 정보를 전송하는 주로 사용되며,H 채널은 고속 팩시밀리, 동화상 등의 고속 정보 채널에 사용되고 D 채널은 사용자 정보 전송 채널(B 채널이나 H 채널)을 설정하는 신호 기호에 사용된다.

<표4.11> N-ISDN 채널의 종류 및 기능

채널종류	전송속도	기 능	비 고
B	64 Kbps	·64Kbps의 사용자 정보 전송 ·회선교환, 패킷교환, 디지털 전용 ·회선 방식에 의한 사용자 정보 전송 ·패킷 교환 방식에서의 계층 2,3의 정보의 전송	정보용 채널
D	D16: 16Kbps D64: 64Kbps	·회선교환 방식을 위한 신호기능 정보의 전송 ·패킷 교환 방식에 의한 16Kbps 이하의 사용자 정보 전송	신호용 채널
H	H0: 384Kbps H11: 1536Kbps H12: 1920Kbps	·B 채널을 통해 제공하는 모든 방식의 정보 전송을 보다 고속으로 제공 ·고속 팩시밀리나 화상 회의 등과 같은 고속의 사용자 정보 전송	정보용 채널

협대역 ISDN은 기본 음성 전화 서비스나 텔레텍스, 고속 팩시밀리, 비디오 텍스, 전자 사서함, 영상 회의, 원격 제어 등의 서비스 제공을 목표로 한다.

다. N-ISDN의 프로토콜

ISDN프로토콜은 기능에 따라 사용자 평면, 제어 평면 및 관리 평면으로 구성된 입체 구조로 되어 있으며, 각 기능 평면은 OSI 7계층 프로토콜의 계층(Layers) 구조를 갖는다.

1) 제어 평면

제어 평면(Control plane)은 사용자의 정보가 전달되는 데이터 전송 경로를 설정하고, 관리하며, 해제하기 위한 신호 기능을 수행한다.

(1) 계층3: 응용 서비스의 정보 전송 요구에 따라 사용자-망간의 연결을 설정, 관리 및 제어하며 이를 위해 TE, NT2, NE 간에 신호 메시지를 주고받는다.

(2) 계층2: 계층 3의 신호 메시지를 기능 요소간에 정확히 전달하기 위한 데이터 링크계층 기능이 수행되며, 다수의 사용자 단말기 하나의 물리 전송 매체를 사용하는 경우에는 이들 간의 다중화 기능도 수행한다.

(3) 계층1: 192 Kbps의 기본 속도 접속(BRI)과 1,544/2,48 Kbps 1차군 속도 접속(PRI)의 디지털 데이터 전송을 위한 물리 계층 기능이 제공된다.

2) 사용자 평면

사용자 평면(User plane)은 사용자의 응용 서비스 정보를 전달하는 기능을 제공하며, 기존 OSI 7 계층 통신 프로토콜에서의 데이터 전송 단계에 해당한다. 사용자 평면에서는 응용 서비스 정보 전송을 위하여 B, D, H 채널을 사용하며, 이러한 채널들은 제어 평면의 신호 기능에 의하여 설정된다. 사용자 평면에서의 프로토콜 기능은 〈표 4.12〉에서 보는 바와 같이 서비스 종류에 따라 구성되는 프로토콜 기능이 달라진다.

<표4.12> N-ISDN 사용자-말 접속 프로토콜 체계

OSI 계층	제어 평면	사용자 평면		
	신호 기능	패킷 교환	프레임 릴레이	회선 교환
응용계층	종단간 사용자 신호 프로토콜			
표현 계층				
세션 계층				
수송 계층				
네트워크 계층	call control I.451/Q.931	X.25 패킷 교환		
데이터 링크 계층	I.441/Q.921 LAP-D	X.25 레벨 2 LAP-B	Q.922 LAP-F	
물리 계층	I.430 BRI, I.431 PRI			
사용자 채널	D Channel	B Channel		

3) 관리 평면

관리 평면(Management plane)은 통신 시스템 및 통신망을 관리하며, 사용자 평면 l 및 제어 평면에서 설정한 채널들의 동작 상태 및 성능을 관리한다. 특히 관리 평면 기능에는 트래픽 제어 기능이 포함되며, 통신망에서의 트래픽 흐름을 통제하여 통신망이 폭주(Congestion) 상태에 빠지지 않도록 한다.

4.1.2.5 B-ISDN

가. 시스템 개요

B-ISDN은 Broadband Integrated Service Digital Network의 약칭으로 광대역 종합정보통신망이며 협대역 서비스와 영상정보 등의 광대역 정보서비스를 하나의 통신망에서 제공할 수 있는 ISDN이다.

기존의 협대역 ISDN을 모체로하여 각종 광대역 서비스 제공을 표준화된 인터페이스를 통하여 다양한 통신서비스를 이용할 수 있는 디지털 통신망으로 기존의 통신망인 전화망, 데이터통신망, 팩스망, 영상통신망을 광케이블이나 위성통신으로 통합하는 미래의 통신망이다.

나. B-ISDN 구성도

아래 〈그림 4.30〉은 B-ISDN 구성도이다.

<그림4.30> B-SIDN 구성도

광대역 ISDN의 핵심기술은 광전송기술, 광매체기술, ATM기술, 고속데이터 통신망기술, 광대역 영상통신기술, 통신프로토콜 기술이 있다.[7]

광전송기술은 B-ISDN에서는 필수적인 기술로 대용량 고속통신을 위한 기술이며 광매체기술은 석영계 광섬유에서 다양한 특수 광섬유 사용으로 무중계 구간 확대 및 코히어런트 통신이 가능했다. ATM 통신기술은 회선교환과 패킷교환방식을 통합한 방식과 전송과 교환기술을 접목시킬 수 있는 기술이며, 고속데이터 통신망기술로는 프레임 릴레이, ATM 등이 있으며, 광대역 영상통신 기술은 영상신호의 압축 및 복원기술이 필수적이다.

다) B-ISDN의 가입자-망 간 접속 구조

B-ISDN은 다양한 서비스를 통합 제공한다는 개념에서 보면 N-ISDN과 동일한 개념이므로 B-ISDN의 가입자-망간 접속구조는 N-ISDN과 논리적으로 동일한 구조를 갖는다. 〈그림 4.31〉와 같이

B-ISDN에서 가입자-망간 접속구조는 N-ISDN의 기능그룹과 기준점에 단지 B라는 글자만 덧붙여서 표시하면 된다.

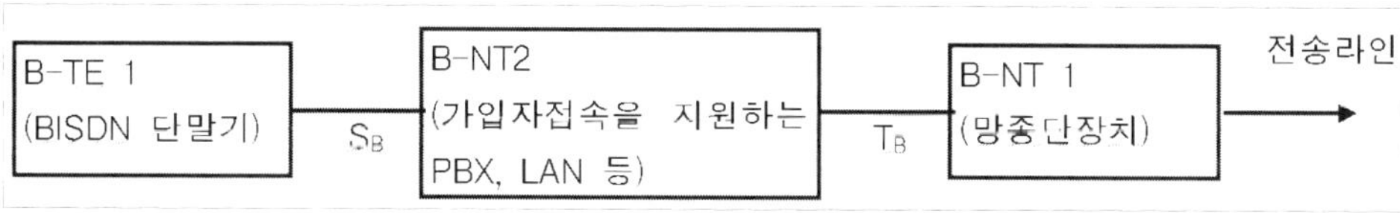

<그림 4.31> B-ISDN 구조

B-ISDN의 가입자-망간 접속형태는 〈그림 4.32〉와 같이 N-ISDN과 개념적으로 동일하므로 주요 특성만 정리하면 다음과 같다.

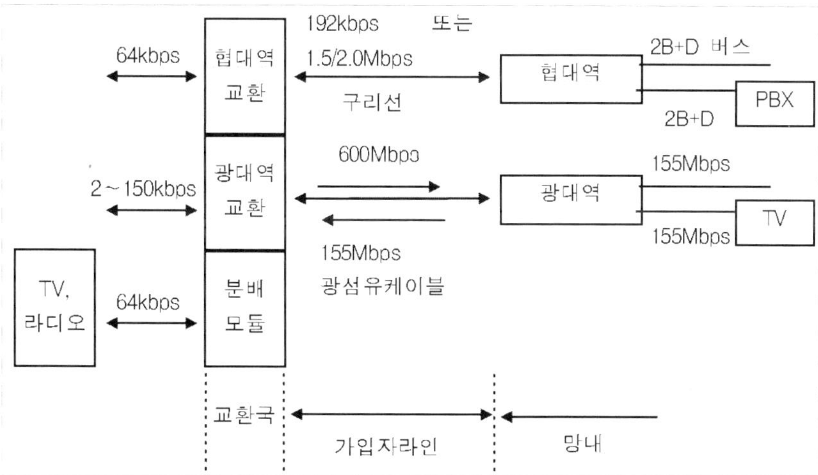

<그림4.32> B-ISDN 사용자-망 접속의 개요

가입자가 접속하는 교환국은 B-ISDN과 N-ISDN 서비스를 동시에 처리할 수 있어야 한다. 일반 전화선을 통한 N-ISDN의 기본접속과 1차군 다중접속을 처리할 수 있어야 하고, 동축케이블이나 광케이블을 통해 영상을 포함하는 광대역 서비스를 수용할 수 있어야 한다.

라. B-ISDN 서비스

B-ISDN은 고정속도 서비스와 가변속도 서비스를 제공하며 고정속도(CBR : Constant Bit Rate) 서비스는 정보가 일정속도로 회선상을 흐르는 통신서비스이며 가변속도(VBR : Variable Bit Rate) 서비스는 Burst적으로 생성되는 정보를 그대로 가변속도로 통신하는 서비스이며 서비스속도는

155.52Mbps 속도의 UNI 접속을 제공한다.

B-ISDN 서비스의 셀손실은 셀헤더의 오류와 폭주에 의한 오류로 해당 셀은 폐기됨으로서 품질이 유지되며, 지연과 지연변동은 전송로 상의 전파지연과 교환기내 스위칭지연, 셀의 통계 다중화를 위한 전송대기지연 등이 있으며, 서비스품질의 협상이 가능하다.

〈표 4.13〉와 같이 B-ISDN 서비스는 상호교신용 서비스와 분배성 서비스로 구분되며 상호교신용 서비스에는 대화형 서비스, 메시지서비스, 검사서비스가 있고, 분배용 서비스에는 제어불능 서비스와 제어가능 서비스가 있다.

<표4.13> B-ISDN 서비스

서 비 스	분 류	서 비 스
상호교신용 서비스	대화형 서비스	영상전화, 영상회의, 영상감시, 고품위영상회의, 고속데이터전송, 대용량파일전송, 초고속 텔리텍스
	메시지 서비스	비디오 우편 서비스, 문서우편서비스(MHS)
	검 색 서비스	비디오 텍스, 고품질 영상검색, 영상정보 검색 시스템, 필림, 기록문서 등의 검색
분배성 서비스	제어불능 서 비 스	텔레비젼, 음악방송
	제어가능 서 비 스	비디오그래픽, 브로드 캐스트 서비스

마. B-ISDN 프로토콜 참조모델

1) B-ISDN 프로토콜 구조

B-ISDN 프로토콜 참조모델(PRM:Protocol Reference Model)은 〈그림 4.33〉와 같이 사용자면, 제어면, 관리면으로 구성되어 있으며 사용자면은 사용자 데이터를 전송하는 기능 제공하며, 제어면은 호제어나 연결제어 등을 수행하는 신호 기능 제공하며, 관리면은 계층관리부와 면관리부로 되며 계층관리부는 각 프로토콜 내부에서 사용하는 파라메터나 자원들을 관리하는 기능을 수행하며, 면관리부는 전체 시스템관리에 관련된 기능수행으로 계층적 구조를 갖지 않는다.

B-ISDN 프로토콜 참조모델의 계층구조는 물리계층, ATM계층, ATM 적응계층, 상위계층으로 구성되며, 물리계층은 UNI에서 SDH 프레임 형태를 사용하거나 셀 기본형태 중의 하나를 사용하며, 전송속도는 155.52Mbps와 622.08Mbps로 두 가지가 정의되어 있다.

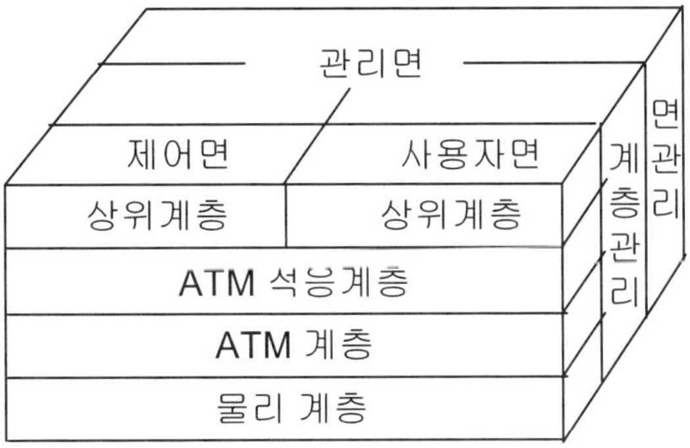

<그림4.33> B-ISDN 프로토콜 참조모델

ATM계층은 셀을 전송하는 기능을 수행하는 계층으로 수행되는 모든 서비스는 동일하다.

ATM 적응(ALL)계층은 사용자 평면과 제어 평면의 상위 계층 기능을 지원하며 제공하는 서비스에 따라 달라지며 ATM을 기반으로 하지 않는 정보 전송 프로토콜을 지원해주고, 많은 BISDN 서비스와 ATM간의 링크를 지원한다.

4.1.2.6 Metropolitan ethernet

가. 개요

메트로 이더넷은 MAN이 갖고 있는 여러 가지 문제점들을 해결하고자 도입된 기술 중 하나이다. 즉 현재 ATM, SONET등과 같은 장비들이 혼재해 있는 네트워크를 이더넷을 이용하여 단순화 시키고 병목현상을 해결하고자 하였다. 메트로 이더넷 서비스는 ISP(Internet Service Provider)가 데이터 링크 계층 프로토콜로 이더넷 프로토콜을 사용하는 네트워크 서비스를 사용자에게 제공하는 것이며 메트로 이더넷은 이러한 메트로 이더넷 서비스를 위해 구성된 ISP가 보유한 네트워크를 의미한다.

그러나 메트로 이더넷이 현재의 네트워크를 완전히 대체하는 것은 아니다. 메트로 이더넷이 사용하는 매체는 MAN 구간에 설치되어 있는 다크 파이버(Dark Fiber)이다. 광섬유를 지하에 매설할 때에는 매설 비용이 많이 들기 때문에 매설 당시의 수요량 이상을 설치한다. 마치 나중을 대비해 하수도관을 커다란 파이프로 묻는 것과 같은 이치이다. 다크 파이버란 현재 매설되어 있는 광섬유 중 사용하지 않는 여분의 광섬유를 의미하기도 하며 광섬유를 대여해 주는 서비스를 말하기도 한다.

메트로 이더넷은 이러한 다크 파이버를 이용하여 이더넷 네트워크를 구축하며, 점차적으로 기존 MAN의 인프라를 대체해 나갈 것이다.[8]

나. Metropolitan ethernet 특징

이더넷은 계속해서 발전해 오고 있으며, 오랜 시간동안 축적된 기술과 다양한 공급자, 기술자 등의 자원이 풍부하다. 이러한 자원은 원활한 네트워크 구축과 관리를 가능하게 해 준다. 즉 이더넷을 이용할 경우 네트워크 구축비용과 관리비용이 절감되며 오랜 기간동안 사용한 프로토콜로 그 안정성과 성능이 입증되어 있기 때문에 효과적으로 네트워크 인프라를 구축할 수 있다. 또한 이더넷 장비의 공급업체들 간의 경쟁으로 구축비용이 저렴하다는 특징을 갖고 있다.

패킷 교환방식의 이더넷으로 전환하면 서비스 제공 업체는 더 많은 가입자를 유치할 수 있고, 그런 이유로 가입자의 부담은 대폭 줄어들게 된다. 또한 패킷 교환 방식은 T1, T3과 같은 전용회선의 미리 정해진 대역폭이 아닌 자신의 원하는 다양한 대역폭을 할당받을 수 있는 장점을 갖고 있다.

ATM이나 SONET을 이더넷으로 교체하면 액세스 네트워크의 이더넷 프레임들은 MAN 또는 백본 네트워크에서 그대로 이더넷 프레임으로 전송되므로 프로토콜 변환 과정이 필요 없게 된다. 이러한 프로토콜의 통합과정에서 얻을 수 있는 장점으로는 기존 이더넷에서 사용하던 VLAN(Virtual LAN)과 같은 기술을 그대로 사용 할 수 있다는 점이다.

다. Metropolitan ethernet 구성

기존의 MAN은 대부분 SONET을 이용하여 구축되었고 SONET 네트워크의 물리적 토폴로지는 링 형태를 갖는다. 메트로 이더넷에서도 SONET과 유사한 물리적 토폴로지를 갖는데 메트로 이더넷은 2계층 및 3계층 스위치를 다크 파이버를 이용해서 직접 연결함으로써 네트워크를 구축한다. 이때 〈그림 4-34〉에서와 같이 점대점 완전 그물형 토폴로지 또는 링 구조의 토폴로지로 네트워크를 달성할 수 있다.

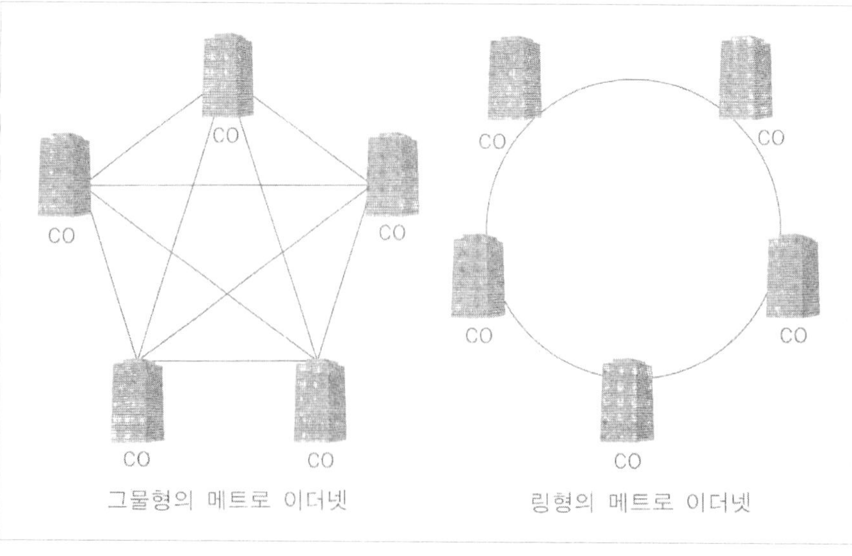

<그림4.34> 메트로 이더넷의 토폴로지

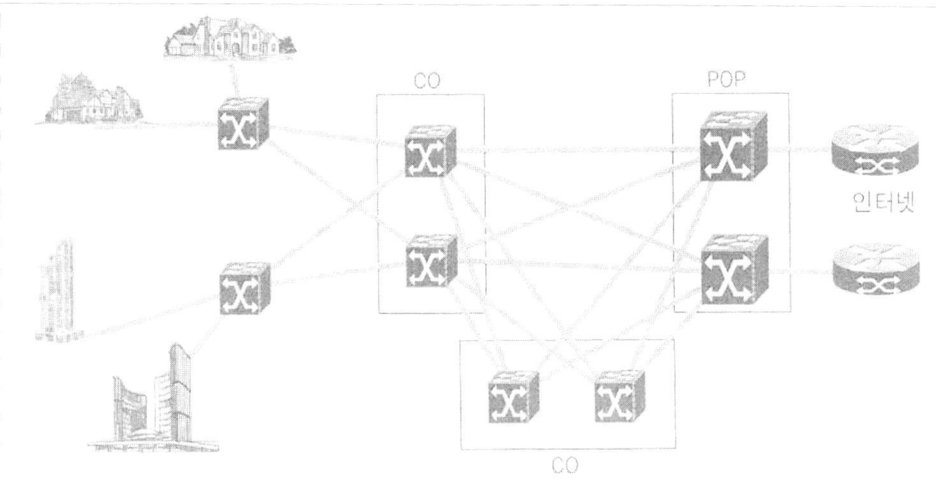

<그림4.35> 완전 그물형의 메트로 코어

메트로 액세스 구간에는 네트워크 종단에서 유입되는 트래픽을 CO로 전송하는 스위치들이 위치하고 CO 내에는 메트로 액세스 구간과 메트로 코어 구간을 상호 연동 해주는 스위치들이 존재한다. 이때 메트로 구간 내에서 처리되지 않는 트래픽들은 POP을 통해 인터넷 라우터로 전달되며, 이러한 트래픽은 백본 네트워크를 통해 외부로 전달된다. 즉 MAN 구간은 모두 고속 이더넷 스위치로 이루어지며 프레임 변환과정 없이 이더넷 프레임을 기반으로 프레임 전달이 이루어진다.〈그림 4.35〉

라. Metropolitan ethernet 기능

1) 패킷 분류화

패킷 분류화 작업은 모든 패킷에 대해 서비스 등급을 부여하고, 등급별로 서비스 품질을 달리 적용하고자 하는 것이다. 이러한 패킷 분류화 작업은 포트 유입율 제어, QoS 등의 기술적인 바탕이 되고 있다.

2) 포트 유입율 제어

포트 유입율 제어란 가입자와 서비스 제공자와의 계약에 따른 대역폭을 제한하는 기술이다. 〈그림 4-36〉는 네트워크에 부하가 심해져 대역폭 조정이 불가피할 경우 각 가입자들의 낮은 수준의 서비스 대역폭을 조절하여 네트워크 부하를 줄이는 방법을 나타내고 있다. 이때 높은 수준의 서비스 대역폭은 가능한 한 그대로 유지되어야 하며 낮은 수준의 서비스에 대해서는 대역폭을 조절하여 네트워크 부하를 조절하게 된다.

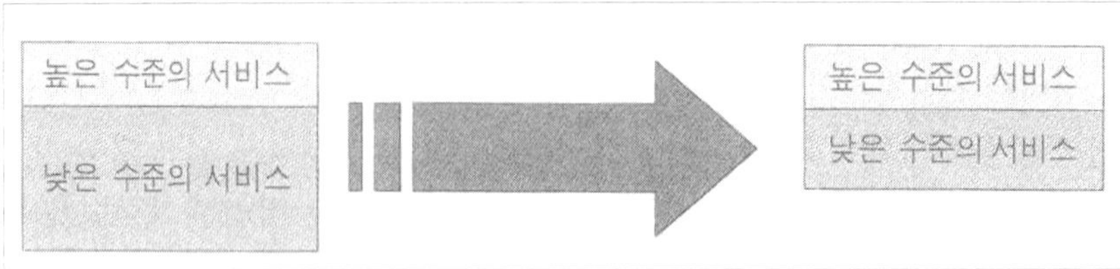

<그림4.36> 서비스 수준에 따른 대역폭 변화

3) QoS

인터넷을 통해서 전화를 하는 경우에 어느 수준 이상의 대역폭을 보장해 주지 않으면 음성이 끊기거나 에코가 발생할 수 있다. QoS는 패킷 분류화와 포트 유입률 제어를 통해 특정 서비스에 대한 품질을 보장해 주는 기술이다. 또한 이 기술을 이용하여 VPN, VoIP와 같은 고급 기술을 효과적으로 도입할 수 있다.

4) VPN(가상 사설망)

기본적으로 이더넷은 보안성을 제공하지 않으며 비연결 지향형이기 때문에 이더넷을 이용하여 VPN을 구현하는 것은 상당히 위험하고도 어려운 일이다. 그러나 이더넷 VLAN 기술을 이용하여 VPN을 구현하려는 노력이 기울여 지고 있다. 스위치들은 VLAN 태그가 상이한 네트워크에서의 접근을 근본적으로 차단하여 보안성을 유지하게 된다. 이렇게 도착한 데이터는 해당 목적지에 왔을 때 마치 동일한 LAN 상에서 받은 데이터인 것과 같은 효과를 낸다.

5) 네트워크 복구 능력

메트로 이더넷의 네트워크 복구 능력은 RPR 기술을 도입하여 해결한다. RPR 기술은 네트워크에 장애가 발생했을 때 장애 메시지를 코어 라우터들에게 전송하여 네트워크의 토폴로지를 변경하는 방법으로 스티어링(steering)과 래핑(lapping)의 두 가지 방법이 있다. 스티어링은 의무적으로 지원해야 하는 방법이며 래핑은 선택사항이다. 스티어링은 토폴로지에 의해 전송하여 모든 코어 라우터들이 토폴로지를 변경하기전까지는 전송경로가 변경되지 않는다. 반면, 래핑은 장애를 감지한 코어 라우터가 즉각적으로 경로를 변경하여 또 다른 링으로 데이터를 전송할 수 있다. 메트로 이더넷은 RPR 기술을 이용하여 SONET이 갖고 있던 장점인 네트워크 복구 능력을 보안할 수 있을 것이다.

4.1.2.7 SMDS(Switched Multimegabit Data Services)

가. 개요

Bellcore 가 1980년대 말에 제안한 서비스로서 IEEE 802.6 Protocol을 이용하여 데이터를 53Byte의 고정된 셀로 패킷화하여 교환하는 고속 정보 교환 서비스이다.

SMDS는 광역통신망을 통해 다른 회사들과 지속적이지는 않지만 돌발적으로 많은 량의 데이터를 주고받아야 할 필요가 있는 기업체들을 겨냥해서 나온 공중 패킷 교환방식의 서비스이다. SMDS는 이러한 종류의 데이터 교환을 위한 구조와 일련의 서비스를 제공한다. 일반적으로, SMDS는 넓은 지역에 걸쳐 있는 회사의 근거리통신망을 필요시마다 연결함으로써 성능과 효율을 확장시켜준다.

SMDS는 데이터를 보내기 전에 네트웍의 접속을 확립할 필요가 없는 "커넥션리스"(connectionless)이다. 이것은 주로 근거리통신망에서 볼 수 있는 돌발적 데이터 송신 요구에 따른 대역폭을 제공한다.

SMDS 패킷은 최고 7,168 바이트의 데이터를 포함하며, 이것은 가장 보편적인 랜 패킷을 받아들이기에 충분하리 만치 큰 것이다. 각 패킷은 발신지 주소와 수신지 주소를 포함하며, 다른 패킷들과는 별도로 보내진다.

SMDS를 사용하는 각 기업은 필요에 따라 한개에서 16개까지 고유한 SMDS 주소가 할당되는데, 하나의 주소는 마치 평범한 전화번호처럼 보이는 10자리의 숫자로 되어 있다.

SMDS는 또한 여러 개의 SMDS 주소지에 한번에 보낼 수 있는 브로드캐스팅 패킷도 제공한다. 각 SMDS 회사는 수신그룹을 정의하는데 사용될 수 있는 하나 이상의 그룹주소가 배당된다. 그룹주소는 LAN의 멀티캐스팅과 비슷한 것이다. 그것은 TCP/IP와 같은 라우팅 프로토콜이 동적으로 주소를 찾고 라우팅 정보를 갱신하게 한다.

SMDS는 공중서비스이기 때문에 어떤 SMDS 이용자라도 다른 이용자와 데이터를 주고받을 수 있다. SMDS 동이리 그룹, 서비스제공자 연합, 장비제작사, 그리고 사용자들이 함께 기술규격을 개발하고, SMDS에 관한 관심을 고취시키며, 새로운 활용분야를 발굴하고, 그리고 전세계적으로 서비스에 대한 상호운용 가능성을 보증하고 국제적으로 제휴관계를 맺으며 함께 일하고 있다. 그들의 홈페이지에 SMDS 서비스를 제공하는 회사들의 목록이 제공된다.[9]

나. SMDS의 기본 구조

고속 데이터 교환의 요구를 조기에 충족시키기 위해 SMDS는 MAN 기술에 기반을 둔 네트워크 접속 및 데이터 교환 기술을 채용 하고 있다. 〈그림 4-37〉은 SMDS 네트워크의 기본구조를 보여주며, 가입자 장비(CPE)은 가입자 네트워크 인터페이스(SNI)를 통해 교환 시스템(SS)에 연결 된다. 각 교환 시스템(SS)은 GIO를 통해 운영 시스템(OS)와 통신하며, 다수의 교환시스템은 교환 시스템 간의 인터페이스(ISSI)를 통해 상호 연결될 수있다. SMDS 서비스, 혹은 ATM 기반의 다른 네트워크와의 통신은 ICI를 통해 상호 연결 통신이 가능하게 된다.

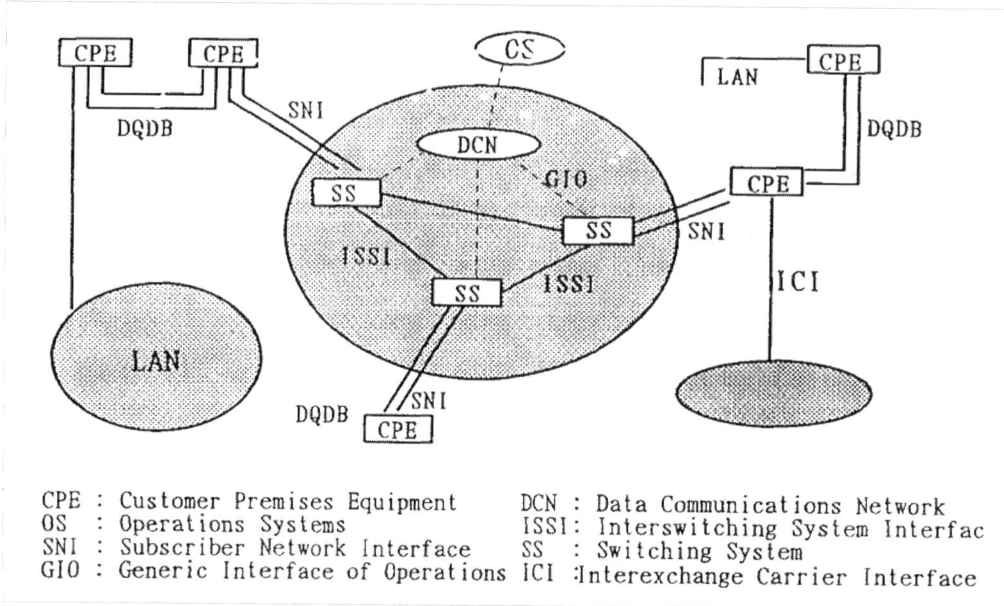

<그림4.37> SMDS 네트워크 위상

다. SMDS 계층

〈그림 4-38〉은 SMDS 계층을 보여준다. 이들 계층은 MAN 계층과 동일하지만, 다른 용어로 쓰인다.

SMDS SIP(SMDS Interface Protocol)계층은 계층-2가 MAN과 같이 세 개의 부 계층으로 나누어지지 않지만 같은 기능을 수행한다. SIP는 DQDB 프로토콜 중 LLC를 위한 MAC 서비스 프로토콜을 기초로 한 비연결성 데이터 전송 프로토콜이다.

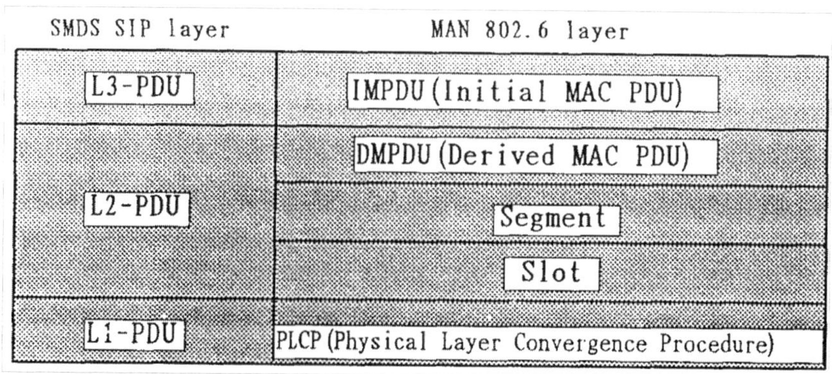

<그림4.38> SMDS 와 802.6 계층

SIP 레벨 3은 상위계층 사용자로부터 9188 Byte까지의 SMDS SDU에 헤더와 트레일러를 추가함으로써 L3-PDU를 생성한다. 이처럼 SMDS에서는 한 데이터 전송 단위가 9188Byte까지의 가입자 정보를 담을 수 있기 때문에, 거의 모든 LAN(이더넷, 토큰 버스, 토큰 링, FDDI)의 패킷들을 수용할 수 있다. 헤더에는 주소정보 및 전송될 단편들의 분실검증 정보가 포함되며, SIP 포맷과 DQDB 프로토콜 포맷과의 정렬을 위해 HLPI(High Level Protocol Identifier)가 사용 된다 트레일러에는 SDU의 길이 들이 포함된다. SIP 레벨 3은 DQDB 프로토콜의 MCF(MAC Convergence Function) 기능 중 IMPDU 생성 및 수신 처리 기능에 해당한다.

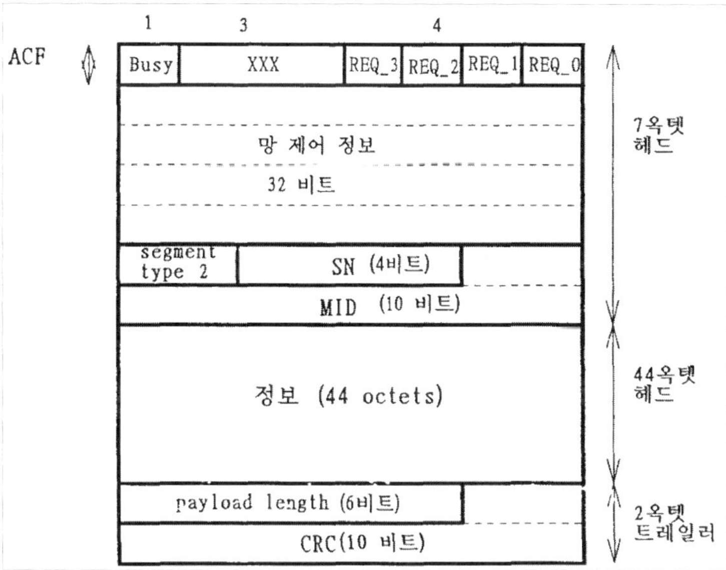

<그림4.39> L2-PDU 구조(옥텟 = Byte)

SIP 레벨 2에서는 DQDB 프로토콜에서의 IMPDU 분할/재조립 및 DMPDU 생성 기능에 해당하는 L3-PDU의 셀 단위 분할/재조립 기능이 수행된다. 또한, 셀 단위 전송을 위한 엑서스 제어 기능등의 슬롯 송/수신 기능을 수행하며, 이는 DQDB 프로토콜의 QA 기능 블록에 해당한다. L2-PDU는 L3-PDU를 44Byte 단위로 나눈 하나의 세그먼트에 7Byte의 헤더와 2Byte의 트레일러를 추가하여 53Byte의 셀로 만들어진다.

〈그림 4-39〉은 SMDS 레벨 2 PDU의 구조를 나타낸 것으로 DQDB 슬롯의 구조와 유사하다.

〈그림 4-39〉의 접속제어는 두 개의 버스를 통하여 전달되는 슬롯을 이용하여 데이터를 전송하기 위한 매체 접속 제어 기능을 제공한다. 여기서, Busy비트는 슬롯의 사용 유무를 나타내며, REQ3 - REQ0은 네 가지 우선 순위를 갖는 분산 대기 방법에서의 슬롯 요청의 유선 순위를 각각 나타낸다.

같은 L3-PDU에 해당하는 L2-PDU들은 같은 MID(Message Identifier)를 갖는다. 이러한 MID는 여

러 개의 L2-PDU들을 하나의 L3-PDU로 결합하는데 사용된다. MID는 4에서 214까지의 값을 가지며, MID의 할당은 IEEE 802.6 표준에 정해진 방식을 따른다. 유료 부하 길이는 L3-PDU가 전송하는 44Byte의 데이터 구산 중 실제로 정보가 차지하는 부분의 길이를 표시하며, 유료 부하 CRC는 L2-PDU의 정보 구간의 전송 오류 검출을 위한 CRC-10 코드이다.

SIP 레벨 1은 가입자 단말(CPE)와 교환망 사이에서 44.736Mbps(DS3) 혹은 1.5444Mbps(DS1)의 속도로 동작하는 물리 계층 프로토콜로서, PLCP와 전송 시스템 부계층으로 나누어진다. 전송 시스템 부계층은 전송 링크와의 연결을 위한 방법 및 특정을 정의하며, PLCP는 SIP 레벨 1 제어정보와 L2-PDU들을 전송 시스템 부계층에 적합한 형태로 매핑시키는 역할을 한다.

라. SMDS의 특징

SMDS는 벨 통신 연구소와 7개의 BELL 계열 지역 회사들에 의해 개발된 고속의 공중망 서비스로서 45Mbps로 동작하는 최초의 광대역 교환 서비스이다. 셀 릴레이 기술을 사용함으로써 SMDS는 B-ISDN으로 진화하는데 어려움이 없을 것 이며, 공중망에서 광섬유의 사용이 증가할수록 SDMS의 사용은 활성화 될 것이다.

SMDS는 표준 프로토콜과 통신 인터페이스를 지원하며, 다음과 같은 특징을 가진다

- 전송모드 : SMDS는 비연결성 전송 모드를 사용하는 서비스를 제공 한다. 데이터 그램 형태의 전송을 제공하는 간단한 인터페이스 프로토콜은 사용자가 이미 사용하고 있는 고속의 네트워크 장비의 활용도를 높일 수 있다
- 주소 지정의 호환성 : SMDS는 개별 주소와 그룹 주소 모드를 지원한다. 그룹 주소는 복수의 수신측에 정보를 전달할 수 있도록 한다. 주소를 가입자-망간 인터페이스(SNI : Subscriber Network Interface)에 할당하는 방법은 차후에 여러개의 교환 시스템들을 상호 연결시키는 방법에 영향을 끼친다. 개별 주소들은 특정 SNI를 서비스하는 교환 시스템이 쉽게 식별 될 수 있는 방식으로 할당될 수 있다.
- 주소 심사(Address Screening) : 목적지 주소 심사(Destination Address Screening)은 망으로 전송되는 데이터의 목적지 주소가 허가된 주소일 경우에만 데이터를 전송하는 방식이며 발신지 주소 심사(Source Address Screening)는 임의의 SNI로 전송되는 데이터 중 허가된 발신지 주소를 갖는 데이터만을 SNI로 내보내는 ㅂ아식이다. 이러한 주소 심가 기능을 응용하여 SMDS 망을 가설 사설망으로 사용할 수 있다.
- 접속 등급(Access Class) : 가입자의 다양한 전송 대역 요구를 효율적으로 수용하기 위해 DS3 가입자에 적용되는 접속 속도로서 표와 같은 다섯 개의 등급이 있다. DS1 가입자에 대해서는 오버헤드를 제거한 최대 효과 대역폭이 1.17Mbps인 한 가지의 접속 등급만이 허용 된다 〈표 4-14〉에서 SIR(Sustained information rate)은 가입자 장치(CPE)가 오랫 시간 동안 유지할 수 있는 사용자 평균 정보 전송률을 나타낸다.

<표4.14> DS3-SNI 에서의 접속 등급

접 속 등 급	SIR(Mbps)
1	4
2	10
3	16
4	25
5	34

마. LAN에서의 SMDS

초기의 LAN 간의 접속에는 전용회선, 패킷 망등이 사용되었으나, LAN의 보급 증대와 FDDI에 의한 고속 데이터 전송이 증가함에 따라, SMDS를 이용한 상호 접속의 필요성이 점차 증가하고 있다. SMDS에서는 데이터 전송단위가 최대 9188Byte까지의 정보를 담을 수 있기 때문에 거의 모든 LAN의 MAC프레임이 수용 할 수 있다. 〈그림 4-40〉은 TCP/IP 프로토콜을 갖는 가입자망들을 SMDS를 사용하여 망 간 접속시키는 예를 보여준다

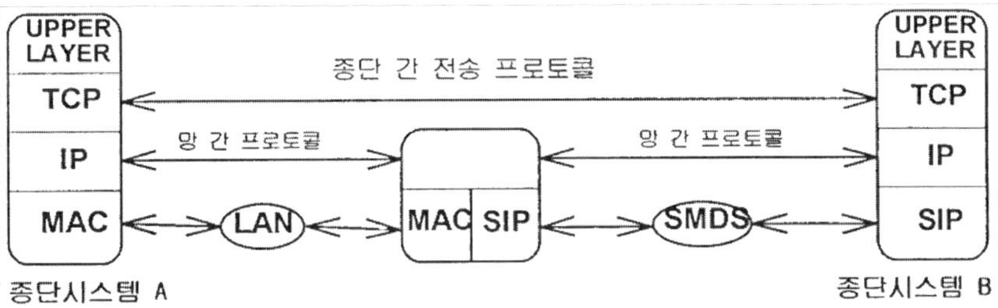

(A) 라우터 기능

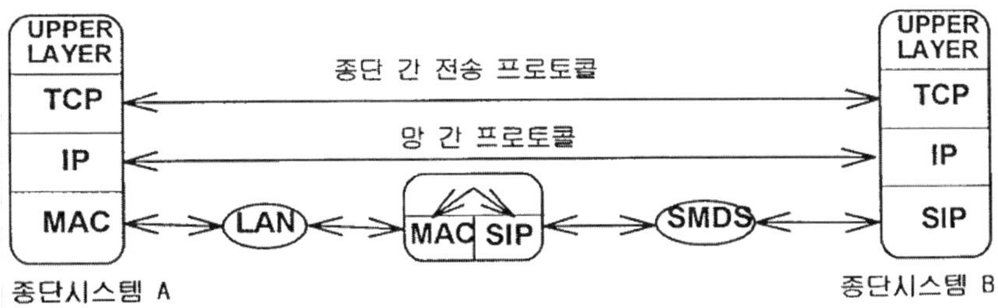

(B) 브릿지 기능

<그림4.40> SMDS의 적용

일반적으로 SMDS의 가입자들은 이미 자신들의 LAN에 컴퓨터, 망 하드웨어 소프트웨어 등의 상당한 투자를 했기 때문에, SMDS가 확산되기 위해서는 최소한의 비용으로 최대한의 부가가치를 창출해야 한다. SMDS 가입자들이 이미 보유하고 있을 것으로 예상도는 LAN, 전용회선, X.25 패킷 망 등을 포함한 다양한 부통신망들을 마치 하나의 망처럼 연결하기 위해서는, 망간(internetworking) 프로토콜이 각각의 프로토콜의 상위 계층에서 운용되어야 한다.

4.2 광역 무선통신(Wide area wireless: fixed-to-mobile)

광역 무선통신망은 교통정보를 중단 없이 원활히 받아 보기를 원하는 이동하는 원거리 사용자들에게 제공되는 교통 서비스에 알맞은 통신망 기술이다.[10]

4.2.1 CDPD(Cellular Digital Packet Data)

4.2.1.1 CDPD 개요

CDPD(Cellular Digital Packet Data) 방식은 기존의 셀룰러 시스템에 무선데이터 통신을 위한 장비를 추가로 설치하는 방법으로 음성채널의 휴지기 동안에 데이터를 전송하는 방식이다. 셀룰러폰의 음성전송은 연속음성의 경우에도 휴지기가 50%이상이 된다는 점을 이용하여, 이 휴지채널에 송신을 요구하는 데이터를 삽입하여 채널이 이용효율을 높히는 방식이다. 다만 음성서비스 채널을 이용하므로 음성서비스를 우선 사용하도록 돼있어, 데이터 전송 중에 음성신호가 들어오면 CDPD는 비어있는 채널을 탐색한 후 이동하여 CDPD망 채널접속을 재구성한다.

CDPD방식은 음성대역 30KHz를 모두 사용하므로 최대 19.2KHz가지 고속데이터 전송이 가능하며, 데이터 송신의 형태가 디지털로 되어있어 회선통신장애 발생요인이 없을 경우에 완벽한 데이터통신을 할 수 있다. CDPD방식의 장점은 기존의 응용방식과 새로운 기술통합이 용이하고, 음성과 데이터의 통합능력을 가지고 있으며, 기존의 이동데이터 방식에 비해 전송속도가 상당히 빠르며, 여러개의 주컴퓨터와 접속이 가능하며, 특히 CDPD의 통신프로토콜이 사설 패킷망의 공개된 프로토콜인 TCP/IP와 유사하여 공개된 표준도입으로 법적인 장애가 없기 때문에 국제적인 데이터통신으로 확장이 가능하게 될 것이라는 점이다. 반면에 CDPD방식은 기존의 셀룰러망을 이용하므로 기지국의 안테나 설치 높이가 낮고 출력이 작아서 1개 기지국당 서비스 지역이 협소하며, 음성대역을 통하여 전송되기 때문에 셀룰러망의 부하가 가중되거나 음성 우선순위에 따라 최번시 데이터 전송이 지연되고, 건물내 사용할 때 서비스질이 저하되는 단점이 있다. 그러나 이러한 CDPD 기술은 기존 셀룰러망을 그대로 사용할 수 있다는 이점 때문에 미국의 IBM과 GTE등 여러 통신사업자들이 기술개발을 하고 있다. 또한 CDPD의 표준화는 미국 CDPD

Forum에서 진행중에 있고, 1995년 1월에 버전 1.1을 발표한바 있다. CDPD프로토콜 계층 1과 2는 AMPS 시스템, 또는 북미식 TDMA 시스템과 함께 사용될 수 있도록 설계되어 있다.

4.2.1.2 CDPD 구성

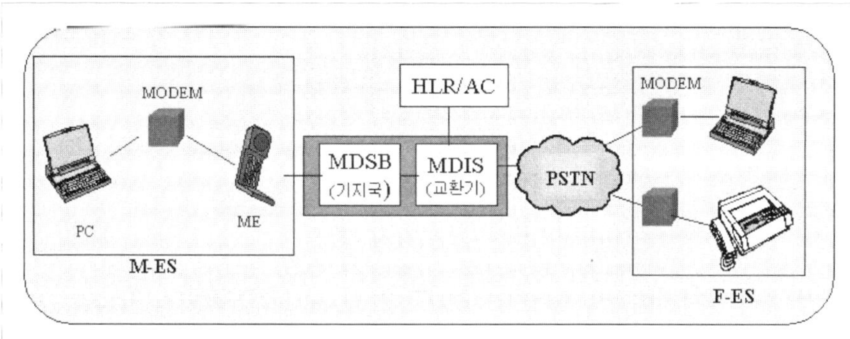

<그림 4.41> CDPD 망 구성도

〈그림 4.41〉은 CDPD 망 구성도 이다. 〈그림 4-41〉에서 M-ES(Mobile End System)는 PDA 혹은 휴대용 PC와 무선 CDPD 모뎀으로 구성되는 이동성을 가진 단말기이며, F-ES(Fixed End System)는 고정된 단말이다.

MDBS(Mobile Database Station)는 기지국으로 패킷 서비스 시도시 음성 서비스로 사용되지 않고 있는 무선 채널을 찾아 패킷을 전송하도록 하고, 패킷 데이터 전송용으로 사용중인 무선 채널에 음성 신호 시도를 감지하면 음성이 송신되기 전에 다른 사용하지 않는 음성 채널을 찾아 패킷 데이터의 전송을 계속하도록 하는 기능을 담당한다. MDIS(Mobile Data Intermediate System)는 교환기로서 패킷 분할 및 조합, 가입자 관리, 라우팅 기능등을 담당하고 IS(Intermediate System)는 MDIS간을 연결한다. HLR(Home Location Register)는 가입자 등록장치이다.

4.2.1.3 CDPD 특징

이 방식의 장점으로는 기존 응용방식과 새로운 기술통합이 용이하고, 우수한 기술적 특성을 가지며, 음성과 데이터의 통합 능력을 가지고 있다는 것이다. 특히, 데이터 패킷이 항상 음성연결에 앞서 사용하지 않은 음성채널을 탐색한 후 'Hop'하는 것은 채널 사용도를 최대한 늘리는 방법이다. 또한 데이터 저장이 가능하여 전자우편이나 파일전송에 유리하다.

CDPD는 로밍 기능, 비화기능 및 넓은 서비스 범위를 갖는다. 그리고 기존 셀룰러 방식은 하나의 주컴퓨너에만 접속이 가능하지만 이 방식은 여러 주컴퓨터와의 접속이 가능하다.

무엇보다 큰 장점은, 공개된 표준으로 도입상에 법적인 장애물이 없어서 국제적인 데이터통신으로 확장이 가능하게 되리라는 점이다. 왜냐하면, 이 방식이 사설 패킷방의 공개된 프로토콜인 TCP/IP와 유사하기 때문이다.

하지만, 현재 시험중인 CDPD는 빈 채널을 탐색하여 작동하기 보다는 현재 사용하는 채널을 계속 이용하려는 경향이 있고, 패킷방식에 기초한 것이 아니라 대다수가 유선방식과 서킷방식으로 실시되고 있는 문제점을 가지고 있다. 또한 음성 우선순위에 따라 최번시 데이터 전송이 지연되고, 건물내 사용시 서비스 질이 저하되는 단점이 있다.

디지털 전송기술이 개선되고 있음에 따라 앞으로는 전송속도가 빨라지리라 예상되고 있고, 전국을 커버하는 로밍협정도 체결되는 등 요금청구도 훨씬 유연하다고 알려져 있다.

4.2.2 TDMA(Time Division Multiple Access)

4.2.2.1 TDMA 개요

TDMA는 디지털 셀룰러폰 통신에 사용되는 기술로서, 전송할 수 있는 데이터 량을 늘리기 위해 각 셀룰러 채널을 3개의 시간대로 나누기 위한 기술이다.

이동통신 서비스를 실현하기 위해서는 하나의 주파수 대역을 여러 사용자가 동시에 이용하기 위한 방식의 개발이 필요하다. 대한민국에서 상용화된 코드분할다중접속(CDMA)는 각 사용자에게 코드를 부여하여 동시에 하나의 주파수 대역을 사용할 수 있게 하였다. 반면, 시분할다중접속은 주파수를 사용하는 시간을 분할하여 여러 사람이 동시에 하나의 주파수 대역을 사용할 수 있도록 고안되었다.

할당된 주파수를 작은 시간단위로 분활하는 시분할 방식으로 사용자는 자신에게 주어진 시간에 주파수를 독점하게 된다. 주파수를 이용한 음성전송이 굉장히 빠른 속도로 이뤄지기 때문에 단편적인 시간마다 음성을 전송해도 통화품질이 떨어지지 않는다는것에 착안해서 동시에 여러명의 사용자의 통화를 처리할 수 있게 고안된 방법이다. 컴퓨터의 멀티태스킹 원리와 비슷하다고 볼 수 있다

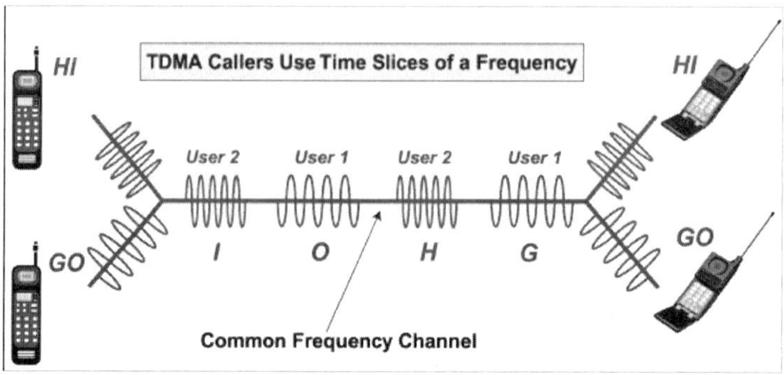

<그림4.42> TDMA 구성도

4.2.2.2 TDMA Frame

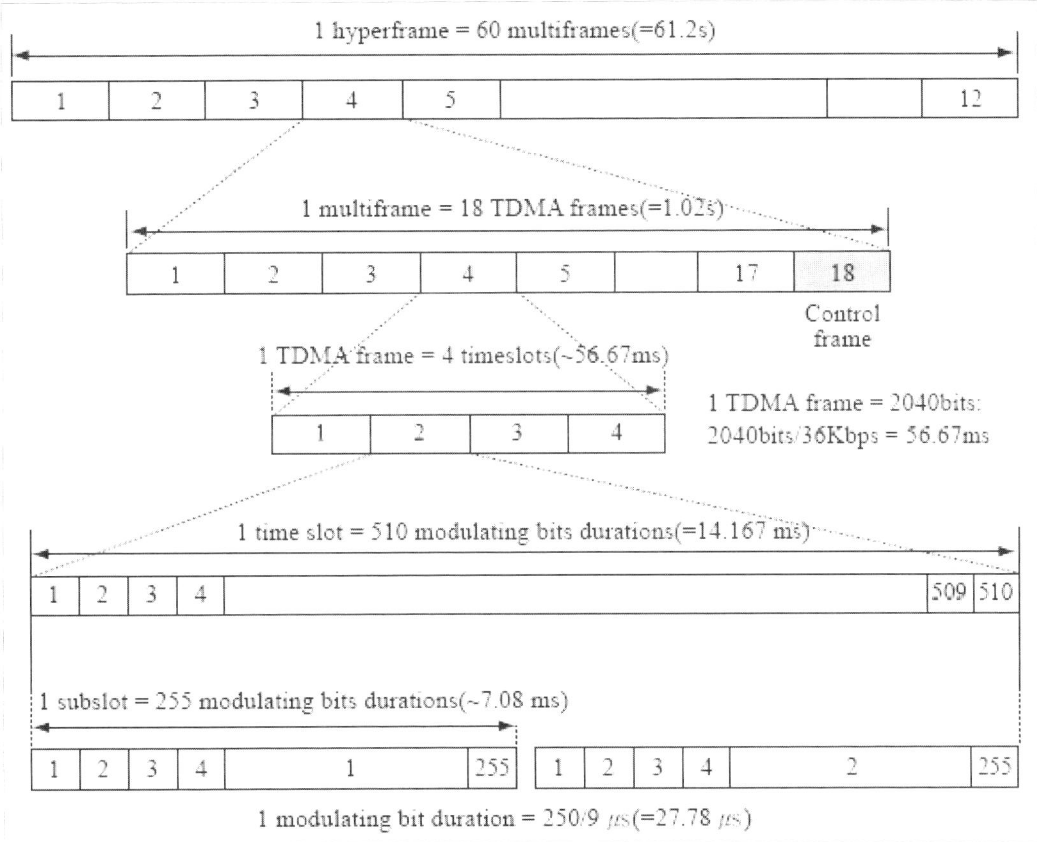

<그림4.43> TDMA 프레임 구조

TDMA의 프레임은 36Kbps의 전송속도를 가지며 2,040비트를 전송하는 56.67ms의 길이를 갖는다. 이 프레임은 〈그림 4.43〉와 같이 4개의 타임슬롯으로 나누어지며, 타임슬롯 하나가 한 가입자의 통화를담당하며, 타임슬롯의 길이는 14.167ms이고, 510개의 비트를 전송할 수 있으며, 4.56Kbps ACELP로 압축한 60ms의 음성데이터인 274비트를 충분히 전송할 수 있는 길이이며, 필요시에 7.08ms의 부타임슬롯 2개로 나누어 사용한다.

TDMA 프레임 18개를 묶어서 1개의 멀티프레임(1.02초)으로 구성하며, 18번째 프레임이 제어 프레임으로 지정되어 1초마다 정기적인 제어 신호를 송출하는 데 사용된다.

변조방식으로 이동환경에 적합한 4/πDQPSK 방식을 사용하며, 변조된 신호의 심볼레이트는 18Ksps이며, 펄스성형 필터의 롤오프 계수는 0.35로 채널의 대역폭은 23KHz이다.

4.2.3 WCDMA(Wideband Division Multiple Access)

4.2.3.1 개요

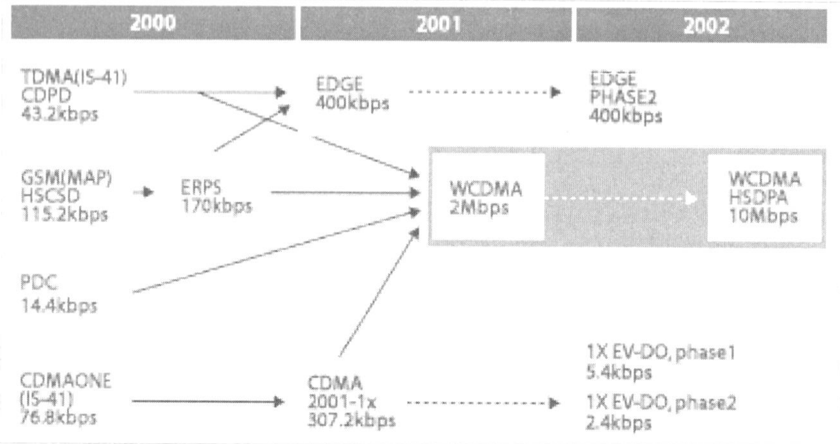

<그림4.44> 이동통신역사

〈그림 4.44〉와 같이 이동통신역사를 살펴보면 Analog Cellular 시스템은 제1세대 시스템이다.

현재 사용되고 있는 GSM, PDC, cdmaOne(IS-95), US-TDMA(IS-136) 등은 제2세대 시스템이다. 이 시스템들은 음성통신을 무선환경에서 전달하는 것을 주 목적으로 개발되었고 현 무선통신 시장을 발전시키는데 독보적인 역할을 했다.

제3세대 시스템은 멀티미디어 전송을 목적으로 개발되었고, 고화질 화상 서비스, 빠른 데이터 전송율 등 많은 기존 시스템과의 차별성을 가짐으로서 상상할 수도 없는 높은 부가가치를 창출할 것으로 예상하고 있다.

WCDMA는 가장 많은 국가들이 채택하고 있는 제3세대 이동통신 시스템이다. 한국, 유럽, 일본, 미국 그리고 중국 등의 많은 기관들이 3GPP(3'rd Generation Project Group)을 구성하여 기술 스팩을 발전시켜 나가고 있다.

제3세대 통신시스템을 개발하고자 하는 의지는 ITU(International Telecommunications Union)의 WARC(World Administrative Radio Conference)의 1992년 회의에서 시작되었으며, ITU에서는 이 제3세대 시스템을 IMT-2000(International Mobile Telephony 2000)이라 일컫고 CDMA와 TDMA를 기반으로 하는 몇 가지 무선 접속 규격(air interface)을 정의하고 있습니다. 애초 IMT-2000 시스템의 목적은 세계적으로 단일 무선 접속 규격을 만드는 것이었으나 여러 가지 정책적, 기술적인 문제들로 인해 어려워진 것이 사실이지만 W-CDMA는 유럽의 모든 나라와 한국, 일본을 포함하는 많은 나라들에서 제3세대 통신을 위한 무선 접속 기술로서 채택하였다.

광대역 부호 분할 다중 접속(W-CDMA, Wideband Code Division Multiple Access) 혹은 UMTS-FDD, UTRA-FDD, or IMT-2000 CDMA Direct Spread는 3세대 이동통신 기술 표준의 하나로 확산대역 기술을 이용한 디지털 자동차 휴대전화에 쓰이는 표준 기술이다.

W-CDMA는 UMTS라는 이름으로 3GPP에서 표준화되었다. FDD와 TDD의 2개 모드가 있으나 FDD모드만 상용화 되는 추세이다. 일본의 FOMA와 전 세계적으로 사용되는 2G GSM의 뒤를 이은 2.5세대 시스템인 GPRS, EDGE, GSM보다 빠른 전송속도를 가진다.

CDMA 방식은 확산대역 기술을 이용한 디지털 자동차 휴대전화에 쓰이는 미국 표준기술의 하나로서, 사용자는 사용자 통신 채널 고유의 PN(Pseudo-Noise:유사 잡음) 부호를 사용해 구별한다.

이러한 CDMA 방식에 견줘 wideband CDMA를 사용함으로써 여러 장점들이 있다. 첫째 광대역일수록 주파수 선택적 페이딩에 강하고, 동일한 데이터를 전송하는 경우 대역폭이 증가함으로써 처리이득이 증가하기 때문에 그 만큼의 간섭이 감소하여 용량이 증가한다. 둘째 RAKE 수신기를 이용하여 다중경로를 분해할 수 있기 때문에 미이크로 셀일 경우에도 실내환경에서의 전파지연을 극복할 수 있다. 셋째 1MHz 대역폭 당 대역폭 효율이 우수하여 가입자 용량면에서 유리하며 처리이득이 증가하여 전력증폭기의 용량을 작게 함으로써 구현시 비용이 절감되고, 전력증폭기의 크기를 작게 함으로써 단말기의 소비전력과 크기를 줄일 수 있다.

4.2.3.2 WCDMA 네트워크 구조

WCDMA망 표준 구조는 Release 99, Release 4, Release 5 순으로 발표되었다. 각 표준은 망 구성요소가 교체되고 부가 기능이 늘어나는 등 몇몇 차이점들이 존재하나 근본적인 원리는 서로 같다.

가. UMTS (Universal Mobile Telecommunications System)

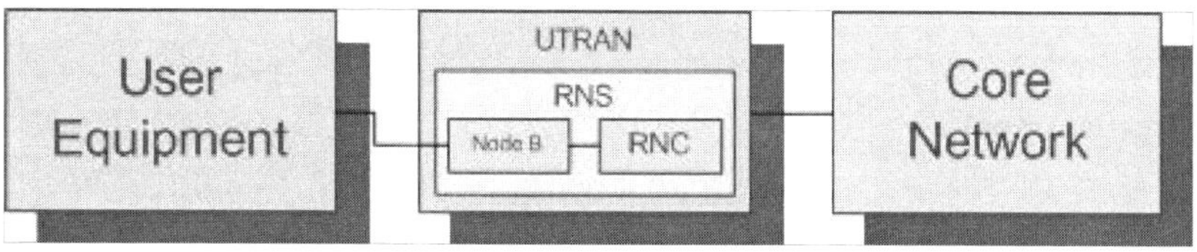

<그림4.45> UMTS 망의 개념적인 구조도

UMTS는 3G 통신의 국제 규격을 제정하는 3rd Generation Partnership Project (3GPP)에서 결정한 3G 이동통신망 이름입니다. 사용자가 가지고 있는 단말기를 시작으로 통신사가 가지고 있는 이동통신용 중계기, 기지국 등 이동통신 시설들을 포함하는 개념이다.

UMTS에는 3세대 통신 규약인 WCDMA와 2세대 통신 규약들인 GSM, EDGE로 크게 구분지어 집니다. 사실 WCDMA는 GSM을 그 모태로한 3세대 통신 규약이기 때문에 비슷한 역할을 하는 구성요소들 (Core Network 등) 도 존재하고 이름만 다를 뿐 내부적으로는 비슷한 구조를 하고 있는 부분들 (Node B - RNC와 BTS - BSC간의 관계 등)도 많다. <그림 4.45>

UMTS에서 지켜져야 할 대표적인 규약은 멀티미디어 데이터 송수신, QoS, 2Mbps 지원 등이 있다.

UMTS 망은 <그림 4.46>와 같이 크게 Core Network와 UTRAN 두 부분으로 나누어 질 수 있습니다. 그리고 사용자 단말기 (User Equipment) 가 UTRAN과 연결됩니다. 즉, CN-UTRAN-UE 순서로 서로 연결되어서 망을 구성합니다.

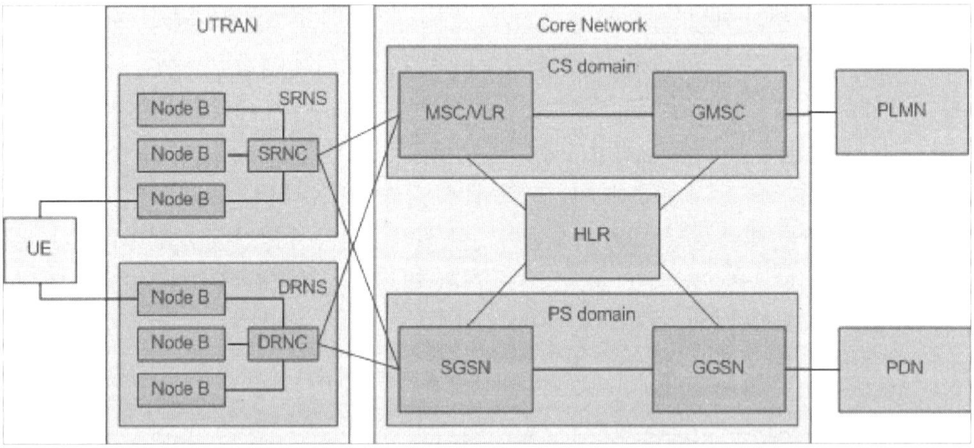

<그림4.46> UMTS Release 99 구조도

1) CN (Core Network)

프로토콜 구조에서 상위 레벨단 데이터 처리를 담당한다. 말 그대로 망 안쪽 부분을 지칭하는 것이다. 중간 매개체인 UTRAN을 거쳐서 UE와 전화 통화 연결, 혹은 데이터 통신 연결을 처리하거나 요금 과금 시스템, 망 보안 관련처리를 담당하고 있다. 내부적으로는 MSC, GMSC, SGSN, GGSN, HLR 등의 구성요소를 가진다

(1) MSC (Mobile Switching Center)

음성 정보를 다루며 다양한 NAS 프로토콜들을 지원하여 통화 제어, 단말기의 이동성 확보 등의 다양한 기능을 수행한다

(2) GMSC (Gateway Mobile Switching Center)

음성 정보를 취급하고 PSTN (public switched telephone networ, 일반적인 전화 음성 통화망)과 무선 통신망을 연결해 주는 관문 역할을 담당한다. 이를 통해서 핸드폰 사용자들은 자신의 통신회사에 등록되지 않은 일반 전화기와도 연결될 수 있게 된다

(3) SGSN (Serving GPRS support node)

packet (데이터의 묶음 단위) 정보를 다루며 자신의 영역 안으로 들어오는 UE를 감지하고 packet 송수신을 제어한다

(4) GGSN (Gateway GPRS Support Node)

packet 정보를 취급하고 인터넷 망과 CN을 연결하는 관문 역할을 담당한다. SGSN에서 들어온 UE 정보를 이용해서 UE와 GGSN 간에 packet 송수신이 가능한 논리적 길을 만든다. 이를 통해서 핸드폰에서 인터넷에 접속하는 것이 가능해 진다

(5) HLR (Home Location Register)

사용자의 위치 정보를 저장하고 있다. 망에서 단말기 인증 절차, 등록 등의 역할을 담당한다

2) UTRAN (UMTS Terrestrail Radio Access Network)

CN과 UE를 연결해 주는 다리 역할을 하고 있다. 주로 전파 자원을 제어하고 할당하거나 사용자의 이동성을 보장하는 기능을 담당한다. 내부적으로는 Node B, RNC, RNS 가 존재한다.

(1) Node B

Node B는 여러 개의 cell들과 그에 상응하는 carrier들을 가지고 있다. 이 cell들 안에 존재하는 많은 UE들과 연결되어 있으며 이에 사용되는 주파수들을 확보하고 있다.

(2) RNC (Radio Network Centrol)

RNC는 Node B에 연결되어 이를 제어 할 뿐만 아니라 통신 자원을 할당하거나 뒤에서 이야기 할 handover 기능, RB (Radio Bearer) 등을 담당하게 된다.

(3) RNS (Radio Network Subsystem)

RNC와 그에 달려있는 Node B를 묶어서 하나의 RNS이라고 부른다. UTRAN 망은 이러한 RNS 들의 집합이라 말할 수 있다. RNS는 다시 UE와의 연결 상태에 따라서 개념적으로 SRNS (Serving RNS) 와 DRNS (Draft RNS) 로 구분된다. SRNS는 계속 UE와 연결을 유지하고 있는 기존 RNS를 가리키는 것이고, DRNS는 UE가 RNC 간을 이동하는 상황 등에서 새롭게 UE와 연결되는 RNS (주로 SRNS와 인접한 RNS가 되겠죠.) 를 가리키는 개념이다.

나. UE (User Equipment)

UMTS 통신망에 가입 되어있는 사용자의 단말기를 지칭한다. UTRAN의 Node B와 전파로 연결되어 있다.

다. Domain

UMTS 망의 CN에서는 대표적으로 CS domain, PS domain, BS domain 3가지 도메인이 존재한다. 각 도메인들은 NC (Core Network)에 위치하고 있다. 각 도메인들은 인터페이스를 사용하여 UTRAN의 RNC와 연결된다.

1) CS (Circuit Switched) domain

physical layer 쪽에서 dedicated channel을 할당 (송신자, 수신자가 1:1로 연결된다는 의미) 하여 데이터를 전송하는 방식이고, MSC, HLR, AuC(Authentication Center)가 연결에 주된 역할을 하고 있다. 대표적인 기능에는 NAS단에서 사용되는 MM protocol, CM protocol, CC protocol, SMS들이 있다. 일반적으로 사용자 통화 음성 데이터가 이 도메인을 사용해서 송수신 된다.

간략하게 살펴보면 다음과 같다.

(1) MM (Mobility Management)

핸드폰은 자유롭게 이동할 수 있지만 이와 연결되는 기지국은 이동할 수 없다. 따라서 단말기가 이동함에 따라서 가까운 기지국으로 연결을 전환해 줄 필요가 있다. 이에 관한 역할을 담당한다.

(2) CM (Connection Management)

통화 연결을 제어를 한다.

(3) CC (Call Control)

음성 통화 송수신 절차에서 CN과의 연결을 담당하고 통화 재연결, 음성 통화의 송수신을 관리한다.

(4) SMS (Short Message Service)

핸드폰 문자 서비스를 지칭한다.

2) PS (Packet Switched) domain

사용자 데이터를 Packet 단위로 데이터를 전송할 경우에는 이 도메인을 사용한다. SGSN , GGSN가 주된 역할을 하고 있다. CS domain가 운반하는 음성 데이터는 물론, 비디오, 각종 제어명령들도 이 도메인을 사용하여 송수신 된다. 대표적으로 GMM(GPRS Mobility Management) protocol, PS bearer를 사용하는 SM(Session Management) protocol가 있으며 일반적으로 CS domain에 비해서 속도가 빠른편이다.

CS domain과 PS domain 각각 대표 기능들의 대응 관계를 표로 나타낸다면 다음과 같다〈표 4-15〉.

<표4.15> CS/PS domain 기능들의 대응 관계

CS domain	PS domain	기능
MM protocol	GMM protocol	사용자 위치 추척, 식별, UE 위치 등록
CC protocol	SM protocol	CS/PS 연결 수립 및 제어
HLR / AuC		사용자 정보 저장 및 인증

3) BS (Broadcast Switched) domain

데이터를 일정한 구역 안의 여러 UE들에게 일괄적으로 배포해야 할 필요가 있을 때 사용하는 도메인이다.

다. QoS (Quality of Service)

UMTS 망에서 통신은 크게 두가지 domain으로 나뉘어진다. QoS는 PS domain 에 연관된 개념이다. UMTS 망에서는 한정된 통신 자원을 수많은 통신 서비스 이용자들에게 동적 할당(dynamic resource allocation)해 주면서 사용자들이 다양한 서비스를 끊김없이 사용할 수 있도록 해준다.

그러나 우리가 사용하는 통신 서비스들(비디오, 오디오, 데이터 등)간에는 사용자들이 품질에 불편을 못 느끼는 최저 품질기준이 제각각 다르다. 오디오 데이터는 통신 중에 다소 데이터 손실 때문에 잡음이 생긴다 할지라도 사용자가 이용하는데 문제가 없다. 비디오 데이터 역시 codec에 따라 차이가 있을 수 있겠지만 화면에 약간의 잔상이 생기는 정도이다. 하지만 데이터 통신 같이 전송되는 매 bit 값들 하나하나가 중요한 역할을 담당하는 경우 데이터의 손실에 민감해 질 수 밖에 없다.

서비스의 종류에 따라서 각기 다른 기준의 QoS를 가지고 있다. WCDMA에서 이야기하는 QoS는 대표적으로 속도와 신뢰성이다. 대표적인 서비스들의 QoS 기준을 알아본다면 〈표 4.16〉와 같다.

<표4.16> 각 서비스별 Qos 기준

Service	Audio	Video	Data
Throughput	12.2kbps	64kbps	128kbps
Error	10^{-3} BER 이하	10^{-6} BER 이하	10^{-9} BER 이하

이 외에도 실시간 비디오 시청 같은 연속적인 데이터 전송을 요구하는 서비스(streaming service)인지 그렇지 않은 서비스(문자 서비스 등)인지에 따라서도 QoS가 달리 적용된다.

4.2.3.3 WCDMA의 Protocol 구조

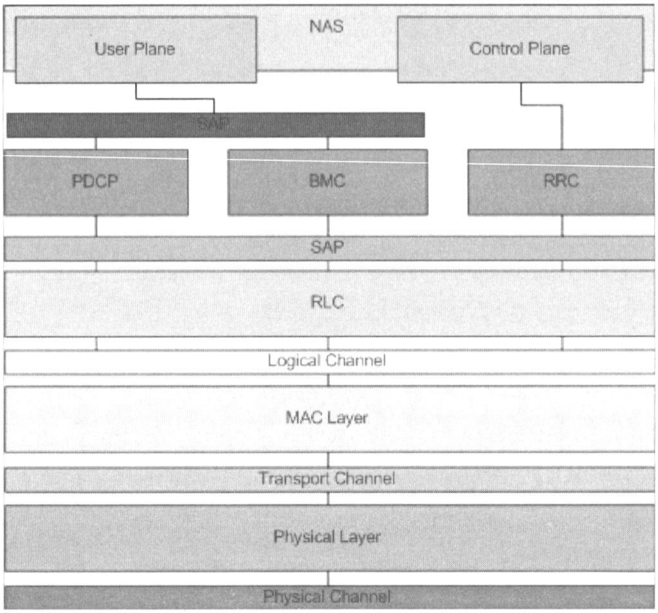

<그림4.47> WCDMA protocol 구조도

프로토콜 구조는 〈그림 4.47〉와 같이망쪽에도 존재하고 UE에도 존재하여 서로 연결된다. 기본적으로 WCDMA의 protocol 구조는 크게 AS와 NAS 로 나누어질 수 있습니다.

가. AS(Access stratum)

AS는 저레벨단(lower level layer) protocol을 가리킨다. 저 레벨단이라는 것은 하드웨어쪽에 가까운 하부 논리 구조를 나타낸다. 내부적으로 UE와 UTRAN, UTRAN과 CN을 이어주는 인터페이스 역할을 담당하고 있다. AS protocol의 관심사는 'NC와 UE간에 데이터를 어떻게 안정적으로 넘겨 줄 것인가'가 되는 것이다. 그래서 power control이나 handover등의 역할을 수행하게 된다.

1) Physical channel

Physical channel은 WCDMA 프로토콜 구조에서 가장 바깥쪽에 위치한 영역이다. 주된 기능은 channelization, scrambling code를 사용하여 여러 종류의 데이터들을 주파수에 동시에 올려서 데이터를 바깥으로 전송하거나 무선으로 들어온 데이터를 안으로 받아들인다.

Physical channel는 목적에 따라 여러 종류로 세분화 되어 있다. 각기 다른 종류의 Physical channel 들은 전송 방향 (uplink, downlink 혹은 양방향)에 따라 또는 FDD/TDD 지원 여부에 따라서 나뉘어지는데. Transport channel, Logical channel과 함께 하나의 조를 이루어 데이터 전송을 하기도 한다. 그리고 power control에서 TCP 값을 전파하는 역할도 담당한다.

2) Physical layer

physical layer는 말 그대로 물리 영역이다. 하드웨어에 직접적으로 관련된 부분을 담당하게 된다. 일반직으로 무신 통신을 하세되는 UE와 UTRAN 망쪽 (Node B)에 각각 이 영역이 존재하고 있다. 데이터를 송수신할 때 상위 단에서 내려오는 데이터 묶음을 Air로 내보내거나 Air에서 들어온 데이터를 상위 단으로 전달하는 역할을 한다. RF (Radio Frequency) 관련 처리 등을 담당하기도 한다. WCDMA 방식에서는 CDMA 방식을 채용하고 있기 때문에 UE간 신호 간섭을 줄이기 위해서 encoding/decoding 하는 과정이 필요하다. 이를 위해서 physical channel에서는 channelization code와 scrambling code의 두 가지 code를 가지고 있고 handover, compressed mode, power control 기능들을 지원한다.

(1) Channelization Code & Scrambling Code

FDD모드의 UMTS 망에서 데이터를 송수신하는데 있어서 Channelization Code와 Scrambling Code가 각각의 역할을 한다. Channelization Code는 데이터 전송 속도에 영향을 받는다. UE에서 uplink 시에는 같은 cell 내 연결은 UE 스스로 같은 Channelization Code를 선택해서 데이터를 전송한다. 반면에 Scrambling Code는 RNC로 부터 각기 다른 UE에 다른 Scrambling Code가 할당되어 데이터 업로드시 신호 간섭 현상을 줄인다. downlink 시에는 Channelization Code가 같은 cell 내 UE들에게 다르게 할당되는 반면 다른 cell에는 같은 값이 할당될 수 있다. cell 간 신호 간섭이 일어날 수 있는데 이 때 Scrambling Code는 같은 cell 끼리는 같은 값을 할당받게 된다. 따라서 Scrambling Code를 이용하여 cell 간 신호간섭 현상을 줄일 수 있다.

(2) Handover

기본적으로 망은 기지국들이 세워짐으로서 생성되고 사용자들은 단말기를 가지고 이 망에 연결함으로서 이동통신이 가능해진다. 만약 A라는 기지국에 연결되어 있던 단말기를 가진 사용자가 이동해서 A 기지국이 커버할 수 있는 범위를 벗어나면 어떻게 될까? 아마 사용자의 단말기는 연결이 끊어지게 될 것이다. 이것을 방지하기 위해서 단말기가 A 기지국의 범위를 벗어나도 통신이 이상이 없도록 근처의 다른 기지국과 단말기를 연결시켜주는 작업을 handover라고 한다. handover에는 hard handover와 soft-handover가 존재한다.

● Hard-handover

Hard-hanover란 단말기가 /현재 망에서 다른 망으로 이동할 때, 먼저 기존 망 연결을 종료한 후 새로운 망과 연결되는 방식을 일컫는다. 순간 단말기가 망에서 완전히 떨어지는 순간이 존재하는

handover 방식이다. Hard-handover는 다시 seamless 방식과 non-seamless 방식으로 나뉘는데 seamless 방식이란 사용자가 통화 중에 망 이동을 경험하더라도 통화 연결이 중단되는 것을 느끼지 못하는 방식을 말한다. non-seamless 방식은 이와 반대가 된다. 그러나 FDD 방식의 WCDMA 망에서는 이 방법이 아닌 soft-handover를 채용하고 있다.

- Soft-handover

Soft-handover는 앞서 언급한 바와 같이 protocol의 Physical layer에서 중요하게 다루어지는 기능 중 하나이다. FDD 모드의 WCDMA에서 Mobile mobility 구현에 중추적인 역할을 하고 있는 기능이다.

- Compressed mode

handover에서 UE가 인접한 다른 cell들의 신호 세기 등을 감지하고 그 데이터를 이용해서 망을 넘어가게 된다고 했었다. 그런데 자신의 데이터 송수신도 바쁜데 인접한 망 신호 체크를 어떤 식으로 할 수 할까? 간단한 방법으로 자신의 cell 데이터를 수신하는 수신기 이외에 다른 신호도 감지할 수 있는 수신기를 하나 더 추가하는 것이다. 그런데 이것은 하드웨어적으로 비용이 추가되는 작업이다. 만약에 비용 추가 없이 소프트웨어적으로 처리해야한다면 어떤 방법이 있을 수 있을까?

다른 신호를 체크해 볼 시간적 여유가 있다면 가능하게 되는 것이다. compressed mode란, 데이터의 지속되는 흐름에 공백을 넣어서 다른 cell들을 체크해 볼 수 있는 여유를 갖게 하는 것이다.

대표적으로 3가지 형식의 compressed mode가 존재한다. 첫번째 방법으로, 데이터를 지워서 데이터의 공백을 만드는 방법이다. 두번째로 데이터의 전송량을 인위적으로 줄여서 신호 체크 여유를 갖게 하는 방법이 있다. 마지막으로 channelization code의 길이를 조정해서 데이터 전송량을 늘려 다른 신호를 체크할 수 있는 여유를 갖게 하는 방법이다.

- Power control

UE에서 내는 신호 세기가 세지면 세질수록 통화 품질은 좋아지지만 그만큼 베터리를 많이 소모하게 된다. 일반적으로 안테나가 잘 뜨지 않는 곳에서 휴대폰 베터리가 빨리 소모되는 것도 이와 무관하지 않다. 통화 품질을 유지하면서 최대한 베터리를 오래가도록 하는 일, 바로 power control에서 하는 것이다.

3) Transport channel

Physical layer와 MAC 사이의 인터페이스 역할을 담당하는 transport channel는 크게 dedicated channel과 common channel 두 가지 종류로 나뉘어 질 수 있다. dedicated channel은 말 그대로 수신자와 송신자 1:1 통신을 하는 채널을 말한다. 이와 달리 common channel은 일 대 다수의 통신을 할 수 있다. 이 채널은 앞서 살펴 보았던 Physical channel과 마찬가지로 전송 방향과

FDD/TDD 지원 여부에 따라 구분된다. 이에 더하여 통신 회선이 얼마만큼의 데이터를 전송할 수 있는가에 따라서도 구분되는 것이다.

4) MAC (Medium Access Control)

MAC protocol은 말 그대로 통신 수단 자원 접근을 제어하는 protocol이다. 각각의 사용자들이 언제 얼마나 사용 영역을 배분 받는 것이 중요해지는데 그 역할을 담당하고 있는 protocol이다. (상위 layer인 RRC layer에서 제어 받게 된다.)

MAC는 통신자원의 동적할당을 한다. 이것은 다시 말하자면 자원을 점유하고자 하는 유저간의 우선순위를 정하는 것이다.. 처음에 logical, transport channel를 서로 연결시키고 tranport 할 데이터의 포멧을 결정한 후, 데이터의 우선 순위를 결정하는 방식으로 순위를 결정하게 된다.

일반적으로 MAC은 각 UE 당 하나씩의 instance를 생성하여 관리하며, 다수의 logical channel와 다수의 transport channel를 각각 사용하여 입출력 통로를 여러개 가지고 있다.

5) Logical channel

이 채널의 주된 역할은 데이터 전송의 특징을 결정하는 것이다. 일 대 일 통신인지, 일 대 다수 통신인지, user plane 인지 control plane 인지 여부도 결정된다. 이 채널도 역시 전송 방향과 FDD/TDD 지원 여부에 따라 구분된다. Physical channel, Transport channel, Logical channel 채널 각각 어떤 통신 방향과 어떤 division duplex를 사용하는지에 맞게 한 조로 구성되어 데이터를 송수신하게 된다.

예를 들면, Physical channel의 PCPCH (Physical Common Packet Channel) - Transport channel의 CPCH (Common packet Channel)- Logical channel의 DCCH (Dedicated control channel)는 모두 FDD 모드, uplink를 지원하여 한 조로 묶여 FDD 모드로 uplink 데이터를 처리할 수 있게 되는 것이다.

6) RLC (Radio Link Control) protocol

RLC instance는 서비스 당 하나씩 사용하게 된다. 이것은 각 서비스들이 각기 다른 QoS(Quality of Service) 기준을 가지고 있기 때문이다. 정상적인 데이터의 송수신을 위하여 서비스마다 각기 다른 전송 속도와 신뢰성 조건을 만족하는 RLC 세팅이 필요하기 때문이다. 또한 데이터를 자르거나 (segmentation) 잘린 데이터를 이어 붙이는 (reassembly) 기능도 담당하게 된다. 데이터 이동 단위는 PDU로 큰 PDU가 작은 PDU로 잘려서 layer를 이동하게 된다. 혹은 반대의 경우 잘려진 PDU가 연결되어 큰 PDU로 복원되어 사용된다.

신뢰성있는 두 RLC 간 데이터 전송을 가능하게 해 주는 서비스이다. 대표적인 기능으로는 ARQ (Automatic Repeat Request)와 flow control가 있다.

ARQ는 에러를 감지했을 경우 데이터를 재전송을 요청하는 기능을 담당한다. 이 기능 때문에

PDU가 순서가 엉망으로 들어오더라도 (원래 크기의 PDU로 안전하게 복원하기 위해서 잘려진 PDU들은 그 순서 정보값을 각각 가지고 있다.) 원래 PDU로 안전하게 복원할 수 있는 것이다.

Flow control은 말 그대로 버퍼가 데이터로 넘쳐 데이터 손실이 나타나지 않나 감시하는 기능을 담당한다.

7) SAP

SAP은 Layer 간의 인터페이스 역할을 해주는 논리 영역을 의미한다. SAP은 RRC 와 각 AS layer들 간의 control message 전달을 할 때 인터페이스 역할을 하며, PDCP, BMC와 AS layer 들과의 연결 사이에도 인터페이스 역할을 해주고 있다.

8) RRC (Radio Resource Control) protocol

RRC signaling message의 전송을 담당하는 RRC connection의 생성, 수정, 해제를 담당한다. RRC connection은 UE와 UTRAN 사이에서 일어나게 되는데, NAS 쪽에서 RRC connection을 이용하는 전송 서비스들을 제공한다. UE에서는 RRC 프로토콜이 1개만 생성되나 여러 UE들과 연결해야하는 UTRAN에서는 여러개의 RRC 프로토콜 instance를 갖게 되는 것이다.

두번째로, 중요한 RRC 프로토콜의 기능은 뒤에서 자세히 살펴 볼 RAB (Radio access bearer)에 관한 기능이다. RAB는 NAS의 UE에서 CN으로 올라가는 음성, 패킷 데이터들 즉, user plane connection을 생성하는 역할을 담당한다

세번째로 Mobile mobility을 지원을 담당하고 있다. 뒤에서 설명하게 될 각종 handover들을 제어하여 단말기의 자유로운 이동성을 보장한다. 또한 Cell, URA 영역을 갱신하여 효과적으로 망내 단말기의 위치를 파악할 수 있도록 한다.

(1) RRC connection state

UE는 RRC connection의 상태에 따라 미리 정의된 해당되는 state에 위치하도록 되어 있다. 〈그림 4-48〉

● CELL_DCH state

RRC connection request나 UTRAN이 연결 세팅을 변경할 때 되는 state이다. UTRAN, SRNC에서 UE의 위치 정보를 가지고 있다. UE는 이 상태에서 할당되거나 공유된 자원을 모두 이용할 수 있고 RNC로부터 받은 TCF의 범위 내에서 활용가능하다. 또한 이 state에서 physical layer 기술 (channelization이나 scrambling code 등)로 UE identification이 가능하다. 이 곳에선 모든 state로 이동 가능하다.

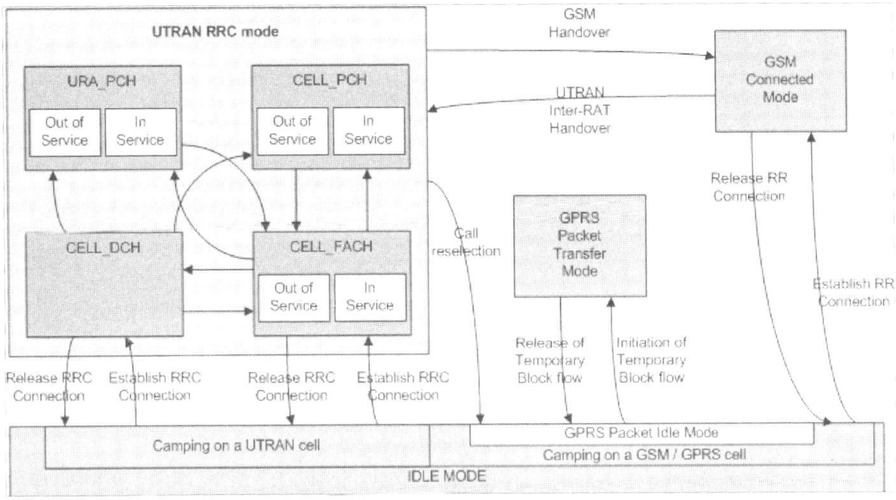

<그림4.48> UTRAN RRC connection mode

● CELL_FACH state

이 state는 uplink가 사용가능하다는 것이 특성이다. UTRAN이 RRC 연결할 때 UE에게 common channel을 쓰도록하거나 RB reconfiguration 의 일환으로 이 state에 진입하게 된다. common channel은 전송량에 따라서 다르게 쓰게 된다. 적은 uplink 전송량에 대해서는 RACH, 큰 전송량에 대해서는 CPCH를 각각 사용된다.

UE의 위치정보는 cell 쪽으로 알려지게 되는데 이 데이터를 기반으로 뒤에서 이야기하게 될 cell update가 일어나게 된다. 이는 UE의 위치정보를 정확히 파악하기 위함이다. 이 때 cell 내에서 UE는 SRNC로부터 u-RNTI라는 임시 식별자를 받아서 인식된다.

● CELL_PCH state

이 state의 근본적인 목적은 DRX (Discontinous Reception) 파라미터(parameter)를 사용해서 배터리 사용량을 줄이고 UE의 정확한 위치를 망에 인지시켜 주는 것이다. 망에서 주기적으로 UE로 보내는 신호(paging)를 UE가 속한 cell에만 발신하게 해주는 것이다. 이 state는 위에서 설명한 CELL_DCH, CELL_FACH state 쪽에서 건너와야 하는 곳이고 cell의 정보를 주기적으로 체크해서 cell update를 가능하게 한다. UTRAN 쪽에서 paging message를 받게 될 때도 이 state로 넘어와서 UE에서 응답을 해주게 된다.

- Paging

UE의 sleep mode를 제어하기 위해서 CN이나 UTRAN에서는 주기적으로 DRX를 UE에게 전송한다 이를 paging이라고 하고 이 때 전송되는 메시지를 paging message라 일컫는다. paging message는 8개의 레코드로 구성되는데, 각각 paging 목적이나 식별자 정보등을 가지고 있다.

- Sleep mode

UE는 베터리를 보존하기 위해서 사용자가 일정 시간 핸드폰을 사용하지 않을 때마다 sleep mode로 들어간다. sleep 모드에서는 외부로부터의 음성 통화, 문자 메시지가 들어오거나 사용자의 입력을 인지할 수 있을 정도의 최소한의 전기만을 사용한다. 내외부에서 신호가 감지되면 UE는 sleep 모드에서 빠져 나와 정상적인 상태로 돌아간다.

- URA_PCH state

DRX를 사용한 베터리 절약 기능 등 기본적인 기능은 CELL_PCH와 같으나 다른 점이 있다면 프로세스가 UE가 속한 cell이아니라 URA (UTRAN registration area, cell들의 묶음) 단위로 이루어진다는 것이다. UE가 수많은 cell 들을 단시간에 지나가게 될 경우 CELL_PCH로 짧은 시간에 너무 잦은 cell update가 일어나게 되어 망 효율을 떨어뜨릴 위험이 있다. 또 하나 CELL_PCH와 다른 점이라면 uplink를 지원하지 않기에, 망 update 등을 하기 위해서는 CELL_PCH로 넘어가서 데이터를 전송해야 한다.

(2) Areas

WCDMA에서는 NC에서 UE의 위치를 추적하는 것이 매우 중요하다. 망에서는 UE에게 베터리를 절약할 수 있도록 주기적으로 paging라는 개념의 작은 데이터를 전송해 준다. 망에서 특정 UE와의 연결 세기가 약해짐을 감지하게 되면, 통신하기 위해서 paging 신호 세기를 증가시켜 계속적으로 UE가 paging를 받을 수 있도록 해야한다. 따라서 계속적으로 UE의 위치를 추적해야할 필요가 있다. 그래서 cell 말고도 공간적인 영역 구분이 필요로 한다.

여기서 말하는 영역에는 LA(Location Area), RA(Routing Area), URA(UTRAN Registration Area) 3가지 종류가 있다. RA는 기지국을 중심으로 이루어지는 cell 들의 집합체이며, LA는 이런 RA들의 집합체이다. 이와는 별도로 URA는 가변적인 크기를 갖고 있다.

- LA (Location Area)

UE가 망과 연결이 끊어져 있거나 대기 상태일 때 UE가 cell 들을 지나가게 되면 UE는 LAI (Location Area Identifier) 값을 파악해서 현재 속해있는 영역을 구분한다. 만약 자신이 속한 RA나 LA가 변경된 것이 감지 되면 LAU (Location Area Update) 를 사용해서 영역 정보를 정확하게 바꾸게 된다. 크기가 다르지만 거의 같은 특징을 갖고 있다고 할 수 있다.

- RA (Routing Area)

LAI가 RAI (Routing Area Identifier)가 되고 LAU가 RAU (Routing Area Update)가 되는 것일 뿐 내용은 LA와 같다.

● URA (UTRAN Registration Area)

UE가 빠른 속도로 cell 들을 통과한다고 할 때 수많은 영역 update가 일어나게 되어 사용자 데이터 이동이 없음에도 망 사용률이 불필요하게 증가하게 될 수 있다.

다수의 cell을 확보하여 UE의 빠른 이동에 대비하는 것이다. URA가 충분히 넓다면 영역 update가 그리 많이 필요하지 않을 것이다. 그러나 paging 측면에서 생각해 본다면 URA가 많은 cell들을 확보하고 있으므로 UE가 속한 URA에 대해서 paging이 일어난다고 할 때 많은 paging 전송이 생성된다

만약, URA이 작다면 이와 반대 상황이 될 것이고, paging 전송이 줄어드는 대신 영역 update에 대한 전송량이 늘어나게 될 것이다.

따라서 URA의 속도에 맞는 적절한 URA 크기를 결정하는 것이 망내 불필요한 전송을 줄이는 포인트가 될 것이다.

3) Addressing

수많은 UE들이 망에 존재하게 되는데 이들을 제어하고 통신을 연결시켜 주기 위해서는 각각의 UE를 식별할 수 있는 수단이 필요하게 된다. UE 식별을 위한 addressing 방법은 크게 CN addressing과 UTRAN addressing으로 나뉘어진다.

● CN addressing

- IMSI

〈그림 4.49〉와 같이 15자로 구성된 CN의 HLR에 기록되어 있는 UE 고유의 식별자이다. 각각의 UE를 구분하거나 UE의 위치를 파악하기 위해서 사용된다. MMC (Mobile Country code)와 MNC (Mobile Network Code), MSIN (Mobile Subscriber Identification Number) 으로 구성되어 있다. 국가 번호 + 네트워크 번호 + 전화번호의 결합 순서로 이루어진다.

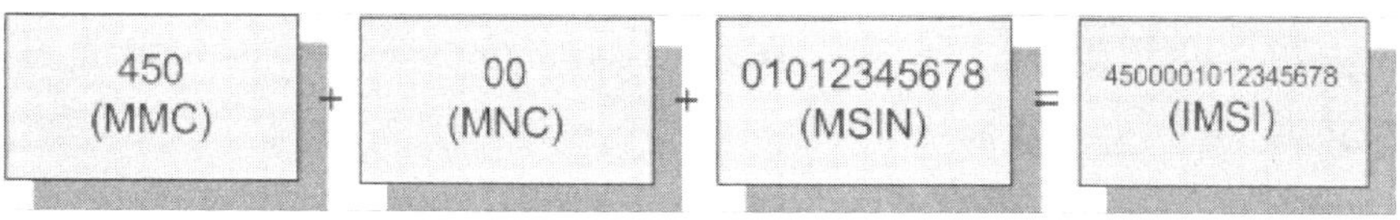

<그림4.49> IMSI의 구조

이 정보는 SIM 이라 불리우는 3G 단말기에 끼우도록 되어 있는 칩에 저장되어 있다.

· SIM (Subscriber Identity Module)

3G 단말기에 끼울 수 있게 설계된 사용자 정보를 저장한 칩이다. 이 SIM 카드가 없는 단말기는 정

상 서비스를 받을 수 없다. 사용하려는 핸드폰이 분실된 것인지 검증된 UE가 맞는지 여부를 망에서 확인하기 위함이다. 고유한 IMSI 값들을 가지고 있으며 인증 알고리즘 (f1, f2, f3, f4, f1*, f5* 등), PIN number, 로밍관리 정보, 음성 사서함 번호, 전화 서비스 목록 등에 대한 정보를 담고 있다.

- TMSI (32bit)

망에서는 사용자의 indentity와 사용자의 현재 위치를 비밀로 보장해야 할 의무가 있다. TMSI는 보안상 UE의 진짜 정체를 감추기 위해 GSM에서 망이 UE에게 임시로 부여하는 식별자이다. 내부적으로 LAI 정보와 UE 식별자를 함께 갖고 있는 방식이다. CS domain에서 사용된다. 일반적으로 암호화된 연결을 통해서 부여된다. 망에 의해서 주기적으로 바뀌어 질 수 있는 값이며 현재 UE가 속한 MSC 안에서만 그 의미를 갖고 있다. 보안상의 이유로 특정 UE가 TMSI 값을 오래 가지고 있는 것은 허용되지 않는다.

- The P-TMSI (32bit)

기능은 TMSI와 비슷하다. 보안상 UE의 진짜 정체를 감추기 위해 GPRS에서 UE에게 임시로 부여하는 식별자이다. 일반적으로 암호화된 연결을 통해서 부여된다. 망에 의해서 주기적으로 바뀌어 질 수 있는 값이며 현재 UE가 속한 SGSN 안에서만 그 의미를 갖고 있다. 보안상의 이유로 특정 UE가 P-TMSI 값을 오래 가지고 있는 것은 허용되지 않는다.

● UTRAN addressing

UE가 CELL_DCH state에 존재할 때는 전적으로 physical layer 쪽의 자원 (channelization code, scrambling code 등)만을 가지고 UE를 식별해 내야 하지만 그 이외의 경우라면 다음과 같은 식별자가 있다.

- s-RNTI (20bits)

SRNC에 의해서 결정되는 식별자로 SRNS 내에서의 식별자 역할을 하게 된다.

- u-RNTI (32bit)

s-RNTI와 RNC Id정보로 구성됩니다. UTRAN 내에서의 식별자 역할을 한다. 망에서 paging하거나 망 update를 수행할 때 사용된다. 영구적으로 사용되는 식별자는 아니다.

- c-RNTI (16bit)

UE가 이동하여 cell 전환이 일어날 때, CRNC에 의하여 부여되는 식별자이다.

● RRC connection의 구성

RRC connection가 연결되면 UTRAN에게 자원을 할당받게 되고 u-RNTI를 부여받는다. 다른 통신 프로토콜에서 볼 수 있는 것처럼 여기에서도 각 계층별 논리적인 연결관계가 생겨난다.

- RL (Radio Link)

RL은 physical layer에서 생성되는 연결이다. 정확하게는, 하나의 RL은 하나의 Node B와 하나의

UE의 연결이다. 하지만 Node B는 수많은 UE들과 연결을 유지하고 있으며 FDD모드 WCDMA망의 Node B에서 나가는 RF(Radio Frequency) carrier는 1개이다. 따라서 수많은 연결(RL)들이 하나의 RF carrier 안에 뭉쳐져서 나가고 있다는 말이 된다. RLS (Radio Link Set)는 RL들의 묶음이다. 하나의 Node B에서 나오는 연결들은 하나의 RLS로 볼 수 있다. softer-handover와 같이 하나의 Node B와 연결되어 있는 구조상에서는 같은 RLS에 연결되어 있다고 표현할 수 있는 것이다.

- SRB (Signaling Radio Bearer)

RB (Radio Bearer)는 AS단에서 활용되는 연결이다. 사용자 정보들이나 signal 전송 모두에 사용되는데 특별히 signal 전송에 사용되는 RB를 SRB (Signaling Radio Bearer)라고 일컫는다. SRB에는 앞서 살펴봤던 physical channel connection, transport channel connection, logical channel connection, RLC channel connection가 존재한다. 이들이 연결됨으로서 RRC connection이 연결되는 것이다. SRB는 physical channel connection을 제외한다면 UE와 SRNC간의 연결이라고 볼 수 있다.

- RAB (Radio Access Bearer)

RAB는 RB에 비해 보다 상위단, 즉 NAS에 관련된 개념이라고 볼 수 있다. SGSN의 요청으로 QoS에 의거하여 만들어지는 이 연결은, 신호 정보들을 주고 받는 SRB와는 달리 RAB는 사용자 정보들을 나르는데 초점이 맞추어져 있다. 이 연결은 Iu-bearer와 RB로 구성됩니다.

- PDP context

PDP context는 RAB보다도 한 단계 상위 개념이다. PS domain을 사용하는 사용자 데이터들을 UE에서 GGSN까지 QoS에 의거하여 연결시켜준다. 이 연결은 CN bearer와 RAB로 이루어진다.

● Message Integrity Protection

NAS부터 고레벨 AS단 사이에서 쓰이는 RRC message는 RRC connection의 연결을 요청하거나 끊을 때 등 여러 작업에서 쓰이게 된다. 이 RRC Message들의 신뢰성을 보장하기 위해서 Message Integrity Protection 라는 개념이 나오게 된다. 이는 UE나 UTRAN의 RNC 모두에서 쓰일 수 있다.

UE 나 RNC는 f9 알고리즘에 여러 파라메터들을 넣어서 MAC-I 값을 생성해 낼 수 있다. RRC message가 필요할 때 송신자는 이 MAC-I 값을 메시지에 합쳐서 (Message Integrity) 수신자에게 보내주게 된다. 수신자 역시 f9 알고리즘을 사용할 수 있기 때문에 이를 이용해서 XMAC-I (Expected MAC-I) 값을 생성해 낼 수 있다. 수신자는 이 두 값을 비교하여 해당 RRC Message의 신뢰성을 판별하게 된다. 같으면 정확한 RRC message로 인지하고 그렇지 않다면 부적절한 접근으로 인지한다.

9) PDCP (Packet Data Convergence Protocol)

PS domain만을 사용하는 프로토콜이다. 뒤에서 살펴볼 handover가 일어날 때, SRNC 전환이 일어나게 되는데 이때 데이터의 손실이 일어나지 않도록 데이터를 재전송하도록 해준다

BMC (Broadcast and Multicast Control) protocol
cell에 SMS를 뿌리는 역할을 지원하는 프로토콜이다. 메시지는 주기적으로 common physical channel로 들어오게 되고 얼마나 주기적으로 들어오느냐는 UE에게 뿌려진 SIB5, SIB6 메세지로 결정되게 된다. 사용자는 UE를 조작하여 이런 식으로 특정 지역 내 모든 UE에게 뿌려지는 (broadcast) 메시지를 차단할 수 있다.

나. NAS (Non-Access Stratum)

NAS는 상대적으로 고레벨 (하드웨어적이기보단 소프트웨어적인 레벨) 단의 protocol을 가리키는 개념이다. 망 통신은 CN과 UE간 데이터를 주고 받는 것이다. 사용자나 중앙 네트워크 입장에서 서로간 주고 받는 데이터가 어떤 식으로 복잡한 망 구조를 지나는가를 일일히 계산하고 따져가며 데이터를 송수신한다면 복잡하고 비효율적인 구조가 될 것이다. 따라서 UE가 UTRAN과 어떻게 데이터를 주고 받는가, UTRAN과 CN 사이의 데이터 송수신은 어떻게 되는가와 같은 문제들은 하부 물리 layer 쪽의 AS에게 맡기고 NAS에서는 실제로 송수신되는 데이터를 활용해서 어떻게 전화나 문자를 사용자들이 사용하게 할 것인가가 관심사가 된다

다시 이 NAS는 User plane과 Contol plane 두 가지로 구분된다. User plane은 사용자가 주고 받기 원하는 음성, 문자 등의 데이터들을 가리킨다. Control plane은 그런 사용자 데이터를 주고 받는 것을 돕기 위해 NC와 UE간 주고 받는 기타 신호 정보들을 일컫는 말이다.

대표적으로 사용되는 프로토콜은 앞서 간략하게 언급했었던 MM, CC, SS (Supplementaty Service), SMS, GMM, SM protocol 등이 있으며 실질적으로 user service control, registration, indentification, authentication, MM funfction 등의 기능을 담당하고 있다.

다. Authentication

모든 데이터 통신의 기본은 보안입니다. 특히 핸드폰을 이용한 무선 통신은 사용한 만큼 사용자에게 요금이 부과되는 시스템이기 때문에 보안의 중요성은 더욱 커진다고 봐야 한다. 그렇기 때문에 UE에 대한 인증 절차가 중요하다.

1) AV (Authentication Vector)

AV는 RAND, XRES, CK, IK, AUTN 값들의 집합으로 만들어지는데 인증 절차에 중요한 역할을 담당한다. 이 값은 보안을 이유로 재사용되지 않고 사용 후 폐기된다. AV를 구성하고 있는 값들에 대해 설명한다.

(1) RAND (128bit)

망의 AuC로부터 생성되는 임의의 수

(2) XRES (32bit)

망에서 RAND와 authentication key값을 바탕으로 생성되는 값

(3) CK (128bit)

UE와 RNC간 암호화 통신을 가능하게 해주는 역할을 담당한다

(4) IK (128bit)

authentication key값과 RAND 값을 바탕으로 생성되는 값

(5) AUTN (128bit)

SQN, AK, AMF, MAC 값으로 만들어지는 데이터 집합체이다

(6) MAC (64bit)

UE가 인증요청을 검증할 때 쓰이는 값

라. Authentication 절차

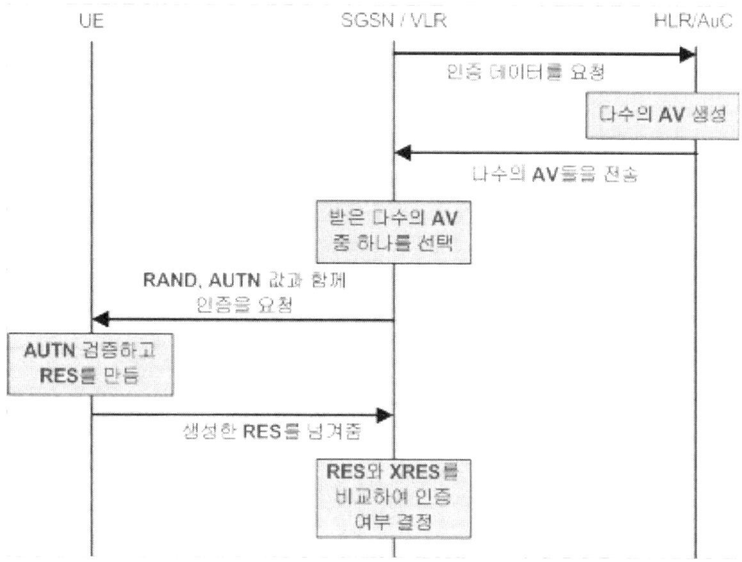

<그림4.50> 일반적인 UE 인증 절차

〈그림 4.50〉와 같이 WCDMA에서는 인증 절차가 양방향로 이루어 진다. 즉, 망은 적합한 UE인지를 인증하고 UE는 적합한 망인지 여부를 인증을 한다 3G 단말기에 끼우도록 되어 있는 USIM 칩과 망에서는 authentication key라는 값을 갖고 있다. 이 값을 비교하여 상대방이 적합한 통신 상대인지를 판별하게 된다.

일반적인 UE 인증 절차는 우선 VLR/SGSN가 인증이 필요한 새로운 UE를 감지하게 되면 우선 HRL/AuC에게 인증에 필요한 AV라는 인증에 필요한 값을 요청한다. HRL/AuC가 AV 값을 보내오게 되면 VRL/SGSN은 그 값들 중 하나의 AV 값을 고르고, 해당 AV 내부에 있는 RAND (Random

Number) 와 AUTN (Authentication Token) 값을 빼내서 인증이 필요한 UE에게 넘겨준다.

UE는 USIM 내부의 인증 알고리즘 중 하나인 f1 알고리즘을 사용해서 XMAC (Expected MAC) 값을 생성하고, 망으로 부터 받은 AUTN 내부에서 MAC 값을 추출해 XMAC과 MAC을 비교한다. 이 값이 다르면 인증실패가 된다.

두번째로, UE는 망으로부터 받은 AUTN, RAND와 authentication key 값을 f5 인증 알고리즘에 사용해서 SQNHE (The Sequence Number frome The Home Environment) 값을 생성해 냅니다. 이 SQNHE 값을 가지고 있는 USIM에 저장되어 있던 SQNMS값과 비교하여 32 이상 벗어났을 경우 역시 인증 실패가 된다.

앞의 두 비교에서 인증이 모두 성공했다면 UE는 f2, f3, f4 알고리즘을 사용해서 RES, CK, IK값들을 각각 생성해 내고 이를 SGSN/VLR로 다시 보내 준다.

UE가 보낸 RES는 CN에게 보내지고 CN에서는 XRES (Expected RES)를 생성하여 RES 값과 비교합니다. 만약 이 두 값이 같다면 해당 UE는 마침내 성공적으로 인증을 받은 것이 된다.

4.2.4 TRS(Trunked Radio System)

4.2.4.1 개요

주파수공용통신시스템(Trunked Radio System)이란 종래의 시스템에 비하여 동질의 서비스 수준을 유지하면서 채널당 가입자 수용 용량을 증가시키고 시스템 접속 시간을 단축시킬 수 있는 무선통신 수단이다. 이 시스템은 이용자가 급증하고 있는 다중 무선통신에 있어 가장 문제가 되는 한정된 주파수 채널 사용의 효율성을 높이기 위하여 미국에서 처음 개발 되었다.

종래의 전화통신망에서 주로 사용되어 왔다너 Trunk개념을 무선통신 시스템에 도입한 것이 바로 TRS이다. 또한 기존의 무선통신 시스템이 각 사용자에서 채널(주파수)을 전용 할 수 있도록 할당함으로써 전화통신망의 전용선과 같은 형태로 이루어져 왔으나, TRS는 복수의 무선채널을 그룹화하여 다수의 가입자가 공동으로 이용하게 함으로써 시스템의 효율성을 높이게 되었다. 일반적으로 1개 가입자 통화량은 그리 많지 않으며, 여러 가입자가 동시에 통화하는 경우도 흔하지 않다는 이론을 근거로 한 것이다.

4.2.4.2 TRS 특징

일반적으로 트렁킹 시스템은 여러 그룹으로 구성되어 있는 차량용 및 휴대용 단말기들의 지령용 통신수요를 충족시키기 위한 시스템으로, 가장 큰 특징은 일대 다수의 통화이다.

전형적인 TRS는 여러 개의 그룹으로 구성되며 개개의 그룹은 업무내용이 유사한 사용자들의 단말기로 구성된다. 예를 들어 공중망용 TRS의 경우, 경찰의 일개 파출소, 소방서의 일개 출장소, 그리고 건설회사의 현장 등에 소속되어 있는 사용자들로 각각의 그룹을 구성할 수 있다. 사용자의 그룹화를 통하여 무선채널을 다수의 가입자가 공동으로 이용하게 함으로써 시스템의 효율성을 높이게 된다.

TRS는 채널당 가입자 수를 최대화하기 위하여 통화시간은 일반적으로 1~3분정도로 제한하고 있으며, 통신방식은 전화망 접속통화를 제외하고는 PTT(Press-To-Talk)를 이용한 반복신(half duplex) 방식을 이용하고 있다. 그리고 TRS는 여러 종류의 음성 서비스는 제공할 수 있다. 즉, 일제통신(이동국 상호간 통화그룹자 전체를 일시에 호출), 그룹통화(통화그룹을 소그룹으로 분류하여 호출), 개별통화(이동 또는 고정 단말기간의 1:1통신으로 개별 단말기의 식별코드를 사용한 통화), 비상통화(긴급구조나 재해 또는 지역치안등을 목적으로 하는 통화)등의 음성 서비스의 제공이 가능하여, 공중전화망과의 상호접속과 팩시밀리, 데이터 전송등 비음성 서비스도 제공할 수 있다. 이와같이 TRS는 다양한 통신 서비스를 제공하여주므로 경찰이나 소방서나 같은 특수목적을 위한 경우에 적합한 통신시스템이다.

TRS는 무전기가 진화된 시스템이라 할 수 있다. 중계소의 설치 및 서비스 구역을 비교하며 셀룰러 이동전화의 경우, 저지대에 중계소를 설치하여 동일한 주파수를 재사용하고 낮은 송신출력으로 소구역 서비스를 제공하여 주파수 이용률을 높이지만 TRS는 고지대에 중계소를 설치하여 가능한 한 단일 중계소에 의한 높은 송신출력으로 최대한의 광역구역 서비스를 제공함으로써 가입자 및 주파수의 이용효율을 증대시킨다.

4.2.4.3 TRS의 구성

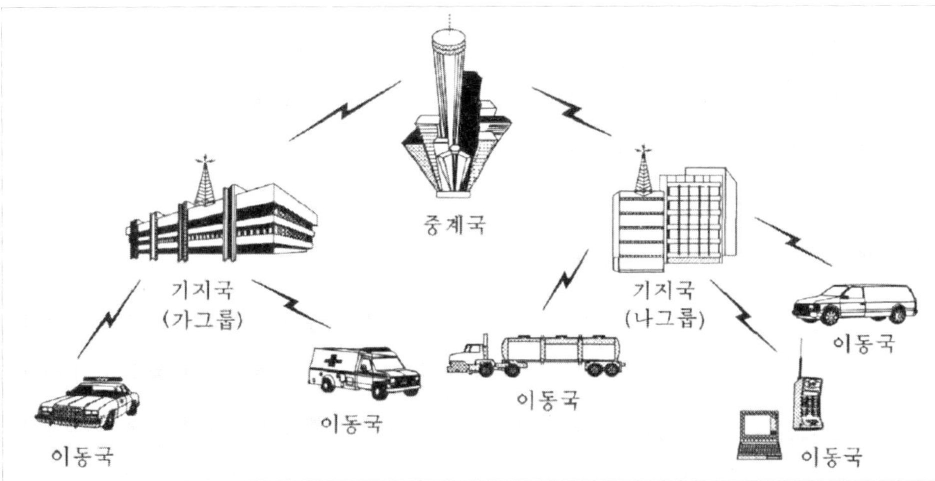

<그림4.51> TRS 구성도

TRS는 〈그림 4-51〉과 같이 크게 중계국화 다수의 가입자국으로 구성되며, 각 가입자군은 기지국과 다수의 이동국으로 구성되어 있다. 중계국은 기지국과 이동국 또는 이동국 상호간의 통신을 중계하기 위하여 공동 이용하고 있는 주파수공용 중계장치로 수 개에서 수십 개에 이르는 무선중계기와 제어기 및 부대시설로 구성된다. 제어기는 각 단말기로부터 요구되는 통화채널의 할당, 중계국 운용정보 송출 등의 제어를 수행하며 무선중계기는 무선주파수의 송출 및 수신을 담당한다. 기지국은 이용자의 사무실 등에 설치하는 무선국이다. 이용자는 복수의 기기국 개설할 수 있으며, 기지국 상호간의 통신은 불가능하지만, 이동국은 복수의 가입자군에 소속되어 어떤 기지국과도 통신이 가능하다.

TRS의 서비스 반경은 약 60~100km로서 채널당 150~200 가입용량을 갖추고 있다. 또한 많은 가입자들이 하나의 트렁킹 시스템의 서비스 영역보다 광범위한 영역에서 활동하고 있을 경우, 여러 개의 트렁킹 시스템을 묶어 하나의 복합 트렁킹 시스템을 구성할 수 있다. 이러한 트렁킹 시스템에는 Simulcasr방식과 Multicase방식이 있으며, 기지국 간의 이동시에는 핸드오버를 사용하여 통화를 가능하게 한다. 이러한 시스템은 각 중계국 간의 통화를 연결, 과금처리등을 수행하고 시스템 운용상태를 총괄 관리하는 일련의 컴퓨터 및 교환 장비들로 구성된 망관리기를 기본으로 갖추고 있다. 사용 주푸사대역은 미국, 일본, 한국등 배부분의 국가가 800Mhz 대역을 사용하고 있으며(최근 서비스 확장에 따라 미국에서는 900Mhz, 일본에서는 1.5Ghz, 우리나라에서는 380Mhz대역도 사용 되고 있음), 유럽에서는 100Mhz 대와 450Mhz대에서 주로 사용 되고 있다.

4.2.5 와이브로(wibro)

4.2.5.1 와이브로 의의

와이브로(Wireless Broadband Internet)는 이동 중에도 고속으로 무선 인터넷 접속이 가능한 서비스이다. 즉 노트북 등 휴대형 단말기를 통해 언제 어디서나 초고속으로 인터넷을 사용할 수 있는 서비스이며, 기존에 옥내에서 사용하는 유선인터넷을 옥외로 확장했다는 점에서 '휴대인터넷'이라고도 불린다.

와이브로는 우리나라가 최초로 독자 개발한 이동통신기술로서 우리 기술로서 국제표준화를 이뤄냈다는 점에서 큰 의미를 가진다. 한국은 서비스와 장비생산 모두에서 이동통신 강국이지만, 현재 국내에서 통용되고 있는 2G(제2세대 이동통신)표준 통신기술인 CDMA(Code Division Multiple Access)는 세계적인 통신장비업체인 퀄컴(Qualcomm)이 원천기술 및 무선통신표준에서 필수적인 특허를 독점하고 있다. 그 결과 국내 제조업체들이 세계 최초의 상용화와 뒤이은 수출에서의 성과에도 불구하고 단말기 내수 및 해외 수출 시 매출액의 5~7%, 기지국 등 시스템 구축 시 대당 매출액의 6% 가량을 기술료로 퀄컴에게 지급하면서 많은 논란을 야기해왔다.1) 이에 따라 기술 자립성 확보차원에서 2000년대 초반 와이브로 개발에 착수하였으며, 최초의 한국 주도 통신 기술로서 2005년 10월 19일 국제전기통신연합(ITU) 전파통신총회에서 3G(제3세대 이동통신, IMT-2000)국제표준으로 공식 승인되었다.

와이브로는 정부와 기업이 협력하여 개발한 우리 독자의 통신기술로서, 2005년 국제표준으로 승인되면서 향후 관련된 시장 확대 및 활성화 여부에 따라 기존에 이동통신의 로열티 지급 논란을 불식함과 동시에 우리 통신산업 의 새로운 성장 동력이 될 것이라는 전망과 더불어 큰 기대와 관심을 불러일으켰다.[11]

4.2.5.2 와이브로 기술 및 서비스 특징

가. 개발 배경 및 주파수 배분 현황

와이브로의 개발 배경은 크게 다음의 세가지이다. 첫째, 이동통신 원천기술 확보의 필요성이다. 당시 국내 이동통신산업은 외적 성장에도 불구하고 원천기술의 부족으로 수익의 상당부분을 해외기업에 지불하면서 실질 수익에서 큰 이득을 얻지 못하고 있었다. 둘째, 당시 도입이 추진되고 있던 제3세대IMT-2000(International Mobile Telecommunication 2000) 서비스가 비싼 네트워크 사용료와 데이터 전송속도의 제한으로 증가하는 무선인터넷 서비스에 대한 요구에 부응하지 못하고 있었다. 셋째, CDMA(Code Division Multiple Access:코드분할 다중접속)의 세계 최초 상용화를 통해 국내외 이동통신산업 성공 신화를 이끌었던 정부는 CDMA에 이은 신산업 발굴의 필요성을 느끼고 휴대인터넷을 신성장동력산업으로 육성하고자 하였으며, 통신업계 또한 기존 음성위주의 이동 전화 서비스 시장 및 유선 인터넷 서비스 시장의 성숙 상황에서 새로운 시장의 창출을 모색 중이었다.

이러한 필요성 속에서 와이브로는 정부와 연구기관 그리고 통신서비스 및 장비 사업자가 중심이 되어 국내 독자의 기술로 개발되었다. 와이브로의 개발을 위해 정부 주도하에 삼성전자, KT, SKT, 하나로통신이 2003년 1월부터 2005년 개발완료를 목표로 385억원을 주관 연구기관인 한국전자통신연구원 (ETRI)에 지원하였으며, 또한 연구개발의 공동 참여업체로 개발에 협력하였다. 기술개발 과정에서 정부는 표준 및 주파수정책과 통신정책을, 대학.연구소 및 기업은 원천기술 및 실험 시스템 개발과 국제 표준화를, 그리고 사업자는 서비스 측면의 요구사항을 통해 개발과정에 참여하였는데 이는 산관학의 협력모델로서도 주목받아왔다.

와이브로 서비스의 주파수 분배를 위해 (구)정보통신부는 2002년 10월 2.3GHz대역 주파수 이용정책 추진방안을 수립하여 2.3GHz대역100MHz폭을 와이브로 용도로 분배하였다. 이어 2003년 7월부터 (구)정보통신부, 정보통신정책연구원(KISDI), 한국전자통신연구원(ETRI)으로 구성된 '와이브로 서비스 도입 전담반'을 구성하여 와이브로와 관련된 국내외 동향, 기존서비스와의 연관성 분석 등을 추진하고, 관련 업체와 전문가들의 의견을 수렴하였다. 그 결과 2004년 9월 사업자수, 유효경쟁 환경 조성방안 등 최종 사업자 선정 방안을 확정하였다. 이러한 허가방안을 토대로 분배대역을 9개 FA5) (FA 당 8.75MHz, 보호대역 포함 시 9MHz)로 나누고, 2005년 4월 KT.SKT.하나로통신의 3개 사업자에 할당하였다. 그러나 하나로통신이 바로 사업권을 포기하여 KT와 SKT만이 와이브로 사업자로서 서비스를 시작하였다.

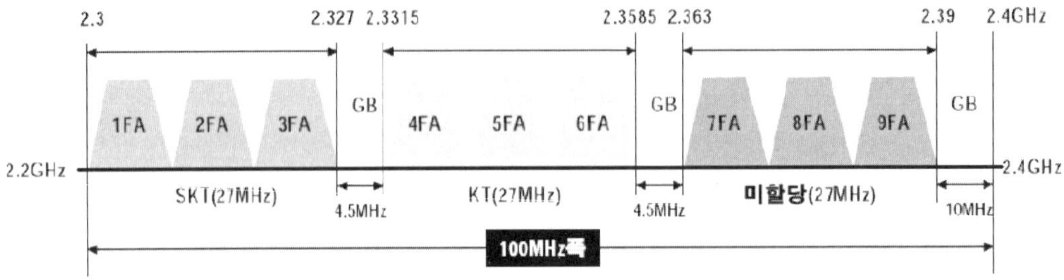

<그림 4.52> 국내 와이브로 주파수 분배 · 할당 현황

나. 기술특징

와이브로는 정지 및 이동 중 언제 어디서나 고속 무선인터넷 접속이 가능한 휴대인터넷 서비스를 의미한다. 즉 자동차나 기차 등을 타고 이동중인 상태에서도 저렴한 비용으로 고속으로 인터넷에 접속, 필요한 정보나 멀티미디어 콘텐츠를 이용할 수 있는 통신서비스로서 이동통신과 무선랜(Wireless LAN)의 장점을 결합한 서비스라 할 수 있다. 와이브로는 고정무선기술의 와이맥스(Worldwide Interoperability for Microwave Access : WiMAX)를 기반으로 개발되었으나, 이동 중에도 통신이 가능하기 때문에 4G가 도입되기 전까지 이를 연결하는 3.9세대(이하 3.9G) 고속이동통신 기술로서 기대를 받아 왔다. 와이브로의 공식명칭은 'OFDMA TDD WMAN'이고, IMT-2000으로 통칭되는 3세대 이동통신의 여섯 번째 표준이며, 2005년 12월 IEEE(국제전기전자학회)에 의해 '모바일 와이맥스(IEEE 802.16e)규격의 일부로서 표준화되었다. 일반적으로 와이맥스는 IEEE802.16기반의 표준을 만족하는 기술로서 IEEE 802.16-2004를 표준으로 하는 고정형(fixed) 와이맥스와 IEEE802.16e의 이동형(mobile) 와이맥스로 구분된다. 즉 와이브로는 이동 무선 광대역 데이터 통신 서비스인 모바일 와이맥스 표준 동작모드의 한가지로서 모바일 와이맥스의 한국버전이라고 할 수 있다.

다. 서비스 특징

와이브로 서비스는 이동성, 저렴한 비용, 고속데이터 전송 그리고 장소에 구애받지 않는 이용 등의 특징을 가지고 있다. 현재 와이브로의 경쟁 서비스들로는 유선초고속인터넷, 무선랜 그리고 이동통신이 있으며, 와이브로 서비스의 특징 및 장점을 전송용량, 비용, 이동성 및 커버리지11) 등을 중심으로 경쟁서비스들과 비교하면 다음과 같다.

먼저 초고속인터넷에 비해서는 전송속도가 다소 느린 반면, 이용지역의 범위가 가정이나 사무실에서 옥외로까지 확대되는 등 비교적 높은 수준의 이동성을 지원한다는 특징을 가진다. 또한 무선랜에 비해서는 이용지역이 더욱 확대되고, 이동성, 안정성 및 서비스품질(QoS)이 뛰어나다는 특징을 지닌다.

나아가 이동통신망 기반의 무선인터넷에 비해서는 커버리지와 단말기의 이동성면에서 다소 뒤쳐지는 반면, 제공 콘텐츠가 다양하고 전송속도가 빨라지며부분 정액제 기반의 저렴한 요금제 도입이 가능하다. 일반적으로 와이브로는 IP(Internet Protocol)기반의 서비스이기 때문에 다양한 멀티미디어 서비스를 제공하는 것이 가능하고 전송속도 및 용량, 비용측면에서 3G 내지 3.5G 이동통신서비스보다는 큰 장점을 갖고 있다. 〈표 4.17〉를 보면 와이브로는 전송속도면에서 HSDPA와 초고속인터넷을 능가하는 것으로 나타나고 있다.

<표 4.17> 와이브로와 타서비스 속도비교

구 분		Wibro	HSDPA	ADSL
신문 36면 (880KB)	Download	1.5초	5초	2.1초
	Upload	5초	18초	13초
MP3 10곡 (30MB)	Download	57초	2분 40초	1분 12초
	Upload	2분 51초	10분 25초	7분 25초
CD 1장 (690MB)	Download	21분 54초	61분 20초	27분 52초
	Upload	65분 42초	239분 35초	170분 41초

와이브로와 유사서비스를 제공하는 통신서비스 중 강력한 경쟁관계에 있는 것은 이동통신 계열의 HSDPA이다. HSDPA는 3G 비동기식 방식의 WCDMA(Wideband Code Division Multiple Access)가 진화한 기술로서 기술적.시장적 측면에서 와이브로의 활성화를 가로막는 가장 주된 요인 중의 하나이다. HSDPA는 하향 링크에서 최대 14Mbps(기지국 기준)의 전송속도를 제공하여 2G 이동전화 기반 무선인터넷보다 7배 이상 빠르게 영상전화와 간이형 인터넷 접속 서비스를 제공한다. 하향 링크 24.8Mbps(최대 37Mbps)의 전송속도를 가진 와이브로가 속도 면에서 여전히 우위를 차지하고 있지만, HSDPA는 이동성 면에서 상대적으로 우위를 차지하고 있다.

<표 4.18> HSDPA와 와이브로 서비스 비교

구분	HSDPA(R5)	Wibro
FA당 평균 전송용량	3Mbpx	6Mbps
기지국 장비가격	1.7~2.3억원	1.3억원
이동성	250Km/h	120Km/h

〈표 4.18〉에서 알수 있듯이 전반적으로 전송속도 및 용량.비용 측면에서 IP 기반의 와이브로가 음성 서비스품질을 보장하며 데이터 서비스를 제공하는 HSDPA에 비해 장점을 가진다. 서비스 초기에

와이브로는 데이터 밀집지역의 중저속 이동환경에, HSDPA는 넓은 커버리지를 확보하며 고속이동환경에 적합한 서비스로 인식된다.

4.3 차량 대 차량 통신 (Vehicle-to-vehicle: mobile-to-mobile)

차량 대 차량 통신의 특성은 단거리 무선통신이며, 자동도로시스템(AHS: Automated Highway System)과 교차점 충돌방지(Intersection collision avoidance)를 구현하는데 반드시 필요한 통신기술이다.

4.3.1 WAVE(Wireless Access in Vehicle Environments)

4.3.1.1 개요

WAVE는 미국 ASTM DSRC 표준을 기반으로 국제 표준화되고 있는 프로토콜의 명칭이다.

IEEE 802.11p WAVE는 고속 이동 중인 차량 네트워크에서 운전자 안전 정보 및 상업적 서비스를 제공하기 위한 경쟁력 있는 무선 전송 기술로써 현재 표준화가 활발히 진행 중이다.

<표4.19> WAVE의 성능 지표

주요 특징	성능 지표
통신 대역폭	5.580 ~ 5.925 Ghz
채널 수	7개
채널 대역폭	10Mhz (20Mhz)
최대 전송 속도	27Mbps (54 Mbps)
전송 범위	최대 1000m
지원 차량 속도	최대 200Km/h

표준화가 추진 중인 IEEE 802.11p WAVE는 기존의 IEEE 802.11a의 내용을 일부 수정하고 ASTM 사양을 바탕으로 하고 있으며 IEEE 802.11p와 IEEE 1609를 합쳐서 WAVE라 한다. 현재 IEEE 802.11p는 표준화 활동으로 WAVE 통신 스택의 하위 계층, 즉 PHY와 MAC 계층에 대하여 정의하고 있으며, IEEE 1609는 MAC 계층과 그 이상의 상위 계층에 대하여 정의하고 있으며 이는 4개의 항목으로 나누어진다. 〈그림 4-53〉

IEEE 1609.1은 애플리케이션과 이 애플리케이션이 주어진 자원을 효율적으로 사용할 수 있도록 자원을 관리하는 RM (Resource Management)에 관하여 정의한다. IEEE 1609.2는 보안이 보장되지 않은 무선 네트워크를 통하여 통신하는 애플리케이션이 안전하게 통신할 수 있도록 보안 서비스를 제공하고, IEEE 1609.3은 네트워크 계층 (Network Layer) 및 전송 계층(Transport Layer) 서비스를, IEEE 1609.4는 WAVE MAC 계층의 멀티채널 오퍼레이션을 제공한다.

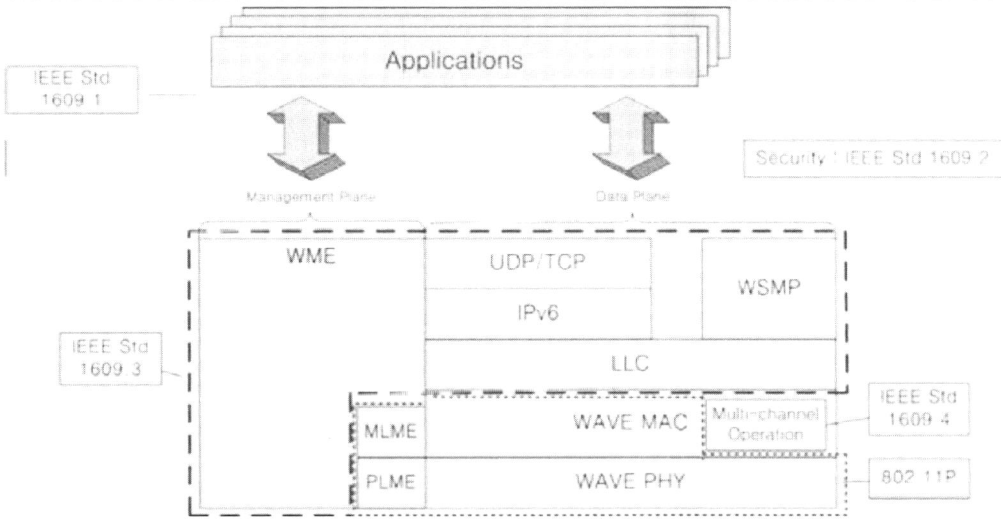

<그림4.53> WAVE의 Protocol Stack

4.3.1.2 IEEE 802.11p

WAVE로 알려진 IEEE 802.11p는 기존 IEEE 802.11의 개정안으로 표준화가 진행 중이며, IEEE 802.11p WAVE 표준화는 미국의 DSRC (Dedicated Short Range Communications) 주파수 대역할당과 사용 기술의 개발을 위해 시작되었다.

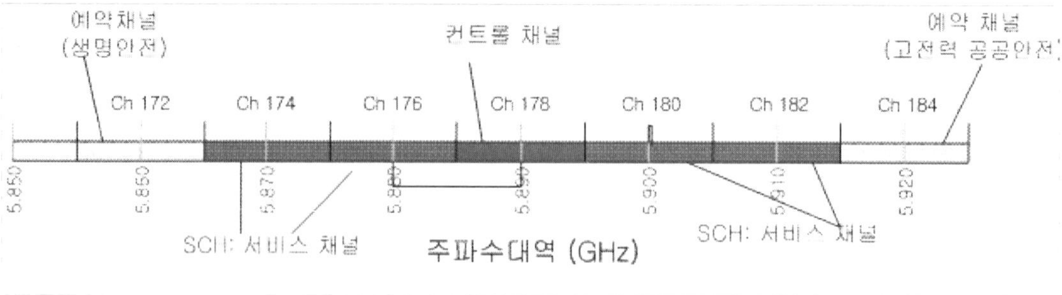

<그림4.54> DSRC (5.9Hz) 주파수 대역과 채널 할당

1999년 미국의 FCC (Federal Communication Commission)는 5.9GHz 대역에서 75MHz의 DSRC 대역폭을 차량-기지국간 통신 (V2R), 차량간 통신 (V2V)을 위한 전용으로 7개의 10MHz 채널을 할당하였다 〈그림 4.54 참조〉. 이 중, 채널 178번은 교통안전 전용의 컨트롤 채널 (CCH :Control Channel)이며, 주파수 양끝단의 두 채널은 특수한 목적을 위해 예약되었다. 그 외 4개의 채널은 서비스 채널 (SCH : Service channel)로 할당되어, 교통안전 또는 일반 상업적 서비스를 위해 사용된다.

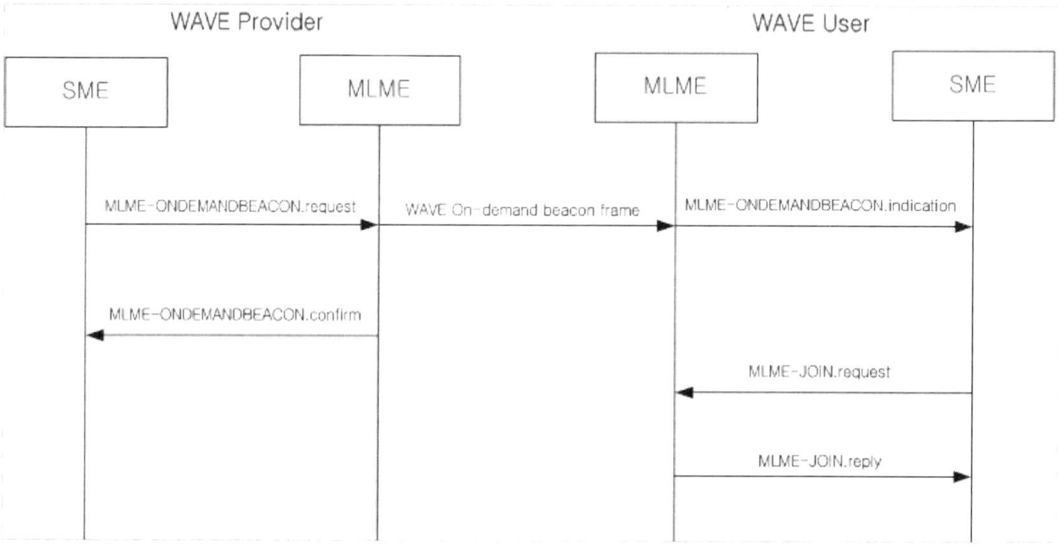

<그림4.55> IEEE 802.11p 표준에서 제공되는 WAVE Advertisement 과정

기존의 IEEE 802.11 무선랜 표준은 무선단말과 AP (Access Point)와 통신하는 BSS(Basic Service Set) 모드와 무선단말간 통신인 IBSS (Independent BSS) 모드로 구분된다.

BSS 모드에서 무선단말은 AP와 통신하기 위하여 AP가 보내는 비콘 (Beacon) 메시지를 듣고, BSS에 가입하게 된다. BSS에 가입하는 과정은 Association과 Authentication 등 몇 단계를 거치게 된다. 그러나 IEEE 802.11p에서 사용되는 교통안전 통신을 위해서는, 위와 같은 가입 과정은 시간이 너무 오래 걸린다는 단점이 있다. 특히나, 차량의 움직이는 속도가 상당히 빠를 수 있기 때문에, 통신이 가능한 시간이 더욱 짧을 것이다.

이를 위해 IEEE 802.11p에서는 WAVE 모드를 사용한다. WAVE 모드로 동작 중인 무선 단말은 BSS에 대한 가입과정 없이, 임의의 BSSID (BSS Identifier)와 데이터를 주고받을 수 있다.

따라서, WAVE 모드로 동작 중인 두 차량은 채널만 일치한다면 바로 데이터를 주고받을 수 있다. IEEE 802.11p에서는 WBSS라는 새로운 BSS를 사용한다. 하나의 WAVE Device (AP 또는 무선 단말)은 WAVE Provider 역할을 하며, 비콘을 전송하면서 WBSS를 구성한다. 해당 비콘 프레임에는 IEEE 802.11 상위 계층에서 필요한 정보를 공지 (Advertisement)하며, WBSS가 제공하는 서비스, WBSS에 가입하기 위한 정보 등을 제공한다. 그러므로 하나의 무선 단말 (WAVE User)이 WBSS에 가입하기 위해서는 단지 WBSS의 비콘을 수신하기만 하면 되는 것으로, IEEE 802.11의 Association과 Authentication 과정을 모두 생략한다. 또한, 이러한 이유 때문에 상위계층에서 WBSS 그룹 관리와 보안 등의 문제를 해결해야 하며, 이는 802.11p의 표준화가 아닌 IEEE 1609 표준에서 다루고 있다. IEEE 802.11p 표준의 〈그림 4.55〉에서 볼 수 있듯이, 실제로 WAVE Provider와 User가 주고받는 프레임은 WAVE Provider가 송신하는 비콘 프레임밖에 없다.

IEEE 802.11p의 PHY는 IEEE 802.11 PHY로부터 최소한의 변경만을 고려하고 있다. 특히, DSRC와 유사한 5GHz 대역에서 동작하는 IEEE 802.11a PHY를 기준으로 하고 있다. IEEE 802.11p PHY에서의 변경 사항은 다음과 같다.

IEEE 802.11p PHY는 IEEE 802.11a PHY에서 주로 사용하는 OFDM (Orthogonal Frequency Division Multiplexing) PHY를 사용하지만, 802.11a에서 사용하는 20MHz 대역폭 대신 10MHz 대역폭을 사용한다. WAVE 시스템은 실외에서 고속으로 움직이는 차량간 통신이므로, 주파수 선택 페이딩 (Frequency Selective Fading)이 빈번하게 일어난다. OFDM은 주파수대역을 여러 개의 부방송파 (Subcarrier)로 나누기 때문에, 주파수 선택 페이딩 채널을 여러 개의 플랫 페이딩 (Flat Fading) 채널로 나누게 되기 때문에, 이 문제를 해결할 수 있게 된다. 또한, 도플러 전이로 인한 부방송파간 간섭 (Inter-subcarrier Interference)을 802.11a에서 주로 사용하는 20MHz보다 작은 10MHz 대역폭 채널을 사용함으로써 완화한다.

IEEE 802.11p에서는 다른 채널 간 간섭을 방지하는 방안을 제시한다. 예를 들면, 176번 채널에서 데이터를 전송하는 하나의 자동차는 200m 떨어진 다른 자동차가 178번의 교통안전 메시지를 전송하는 것을 방해할 수도 있다. 802.11p에서는 채널간섭방지를 위한 Category 1을 의무사항으로 정의하며, Category 2를 옵션으로 제공한다.

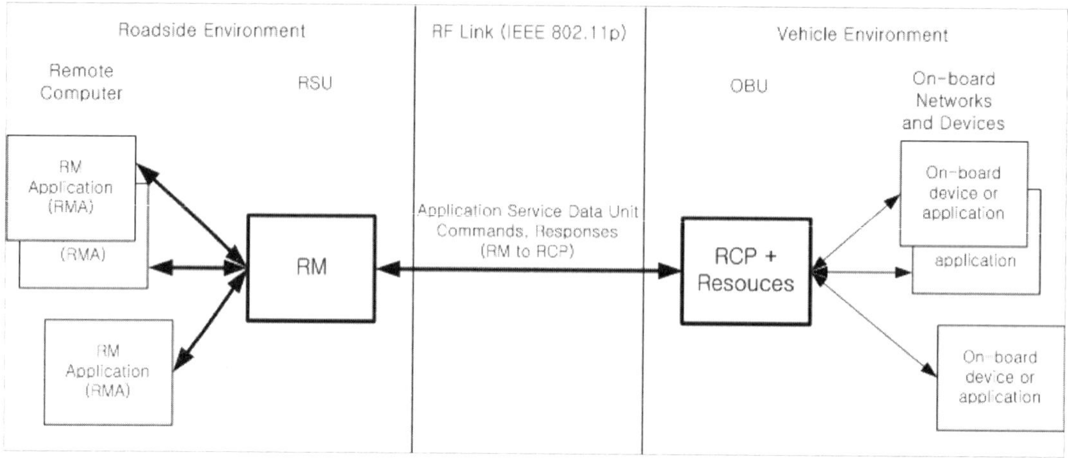

<그림4.56> IEEE 1609.1의 구성요소

4.3.1.3 IEEE 1609.1

IEEE 1609.1에서는 WAVE DSRC의 애플리케이션으로 알려진 WAVE RM에 대하여 정의하고 있다. WAVE를 사용하는 장치는 크게 두 가지로 나누어 볼 수 있는데, RSU (Roadside Unit)는 도로변에 설치되며 따라서 정적인 특성을 갖는 반면 OBU (Onboard Unit)는 움직이는 각 차량에 설치된다. 일반적으로 RSU의 통신 범위 내에 들어온 OBU는 서비스를 요청하고, RSU는 이 요청에 해당하는 서비스를 제공하는 애플리케이션을 가진다.

〈그림 4.56〉와 같이 대체로 RM은 RSU에 존재하며, RM과 통신하는 RCP (Resource Command Processor)는 OBU에 위치한다 (RM이 OBU에 존재하는 경우도 있다). RSU와는 별도로 원거리에 위치한 애플리케이션인 RMA (Resource Manager Application)는 RM을 통하여 RCP와 통신하는데, 이는 RMA가 필요로 하는 메모리, 사용자 인터페이스, RCP가 관리하는 다른 인터페이스 등의 자원(Resource)에 액세스하기 위함이다. 즉, RM은 마치 RMA의 응용 계층처럼 동작하는 것이다. 그림 5에서 굵은 선으로 표시된 구성 요소가 본 표준에서 다루고 있는 부분이다.

여기서는 RM이 여러 개의 RMA로부터 수신한 요청을 각각에 해당하는 RCP로 어떻게 멀티플렉싱(Multiplexing) 하는지를 기술하고 있다. 일반적으로 RMA는 보안이 보장된 유선의 네트워크를 통해 하나 이상의 RM과 통신하는 반면, RM은 보안이 보장되지 않는 무선 링크를 통해 RCP와 통신한다. RM은 각 RMA가 RCP와 단대단 통신을 할 수 있도록 통신 세션을 멀티플렉싱한다. 〈그림 4.57〉은 RMA와 RCP 사이에 통신 세션이 성립되는 과정을 보여주는 다이어그램이다.

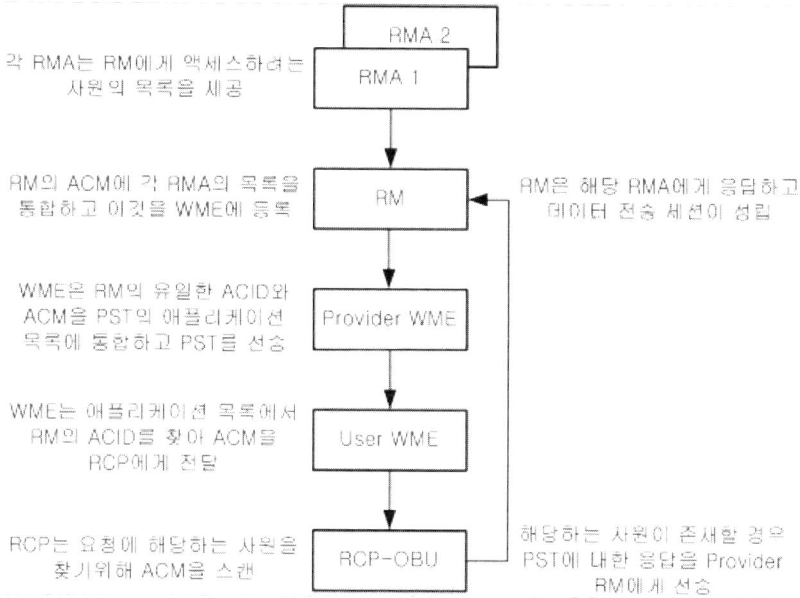

<그림4.57> RMA와 RCP 사이에 데이터 전송 세션이 성립되는 과정

애플리케이션의 데이터 교환을 위한 단대단 통신의 흐름은 다음과 같다. 〈그림 4-58참조〉

각 RMA는 요청하는 OBU RCP 자원의 목록을 RM에 등록 (Register)해야 하며, 이 목록은 ACM (Application Context Mark)에 통합된다. 통신을 시작할 준비가 된 RMA는 ACTIVE 요청을 전송하며, 이와 함께 액세스가 필요한 메모리의 페이지와 같은 OBU RCP 자원을 명시한다.

WAVE 애플리케이션인 RM과 RCP는 IEEE 1609.3에서 정의한 WME (WAVE Managementn Entity)에 등록한다. RM은 ACM을 포함한 PST (Provider Service Table)와 함께 전송된 애플리 케이션 목록에 통합되기 위해 등록하고, RCP는 사용자 애플리케이션으로 WME에 등록한다.

WME가 PST를 받으면 RCP는 RM이 존재한다는 것을 알 수 있게 되고, ACM에 액세스할 수 있게 된다. RCP는 ACM을 스캔해서 자신이 가지고 있는 자원 중에 해당되는 것이 있는지 확인한다. 해당되는 자원을 가지고 있을 경우에는 WME에게 WBSS (IEEE 802.11p, IEEE 1609.3에서 정의)에 참여할 것을 요청한 다음, RPST를 RM에게 직접 전송한다.

RPST를 받은 RM은 관련된 RMA에게 RMA가 액세스하려는 자원을 가지고 있는 OBU RCP가 존재한다는 것을 알려준다. RMA는 자신이 서비스를 받고 있는 RM에게 해당되는 RCP에 RMA EXCHANGE 요청을 전송할 것을 요청한다. 요청을 받은 RM은 해당 RMA에게 응답을 보내고 RMA와 RCP 사이에 UDP 통신을 성립시킨다.〈그림 4.58 참조〉

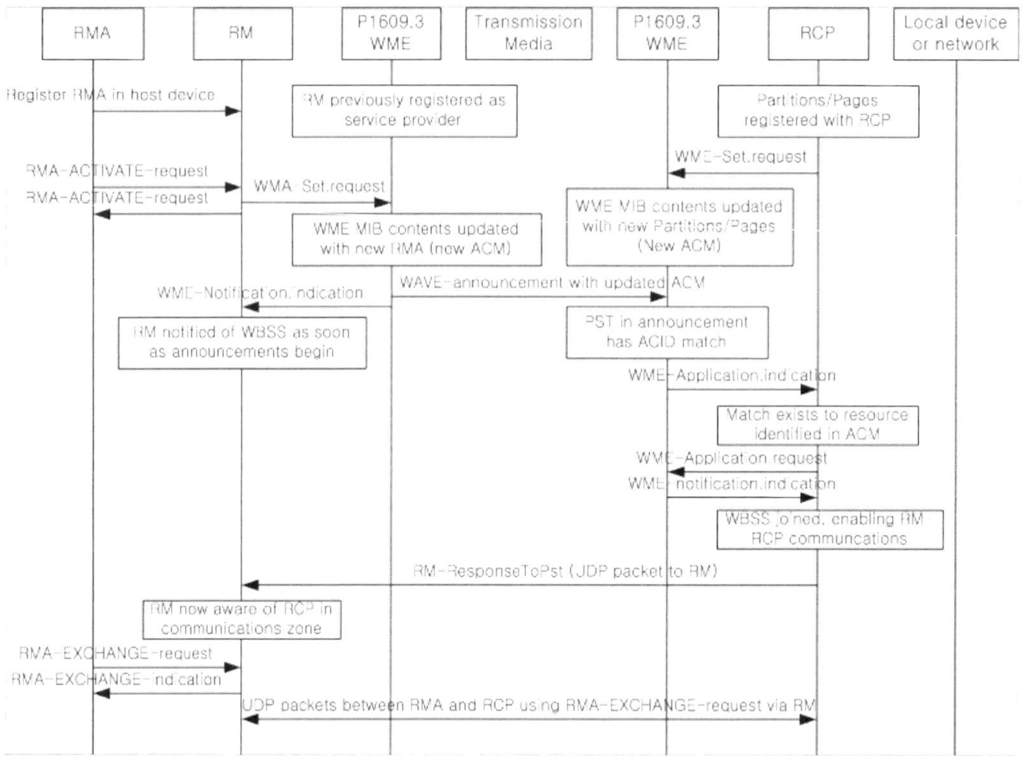

<그림4.58> RMA/RM/RCP 통신에서의 데이터 흐름

4.3.1.4 IEEE 1609.2

DSRC를 기반으로 한, WAVE 표준인 IEEE 802.11p는 BSS 가입과정의 간략화를 위해 기존의 IEEE 802.11에서 제공하는 Association 과 Authentication의 과정을 생략하고 있기 때문에, MAC 상위 계층에서 보안서비스를 제공하는 IEEE 1609.2 표준을 정의하고 있다.

IEEE 1609.2 표준은 WAVE 네트워크와 애플리케이션을 위해 제공하는 보안 서비스를 정의하고 있 다. 제공하는 보안 서비스에는 공개키(public key)를 이용한 인크립션 (Encryption) 기법과 비익명인증 (Non-anonymous Authentication)을 포함한다. 현재 IEEE1609.2 표준에서 지원하고 있는 보안 서비스는 다음과 같다.

- UDP 위에서 동작하는 애플리케이션은 보안된 메시지 형식을 사용하여 애플리케이션 데이터를 보호한다.
- WSMP (Wave Short Message Protocol) 위에서 동작하는 애플리케이션은 보안된 메시지 형식이나 표준의 보안된 WSM (Wave Short Message)를 사용하여 애플리케이션 데이터를 보호한다.

- WME는 보안된 WSIE (Wave Service Information Entity) Type를 사용하여 WSA (Wave Service Announcement)를 보호하여, 공격자들이 가짜 서비스를 제공하는 것을 방지한다.

WAVE 시스템에서 Provider는 WSA를 통하여 WBSS를 통한 서비스가 가능하다는 것을 알린다. WSA는 WSIE에 전송된다. WSIE를 통해 User가 원하는 서비스가 있을 경우 WBSS에 가입하게 되며, 서비스를 제공받게 된다. 이 때 유효하지 않은 WBSS로부터 User를 보호히기 위하여 WSA 에 보안을 제공한다. IEEE 1609.3에서는 Provider가 WSIE를 구성하는 상세한 과정과 User들이 WSIE를 수신한 후의 처리과정을 정의한다. 그러나 해당 표준에서는 보안과 관련된 부분이 빠져있으므로, IEEE 1609.2에서는 이 부분을 보완하여 보안과정을 설명한다. IEEE 1609.2 표준에 서 제시하는 WSIE 구성 방법은 다음과 같다.

- WME는 각 제공 애플리에케이션마다 PstEntry 필드를 구성한다. PstEntry에는 ACID (Application Code Identificr), ACM (Application Context Mark)과 애플리케이션 우선순위 (Application Priority) 등에 대한 애플리케이션 정보를 담고 있다.
- WME는 PST (Provider Service Table)을 구성한다. 이것은 각 제공되는 애플리케이션마다의 PstEntry와 서비스가 제공되는 서비스 채널마다 CitEntry로 구성된다.
- WME는 WSA를 구성한다. WSA는 PST와 옵션사항인 WRA (Wave Routing Advertisement)로 구성된다.
- WME는 보안된 WSA를 만든다.
- MLME (MAC layer managment entity)는 보안된 WSA에 타이밍 퀄리티 (Timing Quality)를 포함하는 헤더를 추가하여 WSIE를 구성한다.

4.3.1.5 IEEE 1609.3

네트워크 계층 및 전송 계층을 정의하고 있으며 데이터 전송을 위한 통신 프로토콜에 대한 Data Plane과 시스템 구성과 유지 기능을 수행을 위한 Management Plane으로 구성되어 있다.

가. Data Plane

WAVE의 네트워킹 및 데이터 전송을 위한 data plane의 컴포넌트 (Component)는 아래와 같이 구성되어져 있다.

- LLC
- IPv6
- UDP, TCP
- WSM and protocol (WSMP)

IEEE 1609.3에서 새롭게 추가된 부분은 WSM과 WSMP이다. WSM은 긴급 데이터 전송 등을 위해 최소 채널 용량 (Minimal Channel Capacity) 사용을 목적으로 하며 IP 트래픽이 SCH로만 전송 가능한 것과 달리 CCH와 SCH에서 모두 사용 가능하다. WSMP는 WSM 전송을 위해 설계되었으며 채널 번호, 전송 파워와 같은 물리적 특성을 애플리케이션이 직접 제어할 수 있다.

WBSS 설정 없이 데이터 전송을 하기 위해서는 WSMP를 사용하여 CCH만을 통해 전송하게 되면, User에서는 PSID (Provider Service Identifier)를 통해 해당 애플리케이션에 전달되어 진다.

나. Management Plane

Management Plane에서는 시스템 구성과 유지를 위해 다음과 같은 기능을 수행하게 된다.

- Application registration
- WBSS management
- Channel usage monitoring
- IPv6 configuration
- Received channel power indicator monitoring
- Management information base maintenance

WAVE Device는 애플리케이션을 WME MIB에 등록하게 된다. 또한, WBSS를 관리하기 위해 현재 서비스 되어지는 애플리케이션을 추가하거나 제거할 수 있다. WAVE의 애플리케이션에서 채널 상태를 측정하기 위해 Query를 통해 수신측의 시그널 세기를 측정할 수 있다. 이처럼 IEEE 1609.3에서는 Management Plane을 통해 시스템의 유지, 관리 하는 기능을 정의하고 있다.

다. WBSS에서의 데이터 전송 과정

앞서 언급한 바와 같이, IEEE 802.11p WAVE에서는 VANET의 주된 특성인 차량의 빈번하고 빠른 이동성에 따른 네트워크 환경의 변화에 효율적으로 대응하기 위해 기존 IEEE 802.11 네트워크의 BSS와 차별되는 WBSS를 정의하였다. 이러한 WBSS에서는 기존 IEEE 802.11 네트워크에서 사용하던 Authentication, Association 과정을 사용하지 않는다.

WBSS는 애플리케이션의 요구에 의해 초기화된다. IEEE 802.11p에서는 하나의 CCH와 여러개의 SCH를 사용하며 UTC (Coordinated Universal Time)등의 글로벌한 타임 레퍼런스를 통해 CCH와 SCH의 시간 동기화를 설정하게 된다. 채널 타임은 CCH와 SCH이 일정한 주기로 반복하게 되며, Provider는 CCH를 통해 WBSS 서비스 제공을 알리게 되며, Uer는 주기적으로 CCH를 모니터링함으로써 WBSS에 참여하게 된다. WBSS에서의 링크 설정 과정은 〈그림 4.59〉와 같다.

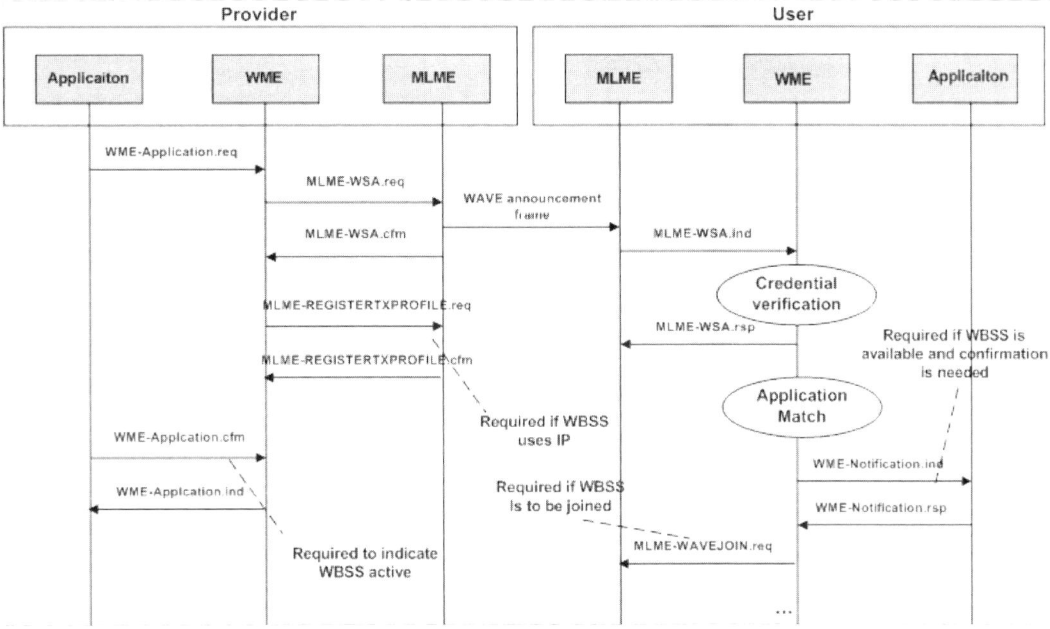

<그림4.59> WBSS에서의 링크 설정 과정

• WBSS 초기화

Provider의 애플리케이션은 WSIE가 포함된 WAVE Announcement Frame의 전송을 통해 User에게 서비스 제공을 알리게 된다. 먼저, Provider는 WME MIB에서 채널 정보와 IP 네트워크의 정보가 포함된 WRA (WAVE Routing Advertisement)를 로드한다. 그리고, 애플리케이션은 사용 채널, 주소 등의 정보를 WME에 등록하게 된다. WBSS는 Provider의 애플리케이션이 WME 에게 PSID, PSC (Provider Service Contrext) 등의 정보가 명세화되어 있는 WME-Application.request를 전송함으로써 시작되어지며, 이때 사용되어지는 채널들은 WME MIB가 가지고 있다. WME에서는 WME-Application.request 수신 후, SSID (Service Set Identifier), 전송 속도, 서비스 채널 번호 등이 명세화된 MLME-WSA.request를 생성한다. 이러한 WSA는 IEEE 1609.2에서 제공되는 보안 과정을 거친 후, MLME (MAC sublayer Management Entity)에서 동기화를 위한 타이밍 정보가 추가된 후 전송된다. 〈그림 4.59〉는 WSIE의 생성되는 과정을 보여주고 있다.

User의 WME에서는 WAVE Announcement Frame 수신 후, WSA에 포함된 PSID를 통해 자신에게 등록된 애플리케이션과 비교한 후, MLME-WSA.response를 통해 확인 결과를 통보하고, 해당하는 애플리케이션에게 수신 내역을 전송하게 된다.

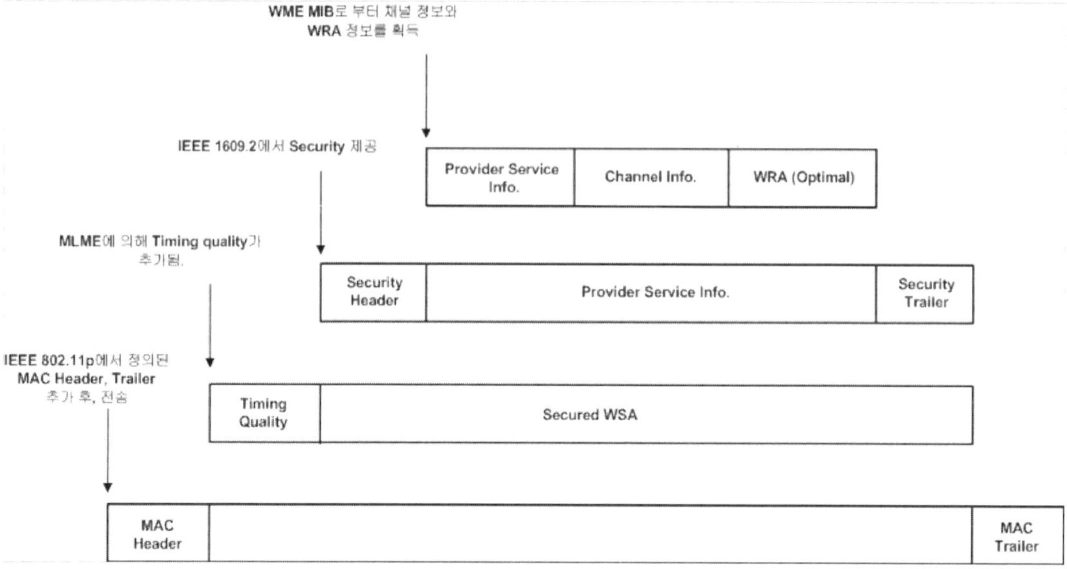

<그림4.60> WSIE의 생성 과정

- WBSS 통신

WBSS이 초기화된 후, Provider의 애플리케이션은 SCH를 통해 데이터 패킷을 전송하게 되며 사용자측의 WSMP나 IP Stack을 통해 애플리케이션에 도착하게 된다.

- WBSS 종료

WBSS는 애플리케이션의 활동(Activity)이 완료된 경우, 더 높은 프라이어티를 갖는 애플리케이션의 지원이 요구되는 경우, SCH가 Idle할 경우 (사용자 측에서는 WBSS가 종료되었다고 판단한다)에 애플리케이션에 의해 종료되며 종료 과정에 대한 프로토콜은 존재하지 않는다.

4.3.1.6 IEEE 1609.4

시스템이 처음 기동되었을 때, WAVE Device는 SCH를 사용할 서비스를 알리는 WSA(WAVE Service Advertisement)를 수신하거나 자신이 전송한 WSA에 명시된 SCH를 이용하기까지 CCH를 모니터링 한다. 또한, WAVE Device는 CCH 인터벌이라고 알려진 특정한 기간 동안 추가적인 Safety/Private Service Advertisement가 있는지 CCH를 모니터 해야만 한다. CCH 모니터링이 요청되었을 때 SCH에서 진행 중인 데이터 교환은 중단되고 CCH 모니터링이 더 이상 요청되지 않았을 때 데이터 교환이 재개된다. 예를 들어, 단지 하나의 RF 채널에서만 데이터 교환을 수행할 수 있는 단일 채널 장비에서는 CCH를 모니터링을 수행하고 있는 동안 데이터 패킷을 버퍼링을 지원할 수 있도록 구현되어야 한다.

SCH에서 데이터 교환과 CCH를 모니터링을 정확하게 하기 위해서 CCH 와 SCH 인터벌의 Synchronization 기법이 필요하며 이는 Time Reference, UTC 를 참조하여 정의된다. UTC는 일반적으로 GPS (Global Positioning System)에 의해서 제공된다.

가. 프레임 포맷 (Frame Format)

MAC 계층에서 사용되는 MSDU (MAC Service Data Unit)와 Management Frame의 범용 포맷은 IEEE 802.11 표준 문서에 정의되어 있다. 하지만, WSMP와 IP Datagram을 지원하기 위해 MAC은 EtherType에 표시된 데이터 패킷의 타입을 식별할 수 있다. WSM의 채널, 전송 파워,전송 속도 등은 WSMP 헤더에 명시되고, 메시지 단위로 수정된다. IP datagram에 대해 사용될 채널, 전송 파워, 전송 속도 등은 송신자 프로파일에 저장된다.

나. 기능적 확장

IEEE 1609.4는 다중 채널 조정을 가능하도록 IEEE 802.11 표준을 기능적으로 확장했다.

WAVE 시스템은 IEEE 802.11 PHY 계층에 정의된 다중 RF 채널뿐만 아니라 U-NII 밴드 채널 또는 다른 규제 영역에 있는 RF 채널 또한 지원될 것이다.

〈그림 4.60〉의 참조 구조는 Channel Routing, Prioritization, Channel Coordination 등을 명시하고 있다. 〈그림4.61〉에서 두 가지의 MAC 엔터티가 있는데 하나는 CCH를 위한 것이고 또 다른 하나는 SCH를 위한 것이다. 데이터는 AC (Access Category)에 따라서 우선 순위가 결정되고, 각각의 우선 순위에 따라서 서로 다른 경쟁과 전송 파라미터가 제공된다. WAVE에서 정보 교환을 위한 두 가지 타입의 Frame이 있는데, 하나는 Management Frame이 고 다른 하나는 Data Frame이다. Primary Management Frame은 IEEE 802.11p에 의해서 정의된 WAVE Announcement이고 CCH에서만 전송이 허용된다. 그 밖에 IEEE 802.11에서 정의 된 다른 Management Frame은 SCH에서 사용될 것이다. WSM을 포함한 Data Frame은 CCH 와 SCH 모두에서 교환될 것이다. 하지만, IP Data Frame은 단지 SCH에서만 허가된다.

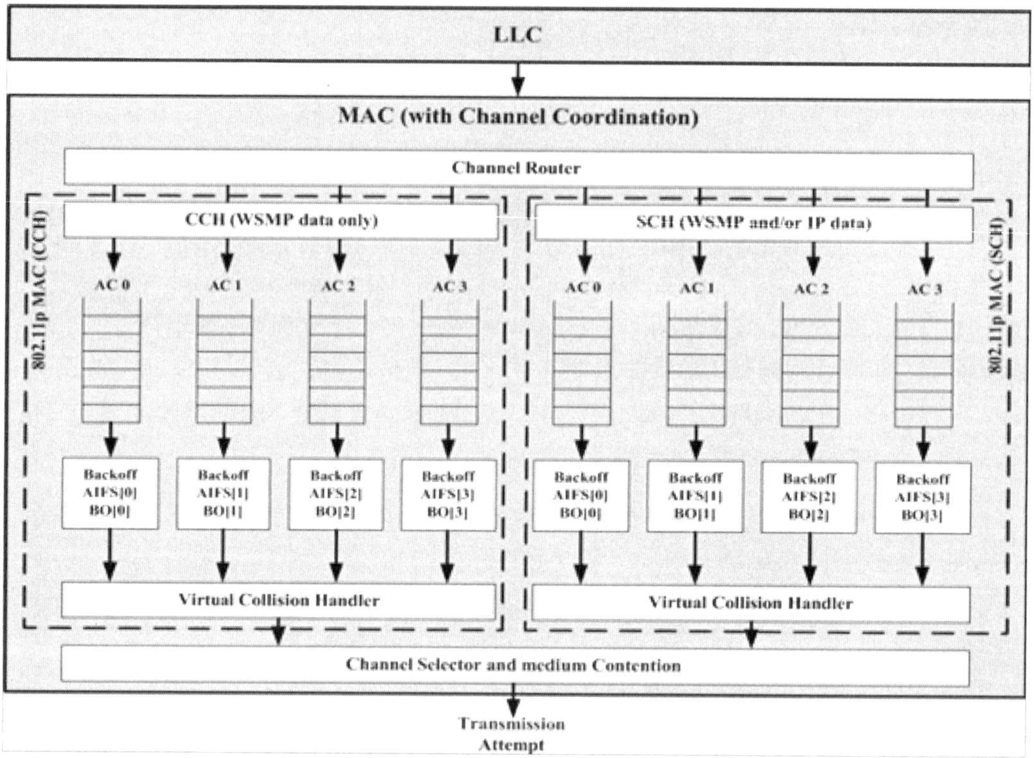

<그림4.61> IEEE 1609.4에서 정의된 MAC의 참조 모델

- Channel Routing

MSDU가 LLC로부터 MAC 계층으로 전달될 때 MAC은 MSDU가 WSM인지 IP atagram인지를 결정하기 위해 802.2 헤더의 EtherType 필드를 조사한다. WSMP 헤더는 채널, 파워 레벨, 전송 속도 등을 포함한다. 각각의 WSMP EtherType Data Frame에 대해서 애플리케이션이 PHY 전송 파라미터를 조절하도록 허용한다. WSMP 데이터가 MAC으로 전달되면 MAC은 WSMP 헤더에 포함된 채널 넘버에 상응하는 적절한 Queue로 패킷을 라우팅한다. WSMP 헤더에 있는 채널 넘버가 적절한 채널 넘버가 아니면 해당 데이터 패킷은 버려진다.

IP Datagram의 Routing을 할 경우, IP 데이터 교환을 시작하기 전에 송신자 프로파일은 MLME에 등록된다. 송신자 프로파일은 SCH 넘버, 파워 레벨, 전송 속도 등의 정보를 포함한다. 한 순간에 하나의 송신자 프로파일만이 활성화될 것이다. IP 데이터가 LLC로부터 MAC으로 도착하면 MAC은 패킷을 현재 SCH에 해당하는 데이터 버퍼로 라우팅한다. 송신자 프로파일에 등록되지 않았거나 전송하는 WAVE Device가 해당하는 WBSS의 멤버가 아니라면 그 데이터는 버려진다.

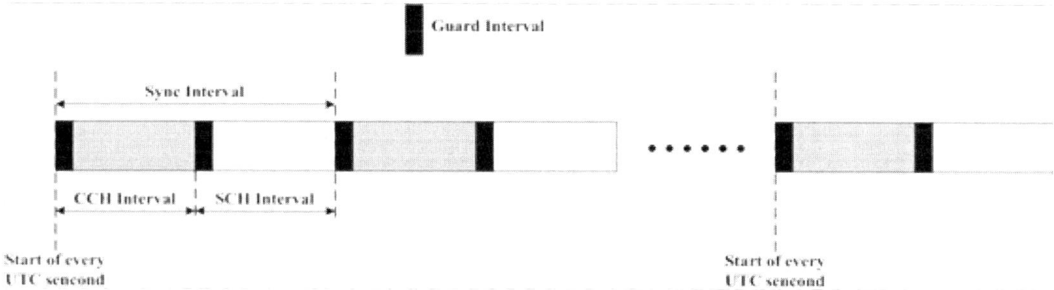

<그림4.62> Sync 인터벌의 구성

- User Priority

IEEE 1609.4에서는 IEEE 1609.3과 802.11-REVma에서 정의된 것과 같이 8단계의 Priority를 갖는 여러 가지 Safety와 Non-safety 애플리케이션을 지원한다. UP (User Priority)는 EDCA(Enhanced Distributed Channel Access)를 사용하여 서로 다른 채널 접근 경쟁을 위해 사용된다. 각각 CCH와 SCH는 서로 다른 Default EDCA Parameter Set을 사용한다.

- Channel Coordination

채널 조정은 동기화 절차에 의존하며 CCH 모니터링과 SCH에서의 데이터 교환을 동시에 수행할 수 없는 장비들 간에 데이터 교환을 지원하도록 한다. 그러한 장비들을 단일 채널 WAVE Device라고 한다. 모든 WAVE Device들은 CCH 인터벌 동안 WSMP 헤더와 WSA에 표시된 CCH 넘버로 높은 우선순위 메시지들 (우선순위 4이상)을 전송하면서 CCH를 모니터링 한다. 또한, 높은 우선순위 메시지들은 SCH 인터벌 동안에도 CCH에서 전송할 것이다. SCH 인터벌 동안 CCH에 남아있는 Device들은 낮은 우선순위 Frame 들을 전송할 것이다.

단일 채널 WAVE Device가 WBSS에 참여했을 때, 동기화와 채널 조정은 CCH 메시지 (높은 우선순위인 Safety 메시지와 WSA)를 전송하도록 요청된 기간 동안 모든 단일 채널 장비들은 CCH를 모니터링하도록 요청한다.

Sync 인터벌은 CCH 인터벌과 SCH 인터벌로 구성되며 〈그림 4.62〉에서 각각의 인터벌을 보여준다. CCH와 SCH 인터벌의 길이는 dot4CchInterval과 dot4SchInterval의 값을 사용하며, 이 두 값의 합은 sync 인터벌 길이를 의미하며 그 값은 dot4SyncInterval 이 된다. Sync 인터벌은 TSF (Time Synchronization Function) modulo dot4 SyncInterval이 0인 시점에서 시작된다.

각각의 인터벌의 맨 앞에는 서로 다른 Device들간에 채널 간격 시간 변화와 타이밍 부정확성을 위해 가드 인터벌 (Guard Interval) 을 사용한다. 가드 인터벌 동안에는 전송이 허가되지 않는다.

Device들이 가드 인터벌의 끝에서 동시에 전송되는 것을 방지하기 위해서 "Medium Busy"가 가드 인터벌 동안에 선언되고, 모든 전송 시도는 각각의 채널 인터벌의 시작점에서 Random Backoff 하도록 한다. 채널 조정 기능은 올바르지 않은 RF 채널 상에 패킷이 전송되는 것을 방지한다.

- MSDU data transfer

〈그림 4.63〉는 패킷 전송을 위한 과정을 보여주고 그 과정은 다음과 같다.

- LLC가 MAC으로 MSDU를 전달한다.
- 채널 라우터는 MSDU의 EtherType 필드를 조사한 후 MSDU를 적당한 AC로 할당한다.
- 채널 조정 과정을 통해서 현재 채널에 할당된 데이터 버퍼가 서비스된다.
- MAC은 현재 채널에서 내부 경쟁에서 이긴 MSDU를 선택하고 EtherType 필드를 다시 조사한 후 해당 전송 파워와 전송 속도를 사용해서 전송을 시도한다.
- MAC과 PHY간에 MPDU를 전달하기위한 과정은 802.11 표준과 동일하다.
- 가드 인터벌에서 MPDU 전송이 완료되지 않는다면 전송은 PHY-TXEND.request 를 통해서 MAC에 의해 취소된다.

MAC이 MSDU를 수신했을 때 MAC은 수신된 MSDU를 LLC로 보고하도록 MA-UNITDATA. indication을 발생시킨다.

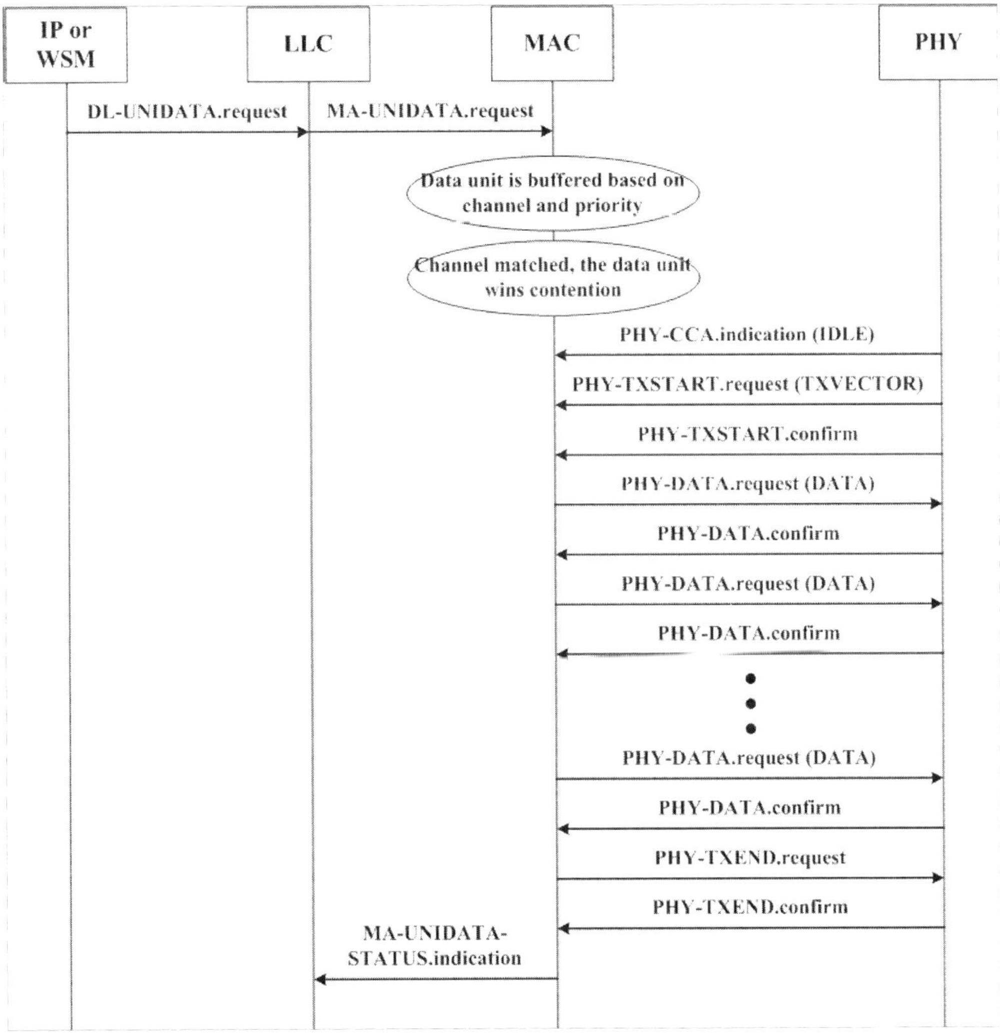

<그림4.63> 패킷 전송 흐름도

다. Channel Coordination Management

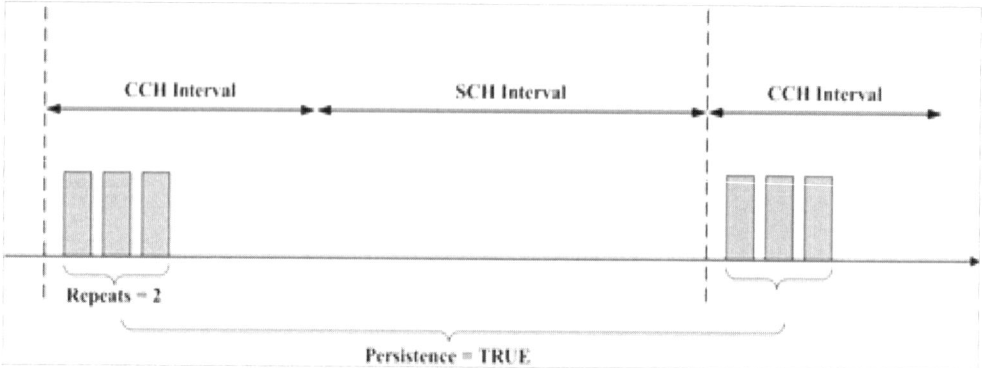

<그림 4.64> Repeat = 2와 Persistence의 예

WAVE Device들은 IEEE 802.11 표준에서 정의된 active scanning, association, authentication 등과 같은 과정을 수행하지 않는다. WAVE Device들은 어느 한 시점에 단지 하나의 WBSS의 멤버가 되어야만 한다.

- Synchronization

WAVE Device의 동기화 절차는 UTC 시간을 추정하기 위해 WSA의 Timing Information Field와 IEEE 802.11에 있는 Timestamp Field를 활용한다. WAVE Deive는 동기화를 위해 UTC를 사용하며 GPS를 포함한 많은 다른 장치들로부터 그 값을 얻을 수 있다. WAVE Device가 UTC와 동기화되지 않았을 때는 지속적으로 CCH를 모니터링한다.

- MAC Management Extension

WAVE MLME는 MAC Management Extension과 IEEE 802.11p MLME로 구성된다.
MLME-WSA.request의 발송은 WME가 WAVE MLME로 SSID, 전송 속도, 채널 번호, Repeats, Persistence 등의 정보를 전달한다.

MLME-WAVEANNOUNCEMENT.request는 SSID, Capability Information, EDCA Parameter Set, WSIE 등의 정보를 포함하고 있다.

MLME-WSA.request의 Repeats 파라미터는 CCH 인터벌 동안 전송될 WAVE Announcement Frame의 개수를 결정한다. Persistence 파라미터의 값이 TRUE이라면 WAVE Announcement Frame을 매 CCH 인터벌마다 전송하고 FALSE 이라면 WBSS가 처음 초기화되 었을 때의 CCH 인터벌 동안만 전송하게 된다. 〈그림 4.64〉는 Repeats가 2이고 Persistence가 TRUE일 때의 예를 보여 준다

4.4 단거리 전용통신(Dedicated short range communications: fixed-to-mobile)

단거리 전용통신의 ITS 응용분야로는 통행요금징수, 주차료징수 분야 등이 있으며, 주로 노변장치와 차량 서브시스템들간의 통신에 이용된다.

4.4.1 DSRC(Dedicated Short Range Communication)

4.4.1.1 개요

DSRC란 Dedicated Short Range Communication의약어이며, 「전용협역통신」이라고 번역된다. ITS의 세계에서는, 이 통신 방식을 이용해 로측기(로측에 설치 된 무선 장치)와 차재기(차량에 탑재 된 무선 장치)의 사이에 라디오 커뮤니케이션을 실시한다.

ITS 전용 DSRC기술은 통신 반경이 수 미터에서 수백 미터인 도로변 기지국장치와 이 통신영역을 통과하는 차량 탑재장치들 사이에서 이뤄지는 점대점(PointtoPoint) 또는 점대다점(PointtoMultipoint) 양방향 고속무선통신 기술이다. 〈그림 4.64 참조〉

5.8GHz대의 주파수대로, 전송 속도는 4Mbps의 전용협역통신 방식으로 차재기와 로측기의 사이에 정보를교환하는 시스템으로서 유료 도로의 요금소에서 ETC(자동 요금수수 시스템) 에 이용되고 있다. 통신 가능한범위는, 대략 수 m로부터 30m 정도이다. 차재기에도 발진기가 내장되어 차재기와 로측기가 대등하게 전파를 서로 발사하는 트랜시버 방식을 채용하고 있다.

현재, 이미 ETC(논스톱 자동 요금 지불 시스템)가 실용화되고 있어 향후 한층 더 여러 가지 텔레매틱스서비스의 정보 취득 수단의 통신 인프라로 기대되고 있어 좁은 범위로의 통신으로 향후, 텔레매틱스 분야에서 기대된다. 길의 역이나 고속도로의 SA 등에서, 〈그림4.65〉에 보여 진 바와 같이 ETC 안테나와 1개의 차재기로 다양한 정보 서비스를 온 디멘드 방식에 의해 효율적으로 받을 수 있다.

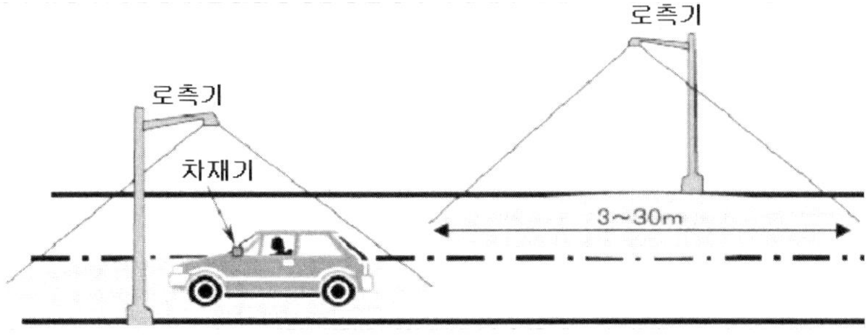

<그림4.65> DSRC 무선통신 이미지

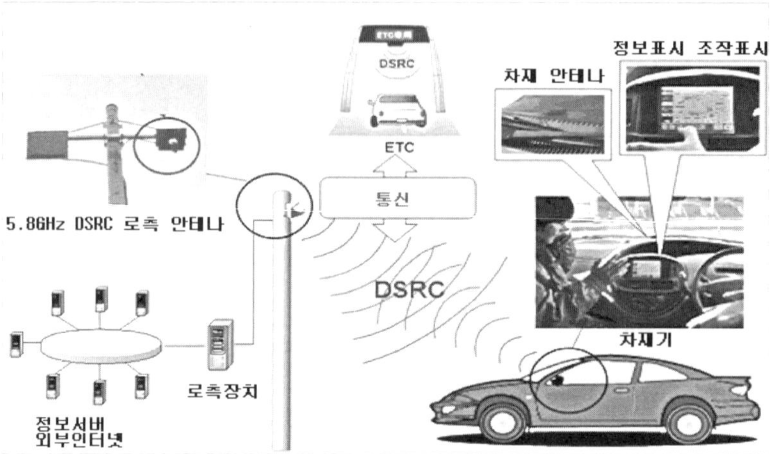

<그림4.66> DSRC 시스템 구성도

4.4.1.2 DSRC 시스템의 특징

가. 통신 기능, 인식 기능, 시큐러티 기능 등의 표준화

주행지원도로 시스템(AHS : Advanced Cruise-Assist Highway System)이나 장래의 인터넷 접속을 목표로 한 스마트 게이트웨이 시스템(SGW : Smart Gateway System)의 실증 시험용 로측 기지국(이하 BS)에 사용되는 협역통신 (DSRC : Dedicated Short Range Communication) 무선기의 개발이 진행 중이다. 종래의 ETC (Electronic Toll Collection System : 자동요금수수 시스템)용 무선기는, 전송속도 1 Mbps, ASK(Amplitude Shift Keying) 변조(ARIB(Association of Radio Industries and Businesses) STD T55 사양 대응)이지만, 현재 개발 중인 무선기는, ARIB STD-T75 규격(2002년 4 달부터 시행) 대응으로서 호환성을 위한 ASK 변조와 QPSK (Quadrature Phase Shift Keying)변조 방식(4 Mbps)를 2 개의 변조에 대응해, TDMA(TimeDivision Multiple Access : 시분할 다중 방식) 프레임내의 슬롯 단위에서 변조 방식을 변환일이 생긴다. 게다가 주파수 이용 효율 향상 때문에, 전송 대역을 좁은 응용 시스템의 증가를 상정해, 전송 채널을 증가했다. 이 때문에, 변복조는 디지털화해, 기능 변환을 위해서 고속화, 안정화를 도모했다. 각사의 차재기와의 호환성 시험을 거치고, 복수의 실증실험용으로 개발하여, 무선기로서의 성능, 기능에 대해 높은 평가를 얻고 있다.

나. 자동차로부터 대용량 데이터 액세스(음악, 영상, 지도, 지역 정보 등의 다운로드)

DSRC 시스템은, 직경 수 미터 수십 미터의 한정된 통신 에어리어만을 대상으로 해, 에어리어마다 정보를 송수할 수 있는 특징을 살린 용도에 사용되고 있어, VICS (Vehicle Information & Communication System : 도로 교통 정보통신 시스템)이나 ETC에 채용되고 있어 어느 쪽도 고속으로 통과하는 차량에 대해서 BS로부터 대용량의 통신을 순간에 수행하는 시스템이다.

다. IP 네트워크에 의한 고속 인터넷 접속이나 여러 가지 어플리케이션에 대응 가능

인터넷 ITS에 의해, 휴대 전화나 DSRC(협역라디오 커뮤니케이션), 무선LAN 등의 통신 미디어를 적절히 바꾸어 자동차 인터넷에 접속하는 것으로, 심리스하게 서비스를 실현한다. 또, IPv6의 도입에 의해서 자동차마다 글로벌 어드레스가 할당되어, 한층 더 치밀한 정보의 취득이나 서비스의 제공도 가능하다.

라. 크레디트 카드에 의한 자동 결제(드라이브 스루(drive-through), 주유소, 주차장에서의 자동 결제)

다목적IC 카드를 이용한 시간대여 주차장에서의 할인 서비스 예를 소개한다. 시간대여 주차장에 있어서의 다목적IC 카드는, 결제 기능과 할인 기능 등의 2개의 기능을 필요로 한다. 결제 기능에 대해서는, 다목적IC 카드로 EMV 크레디트 결제 기능을 탑재하는 것을 추천한다. 할인 기능에 있어서는, 입고 시각이나 주차장 ID 등의 종래의 주차권에 기록되는 주차권 관련 정보와 점포에서의 이용 금액에 따라 주차요금 할인이나 포인트 등, 정산 행위 관련 정보를 읽고 쓰기가 가능한 파일을 다목적IC 카드에 장착하여 2개의 기능을 실현될 수 있다.

4.4.1.3 DSRC의 주파수 배분

DSRC는 국가 ITS 정보통신 시스템 구축의 핵심이며 대중에서 첨단 교통 서비스를 제공해주는 핵심적인 수단이다. 따라서 국가의 중요 자원인 주파수는 사용의 효율, 고도화 및 장기 이용계획에 따라 배분 되어야 하며 시스템의 전국적, 세계적 호환성 확보가 필수적이다.

다음 〈표 4-20〉은 각 국의 DSRC용 주파수 할당 현황이다.

<표4.20> 각 국의 DSRC용 주파수 할당 현황

지역		주파수 분배	대역폭	비고
ITU-R		5.725~5.875Ghz	150Mhz	ISM Band
유럽	CEN	5.795~5.815Ghz	20Mhz	5Mhz x 4ch
	ERC/CEPT	5.795~5.805Ghz	10Mhz	각국 공통
		5.805~5.815Ghz	10Mhz	각 국별로 추가
미국(FCC)		902~928Mhz	26Mhz	ISM Band
		5.850~5.925Ghz	75Mhz	신청 중
일본(MPT)		5.790~5.810Ghz(상향)	20Mhz	현재 ETC 용이나 향후 ITS용으로 전환 계획
		5.830~5.850Ghz(하향)	20Mhz	
한국(MIC)		5.795~5.815Ghz	20Mhz	ETC 전용, 톨 게이트 에서만 사용가능, 할당 예정

4.4.1.4 DSRC의 구성과 통신 범위

DSRC는 자동요금징수 (ETC), 도로정보, 도로 안내, 화물운송관리, 등과 같은 다양한 ITS 응용 서비스를 하나의 차량탑재 단말기(OBE)로 제공할 숭 ITek. DSRC의 특징은 100m 이하의 통신 범위에서 능동방식과 수동방식이 가능한 다양한 ITS 서비스를 제공하며, 값싸고 단순한 변조 기술을 사용하여 저가의 ITS 무선 패킷 데이터 통신 시스템을 구성하는 데에 있다. 〈그림 4.67〉에 ITS 서비스를 위한 DSRC 시스템의 응용 예를 보이고 〈그림 4.68〉에 DSRC의 통신 범위를 보였다.

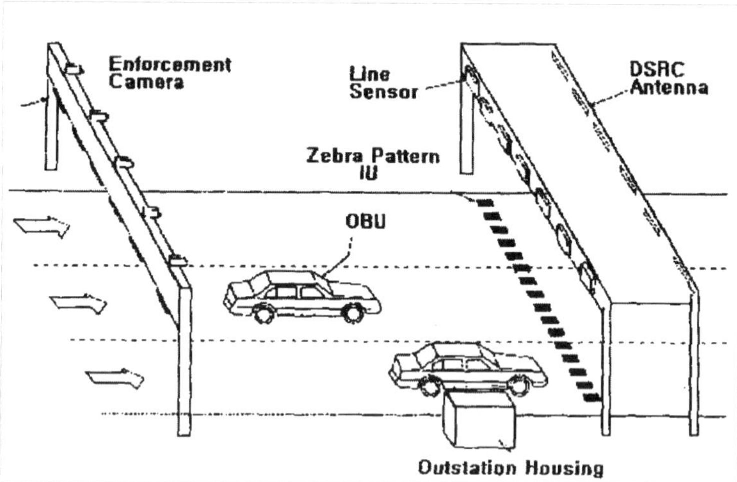

<그림4.67> ITS 서비스를 위한 DSRC 시스템 응용 예

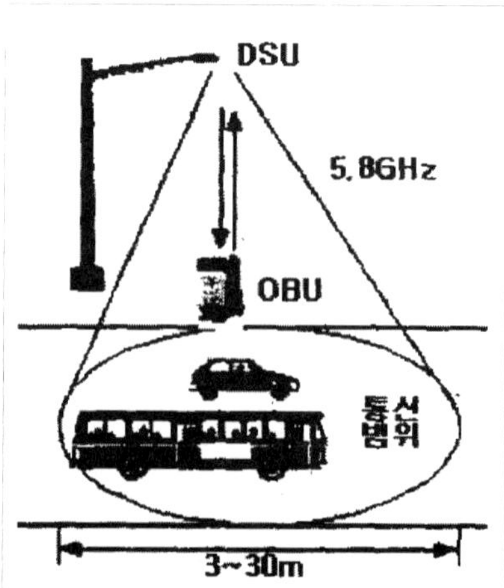

<그림4.68> DSRC의 통신 범위

4.4.1.5 DSRC 전송 방식

DSRC는 고속무선 패킷 데이터 전송이 가능하므로 폭발적으로 증가하는 데이터 전송에 대한 무선 채널을 효율적으로 이용하며, 좁은 무선 셀 지역에서 통신이 가능하다. 또한, 신뢰할 수 있는 데이터 채널의 BER이 10^{-5}보다 작은 특징이 있다. DSRC를 구현하는 기술형태는 지역별 통신방식의 차이 때문에 국가간의 이해 문제가 야기되어 통합에 어려움이 있다. 이들 방식 차이는 물리계층의 조화에 어려움이 있으며 주파수 대역이 상이하여 서비스 목표에 차이가 생겨 서비스 대상과 지향의 차질을 가져오게 하며 기존 설비에 대한 기술적 호환성이 결여되어 서비스의 질이 떨어지게 된다. DSRC의 전송방식은 수동방식과 능동방식으로 대별된다.

가. 수동방식

수동방식은 OBU에 반송파 주파수대 발진기를 갖고 있는 않는 방식이다. 이 방식은 OBU의 가격이 지렴하여 경생성이 우수하며 폭 넓은 보급으로 제품의 신뢰성이 검증되어 있는등의 장점이 있다. 그러나 수동방식은 상향링크 구성시 기지국의 CW(Carrier Wave)를 제공받아야 하므로 반이중 통신으로 이루어지며 최대 데이터 전송속도는 하향 링크가 500Kbps, 상향 링크는 250Kbps 정도로 제한된다. 또 CW전 으로 인하여 주파수 재사용을 위한 노변 기지국간 거리가 260m 이상이 되어야 하고 셀 크기가 10m 이내로 제약되므로 차선별 대응만이 가능하다. 이 방식은 통신 속도에 기인하여 제공 서비스에 한계가 있으며 국외에서 개발된 기술에 의존하므로 기술료 지불등을 고려 해야 한다.

나. 능동방식

능동방식은 OBE에 반송파 주파수대 발진기를 갖고 전파를 발사하는 방식이다. 이 방식은 양방향 링크가 1Mbps 이상인 무선 패킷 통신방식을 사용하고 셀 크기가 100m 이내이므로 서비스 확장성이 우수하고 다양한 서비스 제공이 가능한 장점이 있다. 또한, 이 방식은 다중접속이 지원되며 주파수 재사용을 위한 RSU간 거리가 60m 이상으로 우수하며, 복수 차선에 대한 서비스가 가능한 장점이 있다. 국내의 경우 자체 개발로 핵심기술 핵심기술 보유하고 있어 업그레이드가 용이하다.

능동형 DSRC 시스템은 일반 육상교통 분야는 물론 항공이 이착륙, 선반안전 및 조난 선박 구조등에 이용될 수 있으며, 개인이동통신, 무선호출기 등의 기존 통신 서비스의 사용 효율을 높이고 사용자 또는 이용자의 기호에 따라 다양하게 은용 서비스 제공이 가능 하다. 〈표 4.21〉는 ETC의 수동 및 능동 방식의 비교를 나타낸다.

<표4.21> ETC의 수동 및 능동 방식 특성 비교

항목	수동방식(고속 경우)	능동 방식
반송파 주파수	5.8Ghz	5.8Ghz
RF 채널 간격	10Mhz	10Mhz
점유 대역폭	10MHz 이하	8Mhz
변복조 방식	ASK / PSK	ASK
통신 속도	1Mbps	1,024Mbps
데이터 코딩	-	맨체스터 코딩
듀플렉스 간격	-	40Mhz
통신 형태	트랜스폰더	트랜시버
최대 EIRP	39dBm	44.7dBm
셀 크기	10m	3~200m
주파수 재사용 거리	260m	60m

4.4.1.6 DSRC 통신 프로토콜

ETC(Electronic Toll Collextion)등에 응용되는 DSRC의 경우, 고속으로 주행하는 차량과 통신이 가능한 시간이 수초에서 수십 msec에 불과하므로 단순하고 빠른 통신 절차를 채용해야 한다. 다행히 단거리 통신의 경우 채널이 Line-of-sight 특성이며 통신 오류가 10-6 정도로 매우 작다. 따라서 프로토콜의 구조가 OSI 계층의 물리계층, 데이터 링크 계층 및 응용계층의 3계층만으로 구성되어 있고 네트워크 계층 등 필요한 기능은 계층 7에 통합되어 있다.

DSRC의 프로토콜 모델은 〈그림 4.69〉 과 같이 단순화 하여 표현할 수 있다. 현재 세계적으로 3가지의 DSRC 표준이 존재하는데, 완전히 다른 것은 아니고 물리 계층이나 MAC 계층이 약간씩 다르다. 대부분의 국가에서 물리 계층은 자국 나름대로의 독특한 방식을 제안하고 있으나, 데이터 링크 이상은 국제 표준화를 모색하고 있다. 〈그림 4.69〉에서 미국의 SDO에서 설정한 DSRC의 표준화 모델을 보인 것이다. 미국에서는 SOD 주도하에 물리 계층과 데이터 링크 계층은 ASTM에서 연구토록 하여 MAC과 LLC의 다양한 인터페이스를 수용하게 하였으며, 응용 계층 및 응용 프로그램은 IEEE에서 연구토록하고 있다.

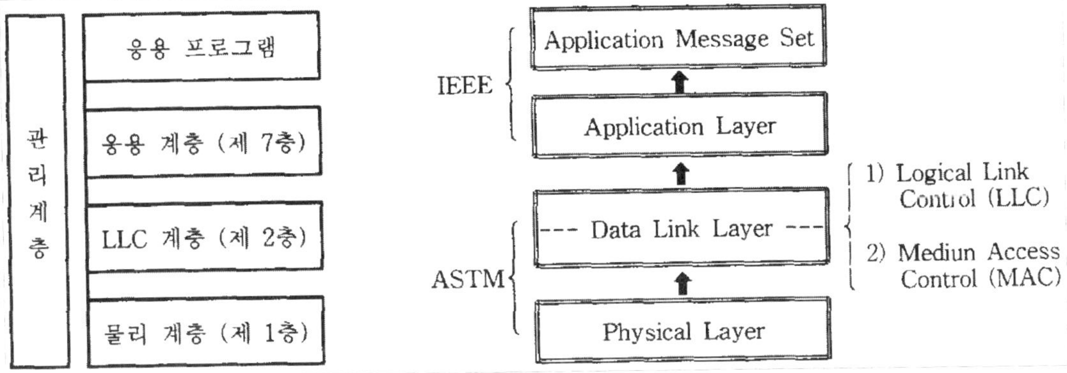

<그림4.69> DSRC 프로토콜 및 SDO의 표준화 연구

4.4.1.7 DSRC 통신 프로토콜 계층

3계층으로 모델링되는 계층 구조에서 물리계층을 제외한 각 계층의 기능 규격은 다음과 같다

가. 논리 링크 제어(LLC) 계층 규격

논리 링크 제어계층은 논리적인 오류가 없는 데이터 전송 서비스를 응용계층에서 제공한다. 논리 링크 제어 계층은 다음과 같은 기능 제공한다.

(1)프로토콜 데이터 유닛(PUD: Protocol Data Unit)이 송신을 시작하거나 수신을 시작.

(2) 데이터의 논리적인 흐름을 제어.

(3) 수신된 명령 프로토콜 데이터 유닛을 해석할 적절한 응답 프로토콜 데이터 유닛을 생성.

(4) 논리 링크 제어 계층 내에서 오류를 제어하고 복원

나. 매체 접속제어(MAC) 계층 규격

매체 접속 제어 계층은 RSU와 OBU를 연결하는 물리 매체의 사용을 관장한다. 물리 매체의 접속은 RSU에 의해 관리되는 중앙집중형 제어 방법을 사용 한다. MAC 계층의 기능은 다음과 같다.

(1) 통신에 사용될 프레임의 생성

(2) 점대점(Point-to-Point)통신 링크 초기화

(3) 프로토콜 데이터 단위 및 확인(ACK) 신호의 송수신

(4) 통신 채널에 대한 에러 검출

(5) 메시지 데이터의 단순 암호화 및 복호화

다. 응용계층(Application Layer)

응용 서비스들(AP)과 하위 계층간의 인터페이스를 제공하고 다음의 3개 커널 요소(KE, Kernel Element)들로 구성된다

(1) I-KE(Initialization KE) : RSU와 OBU 간의 통신 초기 접속과 설정을 수행

(2) T-KE(Transport KE) : 정보 전송 역할과 사용자간의 정보 전송 서비스들을 제공

(3) B-KE(Broadcase KE) : 방송을 수행

DSRC는 물리계층과 MAC 계층, LLC 계층, 응용 계층으로 구성되며, 최근에 자원관리자에 대한 검토가 진행 중이다. DSRC에 대한 표준화는 유럽의 CEN, 일본의 ARIB, 미국의 ASTM에서 진행되었고, 국제적으로는 ITU-R SG8과 ISO/TC204에서 진행되고 있다. ITU-R에서는 무선에 관계된 부분만 권고안이 작성되었고, ISO에서는 프로토콜에 관계된 표준화를 진행 중인데, 물리 계층과 MAC 계층, LLC 계층은 국제 표준화에 실패하였고, 간단한 형태의 응용계층만이 표준화가 진행 중이다. CEN의 응용 계층이 ISO 응용 계층의 초안이 되었으며, 일본의 응용 계층 규격은 ISO 규격과 거의 유사하고, 미국은 ISO 규격을 벗어나지 않는 범위에서 변형되었다.〈표 4.22〉 참조

<표4.22> 각국의 DSRC 규격 현황

ISO/ITU	유럽	미국	일본
L7 : 응용계층	APPL		
L2.2 : LLC 계층	LLC		
L2.1 : MAC 계층	MAC	MAC	MAC
L1 : 물리계층	PHY	PHY	PHY

4.4.1.8 유럽의 DSRC 규격

유럽의 표준화 기관인 CEN(Center for European Normalization)에서 작성한 유럽 표준의 수동방식의 DSRC이다. 규격의 서두에 ETC용도 뿐만 아니라 차량인식, 교통 수집 및 정보제공 등 다양한 용도로 사용될 수 있다고 언급되어 있으나 현재는 ETC용도로만 사용되고 있다. 유럽 지역에서는 이 밖에도 이탈리아 고유 방식이나 적외선을 이용한 ETC 시스템이 사용되고 있다.〈그림 4.70 참조〉

CEN 방식은 수동(passive) 방식 또는 back scattering 방식이라고 하는데, OBE에 반송파 발진기가 없어 RSE에서 송신하는 반송파를 수신하고 이에 데이터가 실린 부반송파를 곱하여 반사하는 방식이다. 따라서 가격이 저렴해지는 장점이 있지만, 통신 거리가 제한되는 단점이 있다. OBE가 상향링크 채널을 요구하면 RSE가 채널을 할당하는 등 RSE가 통신을 주도한다.

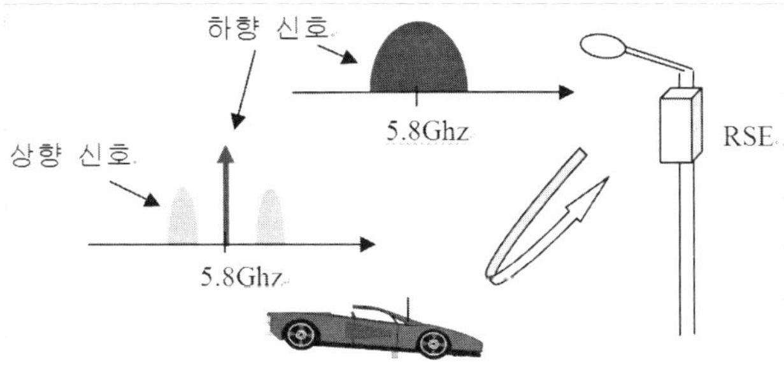

<그림4.70> 수동 방식에서 송수신 신호의 주파수 스펙트럼

연습문제

1. 유선통신망을 설명하시오.
2. 각 이더넷 시스템을 나열 하고 설명하시오.
3. SONET/SDH를 설명 하고 차이점을 나열하시오.
4. 무선통신시스템을 설명하시오.
5. TDMA와 WCDMA를 설명하고 차이점을 나열하시오.
6. WAVE에 대해 설명하여라.
7. DSRC에 대해 설명하여라.

참고문헌

[1] 유+무선 네트워크, 조성근 저, 사이버출판사

[2] FDDI Bridge-S/W H/W 구현, OSIA standards & technology review 제7권제4호 시작쪽수 30p 전체쪽수 9p. 1738-9887, 개방형컴퓨터통신연구회

[3] 차세대 SONET/SDH 기술 동향, 한국정보통신설비학회 2004년도 하계학술대회 2004 , 저 브라이언 라벨리, 저 심재경

[4] ATM(Asynchronous Transfer Mode) 기반의 차세대 광대역 통신망에 관한 연구, 한양대학교 학위석사(석사), 이상후

[5] FRAME RELAY FOR HIGH-SPEED NETWORKS, WILEY, Walter Goralski 저

[6] ISDN을 향하여 변화하는 통신기술, 전기학회논문지 35,3('86.3) pp.146-152 1975-8359, 대한전기학회, 김현우

[7] B-ISDN(초고속 정보통신망의 핵심), 다치카와케이지 저, 이경준 역, OHM

[8] 정보통신일반, 교학사, 윤종호 저, 이현우 저

[9] MAN과 SMDS 구조분석, 논문집 제11-2집 (2005)-공학2 pp.197-218 1225-2557, 송명규 저

[10] THz 대역의 무선통신시스템 기술, 정보와 통신 : 한국통신학회지 27(2) 20-26, 한국통신학회, 정태진 저

[11] 와이브로(WiBro)사업의 현황과 발전 방향, 현안보고서 Vol.52, 국회입법조사처

제5장

ITS의 차량 내 네트워크 시스템 및 운영체제

5.1 차량네트워크의 종류 및 특징

5.1.1 차량네트워크

네트워크이 개념이 차량에 등장하게 된 것은 1970년대에 배기가스규제를 받아 연비를 개선하기 위해 엔진제어 마이크로 컨트롤러를 사용하게 되었다. 이 마이크로컨트롤러는 크랭크 각도 센서, 노크 센서 등 다양한 센서에서 보내 온 데이터를 바탕으로 미리 프로그래밍 된 엔진의 운전 상태에 맞는 점화시기 등을 제어 하였다. 실제로는 마이크로컨트롤러를 탑재한 ECU(Electronic Control Unit : 전자제어유닛)에서 배선다발을 경유하여 센서 등으로 결선되고 제어 되었지만 초기에는 한 개의 제어 시스템만을 고려하여 설계 되었다.

그 후 안정성이나 더 엄격해진 규제에 대응하기 위해 더욱 정밀한 엔진제어가 필요하게 되었고, 정밀성을 높이기 위하여 센서의 개수와 제어 개소가 증가하여 마이크로컨트롤러와 함께 ECU의 성능이 향상되고 복수개의 ECU가 차량에 장착 되었다. 이때 ECU들은 단순히 칩의 I/O를 사용하여 통신을 하였으며, 그로 인해 엄청난 배선의 증가가 생겨났다. 배선의 증가는 차량 성능의 저하, 연비 저하 등의 악영향을 가져 왔다. 이러한 문제를 해결하기 위해 자동차 업계에서는 시리얼 버스 시스템을 연구하기 시작하였고, 이에 따라 현재에는 자동차용 네트워크인 CAN(Controller Area Network), LIN(Local Interconnect Network), FlexRay, MOST 등의 네트워크가 사용되고 있다. 과거 제어 어플리케이션만 생각하여 ECU를 설계하였지만, 차량네트워크의 보급으로 인하여 네트워크의 기능도 고려하게 되었다.

5.1.2 CAN(Controller Area Network)

CAN(Controller Area Network)란 현재의 자동차용 네트워크의 사실상의 표준이라 할 수 있으며 1986년 2월 미국의 자동차 관련 업계 단체인 SAE(Society of Automotive Engineers: 자동차기술자협회)의 회의에서 독일의 로버트 보쉬(Robert Bosch)사에서 처음 제안하였다. 초기에는 UART 방식을 고려하였으나 일대일(Point To Point)통신 방식이기에〈그림5.1 참조〉 서로 다른 세 개의 ECU간의 통신 방식으로는 적합하지 않아 다중통신(Multi Master Communication) 방식이 필요하게 되어 CAN이 탄생하게 되었다〈그림5.2 참조〉. 이 외에도 다음과 같은 항목을 개념으로 정리 하고 있었다.

- 견고성이 높은 조정(arbitration) 메커니즘
- 우선순위가 가장 높은 메시지는 지연 없이 버스에 송신
- 에러 검출 메커니즘 설치
- 고장 노드는 자동으로 개방
- ID(식별자)는 송,수신 노드의 주소를 식별하지 않고 메시지의 내용과 메시지의 우선순위를 나타낸다.

이와 같이 기본 개념을 정리 하였고, 그 후 최초의 집적화된 CAN 부품은 1987년 Intel에 의해 생산 되었다.

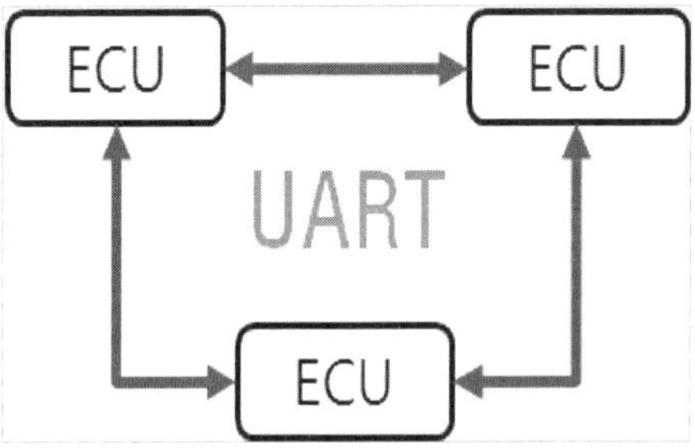

<그림 5.1> {Point To Point 방식}

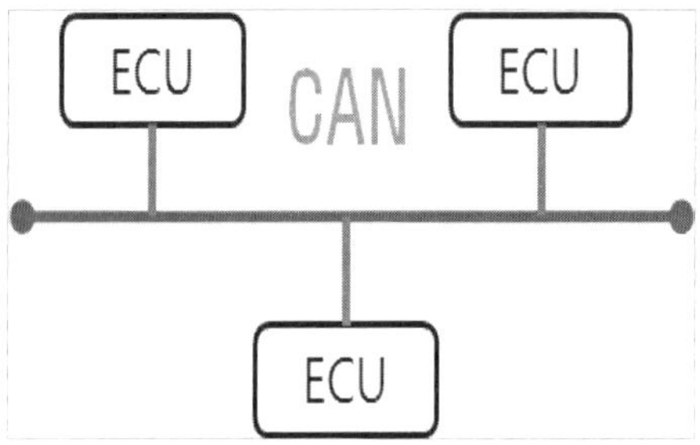

<그림 5.2> {Multi Master 방식}

로버트 보쉬(Robert Bosch)사는 1991년 현재의 사양인 CAN Protocol 2.0(CAN 2.0A)을 발표하고 ISO(International Organization for Standardization : 국제표준화기구)에 제출하였고, 1993년 11월에 정식 ISO표준으로 'ISO 11898'이 제정 되었다. 이후 1995년 개정안이 제출되어 ISO 11898이 확장되고 29Bit의 ID를 가진 CAN 2.0B가 제정 되었다.

1992년 메르세데스 벤츠사가 처음으로 CAN을 채택한 차량을 출시하였으며, 초기 단계에는 엔진계 시스템의 제어를 수행하였으나, 현재는 차량의 전반적인 부분에서 사용되고 있다.

5.1.2.1 CAN의 규격과 동작 원리

CAN 메시지는 ID(식별자)의 길이에 따라 두 가지 모드로 구분 된다. 표준 CAN이라 불리는 2.0A 은 11Bit의 ID를 가지며 와 확장 CAN이라 불리는 2.0B는 29Bit의 ID를 가진다. 대부분의 CAN 2.0A Controller는 오직 표준 CAN 포맷 방식의 메시지만 전송 및 수신이 가능하며, 확장 CAN 포맷 방식의 메시지를 수신하더라도 그 데이터를 무시해 버린다. 즉, CAN 2.0A는 CAN 2.0A의 데이터 전송만 유효하고 CAN 2.0B는 둘 다 송수신이 가능 하다.〈그림 5.3 참조〉

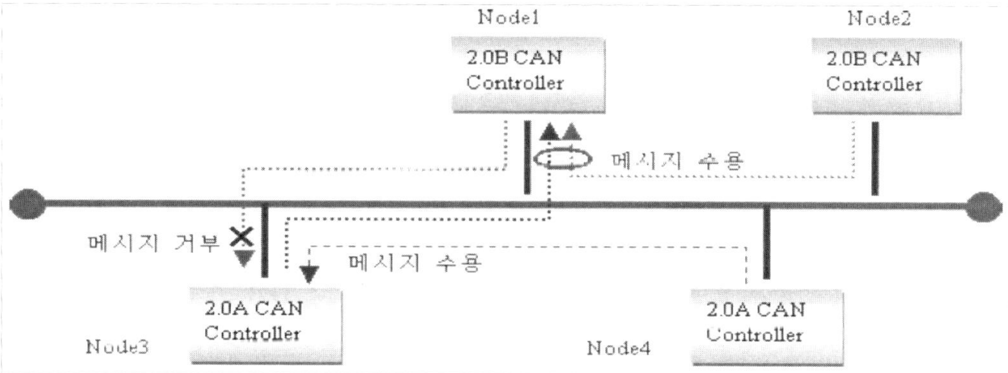

<그림 5.3> 표준 CAN 2.0A와 CAN 2.0B의 호환 관계

또한 ISO규격에 따라 두 가지로 구분되며 이 경우에는 물리계층에 차이가 있다. 1Mbps이상의 고속통신까지 지원이 가능한 ISO11898이 있으며, 125kbps까지의 통신이 가능한 ISO 11519가 있다.

CAN의 기본적인 메시지 형태는 그림 4와 같이 11Bit(2.0A)나 29Bit(2.0B)의 식별자와 4Bit의 DLC(Data Length Code)와 8Byte의 Data Frame로 구분 되고, 통신을 위해 기본적으로 '데이터 프레임', '리모트 프레임', '에러 프레임', '오버로드 프레임' 4가지의 프레임을 제공하고 있다.

11 or 29 Bit	4Bit	1Byte	1Byte	1Byte	1Byte	1Byte	1Byte	1Byte	1Byte
CAN ID/Priority	DLC	DATA Frame							
식별자									

<그림 5.4> CAN 메시지

또한 CAN 네트워크에서 모든 노드는 버스가 자유로워지면 바로 메시지 전송을 시작할 수 있으므로, 여러 개의 노드들이 동시에 전송 처리를 시작하는 것이 가능하다. 노드가 서로 전송된 데이터를 간섭하는 것을 막기 위하여, 동시에 중재되는 모든 메시지들 중 가장 높은 우선순위를 가진 메시지가 중재 단계에서 결정 된다. 실제로 가장 높은 우선순위 메시지를 전송하는 노드만이 메시지를 계속 전송할 수 있다. 식별자의 가장 낮은(0) 값을 가지는 메시지가 가장 높은 우선순위를 가지게 된다.

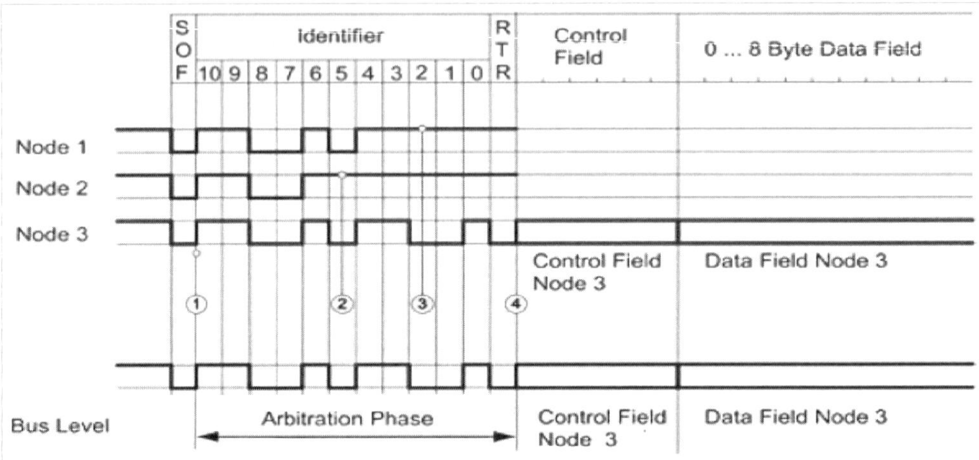

<그림 5.5> 우선순위에 의한 CAN버스 중재 과정

그림 4는 3개의 노드가 동시에 전송을 요청할 경우이다. 각각의 노드는 중재 단계 동안 버스에서 signal level을 관찰한다. 이 중재 단계는 메시지 식별자의 전송이 이루어진다. 만약 노드가 우성 버스 레벨(우성Bit 1)을 발견한다면, 이것은 열성레벨로 전환되고, 전송 처리가 즉시 중단되지만, 이 경우에 동시에 더 높은 우선순위를 가진 메시지는 분명히 전송되고 수신 상태로 들어가게 된다. 첫 번째 충돌이 일어나는 ②번 위치에서 Node 2가 경쟁에서 지고 대기모드로 들어가고, 나머지 1,3번 Node들은 계속 경쟁을 한다. ③위치에서 Node 1이 Node 3보다 열성이기 때문에 Node 1은 대기 모드로 들어가고 살아남은 Node 3번만 데이터 전송이 가능하다.

5.1.2.2 CAN 프레임

CAN의 메시지 전송에는 4종류의 프레임이 있다.

- 데이터 프레임: 송신 노드에서 수신노드에 데이터를 전달하는 프레임으로 데이터 프레임과 다음 데이터 프레임 사이는 3Bit 이상의 리세시브(인터프레임 스페이스) Bit로 분리 된다.
- 리모트 프레임: 버스 상에 있는 노드에서 데이터 프레임 송신을 요구(request)할 때 송신되는 프레임으로 데이터 프레임에서 데이터 필드를 제외한 형태이다.
- 에러 프레임: 버스의 에러를 검출한 노드에 의해 송신되는 프레임 이다.
- 오버로드 프레임: 선행하는 데이터 프레임과 그것에 연결되는 데이터 프레임 또는 리모트 프레임 사이에 지연을 위해 사용되는 프레임 이다.

가) 데이터 프레임(Data Frame)

데이터 프레임은 이름처럼 데이터를 송신하기 위해 이용되고, SOF(Start Of Frame)와 Arbitration Field, Control Field, Data Field, CRC Field ACK Field, EOF(End Of Frame)이렇게 7가지의 서로 다른 필드로 구성 됩니다〈그림 5.6 참조〉.

먼저 SOF 필드는 한 개의 도미넌트 Bit로 구성 되어 있으며, 데이터 프레임 및 리모트프레임의 시작을 나타낸다. Arbitration Field(중재 필드)는 11or29Bit의 식별자(ID)와 RTR(Remote Transmission Request) 1Bit로 구성되어 있다. RTR은 기본 값이"0"이며 RTRBit가 "1"일 때는 리모트 프레임을 나타낸다. 여기서 식별자는 상위 7Bit를 모두 리세시브로 송신하는 것은 금지 되어 있다.

다음으로 컨트롤 필드는 6Bit로 구성된다. 이 중에서 4Bit는 DLC로 데이터의 길이를 나타내며, 2Bit는 향 후 사용을 위해 예약해놓은 값으로 "0"을 가진다. 데이터 필드는 실제 전송하고자 하는 정보가 들어 있는 필드로 0~8Byte로 구성되어 있으며, MSB(Most Significant Bit)부터 송신 된다. 데이터 필드는 사용자가 정의 할 수 있는 영역이다. 다음으로 CRC필드는 15Bit의 코드와 1Bit의 CRC 경계로 구성 된다.

ACK(ACKnowledge) 필드는 각 프레임이 올바르게 수신되었을 때 수신 노드에서 반환되어 오는 값으로 2Bit로 구성되며 첫 번째 비트는 "0"값을 가지는 Slot Bit이다. 그러나 메시지를 성공적으로 수신한 다른 노드로부터 전송된 "1"의 값으로 기록된다. 두 번째 비트는 "1"을 가진다. 이더넷에는 ACK프레임이 준비되어 있지만 CAN은 데이터 프레임이나 리모트 프레임 등을 송신하고 있는 사이에 수신 노드가 ACK를 반환 한다.

마지막으로 프레임의 종료를 알리는 EOF가 온다. 7Bit로 구성되며 모두 "1"의 값을 가진다. EOF 뒤에 모두 "1"의 값을 가지는 3Bit의 프레임 중단 필드(INTermission Field)가 이어 진다. 3Bit의 INT주기 이후에 CAN 버스라인은 자유상태로 인식된다.

SOF	Arbitration Field		Control Field			Data Field	CRC Field		ACK Field		EOF	INT
	식별자	RTR	RB1	RB0			CRC	경계	ACK	경계		
1	11Bit	1	1	1	4	0~64	15	1	1	1	7	3

<그림 5.6> 데이터 프레임

나) 리모트 프레임(Remote Frame)

리모트 프레임은 송신 노드가 수신노드에게 데이터의 전송을 요청할 때 사용한다. 6개의 서로 다른 필드로 구성되어 있으며〈그림 5.7 참조〉, 데이터 프레임에서 데이터 필드를 제외한 것과 같은 형태이다. Arbitration Field의 RTR 값이 "1"이면 리모트 프레임인 것이다. 또한 리모트 프레임의 Arbitration Field에 의해 송신되는 식별자와 요청에 따라 반환되어 오는 데이터 프레임의 ID가 일치한다.

SOF	Arbitration Field		Control Field			CRC Field		ACK Field		EOF	INT
	식별자	RTR	RB1	RB0		CRC	경계	ACK	경계		
1	11Bit	1	1	1	4	15	1	1	1	7	3

<그림 5.7> 리모트 프레임

다) 에러 프레임(Error Frame)

에러 프레임은 에러 플래그와 에러 경계의 두 필드로 구성되어 있습니다〈그림5.8 참조〉. 또한, 에러 플래그에는 액티브 에러와 패시브 에러 플래그 두 종류가 있어, 노드에 상태에 따라 어느 에러 플래그를 송신할지가 결정 된다. 상태는 노드 내부의 에러 카운터의 값에 따라 변화되고, 액티브 에러 플래그는 연속한 6Bit의 도미넌트로, 패시브 에 플래그는 연속한 6Bit의 리세시브로, 또한 에러의 경계는 8Bit의 리세시브로 구성된다.

에러 플래그	에코 에러 플래그	에러 경계
6	<=6	8

<그림 5.8> 에러 프레임

에러 프레임의 앞으로는 데이터 또는 리모트 프레임이 위치하고, 뒤쪽으로는 인터프레임 스페이스나 에러 프레임이 위치한다.

라) 오버로드 프레임(Overload Frame)

오버로드 프레임은 15Bit로 구성되며 수신 노드의 내부 상태가 다음 데이터 프레임 또는 리모트 프레임의 지연을 요구하는 경우나, 인터 프레임 스페이스 도중에 도미넌트가 되는 비트를 검출한 경우에 송신 된다〈그림5.9 참조〉.

오버로드 플래그		오버로드 경계
6	1	8

<그림5.9> 오버로드 프레임

오보로드 프레임을 버스에 보내어 다른 노드들이 버스를 일정시간동안 사용하지 못하게 하여 버스를 안정화 시켜 줄 수 있다.

5.1.2.3 CAN 에러 검출

CAN은 에러가 발생한 횟수에 따라 바꾸면서 기본적인 송수신은 계속 이루어지고 있다. CAN은 비트(Bit)에러, 스태프(Stuff)에러, CRC 에러, 포맷(Format) 에러, ACK 에러를 검출 합니다〈그림 5.10 참조〉. 비트에러는 송신 노드가 송신하고 있는 비트값과 다른 값을 검출 하였을 때 발생되며, 스태프 에러는 연속해서 같은 값의 Bit를 6Bit이상 수신 했을 때 발생 시키며, CRC에러는 수신 노드가 CRC를 계산한 결과 계산 값이 틀렸을 때 발생 된다. 포맷 에러는 수신 노드가 규정 포맷과 다른 비트를 검출 했을 때 발생되며, ACK 에러는 송신 노드가 ACK의 도미넌트 비트를 검출할 수 없을 때 발생 된다.

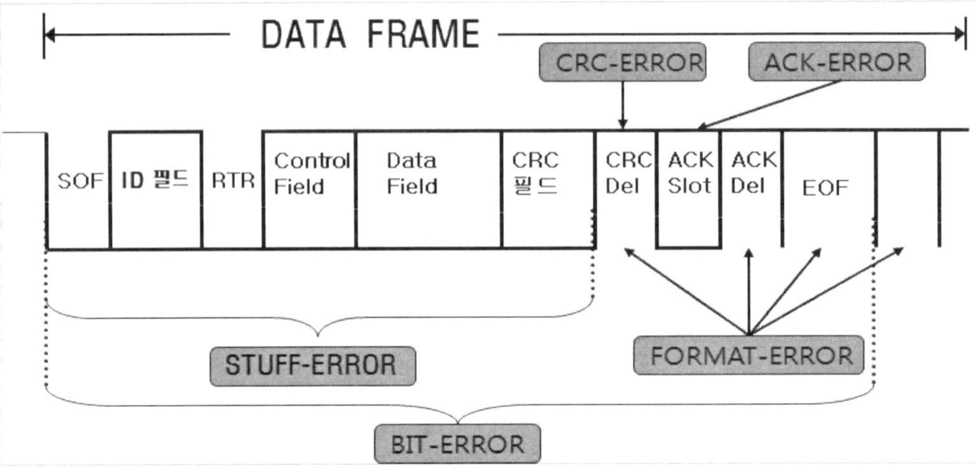

<그림5.10> CAN의 에러 검출 범위

각 노드들은 이러한 에러를 감지하였을 때 에러 플래그를 송신 한다. CAN의 각 노드는 REC (Receive Error Counter)와 TEC(Transmit Error Counter)라는 두 개의 카운터를 내장하고 있으면서 에러가 검출 되었을 때 그 내용에 EK라 카운터의 값을 증감한다. REC와 TEC의 카운터 값에 따라 그림5.11과 같이 '에러 패시브', '에러 액티브', '버스 오프' 세 가지 상태로 천이 된다.

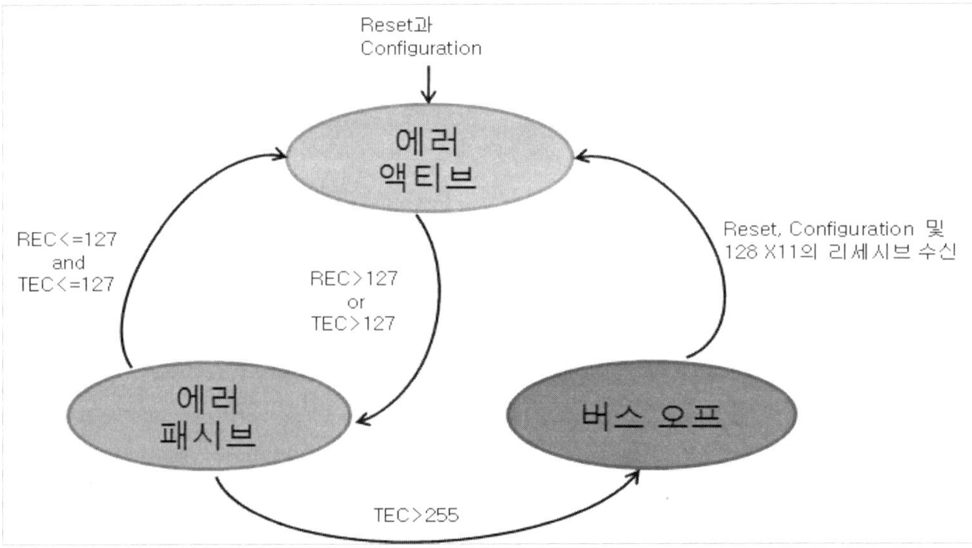

<그림5.11> 에러 천이 상태

노드의 카운터 값이 127을 초과하면 보통의 프레임 송/수신 상태(에러 액티브)에서 에러 패시브 상태로 바뀌지만 송/수신은 계속 가능하다. 에러 패시브에 들어간 후 에러가 발생하지 않으면 카운터 값이 내려가고 에러 액티브 상태로 돌아간다. 반대로 에러 패시브에서 문제의 노드가 잡음을 계속 보내게 되면 카운터 값이 올라간다. 카운터 값이 255에 이르면 그 노드는 네트워크에서 연결이 끊기는 버스 오프 상태가 된다. 이런 식으로 에러가 있는 노드가 네트워크에 영향을 주지 못하도록 한다.

버스 오프 상태는 이론적으로 연결이 끊어질 뿐, 물리적인 연결이 끊어지는 것은 아니다.[1][2]

5.1.3 LIN(Local Interconnect Network)

현재의 자동차 시장에 요구 되는 사항들은 배기가스감소나 더욱 엄격해지는 환경규제에 대응하는 클린 환경 기술이나, 쾌적한 주행, 사고예방, 안전운행 등이 있다. 그러나 제조업체에서는 위와 같은 요구 조건을 만족 시켜주기 위하여 새 시스템이나 기능의 증가, 플랫폼화, 더 정밀한 제어나 중량의 감소가 요구되고 있다.

시장의 요구를 반영하면서 위의 과제를 해결하기 위한 방법으로 시스템을 실현하기 위한 소프트웨어를 고속으로 실행할 수 있는 반도체 기술 및 제품의 도입, 확장성이 있고 구축하기 쉬우며 저비용의 시스템을 실현하는 개방된 인터페이스, 기계적 제어나 유압 제어 등 메커니즘의 전기적 제어를 실현하는 메카트로닉스 기술의 도입이 있다. 이들 중 주목 받고 있는 기술은 X-by-wire 기술이 있다. X-by-wire에서는 이전의 기계적인 기구에 의한 제어가 아니라 전자적 제어에 의해 정밀도를 향상 시킵니다. X-by-wire 기술을 응용한 분야로는 제어 새시계의 애플리케이션이 앞서 나가고 있으며 더 넓은 의미로 해석하면 파워트레인이나 차량 바디에도 응용되고 있다. 예를 들어 파워트레인에서 사용되고 있는 시스템으로 'throttle-by-wire: excel-by-wire라고도 함'이 있다. 이것은 전기신호로 변환된 엑셀페달을 밟은 양을 엔진 ECU에서 계산하고 엔진의 스트로 밸브의 개·폐량을 제어하여 자동차의 속력을 조절하는 것이다.

이와 같이 운전자의 요구를 만족시켜 주기 위하여 자동차에 탑재되는 기능이 매우 다양해지고 센서나, 엑츄에이터 및 이들을 구동하는 반도체 제품의 사용 수량이 매년 증가하고 있다. 이전에는 자동차 회사에서 집중제어 방식을 채택하고 사용하여 배선다발의 사용 수량 증대를 불러 왔다. 배선다발의 사용량이 증가하면 당연히 자동차의 중량이 증가하고 이것을 극복하기 위해서 차량 회사들은 독자적인 네트워크 프로토콜을 개발하고 분산 제어 방식으로 전화하였다. 하지만 이때는 차종이 바뀌면 프로토콜도 바뀌는 상황 이였다. 이와 같은 상황이 이어지면 다양한 프로토콜의 존재로 인해 그 개발이나 유지보수 등이 문제가 될 것으로 예상하고 각자 개발하고 있는 네트워크를 표준화할 수 있을지의 여부를 검토하기 시작하여 2000년 3월에 'LIN(Local Interconnect Network)컨소시엄'을 정식으로 출범 시켰다. LIN규격에는 통신 프로토콜, 통신 매체, 개발 도구간의 인터페이스, 소프트웨어 프로그래밍을 위한 인터페이스 등이 정의되어 있다.

LIN의 가장 큰 목적은 저비용의 자동차 네트워크를 위해 고안된 시스템을 실현하는 것이며, CAN을 토대로 개발되어 주로 차량 내의 바디네트워크의 CAN통신 말단부 시스템 분산화를 위하여 사용되며, 네트워크상에서 센서 및 엑츄에이터 와 같은 간단한 기능의 ECU를 컨트롤 하는데 사용된다.

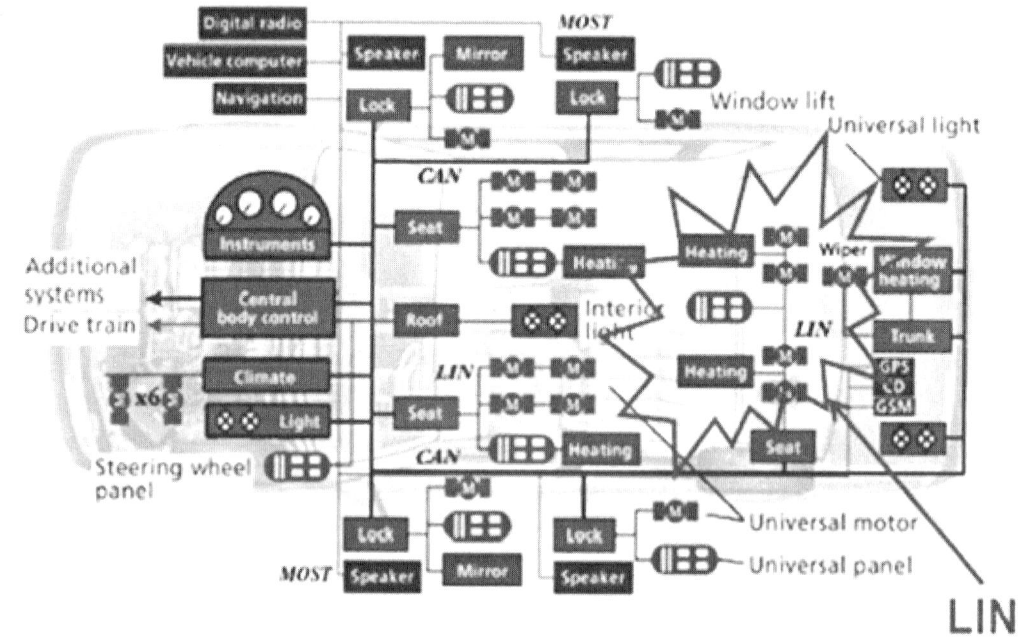

<그림 5.12> **차량 내에서 LIN 사용의 예**

5.1.3.1 LIN 프로토콜

LIN은 2005년 10월 더 새로운 프로토콜 사양의 버전은 LIN2.0이며 2003년 9월에 정식으로 공개되었다. LIN2.0은 이전 버전인 LIN1.3에 비해 신뢰성을 향상시키고 LIN지원 기기의 플러그 앤 플레이를 가능하게 하는 기능이 추가되었다.

우선 LIN은 다음과 같은 특징을 갖는다.

- 네트워크의 구성은 단일 마스터와 복수 슬레이브 형태이다.
- 슬레이브 노드는 수정발진자나 세라믹스 공진기(resonator) 없이 동기(마스터에서 오는 통신데이터로 동기화)된다.
- 통신 방식으로 이미 보급되어 있는 UART/SCI 인터페이스를 이용한다.
- 미리 신호의 전파시간을 계산할 수 있는 결정론적인 신호전송(타임 트리거)을 이용한다.

- 한선으로 동작된다.
- 통신 속도는 최대 200kbps 이다.
- 프레임을 기반으로 한 애플리케이션 사이의 상호작용을 가진다.

LIN프로토콜을 이해하기 위해서는 우선 마스터와 슬레이브의 개념을 이해하여야 된다. LIN클러스트는 한 개의 마스터 노드와 여러 개의 슬레이브 노드로 구성되어 있다. 마스터 노드는 언제 어떻게 프레임을 버스에 전송해야 할지를 결정하고, 슬레이브 노드는 각 프레임 마다 전송하는 데이터를 준비 하고, 마스터 노드의 명령이 없으면 슬레이브 노드는 작동하지 않는다. 또한 LIN프로토콜에서는 네트워크 토폴로지에 대해 특별히 규정하고 있지 않지만 기본적으로는 〈그림 5.13〉과 같은 버스형 토폴로지를 취한다. 그림 2에서는 한 개의 마스터 노드와 두 개의 슬레이브 노드에 의해 LIN 클러스트가 구성되어 있지만 슬레이브 노드는 최대 15개까지 연결할 수 있다.

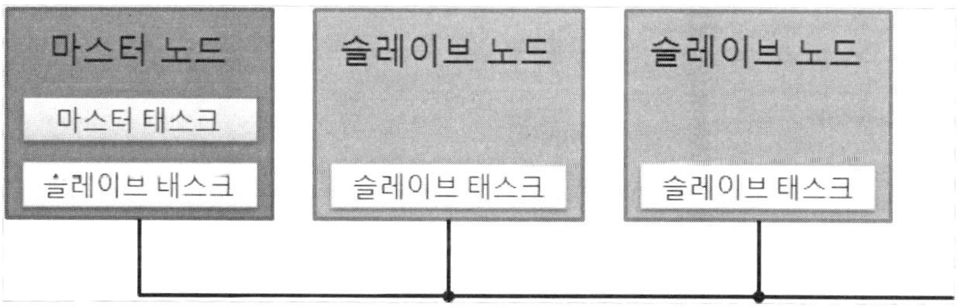

<그림 5.13> LIN 네트워크 구조

LIN프로토콜의 중요한 특징은 스케줄 테이블을 사용한다는 것이다. 이 스케줄 테이블은 버스에 과부하가 걸리는 것을 막아주고, 신호의 주기성을 보장해 준다. 마스터 태스크에 의해 LIN 클러스터의 모든 전송이 개시되면 스케줄 테이블에 따른 동작을 실행 한다. 슬롯의 할당에 의한 스케줄 테이블을 엄수하는 모든 필요조건을 정의 한다. 필요조건은 충돌이 없고, 효율적이며, 비교적 간단하게 LIN 프로토콜을 실행할 수 있도록 해준다.

또한, LIN은 프레임 단위로 통신을 한다.

5.1.3.2 LIN 프레임 구성

LIN버스 상에서 이동하는 신호의 기본 단위는 프레임이다. 프레임을 사용할 경우 장점은 다음과 같다.

- 시스템의 유연성 : 새 노드를 LIN클러스트에 추가할 때 그 외의 슬레이브 노드의 하드웨어나 소프트웨어의 변경이 필요 없다.

- 메시지 라우팅 : 메시지의 내용은 식별자에 의해 정의 된다.
- 멀티캐스팅 : 모든 노드는 동시에 수신하고 한 개의 프레임을 기반으로 동작한다.

또한 마스터 태스크는 스케줄 테이블을 기반으로 한 프레임 헤더를 송신 한다. 스케줄 테이블이란 프레임의 개시, 다음 프레임 전송까지의 간격 및 헤더의 식별자의 고전을 지정한느 것이다.

LIN프레임은 마스터 태스크에서 출력된 헤더(Header)와 슬레이브 태스크에서 출력되는 응답(Response)으로 구성되어 있습니다〈그림5.14 참조〉.

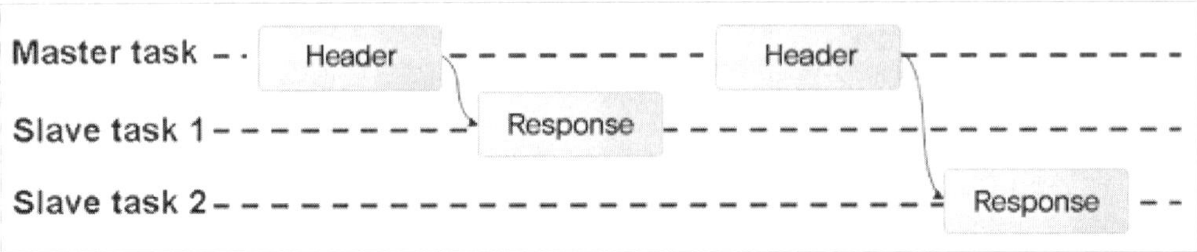

<그림5.14> LIN프레임 구성도

헤더는 브레이크(Sync Break 필드)와 동기 바이트(Sync), 그것에 이어지는 식별자로 구성되어 있으며, 식별자는 프레임의 목적을 정의하는 것이다. 응답은 데이터 필드와, 체크섬 필드로 구성되어 있습니다〈그림5.15〉. 마스터 태스크에서 송신된 식별자와 관련된 슬레이브 태스크는 응답을 수신하고 체크섬을 검증하여 데이터 전송에 사용한다.

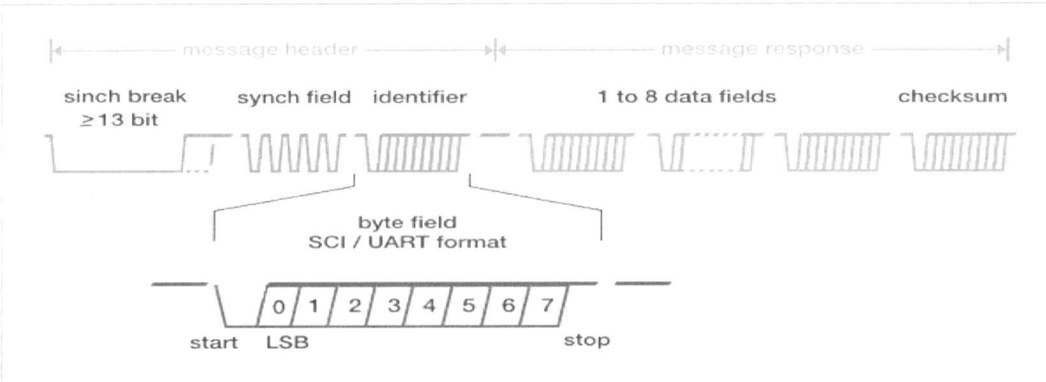

<그림5.15> LIN 프레임

〈그림5.1〉와 같이 헤더 앞으로는 13Bit이상의 프레임이 오고, 4~11Byte로 이루어진 각 필드로 구성되어 있다. 각 필드는 연속한 바이트가 마지막으로 송신 된다. 데이터의 LSB가 제일 먼저 전송되고, MSB가 마지막으로 전송 된다. 스타트 Bit는 '0'(도미넌트)이고, 정지 비트는 '1'(리세시브)로 부호

화되어 있다.

브레이크는 새 프레임의 시작신호로 사용 된다. 브레이크는 항상 마스터 태스크에 의해 생성되며 스타트 비트와 브레이크 경계를 포함하여 13Bit 이상의 '0'도미넌트 Bit로 구성되어야 한다. 동기는 0x55의 데이터값을 가진 바이트 필드이다. 보호식별자는 식별자와 식별자 패리티의 두 서브 필드로 구성되어 있다. 0~59의 신호를 운반하는 프레임과 60~61,의 진단 데이터를 운반하기 위해 사용되는 Bit와 62~63의 예약Bit로 구성뇌어 있다. 데이터 필드는 1~8Byte로 구성되며, 같은 식별자를 동반하는 모든 프레임의 데이터필드의 같은 위치에 항상 존재 한다. 특정 식별자의 프레임의 데이터가 포함되어 있는 바이트 수는 마스터노드와 모든 슬레이브 노드의 합의가 되어 있는 것으로 가정한다. 체크섬의 계산은 표준 체크섬(classic checksum)이라고 하며, LIN1.3의 슬레이브 노드 통신에 사용된다. 프레임의 마지막에 오는 비트로 데이터의 값만을 계산에 포함 시킨다.

5.1.3.3 LIN프레임 유형

프레임 유형은 프레임의 송신을 유효하게 하는 전제조건을 참조 한다. 몇 가지의 프레임 유형은 특정 목적을 위해서만 사용된다.

먼저 무조건 프레임이다. 무조건 프레임은 항상 신호(데이터)를 송신하며, 무조건 프레임의 식별자 범위는 0~59이다. 무조건 프레임의 헤더는 이 프레임에 할당된 프레임 슬롯이 마스터 태스크에 의해 처리되었을 때 반드시 송신된다. 무조건 프레임의 발신자는 헤더에 대한 응답을 항상 준비 한다. 또한 무조건 프레임의 모든 가입자는 프레임을 수신하는 것으로 한다〈그림5.16 참조〉.

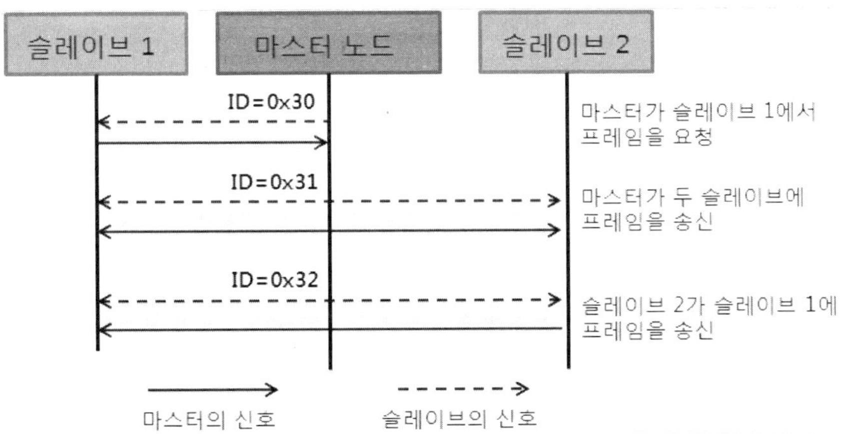

<그림5.16> 무조건 프레임의 전송 방법

다음으로 이벤트 트리거 프레임이다. 이 프레임의 목적은 LIN 클러스터의 신뢰성을 높이는데 있다. 이 상황은 거의 발생하지 않는 복수 슬레이브 노드에 대한 폴링에 비해 많은 버스 대역폭을 할당하지 않고 실행된다. 이벤트 트리거 프레임은 한 개 이상의 무조건 프레임의 데이터 필드를 송신하며, 이벤트 트리거 프레임의 식별자는 0~59이다. 보내어진 무조건 프레임의 최초 데이터 바이트는 그 보호 식별자와 같은 것으로 가정한다. 이것은 최대 7Byte의 데이터가 송신된다는 것을 의미한다. 만약 복수의 무조건 프레임이 한 개의 이벤트 트리거 프레임에 결합되어 있다면 보통 이것은 모두 같은 길이가 되고 같은 체크섬을 사용할 수 있다. 또한 이벤트 트리거 프레임과 무조건 프레임은 모두 서로 다른 슬레이브 태스크에 의해 발행되는 것으로 가정한다.

이벤트 트리거 프레임의 헤더는 보통 이벤트 트리거 프레임에 할당된 프레임 슬롯이 처리될 때 송신된다. 헤더에 대한 슬레이브 태스크의 응답이 없으면 프레임 슬롯의 나머지 부분은 침묵하고 헤더는 무시 된다. 그러나 같은 프레임에 대해 하나 이상의 슬레이브 태스크가 헤더에 응답하면 충돌이 일어나 마스터는 이벤트 트리거 프레임을 다시 요구받기 전에 모든 관련된 무조건 프레임의 충돌을 해결해야 한다.

충돌하는 슬레이브 노드 중 하나가 잘못된 전송 없이 재송신을 취소해도 마스터는 이것을 검출하지 않다. 이 때문에 슬레이브는 성공할 때까지 그 응답을 계속 송신할 수밖에 없어 그 도중에 응답이 없어질 가능성도 생긴다〈그림5.17 참조〉.

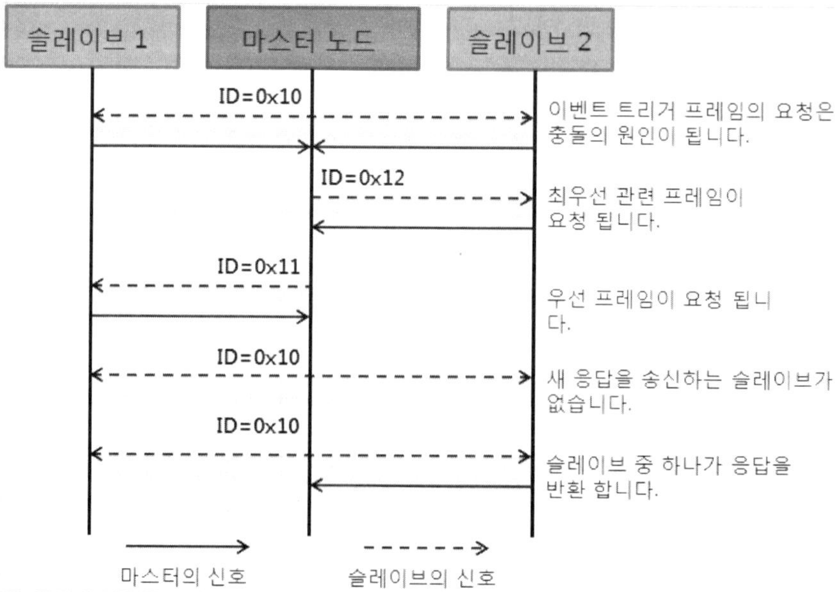

<그림5.17> 이벤트 트리거 프레임의 전송 방법

무조건 프레임의 경우와 같이 이벤트 트리거 프레임의 모든 가입자는 프레임을 수신하고 어플리케이션에서 그 데이터를 사용한다.

다음으로 산발적 프레임은 LIN에 대해 동적인 동작을 제공한다. 본 프레임은 항상 0~59의 신호(데이터)를 운반한다. 산발적 프레임의 헤더는 마스터 태스크가 프레임 내의 데이터 값 (신호)이 업데이트되었음을 알 때에만 프레임 슬롯으로 보내진다. 이 같은 조건을 통해 마스터 디바이스 슬레이브 태스크는 산발적 프레임 응답의 정상 출판자가 된다. 진단 프레임의 길이는 항상 8 데이터 바이트이며, 항상 진단 또는 구성 데이터를 운반한다. ID는 마스터 요청 프레임의 경우 60, 슬레이브 응답 프레임의 경우 61이다. ID 62를 가진 사용자 정의된 프레임은 정보의 모든 유형을 운반할 수 있다. 확보된 프레임은 ID 63을 가지며 LIN 2.0 클러스터에서 사용되어서는 안 된다.

5.1.3.4 LIN의 에러 감지

LIN 2.0 사양은 에러 감지가 슬레이브 태스크에 의해 처리되어야 하며 마스터 태스크에 의한 에러 모니터링은 필요하지 않음을 명시하고 있다. LIN 2.0 사양은 하나의 LIN 프레임 내에서 여러 개의 에러 처리 또는 에러 카운터의 사용을 요구하지 않다. 프레임에서 첫 번째 에러가 발생하면, 슬레이브 태스크는 다음 브레이크-싱크 시퀀스 (마스터가 전송하는 다음 헤더)가 감지될 때까지 프레임의 처리를 중지한다. 로그 버스 에러 속성이 "true"로 설정되면, 버스 에러 프레임은 읽기 큐에 로긴된다. 로그 버스 에러 속성이 "false"로 설정되면 ncWriteNet 또는 ncWriteNetMult가 에러를 반환한다.

LIN은 또한 네트워크에 에러 리포트를 제공한다. LIN 2.0 사양은 Response_Error 상태 비트를 정의하며, 즉 전송된 프레임 중 하나에서 슬레이브는 마스터에 리포팅해야 한다. 이같은 비트는 슬레이브 노드에 의해 송수신된 프레임이 응답 필드에 에러를 포함할 때마다 설정된다. 비트는 슬레이브의 출판된 응답으로 전송된 후에 제거된다. LIN용 NI-CAN Frame API는 Response_Error 상태 비트를 원시 지원하지 않지만 어플리케이션 레벨에서 본 기능을 편리하게 실행할 수 있는 수단을 사용자에게 제공한다. 과정은 읽기 큐에서 버스 에러 프레임의 로깅을 활성화하기 위해 1과 동일한 로그 버스 에러 속성을 설정한다. 그 다음 어플리케이션은 응답에서 에러를 알리는 에러 코드가 있는 버스 에러 프레임의 읽기를 모니터링 한다. 본 조건에서 어플리케이션은 로컬 변수에서 Response_Error 상태 비트를 설정한다. 그리고 어플리케이션은 NI LIN 응답 엔트리 프레임 유형을 사용하여 슬레이브 응답 큐를 Response_Error 상태 비트를 포함한 데이터로 업데이트하며 그 후 로컬 변수에서 비트를 제거한다. Response_Error의 상태에 따라 다음과 같이 분석 된다.

- Response_Error = 거짓 : 노드가 정상으로 작동한다.
- Response_Error = 참 : 노드에 간헐적으로 문제가 있다.
- 노드가 응답하지 않음 = 노드에 심각한 문제가 있다.

문제가 있는 노드의 처리에 대해서는 시스템 레벨에서 생각해야 한다.[2][3][4]

5.1.4 FlexRay

CAN 시스템이 차량에 적용되고 사용된 이후에 다음과 같은 문제점이 발생되거나 한계가 생겼다.

- 서로 다른 통신 시스템의 증가에 따른 게이트웨이의 증가
- 네트워크 토플로지의 복잡화
- 애플리케이션의 증가와 상호 연결성 확보 곤란
- 네트워크의 통신 데이터양의 증가

이러한 한계를 극복하고 기존의 차량 네트워크 시스템을 보완하기 위하여 유럽의 자동차 회사 사이에서 다양한 논의가 이루어 졌으며, 이전에는 각 회사에서 자체적으로 문제를 해결하고 그것을 각 사의 노하우나 제품의 특색 이였으나, 현재는 양상이 크데 달라지고 있다. 자동차 회사들은 컨소시엄을 결성하고, 한 회사의 힘으로 해결하기 힘든 문제점을 공유하고 해결해 나가기 시작 했다.

새로운 자동차용 통신 인터페이스를 검토할 때 자동차 회사는 다음과 같은 요구를 가지고 있다.

- 전기 공동의 공동 아키텍처, 확장 가능한 공통의 통신 시스템, 자동차 업계에서 표준화가 가능, 자동차 내 모든 영역의 애플리케이션을 지원해야 한다.
- 수직 수평적으로 전개 가능한 표준화된 인터페이스가 필요하다.

이러한 요구를 바탕으로 다음과 같은 기존의 통신 시스템을 조사 검사하여 새로운 네트워크의 필요조건을 다음과 같이 규정 하였습니다.〈표 5.1〉

<표5.1> 새로운 차량용 네트워크 기술 요건

생산성	- 이전부터 사용되고 있는 부품의 재이용과 미래의 확장성을 배려 - 가능하면 호환성을 갖게 한다. - 양산을 위한 높은 신뢰성의 확보 - 전원 관리를 수행할 수 있도록 한다. - 적절한 에러 검출과 진단 기능을 지원한다.
비용의 최적화	- 서로 다른 고속 제어 시스템에 적용할 수 있도론 한다. - 네트워크 아키텍처에 확장성을 갖게 한다. - 노드 아키텍처에 확장성을 갖게 한다. - 기존의 자동차 부품을 사용할 수 있도록 한다.
어플리케이션	- 사양으로 정해진 대역폭을 결정론적 타이밍으로 한다. - 과도적인 장애에 대한 높은 견고성을 확보한다. - 애플리케이션은 자동차의 안전성/유용성에 대해 책임을 진다. - 애플리케이션 내의 데이터의 일관성을 유지한다. - 통신 레벨에 대한 최신 보호 메커니즘을 갖춘다.

또한 이 요건들을 만족하기 위한 기술적인 면의 필요조건은 다음과 같다(표 2).

<표5.2> 새로운 차량용 네트워크의 기술적인 필요조건

항 목	내 용
프로토콜	1) 데이터 전송 - 프로토콜은 전송속도에서 도립(2채널 X 10Mbps 이상) - 달라진 물리 계층(전기 & 광) 지원 2)미디어 액세스 방식 - 정적 결정론적 데이터 전송(정적 세그먼트) - 동적 시간구동 데이터 전송(동적 세그먼트) - 정적 세그먼트와 동적 세그먼트의 독립적 실행 - 대역폭의 할당 - 2채널을 사용하여 같은 타임 슬롯으로도 서로 다른 데이터 송신 - 상이한 채널에서도 서로 다른 노드가 같은 타임 슬롯을 사용 - 정적, 동적, 또는 혼합 세그먼트 사용 3) 동기 방법 - 분산형 시간구동 동기 - 마스터 동기
토플로지	- 액티브 스타의 제공 - 액티브 캐스케이드 스타를 사용한 Point-to-Point 접속 - 패시브 서브버스 - 이상적인 종단 - 정의된 전기적 환경
시스템	1) 서로 다른 토폴로지, 서로 다른 채널에서 서로 다른 물리 계층 지원 2) 시스템 레벨의 장애 내성 - 이중 채널, ECU의 대폭적인 확장성
물리 계층	- 10 Mbps의 데이터 전송속도 - 버스에서의 웨이크업/휴먼 기능 지원 - 패시브 서브버스의 스타 - 자동차 사영의 EMC 요구에 대한 부합 - 버스 가디언과 동과한 에러의 억제
개발 도구	- 개발하는 각종 노드의 데이터에 액세스하기 위한 인터페이스를 갖춘 스케줄링 설계 도구 -분산 시스템용 개발환경에 적합 - 버스 모니터, 장애주입

FlexRay는 각각 10Mbps의 데이터 전송 속도를 지원하는 2개의 채널을 사용하여 통신 합니다(CAN의 약 10배). 동기식을 기반으로 하는 동기화를 사용하며, 시간축의 정밀도는 0.5~10usec(일반적으로 1~2usec)이다. 정기적으로 순화되는 사이클로 구성되며, 특정 메시지는 통신 사이클 내의 고정된 위치에서 발생시켜 고정 메시지 대기시간과 변동 폭을 보장해 주었으며, 시스템 가용성을 높이기 위하여 메시지를 예비로 전송하는 옵션을 제공하여 이중화 및 비중화 통신을 지원 한다. 또한

버스, 스타 등 다양한 토폴로지의 지원하여 유연성이 높다. 이처럼 FlexRay는 〈표5.2〉의 기술적인 요구조건을 만족하는 새로운 형태의 차량용 네트워크로서 고속통신을 위한 멀티 CAN통신을 대처하거나, 이벤트 중심의 CAN통신을 시간중심으로 패러다임의 전환을 불러 왔다. 또한 높은 데이터 전송 속도를 바탕으로 개별 네트워크 간의 연결을 제공하여 백본망으로 사용될 수 있으며, 실시간 애플리케이션, 분산제어 시스템에도 사용이 가능하다.

5.1.4.1 FlexRay 프로토콜

FlexRay의 네트워크 토폴로지(topology)는 그림 1과 같다. 그임에서 보는 것과 같이 FlexRay는 버스형, 스타형, 버스와 스타를 혼합시킨 혼합형을 지원 한다. 버스형은 CAN과 LIN에서 사용되는 방법으로 경험을 살린 설계가 용이하고 비용효율도 좋지만 데이터 전송속도가 빠르지 않아 고속 데이터 전송이나 에러 제어를 향상시키고자 하는 경우에는 스타형 토폴로지를 사용한다.

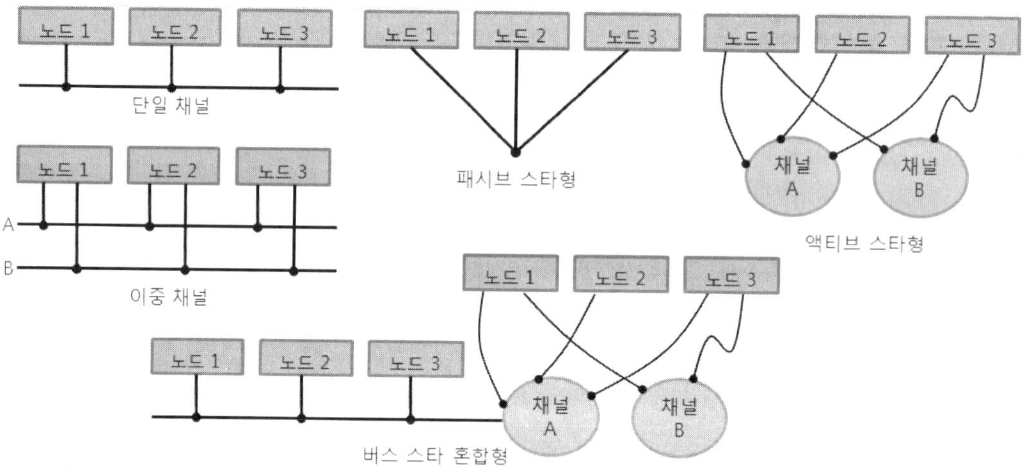

<그림5.18> FlexRay의 네트워크 토폴로지

또한 FlexRay는 단일 채널(single channel)과 이중 채널(dual channel)을 지원한다. 다양한 토플로지의 지원은 차종이나 노드의 연결 등을 변경할 수 있으므로 개발 비용이나 부품 조달 비용을 조절 할 수 있는 장점이 있다.

다음으로 FlexRay의 프레임 포맷은 크게 헤더(5Byte), 페이로드(0~254Byte), 트레일러(3Byte)로 구성 됩니다〈그림5.19 참조〉 5Byte로 구성된 헤더는 Frame Type Bits(5bits), Frame ID(11bits), Payload length(7bit), Header CRC(11bits), Cycle Count(6bits), 5개의 필드로 나눠진다. 프레임 타입 필드는 Reserved bit, Payload preamble indicator, Null frame indicator, Sync frame indicator,

Startup frame indicator가 각각 1Bit씩으로 구성되어 있으며, 현재 프레임의 상태를 나타내고 있습니다〈그림5.20〉. Frame ID는 11Bit로 구성되어 있으며 Static Segment에서는 slot의 위치를 나타내며, Dynamic Segment에서는 프레임의 우선순위를 나타낸다. Payload length는 Payload Segment에 있는 데이터의 워드 수를 나타내고 있다. Header CRC는 전송 중 에러를 감지하는데 사용되며, Sync Frame Indicator, Startup Frame Indicator, Frame ID, Payload Length를 가지고 계산한다. 마지막으로 Cycle Count는 현재 통신 사이클의 값을 나타내고 있으며, 새 사이클이 시작할 때마다 자동으로 증가 한다.

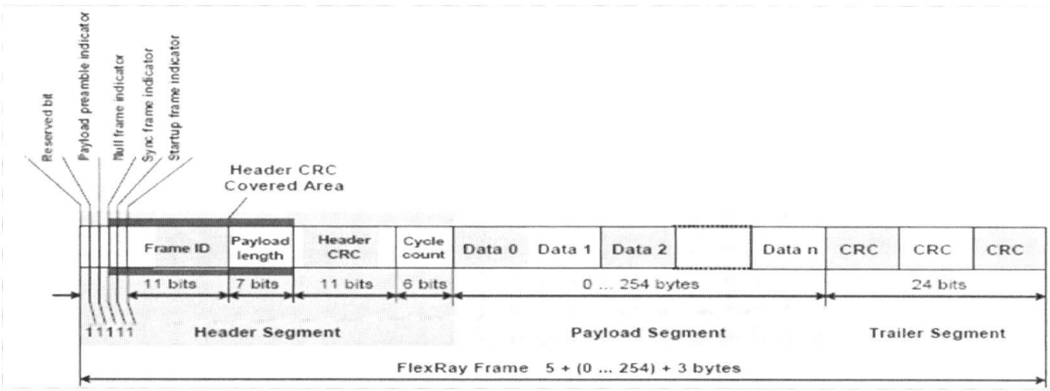

<그림5.19> FlexRay Frame Format

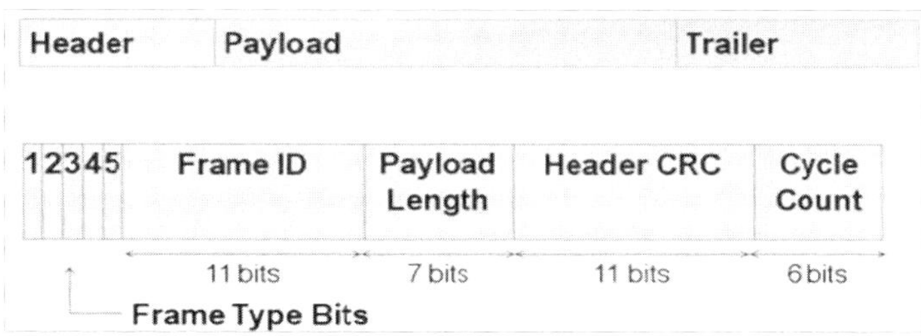

<그림5.20> Header segment

Payload Segment는 프레임이 실제로 전송하는 데이터가 포함되며, 최고 254Byte(CAN의 약 30배)의 데이터의 전송이 가능 합니다〈그림5.21 참조〉.

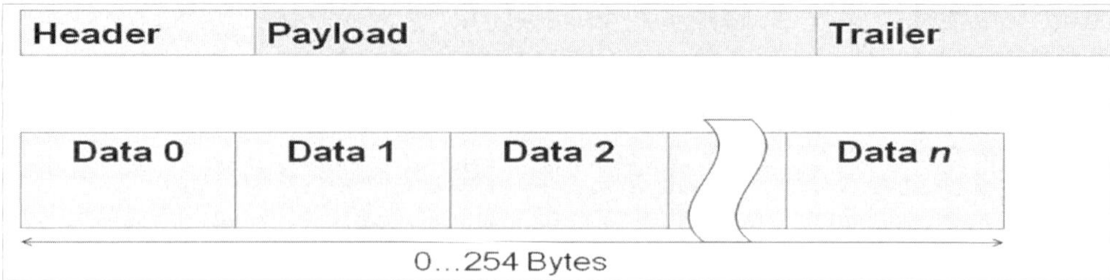

<그림5.21> Payload segment

FlexRay프레임 중 마지막으로 Segment인 Trailer는 24Bit로 구성되어 있으며, 데이터의 검증을 위해 Header Segment, Payload Segment를 가지고 계산 CRC의 값이 포함되어 있어 프레임 전체의 에러 검사 기능을 수행한다.(그림 5).

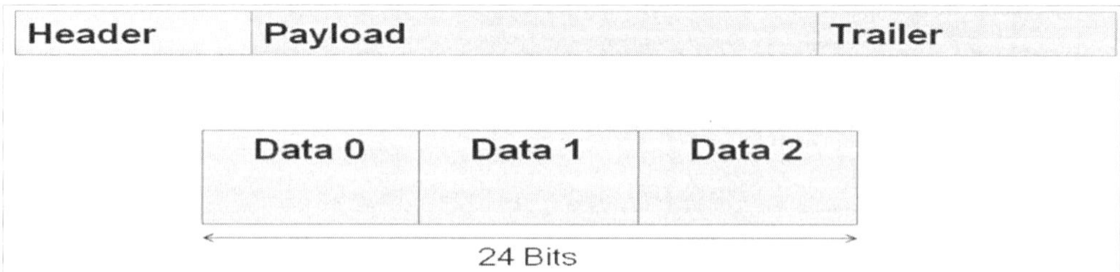

<그림5.22> Trailer Segment

FlexRay의 프레임 구조는 CAN처럼 여러 종류가 정의되어 있지 않고 한 종류만 정의 되어있다. FlexRay의 프레임은 위에서 설명한 것처럼 세 가지의 세그먼트로 수성되어 있으며, 페이로드 세그먼트는 0~254Byte의 데이터 외에 옵션으로 16Bit의 메시지 ID를 삽입하는 경우도 있다. CRC를 헤더와 프레임 전체에 배치한 것은 애플리케이션 간에 일관성을 부여하기 위한 것이다. 또한 FlexRay에서는 CAN과 같이 프레임 내에 인지(ACK)비트를 정의하지 않고 있다. 만약 시스템 상 필요하면 애플리케이션 레벨에서 부가해야 한다.

5.1.4.2 FlexRay 미디어 액세스

FlexRay의 미디어 액세스 방식은 LIN과 같은 다임 트리거 방식이다. 즉, 메시지 송신에 대해 미리 스케줄링 되어 있다. FlexRay의 미디어 액세스에서 가장 큰 액세스 단위는 커뮤니케이션 사이클입니다〈그림5.23〉.

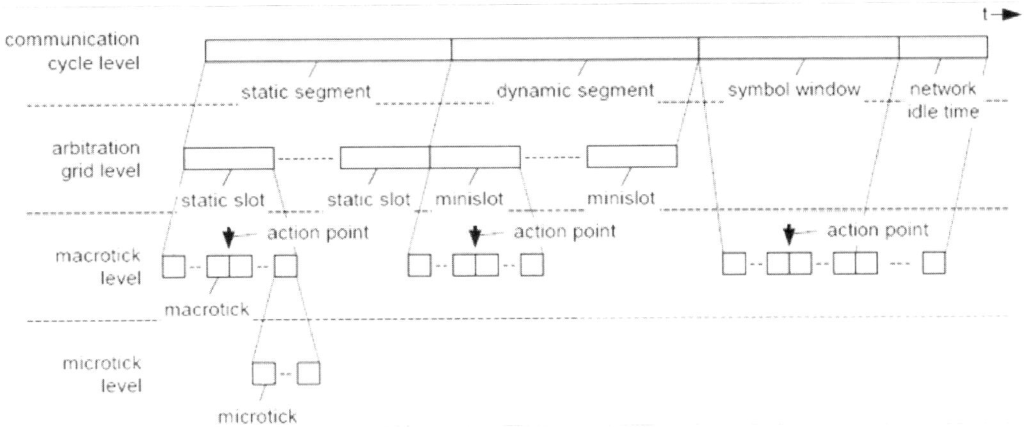

<그림5.23> FlexRay 커뮤니케이션 사이클

이 커뮤니케이션 사이클은 시스템이 켜지면 시작되어 종료 될 때 까지 반복된다. 이 사이클이 몇 사이클 반복되었는지를 확인하기 위해 프레임 포맷 중에 있는 사이클 카운터의 6Bit가 할당되어 있으며, 이 카운터의 사용 방법은 시스템을 설계하는 엔지니어가 결정한다. 커뮤니티 사이클 레벨(Communication level)은 프레임의 스케줄링을 담당하며, 정적/동적 세그먼트와 심벌윈도우, 네트워크 유휴시간(idle)로 구성되어 있다. 조정 그리드 레벨(arbitration grid level)에서 실세로 프레임이 교환되어 각 슬롯에서 한 개의 프레임이 송신된다. 슬롯은 정적이나 미니슬롯 또는 둘 다 구성할 수 있으며, 각 슬롯은 시간으로 관리되며 경합하지 않기 때문에 노드간의 메시지 충돌은 일어나지 않는다.

매크로틱(macrotick level) 레벨은 각 슬롯을 다시 분할한 단위로 동기 서비스를 제공한다. 마이크로틱 레벨(microtick level)은 매크로틱을 분할한 최소 단위이다. 이 단위도 레지스터로 구성되어 있다. 또한 심벌 윈도우, 네트워크 idle도 몇 개의 매크로틱으로 구성되어 있다.

커뮤니케이션 사이클은 STDMA(Static Time Division Multiple Access)라는 액세스 방식을 이용하는 정적 세그먼트와, FTDMA(Flexidle Time Division Multiple Access)방식을 사용하는 동적세그먼트, 동기나 에러 수정 등에 사용되는 네트워크 유휴시간(NIT)로 구성되어 있다.〈그림5.24〉.

정적/동적 세그먼트, 네트워크 유휴시간(NIT)은 미리 결정된 길이로 고정되어 있다. 그림 7에서는 정적 세그먼트에 대해 채널 A와 채널 B의 이중채널 송신시의 모든 패턴을 나타내고 있다. 이때 프레임 ID 번호와 슬롯 번호는 일치한다. 동적 세그먼트는 정적 세그먼트와 달리 프레임마다, 그리고 프레임 유무에 따라 슬롯의 폭이 달라진다. 동적 세그먼트에서도 프레임의 ID번호와 슬롯 번호는 일치한다.

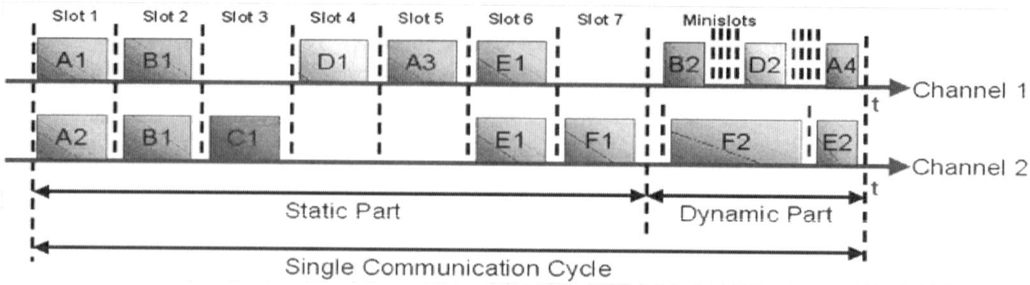

<그림5.24> FlexRay 커뮤니케이션 사이클

정적 세그먼트의 각 슬롯은 길이를 한번 결정하면 송신프레임의 유무에 관계없이 일정하며, 동적 세그먼트에서는 프레임이 송신될 때에는 슬롯의 길이가 필요에 따라 확장되지만 송신프레임이 없는 경우에는 최소의 슬롯 폭이 된다. 그러나 슬롯의 폭이 변화해도 동적 세그먼트의 길이는 고정이다. 네트워크 유휴시간 또한 고정이다.

정적 세그먼트에서는 할당된 정적 슬롯의 번호와 슬롯 카운터가 일치하면 프레임을 송신하게 되어 있다. 노드 한 개에 복수의 정적 슬롯을 할당하는 것이 다능하고 독자적으로 할당되기 때문에 프레임의 충돌은 일어나지 않다.

동적 세그먼트는 각 노드에 대해 채널마다 동적으로 대역폭을 할당하고, 고유한 ID와 미니슬롯 카운터가 일치하면 송신하기 때문에 충돌 없는 액세스가 가능하다. 단, 동적 세그먼트에서는 버스 가디언 LSI의 보호가 없다. 또한 동적 세그먼트에서는 우선순위가 낮은 프레임의 송신이 이 세그먼트에 할당된 시간을 초과할 경우 송신되지 않다.[2][5][6]

5.2 차량용 OS

5.2.1 차량용 OS란

최근 자동차 산업계는 급격한 환경적 변화를 겪고 있으며, 기업 간의 기술 경쟁이 첨예화되고 있고, 이에 따라 기업 간의 합종연횡이 심화되고 있다. 한편 세계적으로 각국의 환경오염 규제가 강화되고 있으며, 차량 안전 기준도 점차 엄격해지고 있다. 또한 이와는 별도로 소비자들은 최근까지 급격히 발전되어 온 IT 기술을 자동차에서도 향유하기를 원하고 있고, 이러한 변화들의 결과로 자동차 회사는 단지 기계 장치를 제조하는 것을 넘어 높은 수준의 전자장치와 소프트웨어까지 생산하여야 하는 상황에 이르게 되었다. 이 변화들을 좀 더 정리하면 전자 장치의 증가, 소프트웨어의 복잡도의 증가, 표준화의 필요성의 증가의 세 단계로 요약할 수 있다.

첫째, 앞서 언급했듯이 경쟁력을 높이고 각종 규제에 대응하기 위해 자동차에 장착되는 전자 장치가 증가하고 있다. 분석에 따르면 2010년까지 자동차 분야 혁신의 90%가 전장 분야에서 창출될 전망이며, 지금도 엔진, 자동 변속기, 브레이크, 에어백 등에 전자 장치가 널리 사용되고 있으며 자동 주차, 나이트 비전, drive by wire 등의 다양한 기능들이 개발되고 있다. 이렇게 전장품의 비율이 증가하면서 ECU 의 개수 또한 계속 증가하고 있고 이에 따라 파워 트레인, 샤시 등 대부분의 모듈에서 ECU 가 이용되고 있다. 이들은 CAN, LIN, TTP, FlexRay 등의 다양한 자동차용 네트워크 프로토콜을 통해 연결되어 분산 시스템을 이루고, 2003 년 메르세데스 벤츠의 S 클래스의 예를 들면 50 개 이상의 ECU들이 3 개의 네트워크로 연결되어 150 여 종류의 메시지를 통해 약 600여 개의 신호를 주고받고 있는 것으로 알려져 있다.

둘째, 전자 장치의 비중이 증가하면서 이를 제어하기 위한 소프트웨어의 양과 복잡도가 함께 증가하고 있으며 2010 년까지 전장 분야의 혁신의 80%가 소프트웨어의 영역이 될 것으로 예측되고 있다. 앞서 언급한 벤츠 자동차의 경우 이미 5백만 라인 이상의 코드가 사용되고 있고, 〈그림5.25〉는 파워 트레인과 같은 자동차의 주요 모듈들의 소프트웨어 크기와 이들을 개발하는데 소요되는 비용을 보여주고 있다. 소프트웨어의 LOC (lines of code)가 증가하면 이보다 더 빠른 속도로 시스템의 복잡도가 증가하게 되면서 생기는 문제점은 복잡도가 증가할수록 품질은 저하되기 쉽다는 것이다. 실제로 소프트웨어의 복잡도 증가로 인한 자동차 결함 사례가 속출하고 있다. 대표적인 예로 Toyota 사의 하이브리드 자동차인 Prius 는 소프트웨어의 사소한 오류 때문에 가솔린 엔진이 정지하는 문제를 가지고 있었으며, 이를 해결하기 위해 Toyota 사는 총 75,000 대를 리콜 하여 새로운 소프트웨어를 설치하여야 했다. 또한 BMW 사의 745i 도 엔진 밸브의 타이밍을 조정하는 두 ECU 사이의 동기화 결함으로 주행 중 엔진 이 꺼지는 문제로 인해 총 5,470 대가 리콜 된 적이 있다.

셋째, 이러한 복잡성 문제를 해결하기 위해 자동차용 소프트웨어의 표준화 필요성이 증가하고 있다. 실제로 자동차 업체들은 표준화 단체 등을 통하여 자동차용 소프트웨어 모듈의 작동 환경, 통신 방식, 배포 방식을 단일화하는 작업을 진행하고 있으며 이들의 궁극적 목표는 소프트웨어 모듈의 plug & play 이다. 이와 같은 변화에 대응하기 위해서는 체계화된 런타임 소프트웨어 플랫폼이 반드시 필요하며 런타임 소프트웨어 플랫폼이란 시스템을 설계하는데 발생하는 위와 같은 복잡한 문제들을 해결해 주고 응용 프로그래머가 프로그램 본연의 기능을 구현 하는데 집중할 수 있도록 도와주는 소프트웨어를 말한다. 이러한 런타임 소프트웨어 플랫폼들 중 자동차에 반드시 필요한 것들로 실시간 운영체제 와 미들웨어가 있다. 실시간 운영체제는 자동차에 서와 같이 시간 제약을 가지는 수많은 프로그램 들이 한 CPU 에서 동시에 안전하게 수행될 수 있도록 해 주는 소프트웨어 플랫폼이며, 미들웨어는 네트워크로 연결된 각 호스트 사이의 통신을 담당 하여 분산 시스템을 하나의 단일 시스템으로 간주 하고 프로그래밍 할 수 있도록 해 주는 소프트웨어 플랫폼이다.

	PWT UNIT	BODY GATEWAY	INSTRUMENT CLUSTER	TELEMATIC UNIT
MEMORY	256 KB	128 KB	184 KB	8 MB
LINES OF CODE	50.000	30.000	45.000	300.000
PRODUCTIVITY	6 LINES/DAY	10 LINES/DAY	6 LINES/DAY	10 LINES/DAY*
RESIDUAL DEFECT RATE @ END OF DEV	3000 PPM	2500 PPM	2000PPM	1000 PPM
CHANGING RATE	3 YEARS	2 YEARS	1 YEAR	< 1 YEAR
DEV. EFFORT	40 MAN-YEAR	12 MAN-YEAR	30 MAN-YEAR	200 MAN-YEAR
VALIDATION TIME	5 MONTHS	1 MONTH	2 MONTHS	2 MONTHS
TIME TO MARKET	24 MONTHS	18 MONTHS	12 MONTHS	< 12 MONTHS

* C++ CODE

Source: EMBEDDED SYSTEMS: THE REAL STORY
FABIO ROMEO, Magnetti-Marelli
Design Automation Conference, Las Vegas, June 20th, 2001

<그림5.25> Development costs of automotive modules

소프트웨어 플랫폼은 OSEK과 AUTOSAR 그리고 ROSEK이 있다.[7]

5.2.2 AUTOSAR

AUTOSAR(Automotive Open System Architecture)는 차량용 소프트웨어의 구조에 대한 실질적인 산업 표준을 개발, 확립하기 위해 자동차 제조업체들과 부품 제조업체들이 공동으로 참여하는 협력체로 AUTOSAR 협력체는 3 단계의 회원 자격 구조로 이루어져 있으며, 현재 〈그림5.26〉과 같이 10개의 Core Partners, 45개의 Premium Members, 15개의 Associate Members로 구성되어 있다. 국내 자동차 업체들 중에는 현대/기가 자동차와 대우정밀 두 업체가 각각 Premium Member과 Associate Member로 AUTOSAR에 참여하고 있다. AUTOSAR 프로젝트의 계획은 표준화된 차량용 소프트웨어 명세를 만드는 것으로 2005년에 AUTOSAR 명세인 Release 1.0과 2.0이 발표되었다.

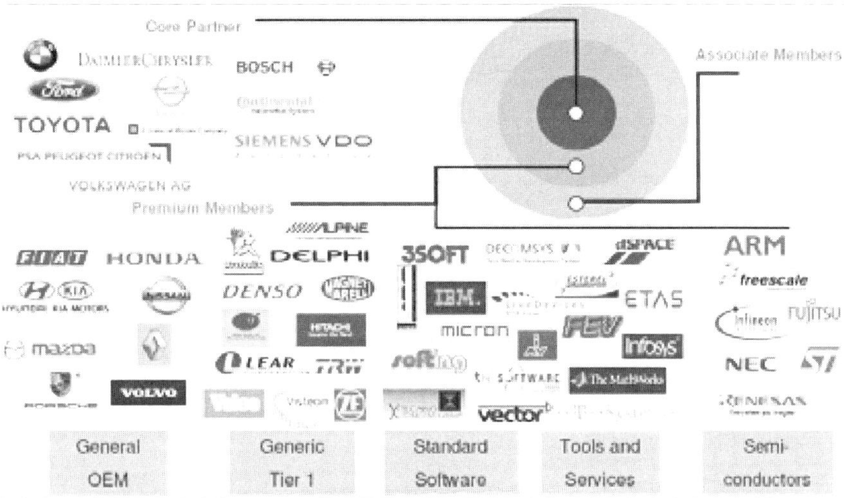

<그림5.26> Participant in AUROSAR

AUTOSAR의 궁극적인 목적은 소프트웨어 모듈의plug & play이며, 하나의 차량용 소프트웨어 모듈(에를 들이 자동 주차 모듈)이 AUTOSAR 표준 을 만족하는 모든 자동차에 변경 없이 실행되도록 하는 것이다. AUTOSAR는 BMW, Bosch, Continental, DaimerChrysler 와 같은 유럽계 자동차 회사들을 주축으로 개발되었으며, 대표적인 AUTOSAR 제품으로는 3Soft 사의 tresosECU, LiveDevices 사의 RTA, Vector 사의 DaVinci 등이 있다.

AUTOSAR에서 자동차용 소프트웨어는 컴포넌트를 단위로 모듈화 된다. 이들 컴포넌트들은 설계 단계에서 VFB(Virtual Functional Bus)라는 가상의 네트워크를 통해 서로 통신하도록 구성되며, 그 후에 매핑 단계에서는 각 컴포넌트들이 어떤 ECU위에서 수행될 지 결정한다. 이렇게 ECU에 할당된 컴포넌트들은 런타임에 각 ECU 마다 존재하는 RTE(Run-Time Environment)를 통해 서로 정보를 교환하며 필요한 작업을 수행하며, 이 과정을 거치는 동안 각 소프트웨어 컴포넌트들과 자동차의 각 ECU 들의 속성과 제약조건들이 기록된 설정 파일들이 사용됩니다〈그림5.26〉.

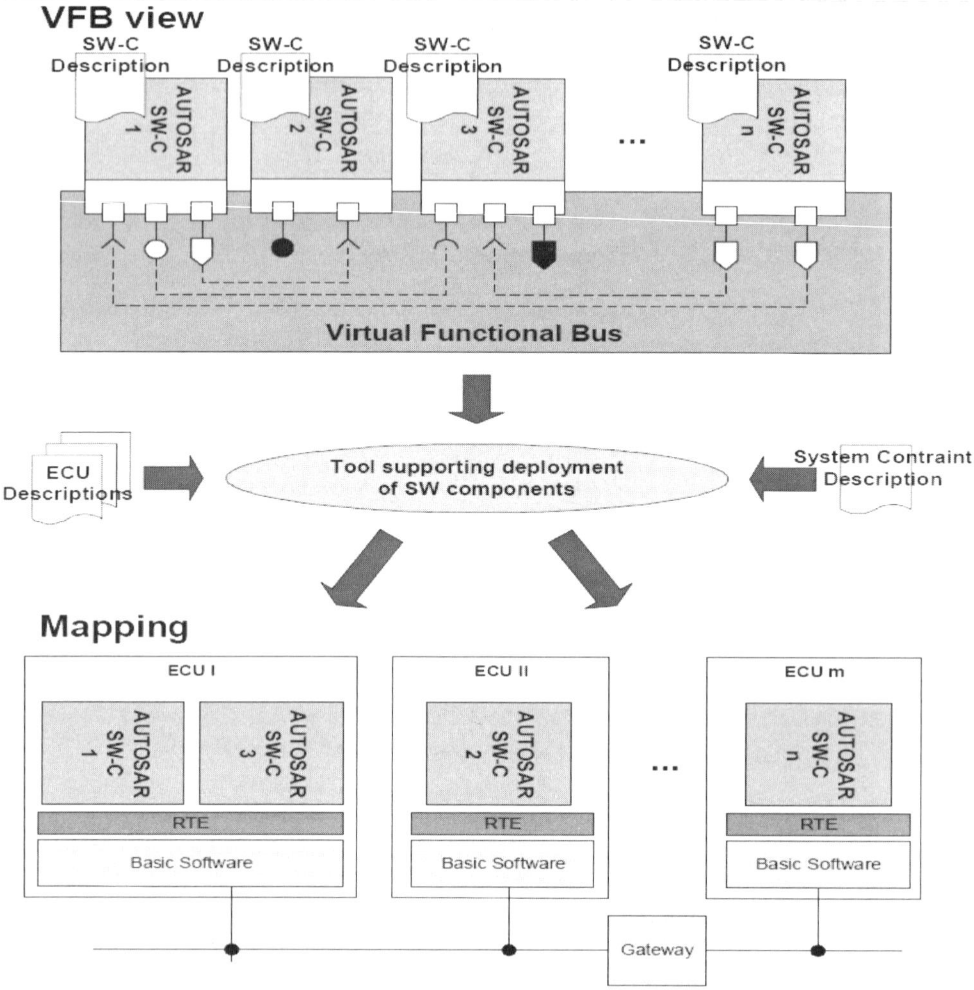

<그림5.27> Concept of AUTOSAR

5.2.2.1 컴포넌트와 VFB(Virtual Function Bus)

AUTOSAR 표준에 따르는 차량용 소프트웨어는 AUTOSAR 소프트웨어 컴포넌트(AUTOSAR Software Component)로 모듈화 되며, 각 소프트웨어 컴포넌트는 구현 내용을 그 내부에 숨기고 잘 정의된 인터페이스를 외부에 제공하여 다른 컴포넌트 모듈과 통신하도록 설계되어 있다. AUTOSAR는 이들 인터페이스의 정의와 다른 컴포넌트 모듈과의 연결 상태 등을 기술하기 위해 소프트웨어 컴포넌트 명세(Software Component Description)라는 표준화된 형식을 정의하고 있다. 각 소프트웨어 컴포넌트 명세는 다음과 같은 내용을 포함한다.

- 해당 소프트웨어 컴포넌트가 제공하거나 필요로 하는 연산이나 데이터 요소
- 기반 하드웨어 구조에 대한 필요요건
- CPU time, 메모리 등 해당 소프트웨어 컴포넌트가 사용할 하드웨어 자원

개발자는 이와 같은 컴포넌트 명세를 기술함으로써 소프트웨어 컴포넌트들을 기반 구조로부터 완벽하게 독립적으로 구현할 수 있게 되었다. 이는 구체적으로 다음과 같은 두 가지로 정리할 수 있다.

첫째, 각 소프트웨어 컴포넌트가 어떤 ECU에서 작동해야 하는지 알 필요가 없고, 어떤 마이크로 컨트롤러에서 작동해야 하는지에 대해서도 알 필요가 없으며, 컴포넌트를 적절한 ECU에 할당하는 것은 설계가 완료된 이후 매핑 단계에서 이루어진다.

둘째, 각 소프트웨어 컴포넌트는 데이터를 주고받아야 하는 다른 컴포넌트 모듈이 어디에 위치해 있는지 알 필요가 없다. 각 소프트웨어 컴포넌트가 필요로 하는 서비스와 데이터는 모두 소프트웨어 컴포넌트 명세에 자세히 기술되어 있으므로, 이들이 같은 ECU에 존재하는 컴포넌트에서 제공되어야 하는지, 혹은 다른 ECU에 있는 컴포넌트에서 제공되어야 하는지에 대해서는 알 필요가 없는 것이다. 따라서 개발자는 소프트웨어 컴포넌트를 구현할 때 네트워크 구조에 대해서도 신경 쓸 필요가 없다. AUTOSAR 소프트웨어 컴포넌트의 특수한 경우로, 감지기/작동기 소프트웨어 컴포넌트(Sensor/Actuator Software Component)가 있다. 이들 컴포넌트는 자동차의 속도를 읽기 위한 감지기나 전조등의 밝기를 조절하기 위한 작동기와 같은 특정 응용을 모듈화한 컴포넌트이며, 이들 컴포넌트는 감지기 혹은 작동기라는 특정 하드웨어에 의존적이지만, 다른 소프트웨어 컴포넌트와 마찬가지로 ECU로부터 독립적으로 구현이 가능하다. 성능과 적시성에 대한 제한 조건에 의해 결국 이들과 물리적으로 연결된 ECU에 자연스럽게 매핑 되기 때문이다.

VFB는 자동차 안의 소프트웨어 컴포넌트들의 전체적인 연결을 추상화한 가상적인 네트워크 구조로서, 기반 하드웨어로부터 독립적으로 소프트웨어 컴포넌트들을 구현할 수 있게 해준다. 〈그림 5.28〉과 같이 각 소프트웨어 컴포넌트는 VFB를 통해 다른 소프트웨어 컴포넌트나 하드웨어 드라이버, OS 등의 기타 서비스 모듈과 통신하도록 설계되며, VFB는 이를 위한 표준화된 통신 메커니즘을 제공한다. VFB는 포트라는 잘 정의된 객체를 통해 컴포넌트 모듈 사이의 통신이 가능하도록 해준다. 포트는 특정 컴포넌트에 종속되어 있으며, 각 컴포넌트는 데이터를 받기 위한 포트들과 데이터를 보내기 위한 포트들을 가지고 있다. 이렇게 통신할 컴포넌트에 대한 정보가 포트에 숨겨져 있기 때문에, 각 컴포넌트는 상대편 컴포넌트의 존재 여부나 그 위치를 알 필요가 없는 것이며 또한, VFB는 Client-Server 방식과 Sender-Receiver 방식의 통신을 모두 지원하므로 각 소프트웨어 컴포넌트는 상황에 따라 적절한 통신 방식을 사용할 수 있다.

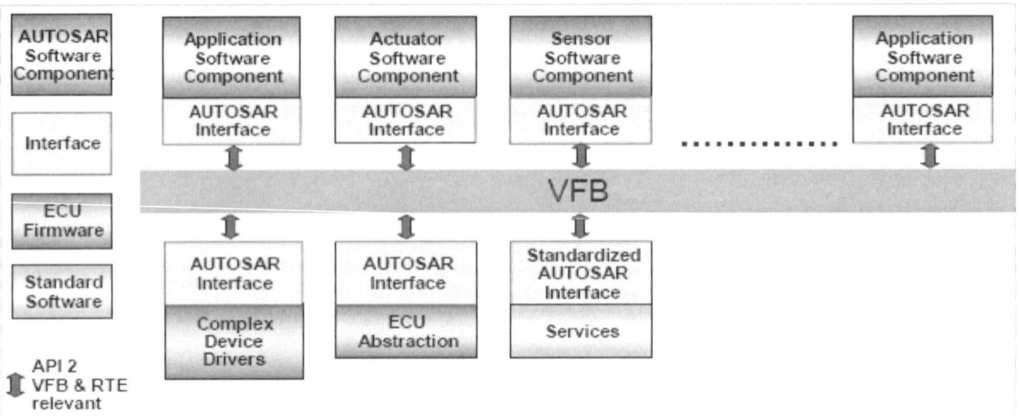

<그림5.28> Software components and AUTOSAR

5.2.2.2 소프트웨어 아키텍쳐

그림 4에서 볼 수 있듯이 AUTOSAR의 런타임 아키텍처는 크게 RTE, OS, Communication, ECU Abstraction, Microcontroller Abstraction, Services, Complex Device Drivers 의 일곱 가지 모듈들로 나눌 수 있다.

가) RTE

RTE는 AUTOSAR의 필수적인 모듈로서, AUTOSAR 컴포넌트들이 서로 통신할 수 있도록 인터페이스를 제공한다. RTE는 대상 컴포넌트가 어떤 ECU 에 있는지, ECU사이의 통신이 어떤 프로토콜 (CAN, LIN, FlexRay, 또는 TTP 등)에 의해 이루어지는지 알 필요가 없게 해 주며, client/server 와 sender/receiver 의 두 가지 통신 모델을 지원한다. Client/server 모델은 client 컴포넌트들이 server 컴포넌트에게 미리 정의된 서비스를 요청하고 그 결과를 되돌려 받는 통신 모델을 의미한다. Sender/receiver 모델은 앞서 언급한 publish/subscribe 모델과 동일하며, 이 모델에서 sender 컴포넌트는 데이터를 배포하며, receiver 컴포넌트들은 이 데이터를 능동적으로 읽다. 이 두 통신 모델은 각각 서비스 중심적인 통신과 데이터 중심적인 통신을 효과적으로 지원하며, RTE는 포트라는 객체를 통해 컴포넌트들 사이의 연결 상태를 관리한다. 각 컴포넌트는 두 가지 종류의 포트들을 가진다. 한 가지는 서비스를 요청받거나 데이터를 받기 위한 포트들이며, 다른 한 가지는 서비스를 요청하거나 데이터를 보내기 위한 포트들이다. 한 컴포넌트가 포트를 통해 서비스를 요청하거나 데이터를 쓰면, RTE는 그 포트에 연결된 상대편 포트에게 이러한 사실을 전송한다. 그러면 상대편 포트는 자신이 속한 컴포넌트에게 서비스가 요청되었음을 알리거나 전송된 데이터를 제공 한다. 이렇듯 통신할 컴포넌트에 대한 정보가 포트에 숨겨져 있기 때문에, 각 컴포넌트는 상대편 컴포넌트의 위치나 존재 여부조차 알 필요가 없다는 장점이 있다.

나) OS/Communication

OS 컴포넌트 모듈은 소프트웨어 컴포넌트나 RTE 또는 다른 컴포넌트 모듈들이 멀티태스킹이나 태스크 동기화 등 운영 체제가 제공해야 할 서비스들을 필요로 할 때 도 사용 된다. AUTOSAR는 이러한 OS 컴포넌트 모듈로 OSEK OS2) 표준(ISO 17356-3)을 따르도록 정의 하고 있으며, Communication 컴포넌트 모듈은 다른 ECU와의 통신이 필요할 때 CAN, LIN, FlexRay 등의 네트워크 프로토콜을 위한 서비스를 제공한다. Communication 컴포넌트 모듈 역시 OSEK COM 표준을 따르도록 되어 있으며, RTE는 내부적으로 OSEK OS와 OSEK COM을 이용하여 그 기능을 구현하도록 되어 있으며 일부 매우 간단한 기능만을 가진 ECU에는 포함되지 않는 경우도 있다. 또한 OSEK OS와 OSEK COM은 그 기능이 필요 없는 일부 간단한 ECU들에서는 포함되지 않아도 되는 선택적인 모듈이다.

다) ECU/Microcontroller Abstraction

AUTOSAR는 한 자동차 안에 여러 개의 ECU가 네트워크로 연결되어 있으며, 한 ECU안에는 하나 혹은 여러 개의 microcontroller와 다수의 장치들(RAM, Flash, 네트워크, I/O)이 작동한다고 가정하고 있다. ECU Abstraction 모듈은 해당 ECU 안에 장치들이 어떻게 구성되어 있는지(메모리 맵, I/O 맵, SPI 등)에 상관없이 그 장치에 접근할 수 있도록 표준화된 인터페이스를 제공하지만 반면 Microcontroller Abstraction 모듈은 실제로 특정 장치를 작동시키기 위한 장치 드라이버들을 구현하고 있는 모듈이다. 따라서 ECU Abstraction 모듈은 내부적으로 Microcontroller Abstraction 모듈이 제공하는 인터페이스를 이용하게 되며, 이 두 모듈을 이용하여 응용 프로그램은 어떤 ECU위에서 수행되어야 하는지에 관계없이 구현될 수 있다.

5.2.2.3 인터페이스

AUTOSAR는 각 컴포넌트 사이의 통신을 위해 AUTOSAR 인터페이스, 표준화된 AUTOSAR 인터페이스, 표준화된 인터페이스 세 가지 종류의 인터페이스를 제공한다. AUTOSAR 인터페이스는 소프트웨어 컴포넌트 간의 데이터 교환을 정의하며, 각 소프트웨어 컴포넌트는 서로 데이터를 주고받거나 원격 서비스를 호출하기 위해 포트를 정의하는 데, 이것을 위하여 이 인터페이스가 사용된다. AUTOSAR 인터페이스는 프로그래밍 언어나 ECU, 네트워크 구조와는 무관하게 정의되며, 표준화된 AUTOSAR 인터페이스는 형식과 의미가 표준화되어 있는 AUTOSAR 인터페이스이다. AUTOSAR 기본 소프트웨어가 소프트웨어 컴포넌트에게 제공하는 표준화된 서비스 AUTOSAR 서비스라고 하며, 표준화된 AUTOSAR 인터페이스는 이 서비스를 정의하기 위해 사용된다. 표준화된 인터페이스는

AUTOSAR 인터페이스와는 무관하게 AUTOSAR 안에서 표준화되어 있는 API이며, 표준화된 인터페이스는 C와 같은 특정한 프로그래밍 언어로 정의된다. 따라서 표준화된 인터페이스는 같은 ECU 안에 있는 소프트웨어 모듈 사이에 사용되며, 네트워크를 통한 통신에는 사용되지 않다.

5.2.3 OSEK/VDX

OSEK은 차량용으로 특별히 설RP된 실시간 운영체제 표준이며, 정식 명칭은 OSEK/VDX이다. OSEK/VDX의 개발은 1993년 OSEK과 VDX라는 두 프로젝트가 하나로 연합하면서 시작되었으며, 현재 OSEK/VDX 프로젝트는 BMW, Volkswagen, Siemens, Renault 등 유럽계 자동차 회사들의 주도로 진행되고 있다.

OSEK 표준은 8 개의 세부 표준으로 나누어져 있으며, 그 중에서 중요한 OSEK OS, OSEK COM, OSEKtime OS, OSEK FTCom, OIL 의 다섯 가지 표준에 대해 살펴보겠다.

첫째, OSEK OS는 멀티 태스킹을 지원하는 가장 기본적인 운영환경이다. 여기에서는 태스크의 생성, 이벤트 기반(event triggered)의 태스크 스케줄링, 태스크 동기화 등의 기능이 제공된다. 둘째, OSEK COM은 태스크들이 메시지를 주고받으며 서로 통신할 수 있도록 해주며, 같은 ECU에 있는 태스크들의 로컬 통신은 물론 네트워크를 통해 다른 ECU 에 있는 태스크로의 원격 통신도 지원한다. 셋째, OSEKtime OS는 시간 기반(time triggered)태스크 스케줄링을 지원한다. 시간 기반 태스크 스케줄링 에서는 태스크의 스케줄링 정보들이 미리 타임 테이블에 기록되어 정해진 시간에 정해진 순서대로 태스크들이 수행될 수 있도록 해주며, OSEK OS와 함께 사용될 수도 있고, 또는 둘 중 하나만 사용될 수도 있다. 넷째, OSEK FTCom은 OSEK COM을 확장하여 태스크 들이 주고받는 메시지에 고장 감내성을 부여한다. 다섯째, OIL은 OSEK의 여러 옵션들을 정의하고 있다. 사용자는 이 OIL 파일을 작성하여 OSEK을 자신의 목적에 맞도록 최적화할 수 있다. 그림 1은 이러한 다섯 가지 표준들의 상호 관계를 보여주고 있다.

5.2.3.1 OSEK OS

OSEK OS는 OSEK 의 가장 핵심적인 모듈로 기본적인 실시간 운영체제를 정의한다. 구체적으로 OSEK OS는 멀티태스킹, 이벤트/자원관리, 인터럽트 관리, 알람(alarm), 에러처리의 다섯 가지 기능을 제공한다.

멀티태스킹이란 한 CPU위에서 여러 개의 태스크를 동시에 수행시키는 기능을 의미한다. OSEK OS는 태스크의 수행 상태를 관리하거나 스케줄러를 통해 태스크의 수행 순서를 조정하는 역할을 한다. OSEK OS의 태스크는 그림 2와 같이 running, ready, waiting, suspended 상태로 천이 된다.

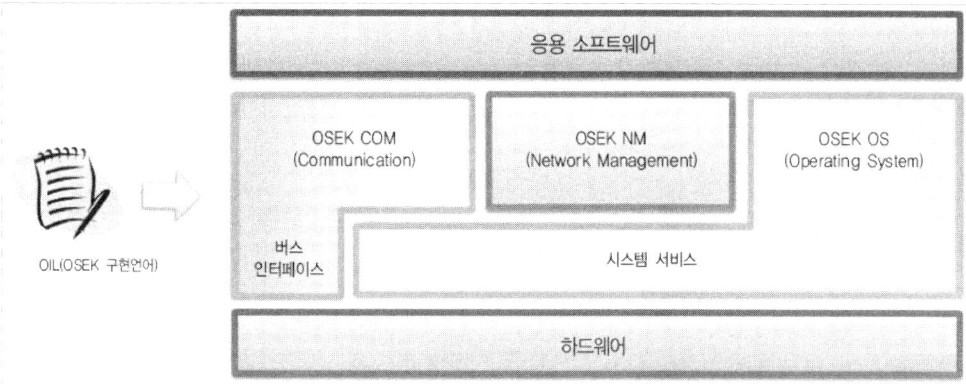

<그림5.30> OSEK의 구성

OSEK OS의 테스크는 〈그림5.31〉과 같이 running, ready, waiting, suspended 상태로 천이 된다. running 상태는 태스크가 현재 수행중인 상태를 말하고 ready는 다른 태스크가 수행을 마치기를 기다리고 있는 상태를 말한다. waiting 상태는 태스크가 어떤 이벤트가 발생하기를 기다리며 수행을 일시 중단한 상태를 말하며, suspended상태는 태스크가 종료된 상태를 말하며, 종료된 태스크는 다시 시작 될 수 있다.

OSEK OS는 우선순위에 기반한 FIFO 알고리즘을 사용하는 실시간 운영체제이다. 이는 한 태스크가 수행 중이더라도, 언제든지 필요에 따라 다른 태스크가 현재 수행중인 태스크를 선점하고 즉시 수행될 수 있다. 이를 위해 OSEK OS는 각 태스크마다 별도의 메모리 영역을 할당하고 이 영역에 각 태스크의 상태를 저장하여 여러 태스크가 CPU 하나를 공유할 수 있도록 한다. 우선순위는 0~15까지 16개를 사용한다. 스케줄러는 ready 상태에 있는 태스크들 중에 다음에 수행할 한 태스크를 선택하는 역할을 한다. 같은 우선순위의 태스크가 여러 개 존재할 경우, 가장 오래 전에 ready상태가 된 태스크가 선택된다.

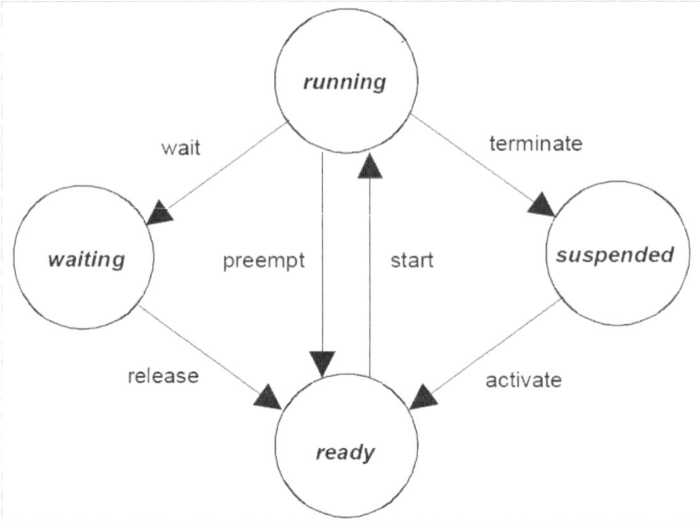

<그림5.31> OSEK에서의 태스크 상태

그림 3은 OSEK OS의 스케줄러가 작동하는 방식을 보여주고 있다. 스케줄러는 16개의 FIFO 큐를 가지고 있으며, 각 큐에는 해당하는 우선순위의 ready 태스크가 존재하며, 스케줄러는 이들 큐를 순차적으로 검사하면서 수행할 태스크를 선택 한다. OSEK OS는 멀티태스킹을 위해 다양한 API를 제공합니다〈표5.3〉.

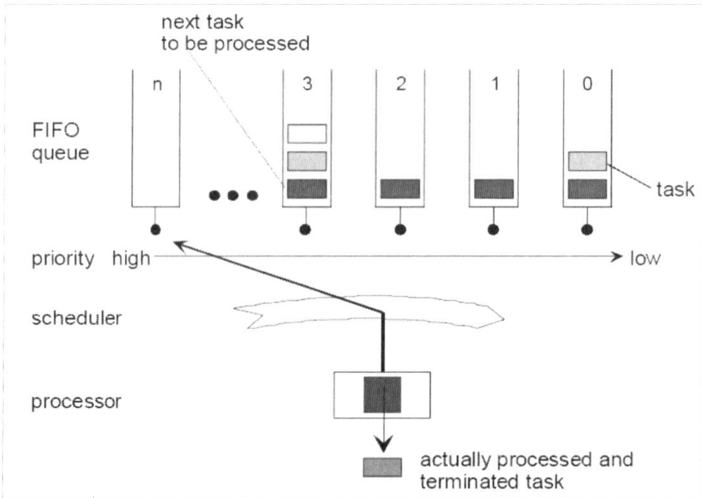

<그림5.32> OSEK 운영체제 스케줄러의 동작 과정

<표 5.3> 멀티태스킹에 제공되는 API의 종류

API 이름	의 미
DeclareTask()	태스크의 존재를 선언 한다.
ActivateTask()	태스크를 시작 시킵니다.
TcrmiantrTask()	데스그를 종료 시킵니다.
ChainTask()	현재 태스크를 종료시키고 다른 태스크를 시작 시킵니다.
Schedule()	스케줄러를 호출 한다.
GetTaskID()	현재 수행중인 태스크를 반환 한다.
GetTaskState()	태스크의 상태를 반환한다.

이벤트 관리란 태스크가 특정 사건(예, 타이머의 알람, 메시지도착 등)을 기다릴 수 있도록 하는 것을 뜻한다. 자원관리란 태스크들이 자원(메모리, 디바이스, CPU 등)을 안전하게 공유할 수 있도록 자원의 사용 순서를 조정해주는 것을 뜻한다. OSEK OS에서 이벤트는 시스템에서 발생할 수 있는 특정 사건을 나타내는 자료 구조이다. 이벤트에는 미리 정의된 것도 있고, 사용자의 필요에 의해 생성된 것도 있다. 태스크는 특정 이벤트가 발생하기를 기다릴 수 있는데, 이 경우 태스크의 상태는 waiting으로 변하여 더 이상 수행되지 않다. 한편 태스크는 특정 이벤트를 발생시킬 수 있으며, 이 경우, 그 이벤트를 기다리고 있는 태스크들이 waiting 상태에서 ready 상태로 천이되어 수행을 다시 시작할 수 있다. 이를 위해 이벤트 자료구조에는 wait queue가 있어서 이 이벤트를 기다리고 있는 태스크들을 저장할 수 있다.

OSEK OS는 자원 공유 메커니즘을 제공하여 태스크들이 자원을 사용하는 순서를 조정해 준다. 다양한 자원 공유프로토콜이 연구되어 있는데 OSEK OS는 우선순위 상한 프로토콜을 구현하여 일반적인 자원 공유프로토콜에서 나타날 수 있는 데드락과 우선순위 역전 현상을 방지해 준다. OSEK OS는 이벤트/자원 관리를 위해 다양한 API를 제공하고 제공해 주고 있습니다(표 2).

<표5.4> 이벤트/자원관리에 제공되는 API의 종류

API 이름	의 미
DeclareEvent()	이벤트의 존재를 선언한다.
SetEvent()	이벤트를 발생 시킵니다.
ClearEvent()	이벤트의 발생을 취소한다.
GetEvent()	이벤트의 발생 여부를 반환한다.
WaitEvent()	이벤트의 발생을 기다립니다.
DeclareResource()	자원의 존재를 선언한다.
GetResource()	자원의 사용을 시작한다.
ReleaseResource()	자원의 사용을 마칩니다.

5.2.3.2 OSEK COM

OSEK COM은 태스크들이 서로 통신을 할 수 있는 방법을 제공해 주는 모듈이다. OSEK COM의 가장 큰 두 특징은 메시지를 전송 단위로 하는 publish/subscribe 통신 모델을 사용하며, 다양한 통신 옵션을 제공한다는 점이다.

통신 모델은 데이터 전송의 기본 단위로 메시지를 사용한다. 사용자는 엔진 온도, 타이어 압력, 버튼의 눌림 여부 등 다양한 종류의 메시지를 정의할 수 있으며, 메시지의 길이는 비트 단위로 명시할 수 있다.

또한 메시지는 그림 5와 같이 publish/subscribe 방식으로 전송 된다. 이 방식을 사용하면 메시지를 보내고자 하는 태스크(publish)는 통신 서브시스템에 메시지를 전달하기만 하면 되며, 메시지를 받고자 하는 태스크(subscribe)는 통신 서브시스템으로부터 메시지를 받기만 하면 된다. Publish가 특정 종류의 메시지를 OSEK COM에게 전달하면, OSEK COM은 그 종류의 메시지를 요청하는 모든 subscriber들에게 메시지를 전송하는 역할을 한다. OSEK COM은 publisher 와 subscriber가 서로 느슨하게 연결되어 있어 태스크들은 서로 통신을 하기 위하여 상대방의 존재를 알거나, 시스템의 전체적인 연결 상태를 파악할 필요가 없다.

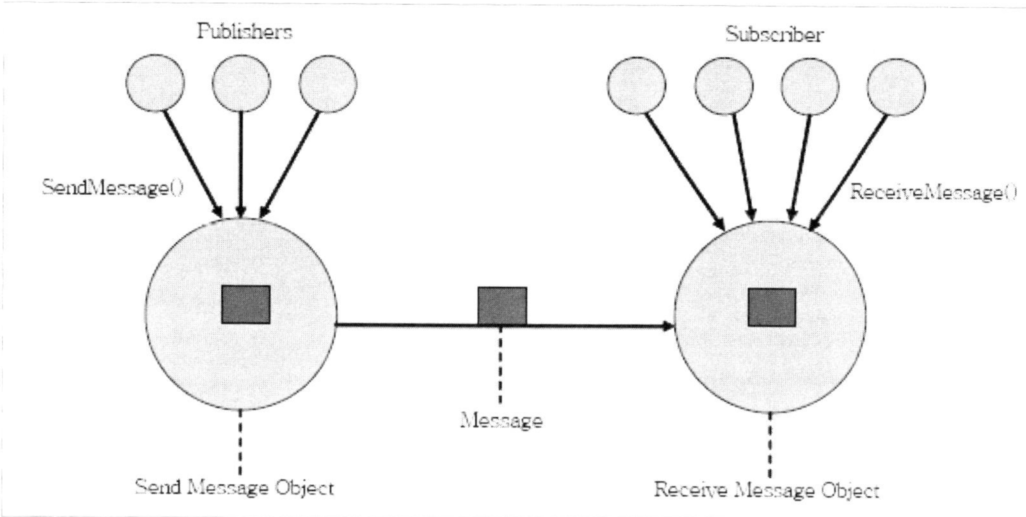

<그림5.33> OSEK COM에서 publish/subscribe

OSEK COM의 기본적인 publish/subscribe 모델을 확장할 수 있도록 다양한 통신 옵션을 제공하고 있다. 첫째, 메시지를 주기적으로 전송하는 기능을 제공한다. 예를 들어, 별다른 프로그램 수정 없이 매10ms 마다 타이어의 압력이 자동적으로 publish되도록 할 수 있다. 둘째, 메시지 필터링을 제공한다. 이 기능은 메시지의 값이 특정한 조건을 만족할 때에만 실제로 subscriber 에게 전달되도록 하는 기능이다. 이 기능을 이용해서 엔진 온도가 특정 값 이상일 때에만 메시지가 전달되도록 할 수 있다. 셋째, 동기/비동기 메시지 전송을 모두 지원한다. 태스크는 메시지가 도착하기를 기다릴 수도 있고(동기), 메시지가 도착할 때 지정된 루틴이 수행되도록(비동기) 할 수도 있다.

OIL은 OSEK OS, OSEK COM 등 다양한 OSEK 모듈들과 응용 프로그램의 속성을 설정하는 규약이다. 예를 들어 사용자는 OIL 을 작성하여, ECU에 어떠한 OSEK 모듈들이 포함될 지, 어떤 태스크들이 수행되며, 어떤 이벤트, 자원, 메시지들이 사용될 지 등을 정할 수 있으며, 또한 각 태스크의 우선순위나 메시지의 크기, 사용될 통신 옵션의 종류 등을 정할 수도 있다. 그림 5는 OSEK 응용 프로그램의 개발 과정을 보여주고 있다. 이 그림에서 system generator 는 OIL 을 이용하여 특화된 OSEK OS 와 OSEK COM 을 생성하고 있으며, 이렇게 생성된 OSEK 모듈들은 응용 프로그램과 함께 링킹되어 최종적으로 하나의 수행 파일을 구성한다.

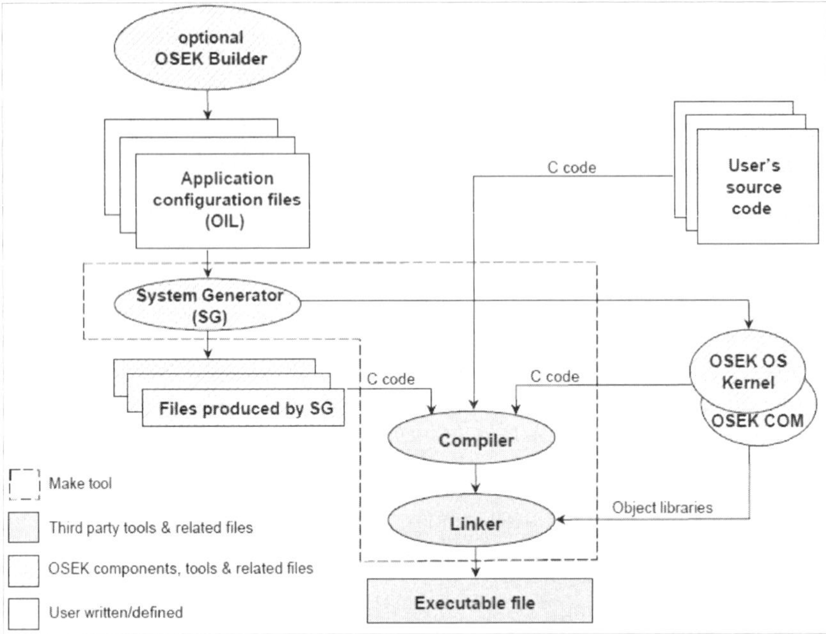

<그림5. 34> OSEK 응용프로그램의 개발 과정

5.2.3.3 OSEK NM 과 OSEKTime

OSEK NM은 다음과 같은 표준적인 관리 작업을 수행한다.

- 많은 버스들이 하나의 마이크로프로세서에 연결되도록 한다.
- 통신 하드웨어를 초기화 시킵니다.
- 네트워크를 시작 시킵니다.
- 네트워크 형상을 제공 한다.
- 노드 모니터링을 위한 다양한 메커니즘을 제공한다.
- 노드와 네트워크의 글로벌 연산 모드와 로컬 연산 모드를 핸들링 한다.
- 진단 기능을 지원한다.

그림 6은 OSEK에서 네트워크 기능 동작을 보여 준다.

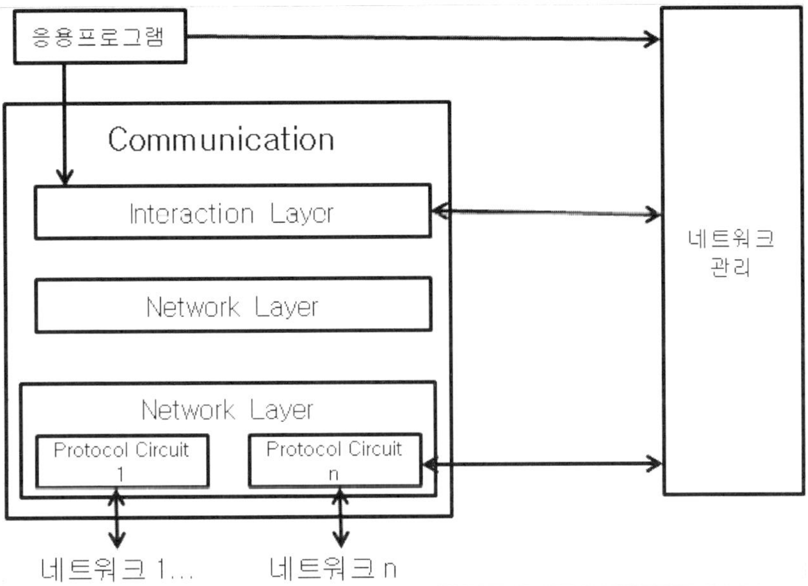

<그림5.35> OSEK에서 네트워크 기능 동작

NM은 어플리케이션뿐만 아니라 OSEK COM 모듈의 상호작용 계층과 데이터 링크 계층도 지원한다. 어플리케이션의 인터페이스는 네트워크 관리 기능에 접근하도록 한다. 상호작용 계층 인터페이스는 어플리케이션 메시지에 대한 모니터 서비스를 NM에 제공해 준다. 데이터 링크 계층 인터페이스는 통신 서비스와 어플리케이션 통신의 서가와 불허가 서비스, 통신 하드웨어의 접근 서비스를 NM에 제공한다.

OSEKTime은 인터럽트 처리, 시스템 시간 관리, 시계 동기화, 메시지 처리와 오류 발견 등과 같은 실시간 응용 프로그램에 대한 기본적인 서비스와 정적 스케줄링 기능을 지원 한다. OSEKTime은 운영체제에 의해 처리되는 인터럽트 서비스 루틴과 time trigger task 두 가지가 있다.

5.2.4 ROSEK

ROSEK은 ETRI와 현대자동차의 그룹사 중 하나인 오토에버시스템즈(주)가 공동으로 협력하여 만든 자동차 전장장치용 운영체제이다. ROSEK의 전체적인 구조는 그림 1과 같다.

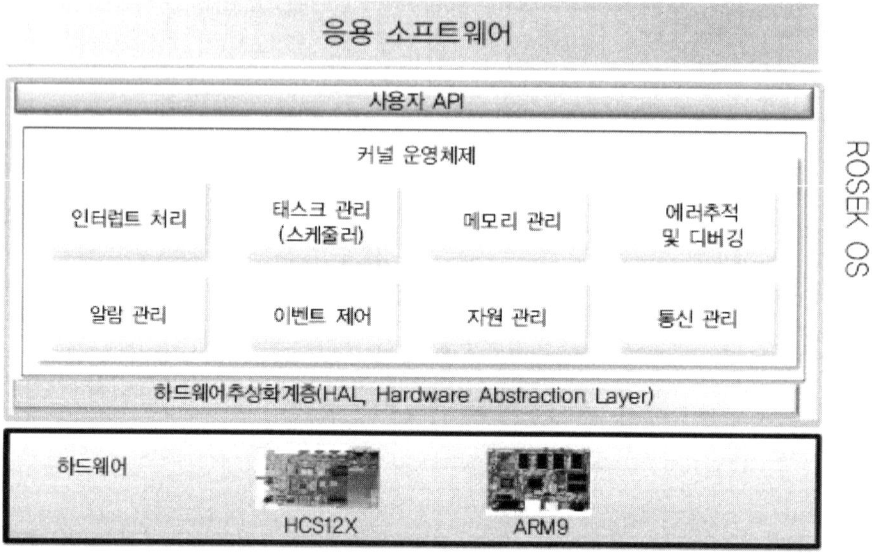

<그림5.36> ROSEK 구조

마이크로컨트롤러는 자동차에 사용될 수 있는 각종 전자제어장치의 하드웨어에 해당하는 부분이며, 하드웨어 추상화 계층(HAL, Hardware Abstraction Layer)은 운영체제가 하드웨어에 상관없이 일관된 방식으로 동작할 수 있도록 해주어 이식성을 높여 준다. 또한 응용프로그램에게 OSEK OS표준에 부합하는 응용프로그래밍 인터페이스 API를 제공함으로써 하드웨어나 운영체제에 독립적인 응용개발을 보장하여 준다. ROSEK은 크게 태스크관리, 메모리 관리, 자원 관리, 이벤트 제어, 알람관리, 인터럽트 처리, 통신 관리 및 에러처리 등의 기능들을 제공한다.

ROSEK에서 시스템의 시작 과정은 CPU가 리셋되면 가장먼저 하드웨어 초기화 코드가 수행되며 이후 StartOS()함수를 실행하여 운영체제를 시작한다. StartOS()함수는 설정된 응용 모드에 따라 운영체제의 동작 모드를 변경하도록 구현된다. ROSEK은 현재 개발자가 필요에 따라 응용 모드를 추가할 수 있도록 되어 있으며, 커널이 실해되기 전에 사용자가 작성한 초기화 코드를 직접 수행할 수 있도록 StartupHook()함수를 제공한다. 또한 ROSEK은 운영체제가 동작 중 치명적인 오류가 발생했을 경우를 대비하여 ShutdownOS()함수를 제공한다. 이 함수는 사용자가 운영체제를 중지시키고자 하거나 운영체제가 내부적으로 정의되지 않은 상태에 빠졌을 경우에 호출될 수 있다. 시스템의 시작 시와 마찬가지로 ShutdownHook()함수를 제공하여 시스템이 종료되기 전에 사용자가 작성한 종료 코드의 수행이 가능하도록 하였다.

5.2.4.1 적합성 등급 및 태스크 관리

OSEK 명세에서는 응용 소프트웨어에 최적화된 운영체제를 선택하여 사용할 수 있도록 태스크의 특성에 따라 적합성 등급을 나누고 있다. 자동차 응용은 샤시, 바디, 엔진, 멀티미디어 등 나름대로의 독특한 응용 특성이 있으므로 4개의 적합성 등급을 제공하여 응용의 요구에 따른 운영체제의 구현 범위를 결정할 수 있게 하며, 크게 기본 태스크만 존재하는 시스템(BCC, Basic Conformance Class)과 기본 태스크와 확장 태스크가 공존하는 시스템(ECC, Extended Conformance Class)으로 나누고 여러 태스크가 같은 우선순위를 가질 수 있는지 여부, 태스크의 중복 활성화 가능 여부 에 따라 1과 2로 나누었다(그림 4). ECCx 등급은 BCCx 등급이 지원하는 기능에서 추가로 확장 태스크를 지원한다. OSEK 명세서에서 기본 태스크는 태스크 상태로 정지 상태, 준비 상태, 실행 상태를 가지며, 확장 태스크는 기본 태스크가 가지지 않는 대기 상태를 가질 수 있는 태스크이고 확장 태스크는 특정 이벤트에 의해 실행 상태에서 대기 상태로 전환하거나, 대기 상태에서 준비 상태로 전환한다. BCC1과 ECC1에서는 하나의 태스크에 대해 하나의 우선순위를 가질 수 있고, 한 번에 하나의 태스크만 활성화(태스크가 정지 상태에서 준비 상태로 전환)가 가능하지만, 반면, BCC2와 ECC2에서는 여러 개의 태스크가 동일한 우선순위를 가질 수 있으며, 다수의 태스크가 동시에 활성화 될 수 있다. 따라서 BCC2와 ECC2에서 는 동일한 우선순위를 갖는 여러 태스크들을 라운드로빈 형식으로 실행하며, 큐를 이용하여 구현이 가능 하다.

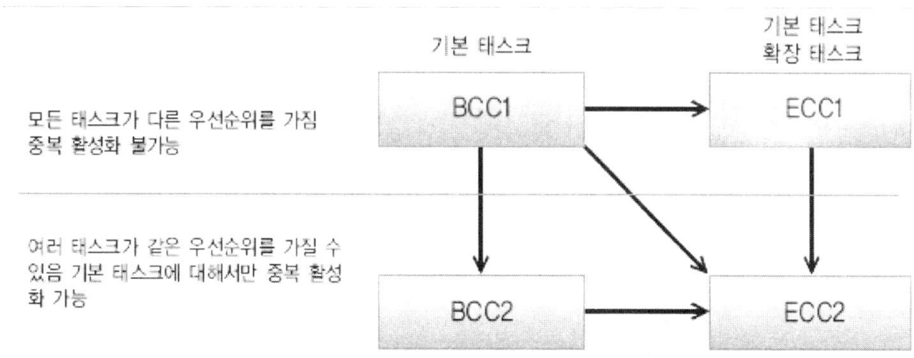

<그림5.37> OSEK의 적합성 등급 분류

자동차용 운영체제는 태스크의 실시간 특성이 매우 중요한다. 이를 위해 표준에서는 다음과 같이 3가지 스케줄링 방식을 소개하고 있다. 완전 선점형 스케줄링(Full preemptive scheduling)은 모든 태스크가 재 스케줄링 시점에서 선점이 가능한 방식이고, 비선점형 스케줄링(Non preemptive scheduling)은 모든 태스크가 자발적으로 CPU를 양도하기 전까지는 스케줄링이 일어나지 않는 방식이며, 이 두 가지를 모두 지원하는 방식이 혼합 선점형 스케줄링(Mixed preemptive scheduling)이다. ROSEK은 태스크를 크게 선점 가능한 태스크와 선점 불가능한 태스크로 나누고, 선점 가능한 태스크에 대해서는 완전 선점형 스케줄링 방식을 적용하고, 선점 불가능한 태스크에 대해서는 비선점형 스케줄링 방식을 적용 하는 혼합 선점형 스케줄링 방식을 지원하고 있다. 완전 선점형 스케줄링 방식에서 선점 가능한 태스크가 실행되고 있을 때 더 높은 우선순위의 태스크가 활성화 되면 즉시 스케줄링이 일어나게 되어 높은 우선순위의 태스크가 실행됩니다〈그림5.38〉.

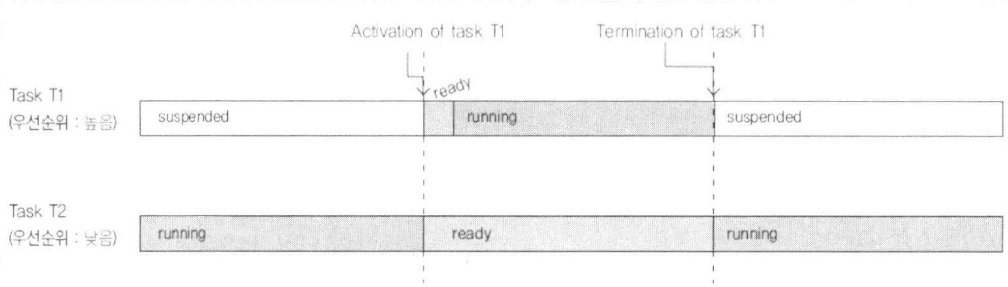

<그림5.38> 완전 선점형 스케줄링에서 T1이 T2를 선점하는 모습

5.2.4.2 메모리 및 자원 관리

자동차용 임베디드 운영체제는 응용 소프트웨어에게 실시간성을 보장해 주어야만 하기 때문에 메모리를 할당하고 해제하는 시간이 예측 가능해야 한다. ROSEK에서는 시스템 생성 시에 필요한 모든 메모리를 정적으로 할당하며 메모리의 할당 크기를 단계 별로 나누어 더욱 더 정확하게 실행시간을 예측할 수 있으며 멀티태스킹 환경에서는 태스크가 생성될 때 고정된 크기의 스택을 할당 받아 사용하는데, 함수 호출의 깊이가 증가하거나 인터럽트 발생 횟수가 제어되지 않을 경우에는 스택이 넘치는(스택 오버플로우) 현상이 발생할 수 있다. 이 경우 넘친 데이터가 다른 태스크의 영역이나 커널의 영역을 침범하여 전체 시스템의 안정성을 크게 해칠 수 있으며, 이러한 문제를 해결하기 위하여 ROSEK은 스택이 넘치면 할당된 스택의 크기를 기록해 두고 문맥 교환이 일어날 때 이를 검사하여 스택이 넘쳤음을 알려주어 응용 개발자에게 일반적으로 쉽게 찾기 힘든 스택이 넘치는 시점을 알려줌으로써 안정성을 확보하도 록 해준다.

OSEK 명세는 서로 다른 우선순위를 가진 태스크들이 공유 자원에 동시에 접근할 때를 위해 자원 관리 방법을 제시하고 있다. 태스크나 인터럽트 서비스 루틴이 같은 자원에 접근하는 경우 우선순위 역전 현상이나 교착상태와 같은 동기화 문제가 발생하는데, 이 문제 해결을 위해 OSEK 명세서에서 우선순위 상한 프로토콜(PCP, Priority Ceiling Protocol)을 사용하도록 의무화하였으며 ROSEK에서도 이를 지원한다. 그림 4는 ROSEK에서 선점 가능한 태스크들 사이에 우선순위 상한 프로토콜이 동작하는 메커니즘 예를 보여주고 있다. T1과 T4가 같은 자원에 접근하려 한다고 가정하면, T1과 T4가 사용하려는 자원의 상한 우선순위는 T1과 T4 중 높은 우선순위를 가진 T1의 우선순위보다 높은 우선순위로 할당되며, 그림에서처럼, 만일 T4 가 실행되다가 공유 자원을 요청하여 획득하면 곧바로 T4의 우선순위는 자원의 상한 우선순위로 상승하게 되고 자원을 획득하고 있는 동안은 이 우선순위를 유지한다. 이후 T1이 준비상태가 되었지만 T4의 우선순위는 자원의 상한 우선순위로 높아졌으므로 선점되지 않고 계속 실행이 가능하며, 이후 T4가 획득한 자원을 해제하는 순간 T4의 우선순위는 자원을 획득하기 이전의 우선순위로 돌아가게 되고 그에 따라 CPU를 T1에게 넘겨주게 된다. 이와 같이 자원을 선점한 태스크가 준비상태에 빠지지 않도록 함으로 써 교착상태를 피할 수 있고 태스크가 자원을 점유하는 기간 동안자원의 상한 우선순위로 높여줌으로써 우선순위 역전 현상을 막을 수 있다.

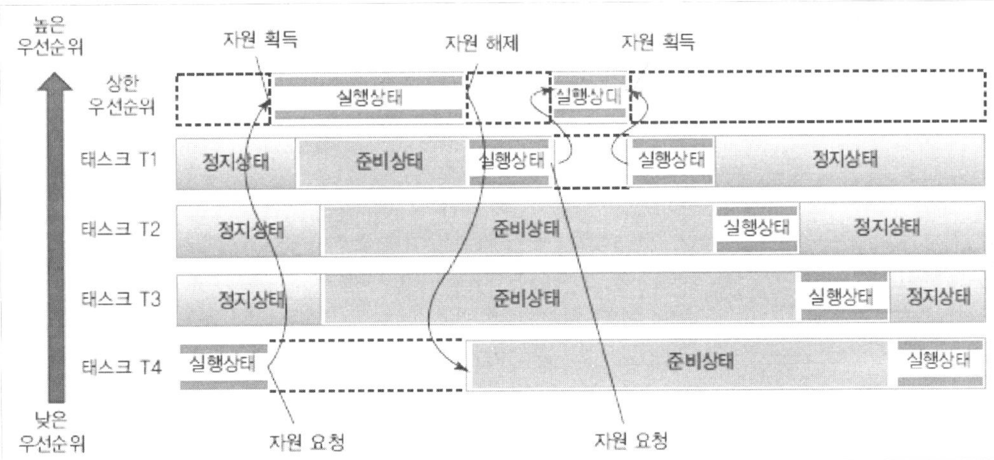

<그림5.39> 선점 가능한 태스크들 간의 우선순위 상한 프로토콜 동작

자동차용 운영체제는 사람의 안전과 생명에 직결되므로 반드시 실시간 특성을 지녀야 한다. 일반적으로 운영체제에서 실시간이라고 하면 시스템이 결정적이고 예측 가능한 구조로 되어 있다는 것을 의미하며, ROSEK에서는 운영체제를 결정하는 태스크 수, 자원 수, 태스크 우선순위, ISR, 태스크 접근 자원 등의 파라미터값들이 모두 커널 실행 시간 이전에 정적으로 결정된다. 이는 시스템 실행 시간에 동적으로 변화 될 수 있는 요소들을 전부 제거함으로써 시스템의 예측성을 높이기 위한 것이며, 또한 시스템 구조가 이벤트 기반의 모델을 갖고 있어 특정 이벤트가 있을 때만 시스템이 반응을 하거나 높은 우선순위의 태스크가 존재할 때만 스케줄링을 하는 등 매우 간단하고 직관적으로 동작한다. 이런 의미에서 ROSEK은 기존의 다른 운영체제보다 훨씬 실시간성이 강한 운영 체제로 볼 수 있다.[7][8][9]

연습문제

1. 차량 네트워크의 종류와 그에 대하여 간단히 설명하시오.
2. CAN과 FlexRay, LIN에 대하여 각각의 장점을 설명하시오.
3. CAN은 몇 개의 프레임 종류를 가지고 있는지 이름과 프레임의 역할에 대하여 간단하게 설명하시오.
4. CAN과 FlexRay의 통신 방법은 어떻게 다른가?
5. OSEK에서의 태스크 상태의 종류와 상태에 대해 간단히 설명하시오.
6. AUTOSAR에서 VFB와 RTE의 역할은 무엇인가?
7. OSEK의 구성을 설명하시오.

참고문헌

[1]"CAN 개요", (주)임베디드시스템코리아
[2]"차량 통신 네트워크" 임명섭
[3]"LIN통신을 이용한 자동차 HVAC 플랩 제어기 설계" 김대훈
[4]"LIN프로토콜 시간 모델링 및 메시지 응답 시간 해석에 관한 연구" 연제명
[5]"FlexRay 자동차 통신 버스 개요"
[6]"FlexRay Communications System Protocol Specification Version 2.0"
[7]"차량용 네트워크 기술연구 동향", 이석
[8]"자동차 기술과 IT 기술 융합 SW 표준화 동향" 박미룡
[9]"차량용OS와 미들웨어 기술동향", 홍성수

제6장

ITS 평가 및 운영관리

6.1 사업평가

6.1.1 사업 평가의 정의

사업평가는 각종 사업 및 정책에 대한 과학적이고 체계적인 분석을 통해 유용한 정보를 생산해내는 작업이다. 사업평가의 의미는 다양하게 정의되고 있는데 이는 사업 자체의 다양성에 기인한 것도 있지만 사업평가가 여러 학문분야와 관련을 맺고 있고, 많은 이해집단이 연관되어있어 사업평가가 만족시켜야할 고객의 욕구가 다양하기 때문이다.

6.1.2 ITS 사업 평가의 개념

ITS사업평가의 정의는 앞서 살펴본 일반적인 사업평가의 의미에서 ITS라는 특정 사업분야로 내용을 연장해서 해석할 수 있을 것이다.

US DOT(Department Of Transportation: 미국 교통부)는 ITS program assessment/evaluation1에 대해 다음과 같이 설명하고 있다.

- ITS평가는 ITS의 전망(vision)과 ITS 목표달성을 합리적으로 밝혀 가는 과정임.
- ITS사업의 가치(value), 효과(effectiveness), 영향을 이해하고 지속적인 사업 개선을 이룰 수 있도록 하는 것임.

ITS평가는 사업의 직접적인 관련자뿐만 아니라 ITS평가를 후원하는 모든 사항들에 대해서 깊은 연구가 수행되어야 한다. 즉, ITS 구축에 따른 영향에 대한 모델링 및 시뮬레이션, ITS기술의 비용 및 편익 추정, ITS 생산물 및 서비스에 대한 이용자 분석, ITS와 연관된 제도적, 정책적 문제에 대한 조사 등이 대표적인 예들 이다.

미국 DOT는 National ITS Program의 outputs(물리적으로 구축된 하드웨어 시스템을 의미하기도 하고, 이러한 시스템과 관련된 소프트웨어 및 정보 등을 의미)을 "국가적으로 개발된 ITS 시스템 전체"로 정의하고 있다. 즉, 국가 혹은 지방행정부와 같이 ITS사업을 바라보는 주체는 달라도 ITS사업에 의해 구축된 시스템의 모든 물질 및 서비스를 ITS의 산출물이라고 하는 정의는 동일하다.

ITS사업의 산출물에 대한 평가는 시스템 안정성, 신뢰성, 확장성과 같은 시스템 성능평가와도 깊은 관련이 있다.

ITS사업의 성과는 ITS가 궁극적으로 이루고자 하는 전략적인 목표로 표현될 수 있다. 사업성과에 대한 평가는 이러한 전략적인 목표를 어떠한 척도로 그 효과를 설명할 것인가에 대한 것으로 일종의 영향평가(impact analysis)에 해당된다. ITS사업의 성과를 평가하기 위해서 시스템 구축의 전략적인 목표를 먼저 정의해 야할 것이다. 일반적으로 ITS사업의 전략적 목표는 개별적인 시스템이나 서비스 내용에 따라 차이가 있을 수 있으나 대략적인 전략적 목표 및 척도는 〈표 6.1〉과 같다.[4]

<표6.1> ITS사업의 전략적 목표 및 척도

전략적 목표	효과척도
안전성 (Safety) 개선	사고율 감소, 사망 사고율 감소, 부상 사고율 감소
이동성 (Mobility) 개선	지체의 감소, 통행시간의 분산 감소, 이용자 만족도 향상
효율성 (Efficiency) 개선	고속도로나 간선도로의 통과처리량 증대
생산성 (Productivity) 개선	비용절감 (물류, 운영 등)
환경 및 에너지 개선 (Energy and Environment)	차량배기의 감소, 차량에너지소비의 감소

자료: ITS America, Strategic Plan for IVHS in the United States, 1992

6.1.3 ITS 사업 평가의 특징

ITS 사업은 기존의 교통시설에 정보통신기술을 접목하여 그 효용의 극대화를 이루고자 하는 사업이다. 따라서, ITS사업은 기존의 교통사업과는 차별화되며, 그 평가 또한 차별성을 지닌다.

ITS사업평가는 다음과 같은 특징이 있다.

- ITS사업은 교통, 정보통신, 전기전자, 토목 등의 기술들이 유기적으로 결합된 시스템 사업임. 따라서, 어느 한 분야의 관점으로 ITS사업을 진행할 경우 시스템의 완성도가 떨어지는 측면이 있다.

- ITS사업의 각 구성요소들에 대한 전문적인 이해가 필요하며, 이는 다른 특정분야의 지식만으로는 달성되기 어렵다.
- ITS사업의 영향은 시스템의 자체 요인 이외에도 관련 교통망에서 벌어지는 교통개선사업, 공사 등과 같은 외부요인에 따라 다양하게 나타날 수 있음. 따라서, ITS사업의 영향평가는 시스템의 내적, 외적인 다양한 요인이 복잡하게 얽혀있기 때문에 별도로 분리하여 분석하는데 상당한 어려움이 있다.
- ITS사업평가를 위한 자료수집에는 구조적 어려움이 있음. 특히, 시스템을 구축하기 전인 사전자료는 자료수집체계 부재로 유용한 자료를 충분히 수집하기가 어렵다.
- 새로운 영역의 사업이다 보니 사업의 진행방법, 평가방법 및 평가체계에 대한 기반연구가 매우 미미하다.

6.1.4 ITS 사업 평가의 중요성

도로와 같은 물리적인 교통인프라가 어느 수준 이상으로 구축된 다음에는 용지와 재원의 부족으로 도로의 확충보다는 기존 도로망을 보다 효과적으로 운영하고 유지관리 하는데 관심이 모이게 된다. 현재, 국내에서 ITS사업에 많은 관심이 모이는 배경도 이러한 맥락에서 해석할 수 있나. 그러나, 국내 교통기술수준의 현황을 살펴보면 매우 우려되는 부분들이 있다.

<표6.2> 선진국 대비 국내교통기술 수준

기술명	기술발전단계		기술격차 (년)	기술수준 (%)
	선진국	국내		
교통계획	성장기	성장기	-3.6	50.0
교통운영	성숙기	도입기	-7.5	30.0
도로교통기술	성숙기	성장기	-2.0	86.0
단지 및 도시계획 기술	성장기	성장기	-10.0	50.0

주) 선진국 최고기술수준(100) 기준, 기술발전단계(개발기, 도입기, 성장기, 성숙기, 쇠퇴기)별로 가중치 부여, 우리나라의 현재기술수준 및 선진국 기술수준 도달기간을 %로 환산

위에 〈표 6.2〉를 보는 바와 같이 교통운영기술은 교통계획이나 도로교통기술에 비해서 상당히 뒤쳐져 있는 것을 알 수 있다. 이는 현재 도로이용의 효율화를 제고하기 위해서 교통운영기술에 보다 많은 관심과 자원을 투자해야한다는 것을 의미한다. 따라서, 교통운영기술과 밀접한 관련이 있는

ITS분야는 그 배후기술의 국내수준이 낮은 관계로 서울시를 포함한 전국의 ITS사업은 상당기간 도입초기의 혼선을 피할 수 없다고 판단된다.

결국, 새로운 IT기술의 활용이 ITS사업에 항상 포함된다는 점까지도 감안하면, 서울시 ITS사업은 당분간 전문가 집단의 다양한 검토와 분석이 함께 가야할 것이다. 이를 실현하는 방안으로 평가체계 강화 및 평가수행, 그리고 know-how의 feedback체계 마련을 통한 사업완성도 제고가 절실히 요구된다.

ITS사업평가의 중요성은 〈그림 6.1〉과 같이 3 가지 사항으로 요약할 수 있다: 사업효과.영향에 대한 이해, 구축된 시스템 운영의 최적화, 연속, 유사사업 기획시 활용한다

- 사업효과.영향에 대한 이해: ITS 시스템 구축으로 인한 사회적, 경제적, 환경적 영향을 정량, 정성적으로 분석해서 그 내면을 이해함.
- 구축된 시스템 운영의 최적화: ITS사업으로 구축된 각종 운영기술의 운영최적화 달성 여부를 진단하고 개선방안을 제시함. 또한, 센터의 소프트웨어, 하드웨어, 운영자에 대한 분석을 통해 운영여건을 진단하고 개선방안을 도출함.
- 연속/유사사업 기획시 활용: ITS사업 평가자료를 적극 활용함으로써 기존사업의 문제점을 인식하고 동일한 문제가 재발하지 않도록 하며, 습득된 know-how를 유사사업에 피드백 시킴으로서 사업의 완성도를 높임.

결국, ITS사업의 평가는 위의 세 가지 사항에 초점이 맞추어져야 하겠으며, 이를 체계적으로 수행하기 위한 평가방법 및 평가체계의 정비가 매우 절실하다.[1][2]

<그림6.1> ITS 사업평가의 중요성

6.1.5 국내외 ITS사업평가 현황

6.1.5.1 국내 ITS 사업평가 사례

6.1.5.1.1 첨단교통모델도시사업

가. 사업개요

건설교통부는 ITS사업 활성화를 위하여 2000년 첨단교통모델도시로 대전광역시, 전주시, 제주시를 선정하여 ITS시범 사업을 추진하였다. 이러한 첨단교통모델도시는 월드컵 개최를 지원하는 동시에 해당 도시의 교통, 지리적, 산업적 특성을 고려하여 적정 ITS 서비스를 선정하고, 시스템을 구축하는 것이다. 총 사업지는 907.7억원으로 대전시가 508.8억원, 전주시가 189.1억원, 제주시가 209.8억원의 사업비가 소요되었으며 이중 1/3의 재원은 국고지원으로, 일부 시스템일 경우 민간투자로 이루어졌다. 모델도시에 구축된 시스템은 도시부간선도로교통신호제어시스템, 돌발상황관리시스템, 속도위반단속시스템, 시내버스정보시스템 등 7개 시스템이 지정되었고 신호위반시스템과 주차정보시스템, 기상정보제공 시스템은 권장 시스템으로 제시되었으며 이외에도 지역정 특성에 부합하는 시스템을 아래 〈표 6.3〉와 같이 구축 하였다.

<표6.3> 3개 모델도시 구축시스템 비교표

목표 및 분야	시스템	사업 내용		
		대전	전주	제주
도시부간선도로	교통신호제어	○	○	○
	교통정보제공	○	○	○
	돌발상황관리	○	○	○
도시고속도로	교통관리	○	X	○
	돌발상황관리	○	X	○
교통정보	기존정보제공	○	○	○
	출발전 교통정보안내	○	○	○
교통단속	속도위반단속	○	○	X
	신호위반단속	○	○	○
시내버스	시내버스정보	○	○	X
	버스운행관리	○	○	X
	버스전용차로관리	○	○	X
전자지불	자동요즘징수	○	X	X
	대중교통요금징수	○	○	X
주차안내	주차안내	X	○	X
행안내	주행안내	○	X	○

나. 사업평가 분석

첨단교통모델도시사업의 효과분석은 지자체별로 다른 사업평가방법과 절차에 의해 수행되어졌으며, 평가방법론은 사전·사후 비교분석(before and after analysis)과 경제성분석으로 구분할 수 있다. 먼저 사전·사후비교분석은 현장조사과 설문 조사를 통해 사업효과척도를 비교하는 방법으로 현장조사는 교통량, 통행속도, 지체도, 검지기자료를, 설문조사를 통ㅎ서는 시스템이용도와 서비스만족도를 조사하였다. 이외에 현장조사를 통해 얻기 어려운 효과적도는 교통시뮬레이터를 활용하여 분석하였으며, 각 시별로 조사 및 설문 방법, 시뮬레이터 종류(대전:intergration, IDAS, 전주 : T7F, 제주 : IDAS, NETSIM)가 상이하여 직접적인 비교분석이 불가능하다. 현장조사결과, 통행속도가 12.6(전주) - 34%(제주), 지제도가 12(전주) - 18.4%(대전) 등 교통소통상황이 개선되었으며, 설문조사결과 ITS 도입 전에 비하여 교통시스템의 만족도가 25.5(제주) - 34%(전주)로 향상된 것으로 나타났다. 경제성분석은 3개시 모두 비용편의분석을 수행하였으나, 분석기간, 생애주기 등의 기준이 달라 객관적인 비교분석은 불가능하다. 분석결과, B/C가 3.25(전주) - 5.32(대전), NPV가 432억(전주)-1869억(대전)으로 첨단교통모델도시사업의 경제성이 매우 높은 것으로 보고 되고 있다.〈표 6.4〉[5]

<표6.4> 첨단교통모델도시 건설사업 효과분석

구분		대전광역시	전주시	제주시
사업개요	목적	교통체계효율화를 통한 양질의 교통서비스제공 및 월드컵 개최 지원	지방 중소도시 교통난 완화 등 교통문제 해결을 위해 구축 및 월드컵 개최지원	관광도시와 국제자유도시구축 및 월드컵 개최지원, 관광안내로써 ITS 구축
	사업비	총 509억원 (국비 161억, 시비 131억, 민자 217억원)	총 189억원 (국비 63억원, 시비 53억원, 민자 73억원)	총 210억원 (국고 70억원, 지방비 50억원, 민간 90억원)
	구축규모	시 전역에 교통정보시스템 등 6개 분야 14개 시스템 구축	전주시 203㎢ 전역, 첨단신호제어시스템의 9개 시스템	제주시내 간선도로를 포함한 총 101.9㎞
사업효과분석	정량분석	교통현장조사분석(2001.11)과 검지기자료, 시뮬레이션분석결과 (2002.11) 비교 -통행속도 : 21.1% 증가 - 지체도 : 18.4%감소 - 대기오염 : 35%감소	교통현장조사분석 : 주요 50개 교차로 사전(2002.4), 사후(2002. 11) 비교 분석 - 교통량 : 6.6% 증가 - 지체도 : 12% 감소 - 통행속도 : 12.6% 증가	교통현장조사분석 : 2001. 10과 2002. 5월 비교분석 검지기자료분석 - 지체도 : 12.2% 감소 - 통행속도 : 34% 개선 - 연료소모 : 9% 절감 - 대기오염 : 21.8%
	정성적분석	설문조사(2001.11) 사전조사	설문조사 - 구축시스템 : 34%증가 - VMS 만족도 (24.8 → 34.3% 증가) - 시스템이용도 (56.5 → 69.9% 증가) - 정보정확도 (23.9 → 29.5% 증가)	설문조사(기준점 3.0) - 시민만족도 : 30.2% 증가 - 관광객만족도 : 25.5% 증가
	경제성분석	비용편의분석(20년) -B/C : 5.32 -NPV : 1,869억	비용편의분석 (20년) - B/C : 3.25 - NPV : 432억 - IRR : 65.5%	비용편의분석(10년) - NPV : 224억원 - IRR : 132%

6.1.5.1.2 과천시 시범사업

가. 사업개요

과천시 ITS 시범운영사업은 인덕원-과천-사당사거리를 잇는 과천시 전역을 대상으로 건교부, 지자체, 민간사업자가 26억, 7억, 80억을 출자하여 통합운영시스템, 첨단신호교통제어시스템, 자동요금징수시스템, 자동단속시스템, 중차량관리시스템, 주행안내시스템, 주차안내시스템, 대중 교통시스템, 교통관제 센터를 구축 하였다.

나. 사업평가 분석

과천시 시범운영사업에 대한 사업평가는 시스템별 사업효과를 계량화 할 수 있는 효과척도를 선정하고, 이를 추정하기 위해 사전·사후 비교분석과 운영성능평가를 <표6.5>와 같이 수행 하였다.

<표6.5> 과천시 시범운영사업의 사업평가방법

구분	사전·사후 비교분석		운영성능평가
	정성적 분석	정량적 분석	
첨단신호 제어시스템	지체시간, 속도, 통행시간, 교통량	편리성, 인력 절감, 사고 감수	지체도, 포화도, 앞막힘예방, 운행속도
대중교통 정보시스템	대기시간, 승객수요, 교통수단 전환율	편리성	정시정, 효율성
주행안내 시스템	정확도	편리성	정확도
주차안내 시스템	주차시간절감, 주차수요, 수단 전환율	편리성	정확도
자동단속 시스템	사고건수, 속도, 공해	-	인식율, 오인식율
자동요금 징수시스템	통행시간, 인력감축, 토지면적	편리성	인식율, 오인식율
중차량 관리시스템	단속시간, 인력·비용 절감, 유지비 가소	-	정확도

교통현황조사 및 검지기자료를 이용한 효과척도의 비교분석을 통해 정량적 분석을 수행 하였으며, 분석결과 통행속도가 18.5 ~ 22.5% 증가하고, 지체도도 과천시 전역에서 56%가 감소하여 소통상황이 크게 개선되는 것으로 나타났다. 또한 설문조사 결과, 정보의 정확도(대중교통정보, 36.8%; 주차안내 56.1%), 시스템 이용율(대중교통정보, 33.8%; 주차안내, 40.2%)을 통하여 시스템의 정성적 효과분석을 수행하였다. 이외 에도 교통수집기기의 오인식율(루프검지기, 9.1%; 영상검지기, 16.7%)과 제공기기의 정확도(대중교통정보 오차 1-10분, 주차안내정보 오차 7%, 중차량판독오차 7%)를 산정하는 시스템운영평가를 수행 하였다.<표 6.6>[3]

<표6.6> 과천시 ITS 사업 효과분석 사례

구 분	효과척도	조사방법	시스템 효과
첨단교통신호시스템	교통량	현장조사	0.8% 증가
	지체도	현장조사	과천전역 56% 감소
	통행속도	현장조사	22.5% 증가
	대기행렬길이	현장조사	30.9% 개선
	포화도표준편차	현장조사	2.4% 개선
대중교통정보시스템	정보의 정확도	설문조사	36.8% 긍정적 응답
	시스템 이용율	설문조사	33.8% 감소
	대중교통전환율	설문조사	12.7% 수요전환
	서비스개선	설문조사	52.3% 개선
주차안내	정보의 정확도	설문조사	56.1% 긍정적 응답
	시스템 이용율	설문조사	33.8% 이용
	서비스 개선	설문조사	54.8% 긍정적 응답
	배회시간단축	설문조사	21.5%가 10% 이상 단축
자동요금징수	시스템 인지도	설문조사	74.7% 선호
자동단속시스템	사고 건수	문헌조사	5.6% 감소

6.1.5.2 국외 ITS 사업평가 사례

가. 미국

미국 교통성은 정부차원의 사업평가지침을 마련하여 객관화된 평가방법론에 따라 ITS사업효과를 추정, 매년 ITS 비용, 편의 및 사업효과보고서를 작성하여 배포하고 있으며, 객관적인 사업평가 결과를 바탕으로 ITS도입을 위한 장·단기적 정책을 수립 하고 있다.

1) TEA-21 평가지침

미국의 경우 연방 도로국(FHWA)의 JPO(Joint Program Office) 에서 TEA-21 (Transportation Equity Act for 21st Century) 법에 근거한 ITS평가지침을 통해 정부예산이 투입된 ITS사업에 대해 철저한 모니터링이 이루어지고 있다. TES-21 평가지침은 ITS 사업의 범위, 평가기관의 객관성과 독립성을 보장하고 평가절차와 방법에 대한 지침을 제공한다. TEA-21 평가지침은 원칙적으로 6단계를 거쳐 ITS사업평가를 수행토록 정하였다. 첫째, 독립적인 평가자를 대상으로 평가팀 구성 둘째, 사업 목적 및 목표에 부합하는 평가전략 수립 셋째, 정량적, 정성적 부문을 포괄하는 평가계획 수립 넷째, 사업평가에 필요한 조사 · 분석계획 수립 다섯째, 자료수집 · 분석체계를 주기적이고 지속적으로 모니터링이 가능토록 설계 여섯째, 평가전략, 평가계획, 조사 · 분석계획, 분석결과, 결론 및 제언과정을 문서화하는 단계로 구성된다.

2) ITS 사업평가 지침

ITE(2000)는 Intelligent Transport Handbook에서 교통전문가를 위한 실용적인 평가지침을 13단계 절차로 나누어 제시 하고 있다. 이를 살펴보면, (1단계) ITS 구축 목적 · 목표 정의, (2단계) 시스템 설계과정으로, 구축할 시스템 사용을 결정한다. (3단계) 시스템 효과척도를 결정하고, (4단계) 효과척도 추정에 필요한 정보의 특성과 가용성 확인, (5단계) 서비스 목표를 설정한다. 이때 유사사업의 사업효과를 축적한 데이터베이스(DB)를 참고하여 결정한다. (6단계) 시스템 제약조건을 검토하고 제약조건 내에서 시스템이 최적으로 운용되어 목표한 서비스를 구현 할 수 있도록 한다. (7단계) 효과척도추정을 위한 사업평가분석방법 선정과정으로 이때 분석방법은 가용한 정보의 질과 양, 시스템의 제약조건에 따라 달라진다. 현장에서 효과척도를 직접 추정할 수 있는 경우, 사전 · 사후 비교분석을 수행하며, 도로 · 교통정보가 제한적으로 수집되는 경우, 교통 시뮬레이션분석을 활용하여 효과척도의 변화를 추정한다. 또한 정성적 효과척도는 이용자와 전문가의 설문조사를 통해 다판단기준분석(Multi-Criteria Decision Analysis)을 수행한다. (8단계) 사업의 직접효과(Direct Effect) 추정과정은 대기행렬길이, 지체시간, 연료소모, 통행속도, 지 · 정체시간등 시스템 구축 후 직접측정이 가능한 효과척도를 추정한다 .(9 · 10단계) 사업의 간접효과(Indirect Effect)추정과정으로 유발 수요증가, 교통서비스 개선 등을 설문조사, 시뮬레이션 분석을 통해 분석한다. (11단계) 계량화분석으로 ITS 시스템 대나을 비용과 편익항목으로 구분, 화폐단위로 계량화한다. (12단계) 사업평가결과를 DB화하는 과정으로, 이를 통해 사업평가결과를 ITS 관련 정책변수로 효과적으로 관리 · 활용한다. (13단계) 시스템운영개선등 분석결과를 정책적으로 활용하는 과정으로, 사업효과의 변화를 주기적으로 모니터링하고 DB화하여 이를 바탕으로 의사결정을 수립한다.〈그림 6.2〉

나. 유럽연합

유럽국가들은 ITS사업평가지침의 필요성을 인식하고 국가별로 이를 작성해 왔으며, 2002년에는 유럽연합차원의 ITS연구개발사업(TEMPO Project)을 통하여 평가전문가를 구성하여 유럽국가의 ITS 평가지침을 제안하였다. 특히 2003년 ITS세계대회부터 IBEC(International Benefit Evaluation & Cost)그룹을 편성하여 국제적인 평가지침 작성 및 국가 간의 상호연계를 통해 사업평가의 질적 향상을 꾀하고 있다.

1) 핀란드 ITS평가지침

핀란드 ITS평가지침은 1999년 R&D프로그램(Filland R&D Program on ITS Infrastructure & Services : FITS)과 유럽연합의 교통연구개발사업(TEMPO 프로젝트)의 일환으로 만들어졌다. 본 지침은 다양한 교통투자사업의 대안으로써 ITS사업을 비교평가 할 수 있도록 국가교통투자평가지침과 연계하는 동시에, ITS사업의 특성을 반영하여 사업평가를 할 수 있도록 체크리스트를 제공한다. ITS 사업평가는 사업목적·목표를 구현하기 위한 ITS 서비스가 교통수요, 여행시간, 수단선택, 노선선택, 통행행태, 교통시스템관리에 미치는 영향을 해석하는데 초점을 두고 있다. 즉, 구축시스템이 사업목적(교통서비스개선, 교통안전증진, 지역사회 발전, 환경개선, 정보화 사회 대응)에 부합하는지를 평가하기 위해 효과척도(네트워크 비용, 차량관리비용, 접근성, 통행시간, 교통안전, 소음·배기가스·에너지소모, 가치(Valuation))제시하고 있다. 또한 효과척도를 추정하기 위한 체크리스트를 시장조사(Market Assessment), 인간-기계 인터페이스분석(HMI: Human Muchine Interface), 경제성 타당성, 제도·조직 및 기술적 검토측면에서 제시하고 있다. 이러한 사업평가방법론으로 ITS사업 특성(위험도수준, 생애주기, 예산배정 등)을 고려한 비용편익분석(할인율조정 등), 다판단기준분석과 자문·설문조사(Verbal Assessment)를 활용토록 권고하고 있다.

2) ERTICO 평가지침

ERTICO는 ITS Planning Handbook을 통해 유럽교통전문가를 위한 실용적인 ITS사업평가지침을 다음과 같은 5단계로 나누어 제시하였다. (1단계) 사업 목적·목표설정과정으로, 도시 비젼(Vision)과 이용자, 운영자의 요구를 고려하여 사업목적·목표를 설정한다. 복수의 목적·목표가 도출될 경우, 목적·목표간 사용자, 운영자·전문가·의사결정자의 의견을 반영하여 목적·목표의 가중치를 두어 결정한다. (2단계) 시스템대안 설정과정으로, 대안별 사업범위(공간적범위, 구축범위 및 시스템 사양)을 결정한다. (3단계) 효과척도 및 추정방법을 결정하는 과정으로 여기서 효과적도는 목적·목표 달성여부를 정량화해 주는 객관화된 지표를 시스템(ATIS, APTS, CVO 등)별로 제공하고 있다. 추정 방법은 시스템 특성과 정보가용성에 따라 달라지며 운영성능평가, 영향교화분석(Impact Assessment), 사회·경제적효과, 사용자호응도, 재무평가로 구분할 수 있다. 효과추정을 위한 조사·분석기법으로 설문조사, 현장시험, 시뮬레이션, 전문가 자문이 사용 된다. 설문조사는 서비스 만족도, 시스템이용도를 조사함으로써, 다양한 시나리오는 따른 수요변화를 예측할 수 있으며, 현장시험(Field Trial)은 제한된 지역에 시스템을 구축하여 현장 시험을 통해 가시적인 사업효과를 추정함으로써 확대구축을 위한 기술검증과 향후 잠재적 총편익을 추정하는데 활용한다. 시뮬레이션은 현장수입이 어려운 자료들(운전자 통행패턴, 사후교통환경 등)을 컴퓨터를 활용한 모의실험을 통해 사업효과를 추정한다. 또한 전문가 자문은 ITS서비스의 잠재적인 사업효과(기술개발 등)를 추정하는 방법으로 활용 된다. 효과추정과정으로 참조사례(Reference Case)와 비교하여, ITS 시스템 대안 도입으로 인해 발생하는 가치(Value)를 추정한다. 운영성능평가는 시스템의 기능수행을 위한 기술적 가용성(Capability)을 검토하는 과정으로 도입 시스템의 성능(질, 신뢰도)을 판단하여 시스템사양, 운영전략을 수립하는데 사용된다. 영향효과분석은 사업효과를 참조사례와 ITS대안을 비교분석하여 사업효과를 도출한다. 사회·경제성분석(Social-Economic Analysis)은 시스템 도입으로 인해 발생하는 사회·경제적 이득과 손실을 추정하는 과정으로 화폐가치로 추정이 가능한 경우는 비용편입분석을 활용하고, 화폐가치로 추정이 어려운 경우는 다판단기준분석을 사용한다. 사용자호응도조사분석은 의

견투표(Opinion Poll)나 조사(Survey)를 통해 사용자의 서비스에 대한 만족도를 분석하는 방법으로, 사용자(직접사용자, 간접사용자)에 따라 서비스유용성, 성능, 신뢰성, 접근성, 편리성, 만족도등을 조사하게 된다. 재무성평가는 사업의 재무적균형을 맞추기 위해 수행하는 분석방법으로, 시스템 구축에 소요되는 지출과 수입을 추정하여 재무모형(재원도달계획 및 현금흐름분석)을 통해 재무성을 판단하게 된다. (5단계) 대안(시스템 또는 운영시나리오)평가를 통해 최적안을 도출한다.

6.1.6 ITS 사업평가 체계 정립

국내 ITS사업평가를 위해 과학적인 사업평가체계를 정립하고, 일정 규모이상 또는 정부예산이 투입된 사업에 대해 사업평가를 수행토록 제도화해 나간다. 사업평가체계는 국내 ITS사업평가사례분석을 통해 도출된 문제점에 미국과 유럽의 사업평가지침의 시사점을 반영하여 개선할 수 있도록 제언되었다. 사업평가체계를 살펴보면, 서비스목적과 목표를 설정하고 이를 구현할 시스템 대안을 선정하되, 이때 개략적인 경제성평가와 사용자설문조사 전문가 자문방법들이 사용되어질 수 있다. 다음으로 시스템이 설계되어지면 시스템별 사업효과분석을 위한 효과척도와 조사·분석방법(현장조사, 사용자 설문조사, 전문가 자문)이 진행된다. 이렇게 수집된 자료를 바탕으로 운영성능평가, 사전·사후비교분석, 시뮬레이션분석, 경제성분석과 같은 효과추정방법이 적용되고, 그 결과 효과척도별로 사업효과가 산출되어 화폐단위로 계량화된다. 또한 평가결과물은 데이터베이스화되어 저장·분석되어, 단기적으로는 시스템 운영전략 개선에, 장기적으로 중장기 추진계획에 활용되어진다. 아울러 이러한 전 과정은 반복적인 모니터링 활동을 통해 지속적으로 갱신되도록 제언하였다.〈그림 6.3〉

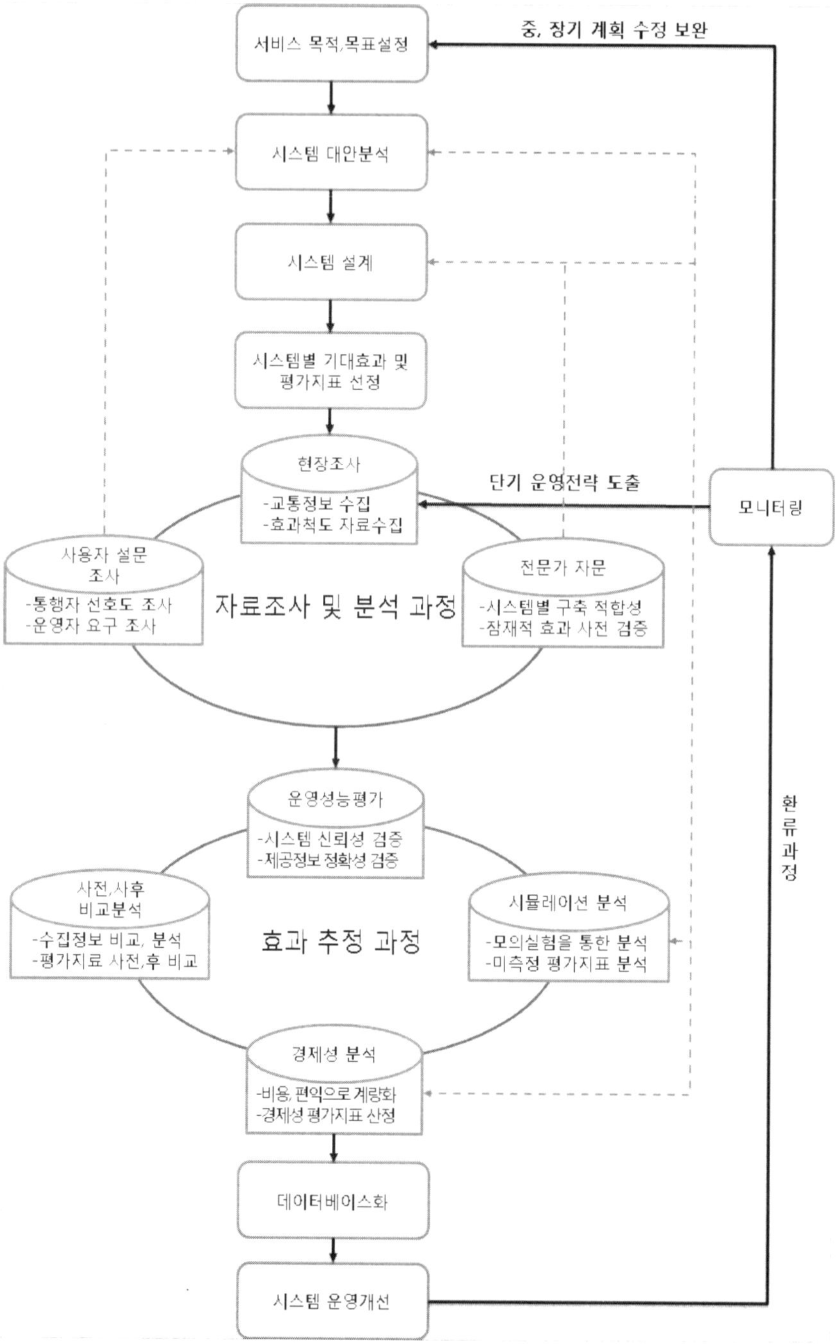

<그림6.3> ITS 사업평가체계

6.1.7 ITS 사업평가지침 정립

사업평가지침은 ITS사업개요(목적 · 목표, 시스템구성), 사업평가목적 · 범위(평가목적, 평가지표), 평가 법론(조사 · 분석방법론, 운영성능평가, 사전 · 사후 비교분석 경제성분석 등)을 포함하여야 하며, 본 책에서는 지침의 주요 내용인 효과척도, 평가 및 조사 · 분석 방법에 대해 설명한다.

6.1.7.1 효과척도 정립

ITS사업의 효과는 크게 직접효과(통행시간절감, 운행비용감소 등 이용자나 운영자가 수혜를 받는 편익)와 간접효과(대기오염, 소음 감소 등 불특정 다수가 수례를 받는 편익)로 구분된다. 이러한 사업효과의 계량화를 위해서는 〈표 6.7〉와 같이 시스템별 효과척도를 현장 조사, 성능평가 또는 교통모의실험을 통해 도출이 가능한 정량적 분석과 사용자의 서비스만족도 등 설문조사를 통한 정성적 분석으로 나누어 분석할 수 있다.

6.1.7.2 평가 및 조사·분석방법 정립

6.1.7.2.1 운영성능평가

운영성능평가의 목적은 구축시스템의 개별 장비와 알고리즘의 운영상태를 검증하는 과정으로, 이를 통해 운영상태가 미흡한 개별 기술대안에 대한 운영개선방안을 도출하게 된다. 즉 서브시스템별 개별 장비와 알고리즘의 운영상태를 파악하고 시스템 운영이 정상적으로 수행되는 지를 판단하기 위해서 정보수집 · 가공 · 제공 기기별로 현장조사, 운영자설문조사 및 운영 DB자료를 분석한다. 정부수집기기는 검지기의 기계적 오작동률과 검지기를 통해 계측된 교통속성자료가 실측자료와 얼마나 정확히 일치하는지를 검토하기 위해 등가계수방법 · RMSE(Root Mean Square Error)방법과 같은 통계적 분석방법을 활용한다. 또한 가공 · 분석 알고리즘은 분석시간 및 오류 발생여부를 통해 작동성(Workability)을 평가하고, 알고리즘을 통해 도출된 결과가 현장실측자료에 부합하는지를 평가한다. 제공기기는 제공되는 정보가 실제 도로 · 교통상황을 잘 묘사하는지, 정보제공기기의 작동오류는 없는지. 통행자에게 제공정보가 정확히 인지, 이용되고 있는지를 평가하게 된다. 또한 구축 후 시스템의 운영성능을 지속적으로 모니터링하기 위해서는 운영DB를 분석하여 운영시간 축적된 교통정보 · 시설물관리정보(시설물별 장애원인, 장애건수 등)를 점검하고 시스템의 운영성능 개선방안을 도출하도록 한다.

<표6.7> 시스템별 효과척도 및 평가방법론 정립

구분	사업효과	효과척도(MOE)	정량적 평가			정성적 평가
			현장조사	모의실험	성능평가	설문조사
첨단신호 제어 시스템	·통행편익 증가(U) ·차량운전자의 서비스향상(U) ·운행의 경제성 향상(U) ·대기오염, 소음감소(S) ·시스템운영, 관리의 경제성(O)	교통량	○	○		
		교차로지체시간	○	○		
		통행속도·통행시간	○			
		지체도, 포화도	○		○	
		시스템 만족도(사고감소)				○
간선도로 교통정보 제공시스템	·통행편익증가(U) ·차량운전자의 서비스향상(U) ·차량운행의 경제성향상(U) ·대기오염, 소음감소(S)	통행속도·통행시간	○	○		○
		지체시간	○	○		
		시스템만족도 (VMS 만족도, 정보정확도)			○	○
돌발상황관리 시스템	·안전성 향상(U) ·시스템운영, 관리의 경제성(O)	돌발상황 처리시간		○	○	
		유관기관대응에 대한 만족도				○
대중교통정보 시스템	·대중교통이용자 통행편익(U) ·대중교통이용자 서비스향상(U) ·시스템운영, 관리의 경제성 ·생산성 향상(O)	대기시간	○			
		승객수요, 교통수단전환율	○	○		
		정시성	○		○	
		시스템 만족도 (편리성)				○
교통정보 시스템 (주행안내 시스템)	·통행편익 증가(U) ·차량운전자의 서비스향상(U) ·운행의 경제성 향상(U) ·대기오염, 소음감소(S) ·접근성향상(U), 생산력향상(O)	통행속도·통행시간	○	○		
		교통정보의 정확도	○			
		시스템 만족도			○	
주차안내 시스템	·차량운전자의 서비스향상(U) ·시스템운영, 관리의 경제성(O)	주차수요	○			
		주차시간절감	○			
		교통수단전환율	○			
		정보의 정확도	○			
		시스템 만족도				○
자동단속 시스템	·차량운전자의 서비스향상(U) ·운행의 경제성 향상(U) ·대기오염, 소음감소(S) ·시스템 운영, 관리의 경제성(O)	사고건수	○			
		통행속도·통행시간	○			
		공해 (소움, 배기가스)	○	○		
		인식률, 오인식률			○	
		시스템 만족도				○
자동요금징수 시스템	·새로운 고용창출(S) ·시스템운영, 관리의 경제성(O)	통행속도·통행시간	○			
		인력 감축	○			
		토지면적 감축	○			
		시스템 만족도				○

6.1.7.2.2 사전 · 사후 비교분석

사전 · 사후 비교분석은 정략적인 분석이 가능한 교화척도인 경우 사업 전 · 후에 현장조사 및 검지기자료를 이용하여 효과 척도를 측정하여 비교 · 분석하고, 효과척도가 정성적 지표인 경우, 운영자와 사용자에서 설문조사를 통해 평가할 수 있다. 이때 효과척도의 특성에 따라 조사방법도 〈표

6.8>과 같이 교통량조사, 대중교통이용실태조사, 현장실태조사, 설문조사 등으로 다양하다. 이러한 사전·사후 비교분석은 분석이 용이하고 시민과 의사결정자에게 사업효과를 손쉽게 이해시킬수 있는 장점이 있다. 특히 정성적 사업효과의 계량화에 대한 관심이 높아지면서 설문조사를 활용한 사용주체별 서비스만족도를 통계분석(순위화 등), 다 판단 기준 분석을 활용하여 분석한다.

<표6.8> 효과척도별 현장조사 방법

효과척도	조사항목
교차로 접근별 교통량	교통량조사, 검지기자료분석
교차로 지체도	정지차량수, 주기, 신호현시 조사, 검지기자료분석
링크별 통행시간 및 통행지체	시험차량운행법, 프로브차량차료 (기종점 출발시작, 도착시작, 링크길이, 차량 정지시간)
통행속도	시험차량운행범, 프로브차량자료
사고건수, 사망자수	경찰정 사고조서 문헌조사
구가평균불법주차대수	현장실태조사
버스전용차로구산 통행시간, 버스도착시간간격	대중교통이용실태조사
시스템의 만족도	설문조사

6.1.7.2.3 교통시뮬레이션분석

교통시뮬레이션분석은 외부적 요인(급격한 사회경제 지표 변화, 토지이용변화 등)에 따라 도로·교통조건이 급변할 경우, 사업평가를 위해서 꼭 필요한 효과척도이나 현장조사를 통해 자료수집이 불가능한 경우, 기타 보완적으로 다양한 대안을 분석할 필요가 있을경우, 활용된다. 이 때 사용되는 시뮬레이터는 분석시스템의 유형과 추정할 효과척도에 따라 달라진다. 국외의 경우 공학모형과 계획모형, 미지석 모형과 거시석 모형 측면에서 다양한 시뮬레이터가 개발되어있으며, 이를 통해 다양한 시스템분석이 가능한 모듈(Module)이 개발되어져 있다. 따라서 교통시뮬레이션분석 시 시스템별로 해당 효과척도에 대해 모의실험을 제고하는 시뮬레이터를 선별하여 사용하되, 국내 현실에 맞도록 도로·교통 및 ITS 환경, 운전자행태와 관련된 계수들을 정산한 후, 적용한다. 특히 사업초기 제한된 예산 내에서 효과적인 시스템을 구축하기위한 사업타당성분석 필요한 데 Sketch Planning 기법 〈그림 6.4〉을 활용하여 경제성분석과 교통류시뮬레이션을 통합 분석하는 방안이 활발히 활용되고 있다. 아울러, 운전자행태 및 HMI(가시성, 감지성, 인지성, 운전자 작업부하효과 등)를 고려한 사업평가방법론이 대두됨에 따라 이러한 관계를 시뮬레이션상에 내재화하는 방법론 개발이 활발히 도입되고 있다.

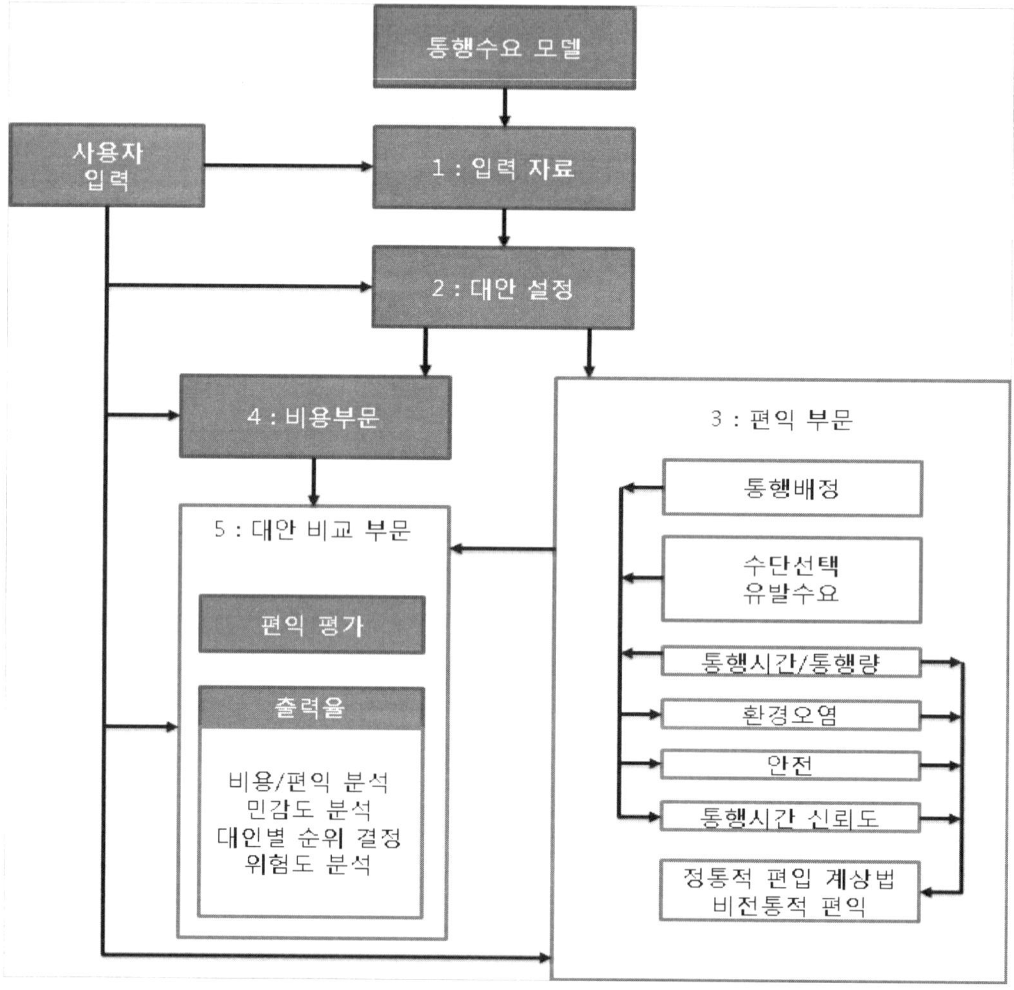

<그림6.4> Sketch Planning기법(FHWA.2001)

6.1.7.2.4 경제성분석

결제성분석은 사업의 비용과 편익항목을 계량화하여 경제성지표(편익/비용비, 순현재가치, 내부수익율)를 통해 사업의 타당성을 분석하는 방법으로 분석절차는 일반적인 경제성분석(Deterministic Economic Analysis : DEA)과정과 동일하다.(건설교통부, 2002;한국개발연구원,2002) 먼저 시스템 또는 운영대안 별로 비용·편익항목을 구분하여 화폐단위로 추정하는데, 비용항목은 크게 사업비와 유지관리비로 나누어진다. 여기서 사업비는 공공과 민간을 모두 포함한 건설·구축비용을 적용하며, 유지관리비는 일반적으로 건설·구축비용의 10%수준에 해당한다. ITS시설물은 도로시설물에 비해 수명주기가 5~10년으로 짧은 내구연한을 가지고 있어, 분석기간 중에는 생애주기비용(Life Cycle Cost:LCC)분석을 적용하는 것이 바람직하다. 또한 편익항목은 일반적으로 계량화가 가능한 통행시간 절감효과, 차량운행비 감소효과, 교통사고 저감효과, 환경오염 저감효과를 중심으로 추정하여 추정방법은 일반적으로 건설교통부(2002)와 한국개발연구원(2002)의 지침을 준용한다.

이러한 DEA모형을 기반한 분석방법은 장기간에 걸쳐 고정값을 예측하여 사용함으로써 ITS사업과 같이 위험도가 높은 사업에는 적합하지 못하다는 문제점이 야기되었다. 이를 개선하기위해 민감도분석, 할인율 조정등의 방법과 함께, 최근에는 〈그림6.5〉와 같은 확률적 위험도 분석(PRA)모형의 도입이 연구되어 사업의 위험을 합리적으로 관리해 나갈 수 있다.

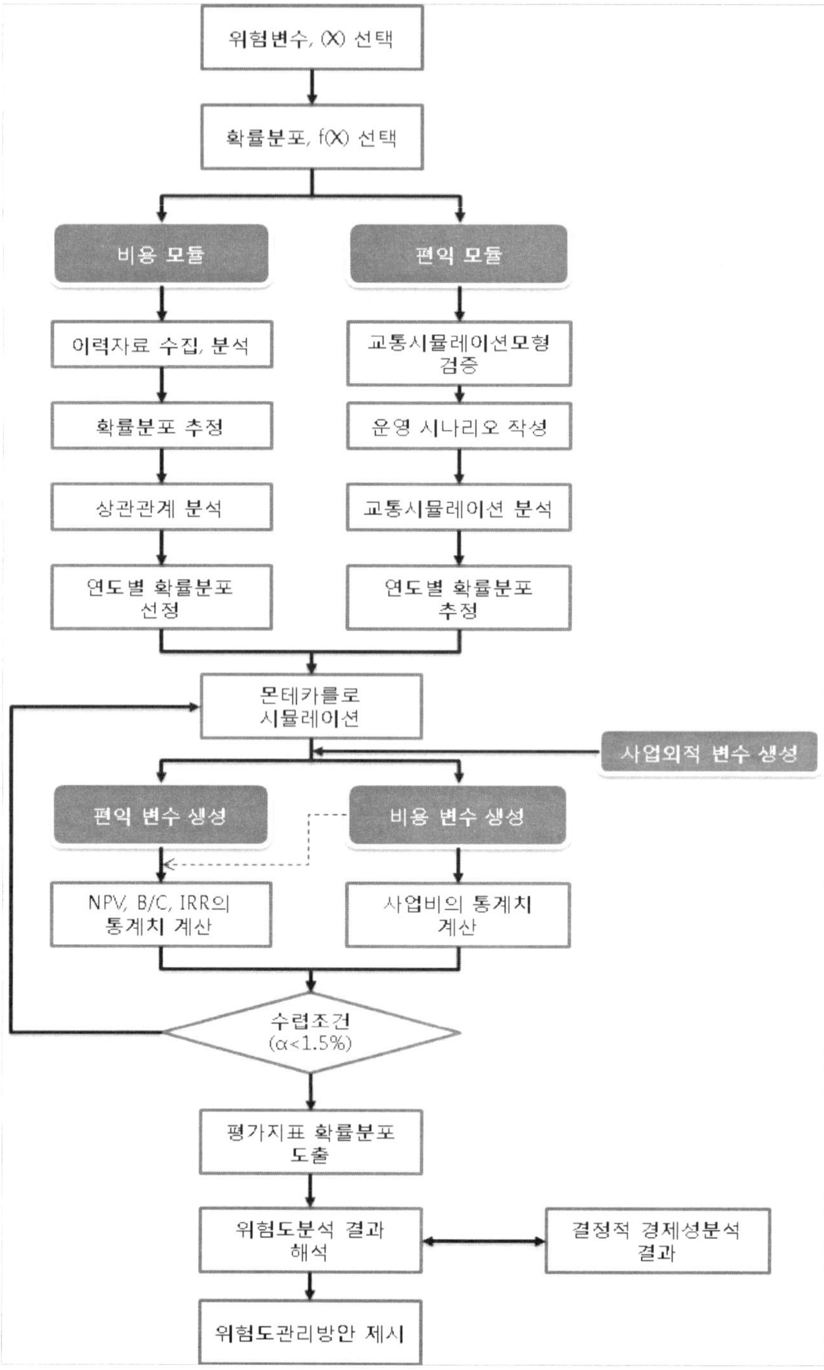

<그림6.5> PRA를 이용한 ITS사업의 경제성분석 틀

6.2 시스템 평가

시스템 평가는 ITS사업을 실행함으로써 발생되는 직접적인 산출물(outputs) 즉, 하드웨어와 소프트웨어에 대해 평가하는 것이다. 특히 이러한 평가자료들이 잘 구축된다면, 사업기획단계에 시스템 요구사항을 파악할 때 기초자료로 활용되어 매우 유용할 것이다.〈그림 6.6〉

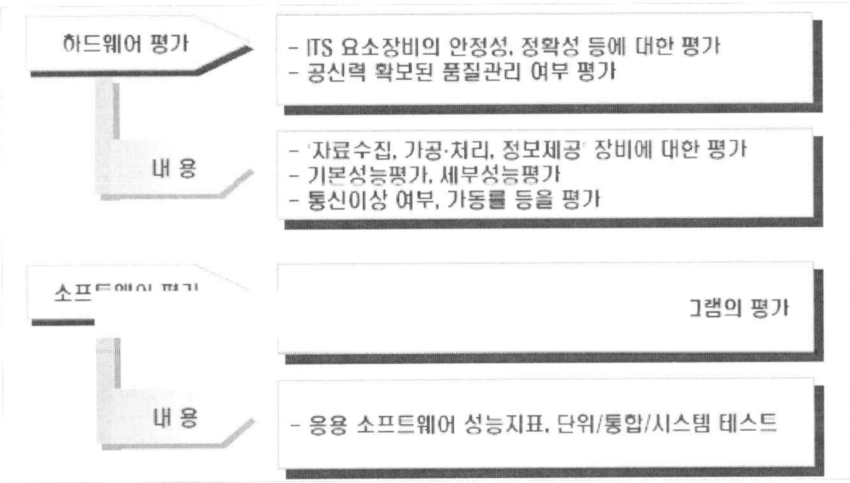

<그림6.6> ITS 시스템 평가 내역

6.2.1 하드웨어 평가

ITS 요소장비의 안정성, 정확성 등에 대한 합리적인 기준을 제시할 필요가 있으며, 공신력이 확보된 품질관리가 요구된다. 최근 한국건설기술연구원에서 ITS 요소장비 성능평가방안과 관련된 연구결과(9)는 이러한 하드웨어 평가에 대한 좋은 지침을 제공해 주고 있다.
하드웨어 평가의 대상이 되는 ITS요소장비들은 크게 '자료수집', '가공.처리', '정보제공'으로 구분하고 각각에 대해서 기본성능평가와 세부성능평가를 수행할 수 있다.

6.2.1.1 기본성능평가

기본성능평가는 시스템의 물리적 안정성을 확보하기 위한 항목들이 주를 이루고 있는데 보다 상세히 살펴보면, 전기적 안정성 평가, 내환경성 평가, 전자파 평가, 기타(진동, 색도, 광도) 등이 있다.〈그림 6.7〉

- 전기적 안정성 평가: 전기적 안정성 평가는 장비의 전기적 특성에 따른 안정성을 평가하기 위한 것으로 해당되는 품목은 데이터 처리기기, 단말기, 컴퓨터, 모뎀, 비디오 카메라, 모니터, 영상기기 등이 있음. 세부적으로 입력정격 시험, 온도상승 시험, 절연저항 시험, 내전압 시험 등의 평가항목들이 있음.
- 내환경성 평가: ITS 장비들이 실외에서 운영되기 때문에 환경의 영향을 많이 받으므로 온도, 습도, 방진, 방수, 내구성 등에 대한 평가가 필요함. 세부적으로 내한성 시험, 내열성 시험, 고온.고습 시험, 방수 시험 등의 평가항목들이 있음.
- 전자파 평가: 전자파에 의해서 기기의 오동작이 발생할 수 있기 때문에 기기 상호간의 특성 및 설치여건을 고려한 전자파 시험이 요구됨.

6.2.1.2 세부성능평가

세부성능평가는 하드웨어로 구성된 시스템의 내용적인 평가를 의미하는데 예를 들어, 검지기 수집자료의 정확도, 도로전광표지의 시인성 및 정보표출 능력 등이 해당된다.〈그림 6.7〉

ITS사업의 시스템 구성 장비들이 다양하고 향후 기술발전과 더불어 자료수집 및 제공장비들도 많은 변화가 있을 것으로 예상된다. 따라서, 이러한 변화에 맞추어 구성장비의 설치 목적에 따라 적절한 평가항목 및 자료를 설정해야 할 것이다. 서울시의 경우에, 하드웨어 평가는 평가시설, 장비, 장소 및 기술 측면을 고려할 때 이를 전문적으로 수행할 수 있는 기관의 협조를 받아야 할 것이며, 사업 및 하드웨어의 특성에 따라 아웃소싱에 의한 평가수행도 고려할 수 있을 것이다.

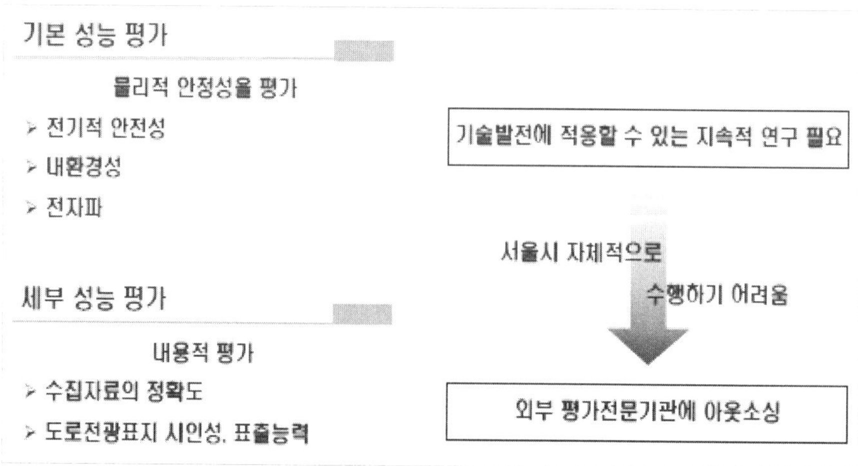

<그림6.7> 하드웨어 평가

6.2.2 소프트웨어 평가

소프트웨어 평가는 자료수집체계를 통해 수집된 교통자료를 정보로 가공 및 처리하고, 이를 운영자 및 이용자들에게 효과적으로 전달하기 위해 시스템에 탑재되는 각종 개발 프로그램에 대해서 평가를 수행하는 것이다.

소프트웨어 평가를 한마디로 요약하면 '시스템 요구사항에 부합하는 소프트웨어의 품질을 평가'하는 것이다. 여기서 말하는 소프트웨어의 품질이란 소프트웨어의 유용성을 얻기 위해 갖추어야 하는 특성들의 집합이며, 소프트웨어가 사용자의 요구사항을 충족시키기 위하여 갖추어야 할 제반 특성을 의미한다.

소프트웨어의 유용성과 사용목적을 달성하는데 필요한 성질들을 소프트웨어 품질요소라고 하며, 일반적으로 다음과 같은 사항들이 있다.〈그림 6.8〉

- 정확성(correctness): 시스템의 요구사항이 잘 반영되어 유효한 소프트웨어 인지를 평가
- 신뢰성(reliability): 정해진 시간 내에 시스템이 고장 없이 수행할 수 있는 능력 즉, 소프트웨어의 실패 정도를 평가
- 효율성(efficiency): 기능을 수행하는데 요구되는 시간과 자원, 코드의 양을 평가
- 유용성(usability): 프로그램 및 운용절차를 배우고 사용하는데 요구되는 노력과 시간이 적절한지 평가
- 무결성(integrity): 인가되지 않은 접근을 통제할 수 있는 정도를 평가 위의 평가사항을 분석하기 위한 구체적인 세부항목을 선정하는 것은 소프트웨어의 설계목적에 따라 다양하게 나타날 수 있다. 예를 들어, 통상적인 ITS사업의 개발 소프트웨어는 수집된 자료를 시스템의 요구에 맞도록 처리해 주는 자료 처리용 응용 소프트웨어가 대부분이므로 다음과 같은 성능지표를 설정할 수 있을 것이다.
- 시스템의 처리속도(throughput): 단위 시간내에 처리되는 작업량
- 응답속도(response time): 시스템에 조회를 요구한 직후부터 응답이 시작되는 때까지 경과된 총 시간
- 신뢰성(reliability): DB의 물리적, 논리적 무결성 체크, 수집자료의 정확성 체크 등
- 기능성: 이용자 인터페이스의 적합성, 자료 백업 및 보안 기능 등

현재 ITS사업의 전산부문 평가는 개발단계별 테스트에 초점을 맞추어 이루어지고 있다. 소프트웨어 개발은 크게 3 단계 즉, 요구사항분석, 설계, 코딩으로 나눌수 있는데 이러한 개발 단계에서의 오류를 발견하기 위해 시험단계에서 이와 대응 되는 절차가 마련되어 한다.

단위테스트는 코딩단계의 오류를 발견하기 위한 것이고, 통합테스트는 설계의 오류를 발견하기 위한 것이며, 검증시험은 요구사항 분석에 대한 것이라 볼 수 있다. 통상 이러한 시험절차는 상향식으로 진행된다.

- 단위 테스트(Unit Test): 독립적으로 작성된 프로그램의 기본단위인 모듈 내부의 오류를 개별적으로 검사하여 해당 모듈의 기능을 올바로 수행하는지 확인하는 것으로 각 모듈에 대해 인터페이스, 지역 자료구조, 경계조건, 제어 흐름 및 오류처리 등을 확인함.
- 통합 테스트(Integration Test): 시스템 전체 프로그램은 여러 모듈이 통합되어 구성되므로 모듈간에 상호영향을 미치게 됨. 통합 테스트는 모듈 통합시 발생하는 불일치 오류, 전역변수 부적절한 사용, 개별 모듈의 작은 오류에 기인한 문제 등 확인함.
- 검증 테스트(Validity Test): 통합 테스트가 끝난 후 요구사항 명세서를 토대로 사용자의 기능을 만족하는지 검사하는 것으로 소프트웨어 구성요소, 목록, 유지보수를 지원하는 사항이 제대로 되어 있는지를 평가함.

전산평가에 있어 앞서 설명한 평가내용 외에도 추가적으로 수행되어야할 평가사항들은 다음과 같은 것들이 있다.

- 보안(Security): 컴퓨터 사용자에 따라 지정된 기능만 사용할 수 있도록 해야하며 이를 위해 지정된 정보에만 접근할 수 있도록 보안기능를 갖추어야 함.
- 복구(recovery): 고장발생 시 시스템을 지정된 시간 내에 복구할 수 있는 기능을 갖추어야 함. 대형 시스템의 경우 결함허용 기능을 통해 일부 고장 발생 시에도 시스템이 정상 작동할 수 있도록 하는 것이 필요함. 복구에 대한 평가는 복구내용의 완벽성과 소요시간이 적절한지를 검증해야함.

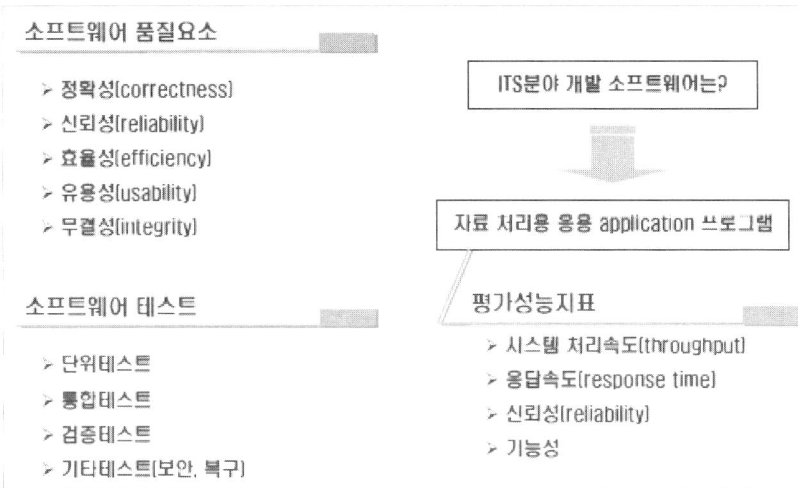

<그림6.8> 소프트웨어 평가

소프트웨어 평가는 시스템 구축단계에서의 테스트와 구축 후 상당기간 운영을 하면서 다양한 환경에서 소프트웨어의 기능을 진단하는 두 가지 유형으로 구분할 수 있다.

6.3 ITS 센터시스템의 이해

6.3.1 ITS 센터의 역할

ITS 센터는 도시 내 교통상황을 운영관리 및 통합 모니터링할 수 있는 실시간 교통정보의 메카로 교통 시스템의 핵심 시설에 해당되는 곳임과 동시에 ITS를 통해 구축된 각각의 서브시스템 및 수집정보를 한곳에 집적하여 교통관리를 수행하는 공간이다 즉 ITS 센터에는 도시 전반의 교통상황 및 ITS 관련 시스템들에 대해 통합모니터링을 수행할 수 있는 곳으로, 도시 전체의 교통상황을 모니터링할 수 있는 상황판(WallMap) 시스템, ITS서브 시스템과 관련된 서버그룹, ITS 운영관리지원용 운영단말 그리고 수집 및 가공처리를 위한 알고리즘 및 응용 S/W 등으로 구성되어 있다. 〈그림6.9〉은 ITS 센터의 역할을 나타낸다.

<그림6.9> ITS 센터의 역할

6.3.2 ITS 센터 시스템 구성

ITS 센터시스템의 보편적인 기능은 통합데이터베이스 구축관리, 수집영상관리, 교통소통대책, 시스템 운영관리, 교통정보관리, 전자지도 관리 및 표출 등이 있으며, 세부적인 기능은 〈표 6.9〉와 같다.

6.3.2.1 ITS 시스템 구성

센터시스템은 서브시스템들의 서비스 요청을 동시에 처리하기 위해 고성능의 대용량 데이터베이스를 지원해야 하며, 교통정보의 신뢰성 확보와 이력관리를 위한 대규모 디스크 저장장치와 백업용 저장장치 등을 지원을 해야 한다.〈그림 6.10〉

<표6.9> ITS 센터시스템의 주요 기능

구분	세부 기능
통합데이터 베이스 구축 관리	-구축된 서브시스템별의 DB관리 및 교통상황, 교통통제, 시스템, 교통정보 DB 관리
수집영상 관리	-CCTV 동영상의 모니터 및 상황판 표출 등의 관리
교통소통 대책	-돌발상황 및 이벤트 발생 시 처리기준과 절차를 마련하여 정시성을 확보
시스템 운영관리	-시스템 운영자는 사용자 등록 및 로그인 관리 등을 통해 사용자 관리를 함 -각 서브시스템 및 외부연계시스템 프로세스 제어 및 감시.모니터링 교통정보센터 내 장비의 네트워크 및 현장장비 실시간 모니터링 장비 이력관리 -시스템(서버/클라이언트), 데이터(데이터베이스), 네트워크 관리
교통정보 관리	- 서브시스템 및 외부연계시스템으로부터 실시간 소통정보 수집 - 제보, 공사계획, 행사 - 운영자의 CCTV 모니터링에 의한 교통정보 수집 .교통정보 처리 - 수집 사료의 통계처리, 시간대별 교통정보 처리, 일별 및 월별 교통정보 처리 - 수집 자료의 Data Fusion - 지점자료에 대한 구간 자료 변환 - 수집원별 Data 융합 .교통정보 제공 - Web 및 Kiosk 또는 외부연계센터로 다양한 교통정보 제공 - 동화상 정보판 및 가변정보판(VMS)으로 교통정보 제공 .교통정보 운영관리 - 소통상황 모니터링 및 운영 - 제보 접수 및 처리 - VMS 및 영상 관리 - 통계관리
전자지도 관리 및 표출	-지도 편집 및 레이어 관리 -교통상황, 소통상황 정보를 GIS 기반으로 표출

센터시스템은 통합교통관리시스템의 클라이언트-서버 환경에서 데이터베이스 서버 및 교통 어플리케이션 서버로서 역할을 담당하기 위해서 강력한 연산기능과 고용량의 저장장치를 통해 각종 긴급 상황에서도 제 기능을 확실하게 수행을 해야 한다.

다양한 연계 시스템에서 교통데이터를 실시간으로 수집하고 이를 데이터베이스에 저장 및 가공하여 교통정보 및 관리시스템에 통합제어명령을 전달할 수 있어야 한다.

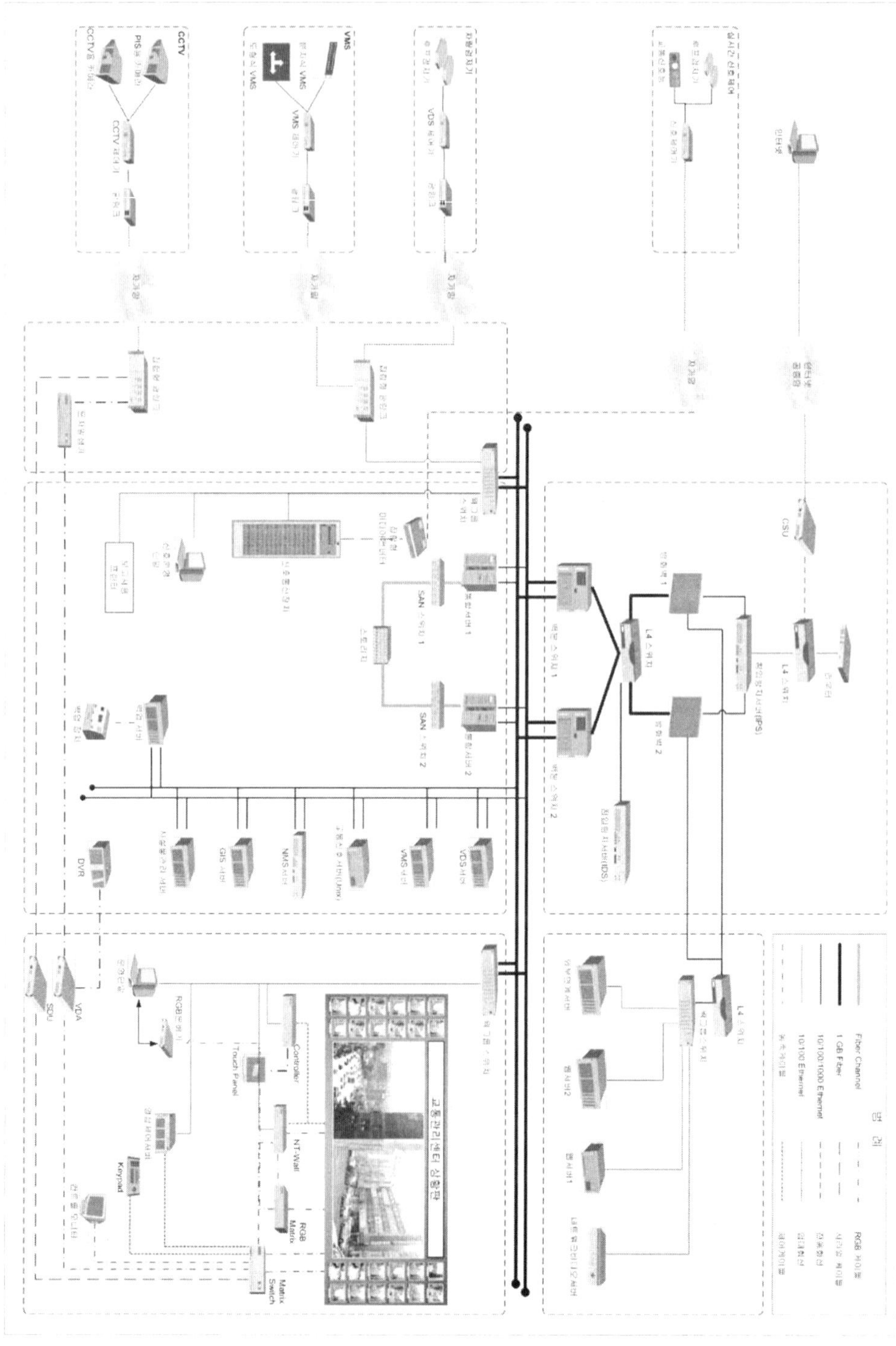

<그림6.10> ITS 센터 시스템 구성도

6.3.2.2 ITS 시스템 구성별 기능

센터시스템은 기능에 따라 크게 <표 6.10>와 같이 통합교통관리시스템, 서브시스템별 서버군, 신호제어시스템, 운영단말, 웹 시스템, 통신시스템, 네트워크 시스템 등으로 구분할 수 있다.

1) 통합교통관리시스템

<표6.10> 통합교통관리시스템 주요 구성

<table>
<tr><th>주요구성</th><th>세부기능</th></tr>
<tr><td>중앙호스트
(메인서버 또는 통합서버)</td><td>-통합서버는 ITS시스템의 데이터베이스 운영관리,ITS 서브시스템에서 수집된 정보들을 저장하고 가공처리를 하는 등 ITS 시스템에 있어서 가장 중요한 프로세스를 수행
-일반적으로 시스템의 안정화를 위해 중앙호스트는 이중화 HA(High Availability, 고가용성)형태로 구성하여 운영하며, 시스템 운영 방식 및 안정화 방법에 따라 Active – Active (이중화) 또는 Active – Standby (운영-대기) 형태로 운영
<table>
<tr><td>주요 기능</td><td>세 부 기 능</td></tr>
<tr><td>데이터베이스 운영</td><td>-ITS서브시스템 데이터베이스 영역 구성 및 인터페이스 관리
-데이터베이스 백업기능과 복구, 데이터베이스 사용자 관리
-ITS 운영과 관련된 전반적인 데이터 수집, 저장, 가공처리 부문 담당</td></tr>
<tr><td>시스템 운영지원</td><td>-ITS서브시스템(예: VDS 서버)에서 수집된 정보는 중앙호스트에 전달되고 운영
-단말은 중앙호스트에 저장 또는 가공처리 된 교통정보 및 운영관리 정보등을 조회하고 통계분석하며,시설물현황 및 이력조회, 공지사항/ 경보입력 및 타 시스템과의 정보교환, 인터페이스 관리기능 등을 지원
-중앙호스트는 운영 단말의 통합운영 기능의 서버 역할을 수행 함</td></tr>
<tr><td>통합운영정보의 분석/처리</td><td>-타 체계 및 외부연계기관으로부터 수집된 데이터들을 바탕으로 통합운영에 필요한 종합적인 분석과 처리를 수행하게 되며 각종 통계량산출 및 분석 등의 업무를 수행</td></tr>
<tr><td>정보수집</td><td>-통합 운영에 필요한 데이터를 ITS서브시스템으로부터 수집하고 데이터베이스에 저장하여 관리
-수집된 데이터는 교통운영을 위한 분석에 사용되고 각 서브시스템의 운영에 필요한 데이터로 제공
-유관기관의 교통상황정보 등을 수집하여 활용하며 외부연계기관이 필요로 하는 데이터를 생성</td></tr>
<tr><td>정보가공</td><td>-교통정보의 물리적 단위 구간에서 수집된 정보를 정보가공 및 제공 목적에 맞게 링크별 교통정보로 산출
-구간별 소통상태등 교통상황을 판단,주기/구간별 교통량등 통계정보 산출
-수집된 정보들로부터 교통량검지, 기상정보, 공사/돌발상황정보 등으로 활용</td></tr>
<tr><td>정보제공</td><td>-동화상서버, VMS서버, WEB서버 등에 필요한 정보 생성
-구간별 평균속도, 지체구간, 정체구간, 사고 정보, 주변도로 교통상황 정보 생성
-예상소요시간, 교통량, 평균속도, 통계정보 생성
-타 체계, 외부연계기관에 필요한 연계 정보 생성</td></tr>
</table></td></tr>
<tr><td>백업서버</td><td>-백업서버는 백업장치와 직접 연결되어 중앙호스트 및 중요장비의 주요 데이터를 정해진 주기별로 네트워크를 통하여 데이터 백업을 수행</td></tr>
<tr><td>Storage</td><td>-중앙호스트의 대용량 자료를 물리적 매체(하드디스크 등)를 통해 저장할 수 있게 지원하는 장비로 데이터 미러링 등을 통해 활용될 수 있음</td></tr>
<tr><td>백업장치</td><td>백업서버를 통해 백업된 데이터를 디스크 또는 테입장치로 저장하는 장비</td></tr>
</table>

2) 서브시스템별 서버군

다음 〈표 6.11〉은 서 시스템 별 서버군을 나타낸다.

<표6.11> 서브시스템별 서버군

주요 구성	세부기능
VMS서버	-중앙호스트에서 수집, 가공/처리한 교통 및 기상정보를 사전에 정의된 메시지 표출 및 제어 순서에 따라 문자 및 그래픽의 형식으로 VMS에 해당정보를 표출 -VMS 시설물의 상태 정보를 확인하고 VMS를 제어
VDS서버	-현장의 검지기에서 수집한 차량정보를 센터로 전송하는 장치로서 통행시간 및 통행속도 등을 산출 -VDS 시설물 상태 정보를 확인하고 VDS를 제어
시설물관리서버	-현장에 설치된 ITS관련 시설물의 상태정보를 실시간으로 모니터링하고, 각 시설물별 제고관리, 유지보수 및 점검 관리, 시설물 추가 및 제거 이력관리 등에 대한 시설물관련 제반 업무 지원 시스템
GIStjqj	-전자지도와 관련된 정보(공간, 속성)를 관리하고 편집하기 위한 서버 -필요에 따라서 전자지도를 사용하는 운영단말 및 서버는 GIS 서버와 연계
외부연계서버	-타 기관과의 정보교환(교통정보 및 연계 정의 정보)을 위해 DMZ 영역에 구성하여 운영하는 서버
NMS서버	-네트워크에 연결되어 있는 각 서버 및 운영자단말의 네트워크 연결 상태를 실시간으로 모니터링하고 이상상태 발생 시 해당 사항을 GUI 기반으로 표출함
침입방지시스템	-인터넷 웜 등의 악성코드 및 해킹등에 기인한 유해트래픽을 차단해 주는 시스템 또는 솔루션, OS나 애플리케이션의 취약점을 능동적으로 사전에 보완하고 웜이나 버퍼오버플로우, 특히 비정상적인 트래픽, 알려지지 않은 공격까지 차단
침입탐지시스템	-특정 패턴을 기반으로 공격자의 침입을 탐지하는 시스템
방화벽 (Firewall)	-외부 네트워크로부터 침입에 대해 내부 네트워크를 보호하기 위한 장비 -외부 불법사용자의 침입으로부터 내부 네트워크 및 데이터를 보호하기 위해 네트워크 상의 연결관리를 담당하며, 내부 및 외부에 상호 접속된 네트워크의 트래픽과 잘 알려진 공격패턴을 감지

3) 신호제어시스템

다음 〈표 6.12〉는 신호제어시스템을 나타낸다.

<표6.12> 신호제어시스템

주요구성		세부기능
교통신호서버		-교통신호제어시스템의 중추적 역할을 담당하는 부분으로서 Multi-CPU, 주 기억장치 및 하드디스크 등의 대용량 보조기억장치를 갖춘 고속 신뢰성의 컴퓨터를 채택하여 많은 양의 자료를 신속히 처리 -교차로 그룹의 결합, 분리기능, 신호제어변수 설정, 기본 운영화면(MMI)을 통한 운영자개입기능 등을 수행
신호운영단말		-교통신호서버의 모든 실시간 계산결과 및 통계자료들을 그래픽으로 입출력할 수 있는 장치로서각 교차로 상태정보와 교통상황 등 을 표출하는 장비 -신호연동 수립, 신호제어 그룹설정, 및 신호변수설정 등 신호운영과 관련된 기능 지원
신호통신장치	F F P	-신호운영단말과 연결되어 교차로 교통신호제어기들 간에 신호제어와 관련한 데이터를 송수신하기 위한 전송 장비 중 하나임 -모든 교차로와는 Point to Point(1 : 1) 통신망을 통해 매초단위 통신을 수행하며, 실시간 통신을 가능하게 함
	RC	-교통신호제어기로부터 수집된 교통정보와 신호관리호스트로부터 분석된 교통자료를 근거로 신호제어변수를 산출하여 실시간으로 교통신호제어기와 신호시간을 제어하며, 교통신 호제어기의 상태를 감시하고, 정보를 매 주기마다 수집, 저장 및 가공, 분석하여 신호관리서버로 전송하여 중앙호스트의 교통자료구축의 기반이 됨 -Multi-Tasking을 구현함으로서 시시각각으로 변화하는 교통상황에 즉시 대응하도록 함
신호용모뎀		-신호통신장치와 연결되어 교차로 교통신호제어기들 간에 신호제어와 관련한 데이터를 송수신하기 위한 전송장비인 모뎀임

4) 운영단말

다음 〈표 6.13〉은 운영단말 부분이다.

<표6.13> 운영단말부분

주요 구성	세부기능
운영자 단말	-ITS 서브시스템 및 사용자 정의에 따라 다양한 종류의 운영자 단말이 정의될 수 있음 예) 시설물관리 운영단말, 교통운영통합단말, VMS 운영단말, 상황판 운영단말 등 -CCTV 화면 및 전자지도(GIS) 기반의 도시 내 교통상황의 모니터링 -현장시설물의 상태를 모니터링하고, 센터 내 시설물의 정보를 파악하고 관리 -교통운영 및 분석(통계) 업무 지원을 통해 운영자 의사결정 지원 -GUI 기반으로 신호제어 관리 및 신호운영지원 -VMS 정보 메시지 정의, 차량검지기 검지영역설정

5)웹 시스템 구성별 주요 기능

다음 〈표 6.14〉은 웹 시스템 구성별 주요 기능이다.

<표6.14> 웹 시스템 구성별 주요기능

주요 구성	세부기능
웹서버	-유무선 인터넷을 기반으로 교통정보 및 동영상정보 등을 표출 -빠른길 안내, 최적경로 안내, 돌발상황정보, 전자지도 정보 등 다양한 형태로 도로 이용자에게 교통관련 정보 제공
네트워크 비디오 서버	-교통정보센터에 구축되어 있는 CCTV 감시화면을 Web 시스템을 이용하여 도로 이용자들에게 동화상으로 정보를 제공해주는 시스템으로, 구축되어 있는 CCTV 시스템에 영향을 주지 않으면 서 정보를 제공 -전송되는 Analog 영상신호를 Digital 신호로 바꾸어서 도로이용자들이 Internet을 통하여 실시간으로 동화상 정보를 확인

6) 통신시스템 구성별 주요 기능

다음 〈표 6.15〉는 통신시스템 구성별 주요 기능이다.

<표6.15> 통신시스템 구성별 주요기능

주요 구성	세부기능
터미널 서버	-센터의 각종서버(TCP/IP)와 현장장비(Serical)와의 통신을 담당
모델/집합형 모뎀	-센터의 터미널 서버와 현장장비와의 통신을 담당 -다수의 현장장비는 1대 1로 통신모뎀을 가지고 있으며 이 모뎀들은 집합형 모뎀 형태로 구성됨 -집합형 모뎀은 터미널 서버와 연결되어 통신
미디어컨버터	-현장장비로부터 송수신되는 serial 정보(데이터기반)를 광통신망을 통해 전달하기 위해 데이터를 변환하는 장비
광링크	-현장장비로부터 송수신되는 데이터 및 영상정보를 광통신망을 통해 전달하기 위해 데이터를 변환하는 장비

7)네트워크 시스템 구성별 주요 기능

다음 〈표 6.16〉은 네트워크시스템 구성별 주요 기능이다.

<표6.16> 네트워크시스템 구성별 주요 기능

주요 구성	세부기능
백본스위치	대규모 네트워크를 위한 새로운 계열의 멀티 레이어 스위치로 대용량의 데이터의 전송을 담당하는 백본망에 구성됨 .분산 및 서버 통합 환경에서 기가비트 밀도, 데이터와 음성통합, 확장성, 고가용성, 그리고 멀티레이어 스위칭의 필요에 따라 점증하는 요구사항을 해결
워그룹스위치	서버 및 PC 등 네트워크 상의 여러 노드를 한곳으로 연결하여 통신을 하게 하는 네트워크 장비
L4 스위치	layer 4에 해당하는 기능을 제공하는 네트워크장비로 로드벨런싱 기능을 수행
라우터	내부 및 외부 네트워크 연결을 위한 장비

6.3.3 ITS 센터의 운영

6.3.3.1 국내 ITS 운영현황

국내 ITS센터는 1997년 과천시 ITS 시범사업을 시작으로 2002년 전주시, 대전광역시, 제주특별자치도를 대상으로 한 첨단교통모델도시 건설사업에서 추진되었다.

또한 수년 전부터 울산광역시, 수원시 등 각 지자체별로 ITS시스템을 도입. 구축하기 시작하였으며, 2008년 이후 용인시, 남양주시 등이 ITS 사업을 통해 ITS 센터를 구축할 예정이다.

6.3.3.2 ITS 센터운영 방법 및 방식

시스템의 안정적 운영, 서비스의 지속적인 제공, 최적의 ITS 운영환경 유지를 위해서는 ITS 센터 운영업무 및 운영업무 특성에 따른 센터 운영방식을 정의할 필요가 있다.

ITS 센터에서 수행하는 업무는 운영과 유지관리로 나눌 수 있으며 운영은 교통운영 및 시스템 운영 등으로 세분화한 것은 〈표6.17〉에서 보면 자세히 알 수 있다.

<표6.17> ITS 센터업무 별 역할 및 업무내용

업무영역		역할 및 업무 내용
운영	교통관리 운영	-교통관리전략 수립 및 상황별 대응 . 상시정체구간 관리 / 돌발상황관리 / 정보제공관리 -시내버스 정보수집 및 제공체계 관리 / 교통 분석 및 평가 관리 -타 시스템 및 유관기관과의 정보연계관리
	교통안전관리 운영	-신호제어관리, 운영 및 분석 수행, 현장안전관리
	센터시스템 운영	-H/W 운영 및 유지관리 / S/W 운영 및 유지관리 (응용/상용S/W) -DB 운영, backup 및 유지관리 / 센터 N/W 유지관리 -타 시스템 및 유관기관과의 연계관리
	현장시스템 운영	-현장설비 운영 및 유지관리 / 현장설비의 전기/ 통신망 관리 -현장 장애 발생시 복구 및 대응방안 모색
	센터운영 총괄	-교통정보센터의 전체 관리 및 운영총괄 / 센터 내 주요 교통정책 및 의사결정 수행 -센터의 원활한 운영을 위한 제반사항 결정
	센터행정 운영	-센터 행정업무 및 예산, 운영지원 / 센터 홍보, 견학 및 운영/유지보수 요원 교육관리
유지관리		-센터시스템 및 센터 운영 S/W, DB 유지관리, 정기점검 및 수시점검을 통해 원활한 시설물 운영을 지원 -현장시스템 유지관리 -경찰과의 공조를 통해 사고, 공사에 따른 도로 및 차로폐쇄, 시설물 도난 및 파손 등 에 대한 운영지원 및 순찰

ITS 센터는 업무의 종류에 따라 센터 운영요원이 직접 운영하거나, 전문 민간기업에 위탁하여 운영할 수 있으며 국내 ITS센터의 경우 운영은 교통운영요원 및 경찰과의 공조를 통해 직접운영하고 있으나 유지보수는 위탁업체에게 위임하고 있다. 한국도로공사 교통정보센터는 모든 업무를 직접운영하고 있는 반면, 과천시 ITS센터는 운영 및 유지관리업무를 전부 민간업체에 위탁운영하고 있다. 또한 한국도로공사는 본부에서 총괄관리하며, 각 지역본부 및 지사에서는 현장 시설물의 유지보수 업무를 위주로 하고 있다. 서울시 도시고속도로 교통관리센터(서울시와 서울지방경찰청이 공동으로 운영하며 운영요원 및 유지관리는 시설관리공단의 지원받음), 서울특별시 TOPIS, 대전광역시 ITS 센터, 전주시 ITS 센터, 등 대부분 센터의 운영업무는 직접 운영하고 유지관리만 민간업체에 위탁운영하고 있다.

한국교통연구원에서 수행한 「ITS 현황분석 및 대책수립을 위한 기초연구」 결과 국내 각 센터 운영방식 현황은 다음〈표 6.19〉과 같다.

<표6.18> 국내 각 센터 운영방식 현황

ITS 센터		운영 방식	유지관리 방식
한국도로공사 교통정보센터		직접운영	직접운영
한국도로공사 호남/경북지구	서울도시고속도로 교통정보센터	직접운영	위탁운영
	서울특별시 TOPIS		
과천시 ITS 센터		위탁운영	위탁운영
대전광역시 ITS 센터	울산광역시 ITS 센터	직접운영	위탁운영
전주시 ITS 센터			
제주특별자치도 ITS 센터	수원시 ITS 센터		

ITS 센터 운영방식의 장단점에 대해 인력관리, 운영비, 상황관리, 기술축척, 운영체계별 운영방식에 대한 차이점을 제시하였으며, 이에 따라 지자체 ITS 사업을 통해 어떠한 운영방식이 ITS 센터 운영에 효과적인지를 판단할 수 있는 지표가 된다. 〈표6.19〉

<표6.19> ITS 센터 운영방식 비교

구분	직접운영 방식	위탁운영 방식
인력관리	-체계적인 인력관리로 업무처리 용이 -조직확대 및 전문 인력확보 곤란 -조직 과대화로 비효율적	-조직개편 및 전문 인력확보 용이 -조직의 탄력적 운영으로 효율적 -느슨한 인력관리로 체계적인
운영비	-인건비가 저렴하여 경제적 -조직운영 간접비용 증가	-조직운영 간접비용 절감 -인건비가 높아 비경제적
상황관리	-유관기관 업무협조 원활로 교통사고 등 돌발상황 발생 시 대처용이 -부처이기주의로 인한 소관 다툼 발생우려	-전문가 입장에서 능동대처로 신속대응 용이 -유관기관 업무협조가 어려워 유기적돌발상황 관리 곤란
기술축척	-운영조직의 연속성 확보로 교통상황 분석 용이 -센터운영 문제점 및 개선대책 도출 용이 -순환보직 시 시스템 운영의 어려움	-운영조직의 전문화로 시스템 조작용이 -알고리즘, S/W 개발 등 전문경험 축적 용이 -축적된 기술 정책반영 미흡
운영체계	-체계적인 시스템 운영 가능 -신속한 의사결정 및 책임행정 수행 -일상적인 반복 업무 수행에 따른 근무기피 현상 대두	-전문직 채용에 따른 근무기피문제 해소 -신속한 의사결정 곤란 및 책임소재 한계

<표6.20> ITS 센터 운영방식 비교

구분	직접운영 방식	위탁운영 방식
인력관리	-체계적인 인력관리로 업무처리 용이 -조직확대 및 전문 인력확보 곤란 -조직 과대화로 비효율적	-조직개편 및 전문 인력확보 용이 -조직의 탄력적 운영으로 효율적 -느슨한 인력관리로 체계적인
운영비	-인건비가 저렴하여 경제적 -조직운영 간접비용 증가	-조직운영 간접비용 절감 -인건비가 높아 비경제적
상황관리	-유관기관 업무협조 원활로 교통사고 등 돌발상황 발생 시 대처용이 -부처이기주의로 인한 소관 다툼 발생 우려	-전문가 입장에서 능동대처로 신속대응 용이 -유관기관 업무협조가 어려워 유기적돌발상황 관리 곤란
기술축척	-운영조직의 연속성 확보로 교통상황 분석 용이 -센터운영 문제점 및 개선대책 도출 용이 -순환보직 시 시스템 운영의 어려움	-운영조직의 전문화로 시스템 조작용이 -알고리즘, S/W 개발 등 전문경험 축적 용이 -축적된 기술 정책반영 미흡
운영체계	-체계적인 시스템 운영 가능 -신속한 의사결정 및 책임행정 수행 -일상적인 반복 업무 수행에 따른 근무 기피현상 대두	-전문직 채용에 따른 근무기피문제 해소 -신속한 의사결정 곤란 및 책임소재 한계

6.3.4 ITS 센터 도입 사례

6.3.4.1 전주시 첨담교통모델도시

전주시는 교통관리최적화, 교통정보유통활성화, 대중교통활성화 3부문 9개 서브시스템(기능별 구분 10개)이 현재 운영 중에 있다. 9개 서브시스템별로 현재 전주 ITS 교통정보센터에서 운영 중인 H/W, S/W으로 나뉘어진다.

6.3.4.1.1 센서 H/W 구성의 특징

전주시 첨단교통관리센터의 H/W 구성은 〈그림 6.11〉와 같이 크게 메인서버(통합서버), 운영서버군, 관리서버군, 운영단말군으로 구분되어진다(서버-클라이언트 구성)

메인서버는 Clustering 구조를 통해 24시간 365일 무중단 시스템(Active-Standby)으로 구성되어있으며 방화벽, 백본스위치, 디스크어레이 등 주요서버는 이중화로 구성하고 네트워크 또한 이중화 구성을 통해 네트워크 장애에 대비하고 있다. 현재 전주시 ITS 교통정보센터에서 운영 중인 주요 서버 및 관련 H/W 내역은 다음 〈표 6.20〉와 같다.

<표6.21> 전주시 ITS 주요 H/W 구성목록

주요 장비	수량(식)	기능
교통상황판	1	교통상황을 GIS 전자지도 기반으로 표출
중앙호스트	2	상황판 스켈쥴 관리 및 CCTV 영상정보 수신
신호관리서버	1	신호관리수행
신호제어서버	1	신호제어수행
무인단속DB서버	1	무딘단속에 의한 자료 저장 및 처리
과속/버스전용차로서버	2	과속 및 버스전용차로 위반 차량 정보 수집 및 처리
VMS서버	1	교통상황정보를 VMS 전송 및 VMS 상태 관리
VDS서버	2	차량정보 수집 및 1차 가공
주차안내서버	1	주차장 정보 제공
시설물관리서버	1	전주시 ITS구축 범위에 구축된 시설물 관리
BIS 운영서버	1	BIS 정보 수집 및 BIS 관리용 서버
외부통신서버	1	외부연계기관과의 통신
NMS서버	1	네트워크 상태 및 장애모니터링
방화벽	1	외부 침입으로부터 내부장치 보호
WEB서버	1	Mobil Phone, PDA, 인터넷을 통한 교통정보제공
침입탐지서버	1	외부 침입으로부터 내부장치 보호
운영단말	6	CCTV제어/종합교통운영단말/신호제어운영단말/상황판제어단말
X-terminal	1	유닉스 및 윈도우로 운영되는 서버군에 접근하기 위한 운영단말
프린터	1	교통운영 및 관리, 분석을 위한 리포트 출력
라인프인터	1	신호제어 및 관리 내역 출력용

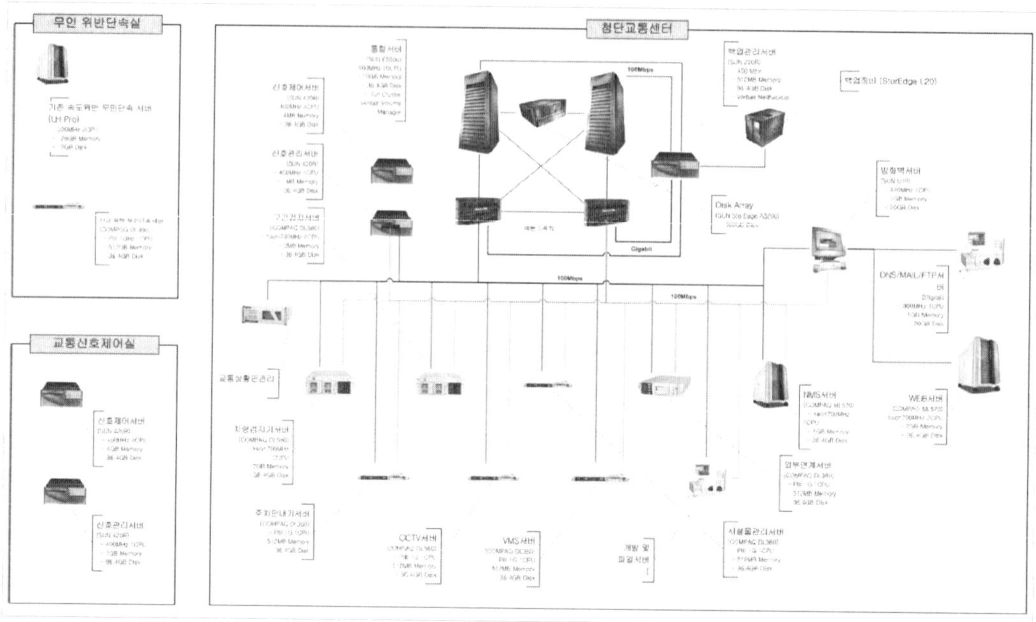

<그림6.11> 전주시 ITS 시스템 구성도

6.3.4.1.2 센서 S/W 구성의 특징

네트워크관리시스템(NMS) S/W 및 침입탐지시스템(IDS)의 도입을 통해 네트워크 상태를 실시간 모니터링하고 네트워크상 공격 차단 기능을 도입을 하고 있다.

국내 유일한 Java 기반의 GIS 표출 엔진을 도입 운영함으로서 인터넷 교통정보 확인 시 별도의 프로그램을 사용자가 다운로드하여 설치(ActiveX)할 필요가 없다. 현재 전주시 ITS 교통정보센터에서 운영 중인 주요 센터 S/W 내역은 〈표6.21〉와 같다

<표6.22> 전주시 ITS 주요 S/W 구성 목록

S/W 목록	내용
Unix / Windows	유닉스 및 운영단말용 OS
DBMS	Informix
IDS	침입탐지시스템
Firewall	방화벽(L4 스위치를 통한 load Balance 기능 수행)
NMS	네트워크 실시간 모니터링
GIS 엔진	전자지도 표출용 응용 프로그램
X terminal	주요 서버 원격접속 프로그램

6.3.4.2 대전광역시 첨단교통모델도시

대전광역시는 도시부간선도로시스템, 교통단속시스템, 시내버스시스템, 교통정보시스템 4부문 10개 서브시스템(기능별 구분 10개)을 현재 운영 중에 있다. 10개 서브시스템별로 현재 대전 ITS 교통정보센터에서 운영 중인 H/W, S/W으로 구분해서 설명 한다.

6.3.4.2.1 센터 H/W 구성의 특징

대전시는 교통관제센터(충남도경)와 교통정보센터(대전시청)로 이원화되어 운영되고 있어 타 도시와는 다르게 서버의 종류가 많다. 대전광역시 ITS 시스템은 전주시와 마찬가지로 서버-클라이언트 형태로 운영 및 중앙서버의 Clustering 구조를 통해 서버의 장애에 대비하고 있으나 정상운영 시에도 중앙서버 2기가 모두Atcive-Active 형태로 구성되어 있다. 주요서버 및 네트워크, 백본스위치의 이중화를 통해 시스템 안정화를 추구하고 있으며 방화벽 및 침입탐지 서버를 통해 네트워크 보안을 수행하고 있다. 대전시는 교통관제센터(충남도경)와 교통정보센터(대전시청)로 이원화되어 운영되고 있으며, 각 센터의 주요 H/W 시스템 구성은 〈표6.22〉로 설명 한다.

<표6.23> 대전시 ITS 주요 H/W 구성목록

교통관제센터	교통정보센터
중앙호스트	중앙호스트
시설물관리서버	시설물관리서버
영상표시제어서버	영상표시 제어서버
NMS서버	NMS(Network Management System)서버
VMS서버	프로브 수집서버(시내버스정보/운행관리)
돌발상황관리서버	WEB서버
속도위반서버	IDS(intrusion detection system, 침입탐지시스템) 서버
속도위반수집서버	WAP(Wireless Application Protocol)서버
속도단속 DB서버	GIS서버
신호제어서버	방화벽서버
신호위반단속서버	외부연계서버
가변정보판서버	FTP/Mail/DNS 서버
	버스전용차로단속서버

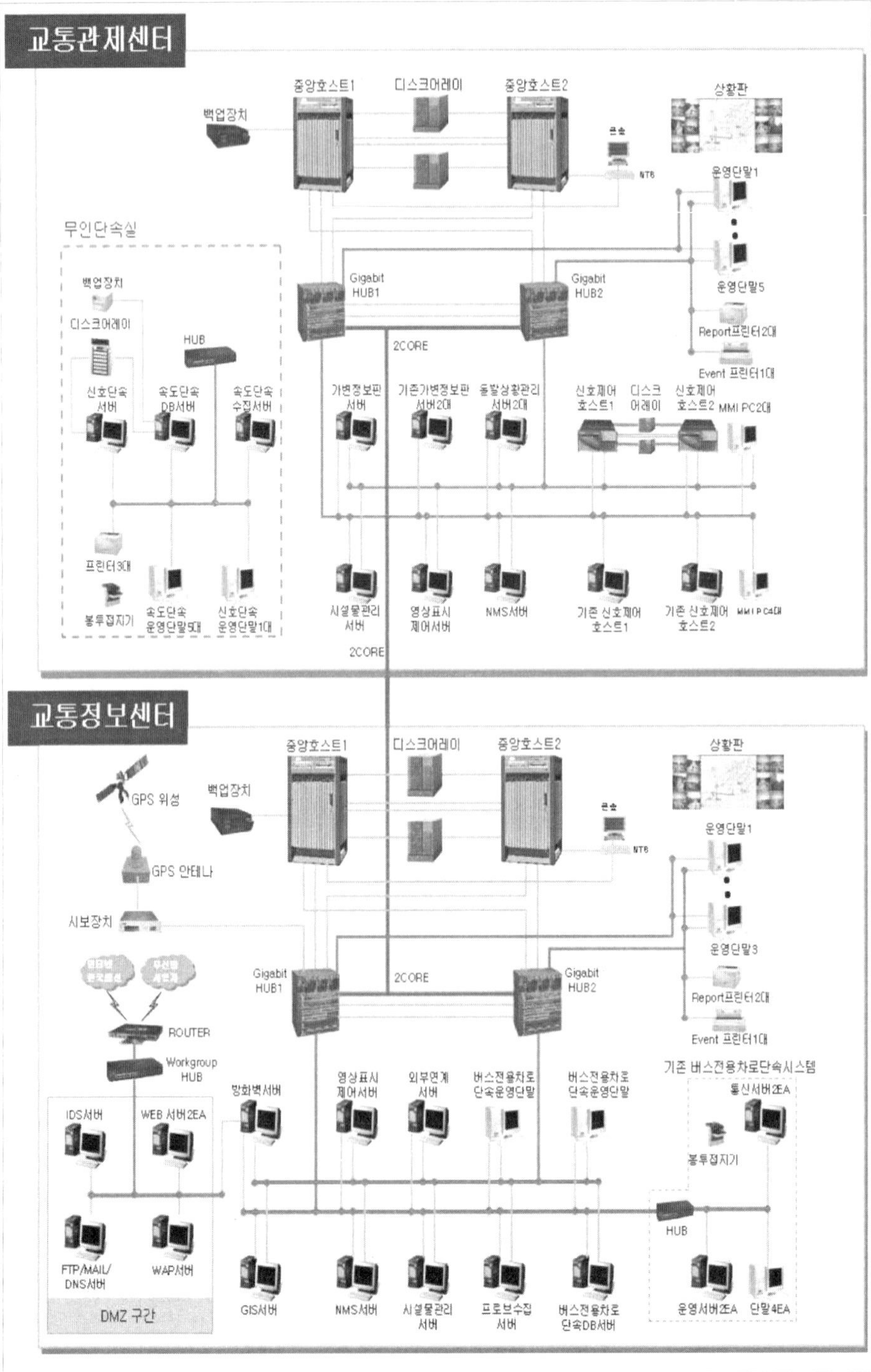

<그림6.12> 대전광역시 ITS 센터 시스템 구성도

6.3.4.2.2 센터 S/W 구성의 특징

교통관제센터(충남도경)와 교통정보센터(대전시청)로 이원화되어 운영되고 있음으로 대량의 정보 연계가 실시간으로 이루어져야하며, web 접속 폭주로 인한 시스템 다운을 막기 위해 미들웨어를 도입하여 운영 중이다.

데이터베이스를 시스템 메모리에 일정부문 load하여 운영하는 Memory DB S/W(Altibase)를 도입하여 운영함으로써 기존 DBMS의 성능을 유지하면서 보다 빠른 데이터 처리 속도를 제공함으로써 프로브 수집서버에서 실시간 데이터 처리와 응답 조건에 부합해야 한다.

2개 이상의 시스템이 동일한 DBMS에 접근하여 정보를 사용(read & write)함으로써 발생할 수 있는 데이터 일관성 문제 해결을 위해 Oralce사의 OPS11)(Oracle Parallel Server)을 도입하였다.〈표 6.23〉참조

<표6.24> 대전광역시 ITS 센터 주요 S/W 목록

S/W목록	내용
Unix / Windows	유닉스 및 운영단말용 OS
DBMS	Oracle 9i, OPS, Altibase
IDS	침입탐지시스템
Firewall	방화벽
NMS	네트워크 실시간 모니터링
GIS Engine	전자지도 표출용 응용 프로그램
미들웨어	동시접속에 따른 과부화 방지를 위한 분산처리 S/W

6.4 시설유지관리 및 개선

6.4.1 시설유지관리

신뢰성 있는 교통정보를 제공하기 위해서 는 시스템 운영의 최적화보다 기본 바탕이 되는 장비 상태 최적 유지라는 전제가 있으며, 이러한 맥락에서 장비의 유지관리 기능은 매우 중요하다. 센터에서 장비의 작동상태를 파악하고, 장비의 유지보수 이력을 파악할 수 있도록 하는 기능을 확립하여 유지보수 업무를 효율화 해야 한다. 이러한 기능은 센터 운영단말에서 갖추어야 할 가장 중요한 기능이다. 시스템 구축 시 만들어 놓은 데이터베이스는 도로의 물리적 여건이 바뀌거나 시스템에

변동이 생기면 그에 따라 수정되어야 한다. 또한 응용 프로그램에서 사용되고 있는 파라미터 값들도 운영자가 운영하면서 상황에 따라 조정할 필요가 있다. 이러한 효율적인 데이터베이스 유지관리 기능이 갖추어져야 한다.

6.4.2 ITS 업무의 개선 방안

우선, ITS 성능평가기관 업무의 직무분석을 통한 업무분담의 체계화를 들 수 있다. ITS 성능평가의 제반사항들을 도출하기 위해서 ITS 성능평가기관의 직무분석을 실시하였다. ITS 성능평가 업무사항들은 발주처의 업무역할, 사업자의 업무역할, 법.제도적 업무역할과 ITS 성능평가기관 간의 위상 및 역할 분담이다. 이러한 업무의 체계화를 위해서는 ITS 업무의 특수성을 네 가지 측면으로 나누어 고려해 볼 수 있으며, 이들 네 가지 측면의 ITS 성능평가 업무를 체계적으로 개선하는 것이 필요하다. 〈그림 6.13〉은 ITS 성능평가기관의 직무분석을 기반으로 업무내용을 체계화한 것이다.

ITS 성능평가기관 업무의 체계화를 위해서는 우선, 복합시스템인 ITS의 특성에 맞는 인허가, 설계 및 시공, 감리 제도가 정착되어야 한다. 성능기준이 불명확하고 산출물이 일반화되어 있지 못한 특성이 있어서 ITS 사업을 저가입찰 방식에 의해 추진하는 것은 많은 부작용의 우려가 있으며, 또 다른 한편으로는 사업기간 1-2년 내에도 기술발달이 빠르게 진행되어 이에 대한 탄력적 대응이 필요하다. 법과 제도적 측면에서 성능평가기관과 성능평가 대행기관의 업무와 기능 역할(방법론 개발, 업무수행, 교육 및 훈련, R&D 및 기술교류)을 규정하여 법적인 제도화를 확립하는 것이 필요하다.

둘째, ITS 성능평가기관의 위상과 성능평가 대행기관의 역할이다. ITS 성능평가기관은 필요에 따라 성능평가 대행기관을 둘 수 있는데, 현재 요령상에는 성능평가기관과 성능평가 대행기관의 기능/역할에 대한규정이 존재하지 않는다. 이에 따라, 국내 ITS 성능평가 분야의 일괄적인 접수와 처리가 이루어지지 않을 우려가 있다. 따라서, ITS 성능평가기관과 성능평가 대행기관의 기능과 역할을 상세히 규정함으로써 일관되고 통괄적인 업무 수행이 이루어지도록 노력할 필요가 있다. 〈그림 6.14〉은 ITS 성능평가 기관과 평가대행기관의 역할 분담을 정리하여 개선안을 제안한 것이다.

이동식 기준장비

이동식 기준장비 정확도 검사 기준

구 분	검사 기준	
	기 존	개선안
평가 항목	교통량, 속도	교통량, 속도
평가 기간	미 규정	1시간
평가 조건	미 규정	주간, 야간
분석 단위	미 규정	1분
평가 척도	MAPE	MAPE

<그림6.13> 이동식 기준장비에 대한 정확도 검사 기준

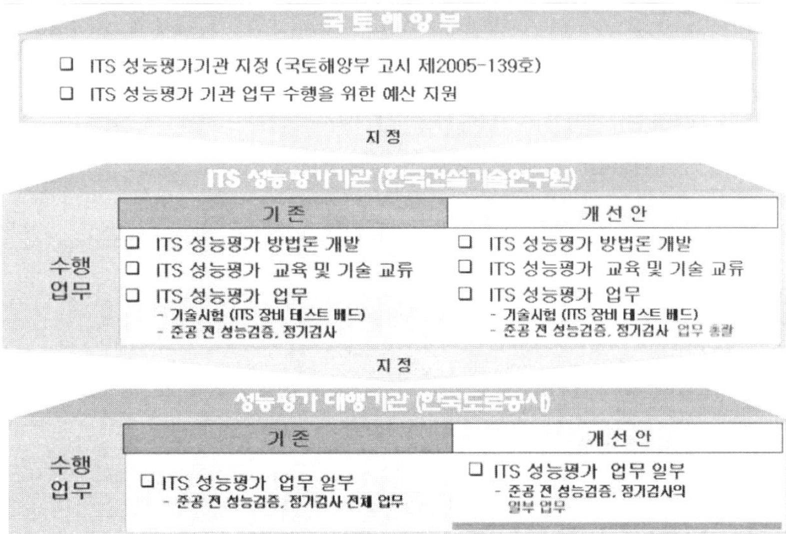

<그림6.14> ITS 성능평가 기관과 평가대행기관의 역할 분담

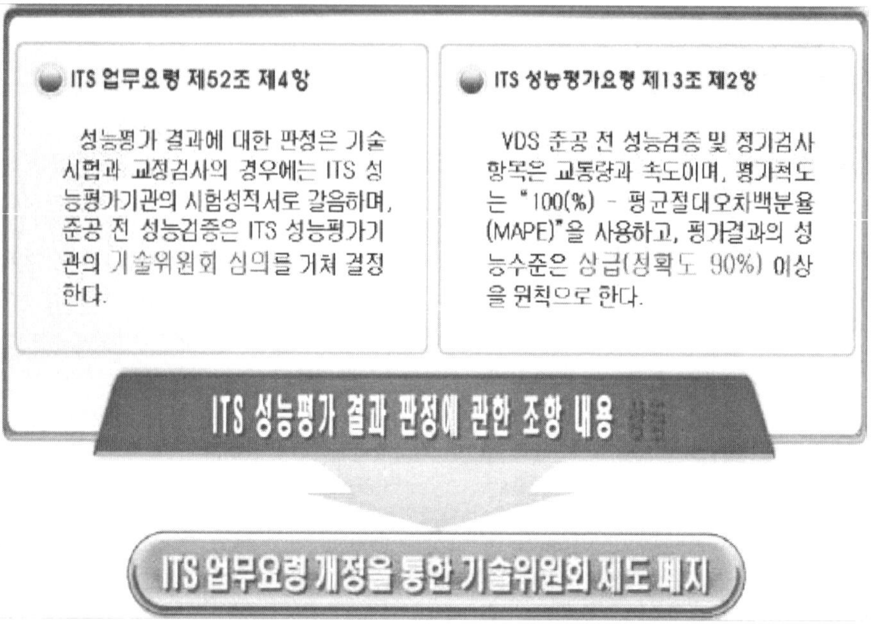

<그림6.15> ITS 성능평가 제도상의 기술위원회 운영 방안

셋째, 이동식 기준장비 성능평가 제도 정립이다.

이동식 기준장비는 ITS 성능평가에서 가장 중요한 역할을 수행하고 있음에도 불구하고 이에 대한 성능평가 기준이 명확하게 제시되어 있지 않은 실정이다. 따라서, 이동식 장비의 성능평가 기준을 실제 구현하고 있는 현실을 반영하여 마련한 필요가 있으며, 이를 통해 성능 평가의 객관성이 진보될 것으로 보인다. 〈그림 6.15〉은 이동식 기준장비에 대한 정확도 평가 기준을 정리하여 제도화를 제안한다.

넷째, 기술위원회의 구성 및 역할정립이다.

ITS 업무요령에서는 성능평가 결과를 기술위원회의 심의를거쳐서 결정하도록 하고 있으나, 실제 운용중인 성능평가 요령에서는 실측값을 근거로 하여 판정하도록 규정하고 있다. 따라서, 특별한 임무가 부여되지 않는 기술위원회 제도는 폐지하여 현실성 있는 제도로 개선할 필요가 있다. 그림 9는 ITS 성능평가 제도상의 기술위원회 개선 방안이다.

다섯째, ITS 장비와 센터의 유지관리 기준 설정이다.

신뢰성 있는 교통정보를 제공하기 위해서는 시스템 운영의 최적화는 물론이고, 이의 바탕이 되는 장비가 최적의 상태로 유지되어야 한다. 이를 위해, ITS의 성능평가와 더불어 계획/설계에서 유지관리까지의 ITS 품질관리가 철저하게 수행되어야 한다.

시스템 구축 시 만들어 놓은 데이터베이스는 도로의 물리적 여건이 바뀌거나 시스템에 변동이 생기면 그에 따라 수정되어야 한다. 또한 응용 프로그램에서 사용되고 있는 파라미터값들도 운영자가 운영하면서 상황에 따라 조정할 필요가 있다. 따라서, 문제를 발견하고 수정 보완을 하며 실시간 교통운영관리를 수행하기 위해 ITS 센터의 운영 단말에 성능 향상 시스템 환경을 조성할 필요가 있다.

성능 향상 시스템 환경 조성을 위해 운영 단말에 시스템 운영 기능, 장비 유지관리 기능, 데이터베이스 유지관리 기능을 부가하여야 한다. 운영 단말의 시스템 운영 기능으로는 모니터링을 통해 시스템 수집. 가공. 제공이 제대로 동작하고 있는가를 파악하고, 문제가 있을 경우 그 원인을 쉽게 추적하여 운영 자가 실시간 환경에서 쉽게 수정하고 제어할 수 있는 기능이 대표적인데, 현재 ITS 센터 운영 단말에는 기본적인 모니터링 기능 밖에 구현되어 있지 않다. ITS 장비의 유지관리 기준 외에 교통 정보에 가장 영향을 미치는 것이 센터의 실시간 통행시간 정보로서, 이에 대해 교통정보 평가 기준을 설정하고, 성능을 평가할 필요가 있다. 그림 10은 ITS 센터 및 장비의 유지관리와 기준안을 정리한 것이다. ITS장비는 설계에서 운영 및 유지관리의 전 단계에서 품질관리 루프를 수행한다.

6.4.3 ITS 성능평가 요령 개선 방안

ITS 성능평가 요령 제5조에서 기술시험 대상으로 규정하고 있는 장비 외에도 주정차 단속 장비의 경우 실제 기술시험을 실시하고 있다. 따라서, ITS 장비 중 신규로 기술시험을 실시할 수 있는 장비의 경우(예를 들어, 주정차 단속 장비, BIS 장비 등)는 시험 기준을 마련하는 심도 깊은 연구를 시행할 필요가 있다.

주정차 단속 장비의 경우, 기존의 기술시험 시행 사례를 보완하여 기술시험 기준을 만들고, 이를 'ITS 사업시행계획'에 실어서 시행하는 방안을 강구할 필요가 있다.

〈표6.24〉는 ITS 업무요령의 개정안 항목이다. 기술시험 성적서의 유효기간은 VDS와 AVI의 기술시험의 성적서는 현재 2년으로 한정되어 있고, 이동식 기준장비의 경우는 6개월로 한정되어 있다.

<표6.25> ITS 업무 요령의 개정안의 항목

ITS 업무 요령 제52조(ITS 성능평가의 종류 및 결과통보) ③ 기술시험은 시험성적서 발행일 기준으로 2년간 유효하며, 교정검사 주기는 입지 여건등을 고려하여 각각 정한다.
ITS 성능평가 요령 제6조(기술시험의 시행 등) ② 제5조의 VDS와 AVI에 대한 기술시험 성적서의 유효기간은 2년으로 하며, 이동식 기준장비에 대한기술시험 성적서 유효기간은 6개월로 한다.

VDS와 AVI 유효 기간의 경우, 상위 규정인 ITS 업무요령에서는 구체적인 연한 규정을 삭제하고, 하위 규정인 ITS 성능평가 요령에서는 2년 연한의 근거(예: 전자 부품의 성능 향상 등), 공사중인 사업의 경우 유효 기간의 적용 방안(예: 발주 시점 기준), 유효기간의 연장 등의 상세화를 고려할 필요가 있다.

또한, 〈표6.25〉는 ITS 성능평가 요령의 개정안 항목이다. 이동식 평가기준장비의 적용 기준은 영상 이미지를 활용하여 정보를 추출하는 AVI 또는 VDS의 경우, 자체적으로 영상을 확보할 수 있으므로 이를 활용하는 방안을 고려할 필요가 있다. 교통정보의 정확도를 높이기 위하여 장비 센서에 대한 원격 보정(calibration)을 수행할 수 있도록 하는 연구가 필요하다.

<표6.26> ITS 성능평가 요령의 개정안 항목

ITS 성능평가 요령 제12조(이동식 평가기준장비) ① 관리청 및 사업시행자는 제9항 각호의 장비에 대하여 준공전 성능검증 및 정기검사를 하는 경우 기술시험을 득한 이동식 기준장비를 이용하여 검증 또는 검사할 수 있다. ② 이동식 기준장비는 평가대상장비 검지영역을 통과하는 차량에 대한 교통량, 속도 자료를 수집하고, 기술시험결과 최상급이상이며, 증거자료 확보를 위한 영상자료 수집이 가능하도록 한다.

6.4.4 교통체계효율화법 개정

ITS 성능평가 제도는 교통체계효율화법(안)에서 성능평가 법규를 개정해야 한다. 〈표 6.26〉은 교통체계효율화법 전부개정법률(안) 중 ITS 성능평가 관련 조항의 개정내용을 정리하여 제안한 것이다.[5]

<표6.27> 교통체계효율화법 개정안의성능평가관련항목

제80조 (지능형교통체계의 성능평가) ① 국토해양부장관은 지능형교통체계의 성능 및 신뢰도 등을 확보하기 위하여 관련 장비·시스템 및 서비스의 성능 및 신뢰도 등을 평가하는 기준(이하 "지능형교통체계성능평가기준"이라 한다)을 정하여 고시할 수 있다. ② 교통체계지능화사업 시행자는 국토해양부장관이 제1항에 따라 지능형교통체계성능평가기준을 제정·고시한 때에는 구축·운영 중인 장비 ·시스템 및 서비스가 지능형교통체계 성능평가기준에 적합한지 여부를확인(이하 "지능형교통체계성능평가"라 한다)하여야 한다. ③ 교통체계지능화사업시행자는 제2항에 따라 확인결과 구축·운영중인 장비·시스템 및 서비스가 지능형교통체계성능평가기준에 미치지 못한 경우에는 보완 등 기타 필요한 사항을 강구하여야 한다. ④ 국토해양부장관은 지능형교통체계성능평가에 관한 업무를 효율적으로 추진하기 위하여 전담기관(이하 "성능평가전담기관"이라 한다)을 지정·운영할 수 있다. ⑤ 교통체계지능화사업시행자는 제2항의 업무를 제4항에 따른 성능평가전담기관으로 하여금 수행할 수있다. ⑥ 지능형교통체계의 성능·신뢰도 평가에 관한 절차·방법 및 성능평가전담기관 등 기타 필요한 사항은 대통령령으로 정한다.

연습문제

1. ITS 사업평가를 설명하시오.
2. ITS 시스템평가를 나열하고 설명하시오.
3. ITS 센터를 설명하시오.
4. ITS 센터의 구성을 나열하시오.
5. ITS 센터의 운영방식에 대해 설명하시오.

참고문헌

[1] 도시교통관리를 위한 ITS 필수교육 교육코스, 국토해양부
[2] 해외 ITS동향분석을 통한 우리나라 ITS 발전방향 연구, 2000년도 지능형교통시스템(ITS) 연구개발사업 최종보고서, 건설교통부
[3] ITS사업의 지속적인 효과증진을 위한 평가방법 및 평가체계 구축, 2002, 서울시정개발연구원
[4] 국내 지능형교통체계(ITS) 사업평가체계 도입방향, 대한교통학회지, 이용태, 남두희, 박동주
[5] ITS 업무요령 및 성능평가 제도 개선방안의 정책 연구, 한국ITS학회논문지, 정성학, 윤여환
[6] 국도ITS 기반 인프라 구축, 한국건설기술연구원 이정택 저

제7장

국내의 ITS추진현황 및 표준화

7.1 표준화

현대 시대는 빠른 속도로 변화하고 있다. 이전의 아날로그 방식이 현재는 디지털 방식으로 변화하면서 시대의 변화를 빠르게 주도하고 있으며 더불어 발빠른 시대 대응을 위해 산업전반의 표준화가 요구되고 있다.

7.1.1 표준화의 중요성

표준화는 세계의 문명사적 대변혁기에 하나로 통합되는 세계시장에서 생존하기 위한 필수적 조건이고 지식기반경제 도약의 디딤돌이다. 이러한 인식하에 우리의 고유문화 형식의 연속선상에서 세계표준의 주체적 해석과 적응적 수용을 통해 우리의 경쟁력을 키워 나가야 한다.

즉 종전의 기술우위의 경쟁에서 오늘날 표준이 가장 강력한 전략 무기로 대두되어 표준을 선점한 자가 세계시장을 석권하고 있다. 아무리 좋은 기술을 개발해도 시장에서 표준으로 채택되지 않으면 무의미함으로 제품의 개발단계에서부터 표준화를 염두에 두고 주변산업과 컴소시엄을 구성하여 시장의 지배적 표준으로 채택되도록 하지 않으면 신제품 개발에 대한 리스크가 매우 크다는 것이다. 특히 IT분야로부터 시작된 표준 경쟁의 양상이 철강, 비철금속, 화학, 기계, 자동차, 정밀기기, 섬유, 제지, 요업, 석유정제등 모든 제조업은 물론 서비스산업까지 표준 경쟁은 치열할 전망이다.

ITS 기술 표준화는 교통체계효율화법 제14조에서 ITS사업의 시행자를 여러 주체로 규정하고 있다. 각기 주체별로 ITS사업을 실시하다 보면 사업간 혹은 시스템간 호환성이나 연동성 확보가 안되어 유저나 사업자 모두에게 중복투자문제가 발생하고 이는 사업의 효율성 저하를 초래하게 된다. 따라서 ITS표준화는 이러한 호환성이나 연동성 확보를 위하여 필요할 뿐만 아니라. 또한 국내 표준연구는 국내 기술의 국제 표준을 통한 세계 시장 선점이라는 측면과 차세대 신성장분야로 국제 시장에 대응하기 위한 국내 ITS 서비스 산업의 경쟁력 강화를 위해 중요성을 가진다.

7.1.2 표준 정의

측정으로 얻은 값이 정말 정확한가 아닌가는 어떻게 확인할 수 있을까? 이것을 판정할 기준이 되는 것이 표준(측정표준)이다. 이 표준을 살펴보기 위하여 먼저 단위에 관하여 알아보자.

단위는 어떤 특정량(特定量, particular quantity, - 어떤 量의 특정한 分量 -)을 정의하여 그와 같은 종류의 다른 양을 이 특정량과 비교하여 나타내도록 약정한 것이다. 예로서 '미터(m)'라는 단위는 '길이'라는 양(속성)을 나타내기 위하여 채택한 것으로, 길이라는 속성을 가진 어떤 것의 크기를 알고자 할 때 이 '미터'와 비교하여 똑 같으면 그 길이는 1 m라고 하고 이 '미터'와 비교하여 3배가 되면 3 m라고 부르기로 약정한 것이다. 그러나 이 단위는 어디까지나 개념적인 정의이므로 측정 대상을 이것과 직접 비교할 수는 없다. 따라서 측정 대상을 그 해당 단위와 실제로 비교하기 위해서는 이 단위의 크기를 가장 잘 나타내 줄 수 있는 물리적 실체가 필요한데 이것이 바로 그 단위의 표준이다.

현재 국제적으로 합의된 표준의 정의는 '어떤 양을 재는 기준으로 쓰기 위하여 어떤 단위나 어떤 양의 한 값 이상을 정의하거나 현시하거나 보존하거나 또는 재현하기 위한 물적 척도, 측정 기기, 기준물질이나 측정 시스템'으로 되어 있다. 즉, 표준을 형성하기 위하여 기본적으로 단위가 있어야 하지만, 그렇다고 표준이 곧 단위의 표준만을 뜻하는 것은 아니며, 필요에 따라 단위보다 크거나 작은 양을 나타내는 표준이 있을 수 있다. 또한 단위의 표준인 경우도 기본단위의 표준만을 뜻하지 않고, 유도단위의 표준도 못지 않게 중요하다.

킬로그램 원기는 질량의 단위인 킬로그램(kg)의 표준이고, 이것의 10분의 1을 나타내는 표준으로 100 g 분동이 있을 수 있다는 뜻이다. 세슘 주파수 표준은 1초의 크기도 공급하지만 1초동안 100만 번 진동하는 1 MHz의 신호도 공급한다. '미터', '킬로그램', '초' 등 단위의 실제 정의에 대하여는 국제단위계(SI) 해설에 자세히 나와있다. 유도단위의 예로는 저항 단위의 표준으로 1 Ω 표준기가 있고, 그 배량으로 100 Ω 표준기 등이 있다. 이러한 단위나 표준은 어디까지나 어떤 공동체 안에서 약속에 의하여 채택한 것이므로 그 공동체가 공식적으로 인정을 하면 그 공동체의 구성 요소는 그것을 그대로 지켜야 의미가 있다. 이러한 의미에서 국가적으로 공인된 표준을 국가(측정)표준이라 하며, 이 국가표준은 그 나라에서 이 표준과 관계 있는 양(속성)의 다른 표준들의 값을 부여하는 근거가 된다. 다시 말하면 국가표준은 그 나라에서 가장 정확한 표준으로 국가표준기관이 유지하며 이를 바탕으로 그 나라의 다른 모든 표준들의 값이 정해진다.

우리 나라 질량의 국가표준을 예로 들면, 단위의 표준으로 국제도량형국(BIPM)에서 제작한 킬로그램 국가원기 No.72가 주 원기로 사용되고 있으며, 이를 바탕으로 1 kg의 질량을 분량 및 배량하여 1 mg부터 20 kg까지 스테인리스강 표준분동을 제작하여 질량의 국가표준을 유지하고 있다.

국가표준이 한 국가 안에서 이루어지는 모든 측정의 기준이 되어 그 정확성을 국내적으로는 확립할 수 있으나, 이것이 국제적으로 상호 인정을 받기 위해서는 국제 차원의 표준이 필요하다. 이 목적으로 국제적 합의에 의하여 공인된 표준이 국제(측정)표준이며, 이는 관련되는 양(속성)의 다른 표준들의 값을 부여하는 국제적 근거가 된다. 세계 거의 모든 국가에서는 국가표준을 이 국제표준에 일치하도록 확립하고 지속적으로 유지하여 국제간에 측정 정확성을 상호 인정할 수 있는 체계를 가지고 있다.

7.1.3 표준화의 목적

표준화의 목적은 생산, 소비, 유통, 서비스 등 여러 분야에 있어서 능률을 증진시키고 경제성을 높이는데 있다. 따라서 제품의 품질개선, 생산능률향상, 서비스의 질향상과 상거래의 단순화와 공정화 도모를 궁극적인 목적으로 하고 있으며 다음과 같이 요약할 수 있다.

- 제품 및 업무 행위의 단순화와 호환성 향상
- 관계자간의 의사소통 원활(상호 이해)
- 전체적인 경제성 추구
- 안전 · 건강 · 환경 및 생명 보호(사람 및 물자의 안전)
- 인터페이스 호환성(시스템간의 정합)
- 소비자 및 작업자의 이익 보호
- 현장 및 사무실 자동화에 기여
- 서비스의 질 향상

7.1.4 오늘날 표준화의 새로운 개념

7.1.4.1 표준을 제압하는 자가 시장을 제압한다.

지식 · 정보화 시대에는 국가 간 또는 기업 간 기술격차가 축소됨에 따라 시장선점을 위한 수단으로 표준화를 무기로 삼고 있다.

즉 독자적으로 기술개발을 하고 시장의 지배적 표준으로 만들어 시장을 독점적으로 점유하고 거액의 기술료로 수입을 창출하는 것이다. 오늘날 IT분야의 표준 경쟁은 전면적 승리가 아니면 전면적 패배의 양상을 나타나고 있으며 반드시 기술적으로 우수한 쪽이 이기는 것은 아니므로 기술의 내용도 중요하지만 기술개발 초기부터 표준화을 염두에 두고 전략을 세울 것이 요구된다.

7.1.4.2 컨소시엄 형태의 거대한 표준 경쟁

개발비용의 대규모화와 표준의 도입에서 보급까지의 시간이 단축됨에 따라 거대 기업도 표준을 단독으로 쟁취하기는 어렵다고 판단되며, 이에 따라 실패 리스크를 줄이기 위해 관련 산업간 기업 연합은 필수적이라 할 수 있다.

국제표준화 기구에서 정하고 있는 공적표준(De Jure)의 제정이 장기간(3~5년) 소요되고 복잡한 절차를 거쳐야 함으로 기술발전속도를 따라가지 못해 표준이 완성되자마자 사장되는 모순이 있어 국제표준화 기관이 사실상표준(De Facto)에 대하여 관심을 가지게 된 것이다. De Jure든 De Facto든 앞으로의 거대한 세계시장 선점을이 위해서는 치열한 표준경쟁에서 승리해야 가능함으로 주변 산업과 연계한 표준전략의 수립은 필수적이라 할 수 있다.

7.1.4.3 상호인증협증(MRA)요건으로 표준의 역할 증대

전기제품, 기계, 화학, 의약, 의료기기 등 소비자의 안전성 확보를 위하여 규제가 필요한 제품을 중심으로 각국이 독자적으로 실시하는 안전 규제를 상호 수용함으로써 이중 검사를 피하고 무역절차를 간소화하여 비용과 시간을 절약하여 교역을 증진시키고 있다. 상호인증협증(Mutual Recognition Agreement : MRA) 추진을 위한 기본 요건으로 상호간 적용 표준을 일치시키는 것이 선결 문제이다. 따라서 세계시장이 단일화 되어감에 따라 국가와 기업이 살아남기 위한 수단으로 국가 차원에서 표준화를 적극적, 능동적으로 추진하지 않으면 새로운 세계의 무역질서에서 낙오될 것이다.

7.1.5 세계 주요 경제권의 표준화 전략

7.1.5.1 국제표준화 주도권을 장악한 유럽

유럽 내에서의 시장 통합으로 거대하진 유럽시장은 자연적으로 형성된 힘의 우위를 바탕으로 유럽표준을 세계표준화 하여 표준을 수단으로 세계시장에서 유럽산업의 경쟁력을 강화하고 있다. 즉 유럽이 지향하는 궁극적인 목표는 '세계표준과 규제의 일체화'이고 '표준과 규제를 유럽방식으로 통일'하는 것이라고 볼 수 있다. 결과적으로 세계의 표준과 강제기준의 대부분이 유럽에서 탄생되고 있으므로 유럽기업들은 이들 표준 작성자로서의 우위성을 향유하고 시장을 장악하고 있다.

ISO, IEC 등 국제표준 원안작성 및 결정은 대부분 선진국 회원으로 구성되며 유럽 19개국 이외는 미국, 일본, 캐나다, 호주, 뉴질랜드와 아주 드물게 한국, 싱가포르, 남아프리카 정도가 참여하고 있다. 국제표준 결정시 1국1표 주의를 채택하고 있어 유럽의 위력은 절대적이라고 할 수 있다. 또한 ISO 이전부터 유럽 연합내에서 CEN(유럽 표준화 위원회) 및 CENELEC(유럽전기표준화위원회)을 근간으로 통일된 유럽표준을 제정하여 사용하고 있었으며 풍부한 경험과 역사를 바탕으로 유럽표준을

그대로 ISO, IEC에 반영하는 전략을 추진하고 있다. 1989년에 동시에 발효된 ISO와 IEC간의 비엔나 협정과 IEC와 CENELEC간의 드레스덴 협정이 유럽표준을 그대로 국제표준화 하는 특권을 부여하여 ISO와 CEN간 또는 IEC와 CENELEC가 합의를 하면 국제표준(안)으로 취급하여 위원회의 심의를 생략하고 전체 투표에 회부하고 있다. 따라서 다른 회원국은 마지막 투표에만 참가할 뿐 원안 심의과정에서 실질적인 관여를 봉쇄당하고 있는 것이다. 한편 유럽은 1996년 11월에 '표준 · 인증 분야의 대외누역정책' EU커뮤니케를 채택하여 표준 및 인증 문제가 대외 무역정책의 중요 요인이 되고 있다는 인식 하에 대외정책 추진을 다짐하고 유럽 이외의 무역상대국이 유럽방식을 채용하도록 촉구하고 있으며, 1996년 7월에는 정보통신 분야의 표준화를 특히 중요시하며 '표준화와 글로벌 정보화 사회'라는 EU 커뮤니케를 채택한 바 있다.

7.1.5.2 유럽을 추격하는 미국

방대한 국내시장과 해외시장에서 강력한 마케팅력을 믿고 국제표준화에 대하여 개의치 않던 미국이 ISO, IEC를 바탕으로 한 유럽의 독주에 위기감을 느끼기 시작하고 일본, 캐나다, 호주의 호응을 얻어 ANSI(미국표준협회) 주도로 1972년 PASC(Pacific Area Standard Congress : 태평양지역표준화회의)를 창설하였으나 유럽에 대항할 만한 조직으로 발전시키지 못하였다. 1992년 연방의회기술평가국(OTA)이 작성한 '글로벌스탠더드-미래구축의 토대'라는 리포트에서 미국이 국제표준의 대응에서 유럽에 뒤진다는 사실을 인정하고 있으며, 표준은 미국산업의 경쟁력을 결정하는 요인이므로 표준에 대한 보다 큰 관심을 기울일 필요가 있고, 표준제정 프로세스에 대한 지원 부족은 미국에 결정적인 불이익을 초래할 것이므로 표준분야에 보다 많은 지원을 할 필요가 있다고 지적하고 있다.

미국의 경우, 임의표준은 민간기관에서, 강제기준은 정부에서 제정하는 이원화된 활동은 민 · 관 일체의 유럽체제에 대응하기 어렵다는 인식으로 미국 정부의 표준을 민간표준에 부합시키는 통일화 작업과 표준화 활동에 있어서 민 · 관 협조체제 구축을 지향하여 1996년 2월에 '기술의 이전 및 향상에 관한 법률(National Technology Transfer and Advancement Act of 1995)'을 제정하였으며, 상무성 표준기술국(NIST)이 연방정부 및 지방정부의 표준활동과 민간표준화 활동을 조정하여 정부기관이 최대한 민간표준을 사용토록 하고 있다.

1996년에는 미국의 표준화 활동을 강화하기 위하여 ANSI와 NIST간 각서를 체결하였으며, 그 목적을 국제표준 제정과정에서 미국의 니즈나 이익을 고려하고 국제 경쟁력 강화를 확실하게 하기 위하여 최대한 노력할 것을 천명하고 있다. 한편 1998년 4월 미국 하원 과학위원회에서 NIST는 다음과 같이 증언을 하고 있다.

- 세계화는 분명히 무역의 양상을 변화시키고 이제 '표준'은 무역에 있어서 한 없이 중요한 사항임.
- 상무성 추산으로는 외국 표준이 미국의 수출에 대해 200억 내지 400억 달러의 장벽으로 작용함.
- 지금까지는 뉴이코노미를 논했으나 앞으로는 뉴스탠더드 이코노미를 논해야 함.

- 미국 제품이 수출에서 기술적 장벽에 직면하지 않도록 미국의 강력한 기술이 국제표준에 확실하게 포함되도록 해야 함.
- 국제표준제정 의장에서 미국의 통일적 접근이 가능하도록 국내표준화 체제를 효율적으로 재조직하여야 함.

미국 정부의 표준화 대응책은 정부가 민간표준 제정에 참가하고 그것을 정부가 사용하는 형식을 취하고 있으며, 주요 수출국에는 표준전문가를 파견해서 상대국의 표준화 정책에 현지에서 신속하게 대응하는 등 체계적으로 표준화 정책을 추진하고 있다.

한편 ISO, IEC의 유럽 주도를 비판하면서도 국제표준화 활동에 적극적으로 대응하기 위하여 국내위원회를 민간표준화기관에 설치 운영하여 실효를 거두고 있다. 특히 효과가 큰 대형시스템 기술이나 De Facto표준은 정부가 적극 개입하여 국제 경쟁에서 우위를 유지하고 있다.

7.1.5.3 표준 후진국 탈출을 시도하는 일본

국제경쟁력에서 미국 다음으로 세계 2위를 기록하고 있는 일본의 ISO, IEC 간사국 담당수는 독일, 미국, 영국, 프랑스의 1/3이하 수준으로 국제표준화 활동에 대한 공헌도는 매우 낮다고 할 수 있다. 특히 ISO, IEC 각종 위원회 참석은 연간 3,000명 정도로 숫자 면에서는 대단하다고 할 수 있으나 표준안을 제출하거나 간사나 의장직을 얻으려하지 않고 소극적으로 대응하고 있다.

한편 일본은 TBT협정과 외국의 시장개방 요구에 따라 1996년도부터 3개년 계획으로 JIS와 국제표준과 부합화 작업을 진행하였으나 여러 분야에서 현실적으로 난관에 봉착해 있다고 볼 수 있다. 또한 '21세기를 지향한 표준화과제 검토 특별위원회'를 설치하여 2000년 5월 29일 최종보고서를 채택하여 표준화를 둘러싼 최근의 환경변화와 앞으로 예상되는 새로운 표준화 니즈를 구체화하기 위한 표준화전략, 표준작성과 양축을 이루는 적합성평가정책의 방향성을 제시하고 있다.

그 동안 기술이나 품질에서 이기고도 표준 전략에서 패배한 쓰라린 경험을 바탕에 깔고 일본표준화는 산업표준화 전략과 국제표준화 전략이 일체화된 21세기 국가표준 전략의 방향성을 제시하고 있다.[1]

7.2 표준화 기구

7.2.1국제표준화기구 및 표준화 협의체

7.2.1.1 ITU(International Telecommunication Union, 국제전기통신연합)

유럽 20개국이 전신서비스의 국가간 상호접속을 용이하게 하기 위해 체결한 국제전신협약을 바탕으로 1865년 5월17일 설립된 국제전신연합을 모체로 하여 설립되었다. 140여년이 지난 오늘날에도 ITU는 국제전신연합 설립 당시의 정신을 그대로 계승하고 있으며, UN산하 전문기구로서 유무선통신, 전파, 방송, 위성 주파수 등에 대한 규칙 및 표준의 개발·보급과 국제적인 조정·협력이라는 역할을 수행하고 있다

- 2000년 IMT-2000무선인터페이스 규격승인
- 2006년 ITU헌장·협약상의 용어검토 결의
- 회원국 191개국

7.2.1.2 ISO/IEC JTC 1(Joint Technical Committee 1)

ISO의 정보처리시스템 분야(TC97)와 IEC의 정보기기·마이크로프로세서시스템 분야(TC83및 SC 47B)에 대한 국제 표준화 활동을 통합하여 ISO와 IEC간 정보기술(IT, Information Technology)분야의 상호 협력적인 국제표준화 추진을 목적으로 1987년 설립된 공동 기술 위원회이다. 2008년 총회에서 JTC 1의 활동 범주를 IT에서 ICT(Information and Communication Technology)로 재확립하였다.

7.2.1.3 GSC(Global Standards Collaboration)

1988년 CCITT(현 ITU-T)멜버른 Plenary Assembly에서 채택한 결의안(Resolution17) (Spirit of Melbourne)에 의거하여 시작. 이 결의는 ITU(당시 CCITT,CCIR)의 근대화, 조직의 유연화, 효율화, 협동 강화 등 4개의 주요 내용을 결의한 것으로 근본적으로 표준화 활동을 좀 더 효율화시키고자 하는 필요성에서 시작되었다.

- 2004년5월 제9차 GSC(GTSC2 &GRSC2),서울에서 개최
- 2008년 7월 제13차 GSC회의(IPTV Standards, ICT관련 채택)

7.2.1.4 CJK(China Japan Korea) IT Standards Meeting

한중일 3국 간 미래 핵심 기술 표준화분야에 대한 정보와 의견을 교환하고 관련 국제표준화 활동에 공동 대응함으로써 세계 및 지역표준화활동을 선도할 수 있는 민간 표준화기구 차원의 표준협력 플랫폼과 메커니즘 구축을 목표로 한국의 주도 하에 2002년 6월 시작되었다. 첫 회의는 한중일 IT 표준협력이라기보다는 3국의 정서교류와 상호기관의 우호관계를 다지기 위해 단순 정보교환만 이루어 졌으나 2차 회의시 3국간의 MoU 체결과 동시에 보다 구체적인 표준화 활동이 시작되었다.

- 2002년 6월 제1차 CJK회의 개최.한국
- 2002년 11월 제2차 CJK회의, 3국간 MoU체결 및 B3G WG신설
- 2008년 3월 제8차 CJK회의

7.2.2 지역표준화 기구, 국가별 표준화 기구

- ASTAP(아 · 태지역), ETSI(유럽)
- ANSI(미국), ATIS(미국), TIA(미국), TTC(일본), ARIB(일본), CCSA(중국), CA(호주)

7.2.3 한국 정보통신 표준화 기구

- TTA(Telecommunications Technology Association, 한국 정보통신 기술협회)

- 설립 : 1988년 12월
- 위치 : (473-824) 성남시 분당구 서현동 267-2
- 설립목표 : TTA(한국정보통신기술협회)는 ICT분야의 표준화 계획을 수립하여 표준을 제정하고, 시흠 및 인증서비스를 제공하는 민간 표준개발기구로, 1988년 12월 재단법인으로 설립된 후, 1992년 8월 전기통신기본법 제30조에 의해 법정법인으로 재출범하였다.

2001년 12월 IT시험연구소를 개소하면서 표준의 one-stop 서비스를 표방하고 있으며, GSC, 3GPPs 참여 및 ETSI(유럽), TIA와 ATIS(미국), TTC와 ARIB(일본), CCSA(중국) 등과 MoU를 체결하여 국제 표준화에도 협력하고 있다.

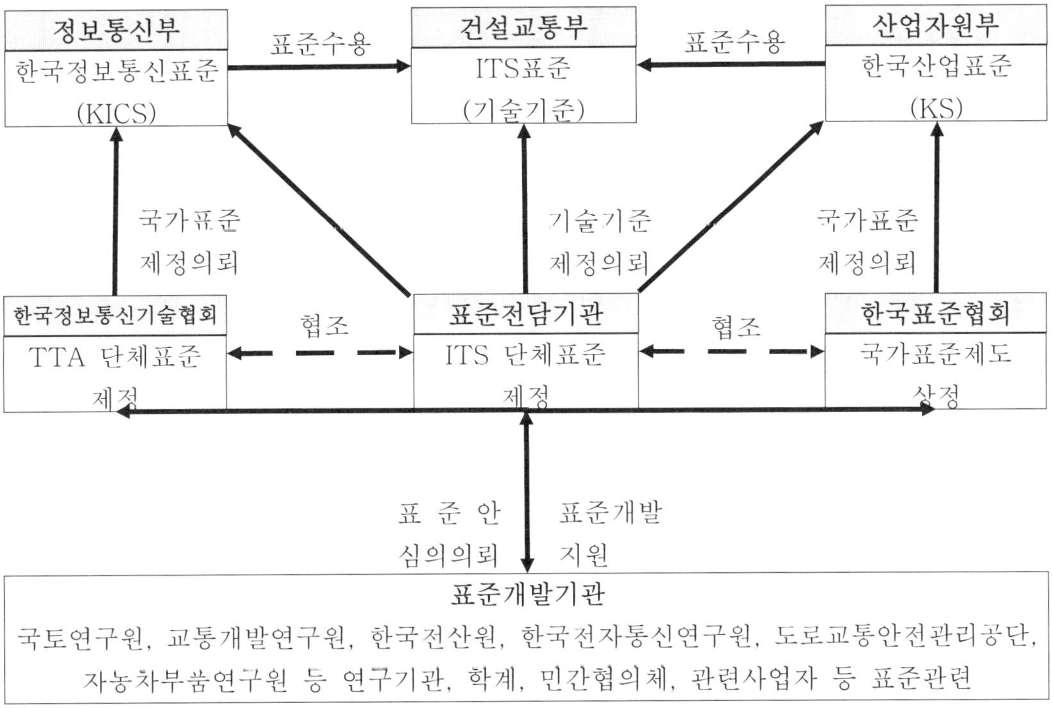

<그림7.1> ITS 국가표준화 체계

- 주요 연혁

1989.6 표준화위원회, ITU위원회 구성

1992.8 전기통신기본법 제30조에 의거 법정법인으로 재출범

1997.1 협회명 변경 : 한국정보통신기술협회

2001.7 ITU-T 표준참조기관 지정

2003.10 지상파 DMB 표준 제정 (이후, ETSI, ITU 국제표준으로 채택)

2004.6 WiBro 표준 제정 (이후, IEEE, ITU 국제표준으로 채택)

7.3 추진현황

7.3.1 ITS의 발전과정

오늘의 ITS가 제공하게 될 서비스는 실로 다양하다. 미국과 유럽등에서는 30여가지의 서비스를 정의한 바 있고 국제표준기구(ISO)에서는 32가지(표7.1 참조)를 ITS의 서비스로 공식화 한바 있고, 일본은 170여가지로 서비스를 세분화 하였다. 우리나라에서는 62가지의 ITS 서비스(〈표7.2〉참조)를 토대로 ITS 국가기본계획이 수립되어 있는데, 이러한 ITS 서비스는 향후 ITS가 널리 보급되고, 관련기술 개발이 이루어지면서 더욱 늘어날 전망이다.

위와 같이 다양한 ITS 서비스 분류가 가능해진 것은 1970년대이래 부단한 기술개발과 다양한 ITS개념에 대한 탐색과 실험 및 평가가 장기간에 걸쳐 이루어졌기 때문이다. SCOOT, SCAT과 같이 실시간 교통대응신호제어, 안전거리를 유지하기 위하여 차량의 속도를 자동으로 제어하는 적응형순항제어(Adaptive Cruise Control), 운전자를 목적지까지 현재만이 아니라 미래의 도로 및 교통조건하에서 최적경로를 안내해 주는 동적경로안내, 화물 및 화물차량의 자동추적 및 위치확인시스템을 통한 화물 수송의 운영효율 제고, 도로상이나 도로변의 다양한 센서 및 probe car를 통한 도로의 혼잡상태, 돌발상황 감지 및 통행시간의 실시간 예측 등 수집, 처리된 교통 정보의 노측장치(beacom)나 방송(FM Subcarrier)에 의한 제공, 단거리 전용통신(DSRC)기술을 이용한 고속도로나 유료도로의 논-스톱 요금징수 및 교통혼잡세 자동징수 등 많은 ITS 이용자 서비스들이 오늘날 이미 구현되고 있거나 앞으로 구현될 것이다.

이러한 서비스들을 구현하기 위한 시스템 개발 노력은 범세계적으로 추진되어왔다. 초기의 어러한 노력가운데 대표적인 프로젝트로 1970년대 일본에서 추진했던 Comprehensive Automobile Traffic Control System(1973~1978, 교통신호정보에 의한 최적경로안내)과 독일의 Siemen사가 추진한 Ali-Scout(센터에서 결정하는 차량경로안내)이 있다. 1980년대 들어 컴퓨터 기술의 혁신적 발전과 더불어 첨단 소프트웨어기술, 적외선 센서기술, machine-vision, 셀롤라 무선전화기 등이 등장하게 되면서, ITS의 비젼과 조직적인 ITS활동이 급부상하기 시작했다. 1980년대 중반 선진국들은 ITS를 그들의 교통체계 개선을 위한 가장 바람직한 정책수단의 하나로 인식하고 ITS 기술개발, 운영실험 및 기타 관련활동을 위한 국가적 차원의 대책을 수립하여 추진하기 시작했다.

이에 따라 공식적인 대형프로젝트와 프로그램이 시작되었다. 유럽에서는 EUREKA의 일환으로 Daimler-Benz 등 자동차 제작사가 중심이 된 PROMETHEUS(Program for a European Traffic with Highest Efficiency and Unpreceneted Safety)프로그램이 착수되었는 바 "Smart Car"를 목표로 1986년부터 1994년까지 ITS적용 기술 타당성 데몬스트레이션, 각 가술이 교통에 미치는 영향평가, 상이한 시스템 요소간의 기능적 인터페이스에 관한 합의 도출등이 이루어진다. 이 프로그램은 "Precompetitive Research Program"의 특징을 갖고 있다. 이러한 프로그램의 상승효과를 높이기 위하여 EC(현EU)는 정부차원에서 인프라에 대한 R&D 프로그램이 추진되는데 이것이 DRIVE(Dedicated Road Infrastructure for Vehicle Safety in Europe)프로그램이다. 1989년에 Phase I 이 착수 되었고, 1992년에는 Phase II 가 진행된다. 1995년부터 T-TAP 프로그램이 후속 프로그램으로 추진된다.

<표7.1> ISO의 ITS 이용자 서비스 분류

Service Category	User Service
Traffic Management (ATMS)	1. Transportation planning support 2. Traffic Control 3. Incident management 4. Demand management 5. Policing/enforcing traffic regulations 6. Infrastructure maintenance management
Traveler Information (ATIS)	7. Pretrip information 8. On-trip driver information 9. On-trip public transport information 10. Personal information services 11. Route guidance and navigation
Vehicle systems (AVCS)	12. Vision enhancement 13. Automated vehicle operation 14. Longitudinal collision avoidance 15. Lateral collision avoidance 16. Safety readiness 17. Precrash restraint deployment
Commercial vehicle (CVO)	18. Commercial vehicle preclearance 19. Commercial vehicle administrative processes 20. Automated roadside safety inspection 21. Commercial vehicle on-board safety monitoring 22. Commercial vehicle fleet management
Public transport (APTS)	23. Public transport management 24. Demand-responsive transport management 25. Shared transport management
Emergency management (EMS)	26. Emergency notification and personal security 27. Emergency vehicle management 28. Hazardous materials and incident notification
Electronic payment (EP)	29. Electronic financial transactions
Safety	30. Public travel security 31. Safety enhancement for vulnerable road users 32. Intelligent junctions

<표7.2> 우리나라 ITS 서비스 분야

서비스분야(5개)	서비스(18개)	단위서비스(62개)
A.교통관리 최적화	1.교통류 관리	1.실시간 교통제어 2.고속도로 교통류제어 3.광역 교통류제어 4.교통제어 정보제공
	2.돌발상황 관리	5.돌발상황 감지 6.돌발상황 대응고치 7.긴급차량 운행관리지원
	3.자동교통단속	8.속도 위반차량 단속 9.전용차로 위반차량 단속 10.차선 위반차량 단속 11.신호 위반차량 단속 12.과적 차량 단속
	4.교통공해 관리지원	13.교통공해 관리지원
	5.교통시설 관리지원	14.교통시설유지·관리·운영지원
B.전자지불 처리	6.통행료 전자지불	15.유료도로 통행료 전자지불 16.혼잡 통행료 전자지불
	7.요금 전자지불	17.대중교통요금 전자지불 18.주차요금 전자지불
C.교통정보 유통활성화	8.기본교통정보 제공	19.기본 교통정보 제공
	9.교통정보관리·연계	20.교통정보관리·연계
D.여행자정보 고급화	10.차량여행자부가정보제공	21.여행자 정보제공 22.출발전 여행정보 제공 23.운전중 교통정보 제공 24.주행안내 25.주차 정보제공
	11.비차량여행자부가정보제공	26.보행자경로 제공 27.자전거경로 제공 28.장애자경로 제공 29.기타부가 정보제공
E.대중교통	12.대중교통 정보제공	30.시내버스 정보제공 31.고속버스 정보제공 32.시외버스 정보제공
	13.대중교통 관리	33.시내버스 운행관리 34.고속버스 운행관리 35.시외버스 운행관리 36.좌석예약 관리 37.환승요금 관리. 38.대중교통 안전관리 39. 대중교통 시설관리

F.화물운송 효율화	14.물류정보 관리	40.화물추적 관리 41.화물차량 운행관리 42.화물차량 안전관리지원 43.화물차량 경로안내
	15.위험물차량 관리	44.위험물 사고처리 45.위험물 관리 46.위험물차량경로안내·관리
	16.화물 전자행정	47.화물 전자통관 48.화물 전자행정
G.차량·도로첨단화	17.안전운전 지원	49.사고발생 자동경보 50.차량전후방 충돌예방 51.차량측방 충돌예방 52.교차로 충돌예방 53.철도건널목 안전관리 54.감속 도로구간 안전관리 55.차량안전 자동진단 56.보행자 안전지원 57.장애자 안전지원 58.운전자 시계향상 59.위험운전 방지
	18.자동운전 지원	60.차량간격 제어 61.자동조향 운전 62.군집 운행

한편 일본은 1980년대부터 건설성, 운수성, 통산성, 우정성 및 경찰청 등 5개부처가 독자적으로 프로젝트를 추진하게 되는데, 대표적인 것이 VICS(Vehicle Information and Communication System), UTMS(Universal Traffic Management System)등이 있다.

미국은 ITS의 개념을 처음 연구한 바 있으나, ITS분야에 정부가 공식적으로 참여하기 시작한 것은 늦다. 1987년 민관 비공식기구인 "Mobility 2000"그룹이 ITS 도입 필요성을 정부에 제출한 이래 1990년부터 연방정부가 미국의 장래 교통수요에 대비한 정책수단으로 ITS를 공식 선언하면서 미의회에서 제정한 법(ISTEA, Intermodal Surface Transportation Efficiency Act)의 한 부부인 IVHS법의 지원하에 국책과제로 ITS 사업을 추진하게 된다. 대표적인 프로젝트로는 ADVANCE(Advanced Driver and Vehicle Advisory Navigation Concept), HELP(Heavy vehicle Electronic License Plate), AHS(Automated Highway System) 개발 등이 있다.

일본과 유럽이 ITS구축에 필요한 기술개발을 경쟁적으로 추진하는 동안, 미국은 미국 전역에 구축될 ITS를 위한 국가 계획의 중요성을 인식하고 1992년 "ITS를 위한 전략계획"을 개발 확정하게 된다. 이어서 1993년부터 3년에 걸쳐 "국가 ITS 아키텍쳐"를 개발하여 향후 미국 ITS 구축의 기본틀로 삼게 된다. 5,500페이지에 이르는 방대한 작업결과를 토대로 ITS구축과정에서 서로 다른 실행수준, 상이한 시스템 설계, 시간경가에 따른 시스템 진화의 허용 등이 가능해졌다. 미국은 늦게 ITS 사업에 뛰어들었으나 이러한 상위계획의 수립으로 국가차원의 효율적 사업추진이 가능해졌고 이에 따라 일본, 유럽 등도 국가별 또는 범국가적 아키텍쳐 개발에 나서게 된다.

이상으로 ITS의 발전과정을 간략히 살펴보았는데, ITS에 관심을 갖고 있는 세계의 모든 국가가 오늘날처럼 ITS에 관하여 광범위한 지식을 갖게 된 것은, 1994년부터 개최되기 시작한 "ITS 세계대회(World Congress on ITS)"에 있다. 매년 유럽, 아시아, 태평양, 북미를 순회하면서 개최되는 ITS 세계대회가 전세계의 정책당국, 산·학·연 관계자가 모여 각국의 지식과 경험을 공유하는 장으로서의 기능을 충실히 한 결과라고 생각한다. 우리나라는 1998년 제5회 세계대회를 서울에서 개최한 바 있다.[2]

7.3.2 기술개요

텔레컨버전스는 'Telematics+Convergence'의 합성어로서, 기존의 텔레매틱스/ITS기술을 기반으로 하는 IT기술을 다양한 산업군에 융합하여 창출되는 신부가가치 산업 기술로 휴먼 / 자동차 / 인프라를 지능적, 유기적으로 융합하여 최적의 안전/편의/친환경 운전 환경을 제공하는 차세대 텔레매틱스/ITS서비스로 정의한다.

- 텔레컨버전스는 텔레매틱스/ITS를 중심으로 기반기술환경 LBS(Location based Services) 및 GIS (Geospatial Information System), 그리고 무선 통신 인프라의 핵심 요소 기술들과 연계되어 지능적인 수송체계를 구현하는 IT융합 신기술이다.〈표7.3〉〈표7.4〉
- 기존R&D와 연계되어 추진중인 표준화 항목과 국내외 기술 로드맵을 참조하고 산학연 전문가들의 의견 및 검토를 통해 텔레컨버전스 분야 표준화 대항항목을 도출하였다.〈표7.5〉

<표7.3>유형별 텔레컨버전스 산업 분류

구분	개념
안전 서비스 산업	운전자행동, 주행상황, 도로상황등을 지능적으로 인식하여 주행 중 발생 가능한 위험 상황이나 사고 상황을 예측함으로써 주행 안전을 도모하고 사고를 방지
차량 편의 서비스 산업	운전 부하의 최소화를 위해 생체 및 신체 정보 및 주행 상황 정보를 기반으로 운전자에게 편리한 인터페이스와 주행 환경을 제공
차량 그린 ICT산업	연료 절감 및 오염 물질 배출 감소의 모니터링 기술을 통해 친환경적인 차량의 운행
신 산업	물류,u-Home,보험,교통,의료,국방 등 다양한 비즈니스 영역의 서비스와 접목

<표7.4>2010 산업원천기술 로드맵의 텔레컨버전스 유관 분야

산업원천14대 전략기술 분야	Top-Brand명	개념
자동차	공해없는 자동차	무공해 에너지원(수소,전기,태양에너지등)을 이용하여 공해 생성을 자체를 차단하거나 무공해 구동을 통해 공해 물질의 생성 또는 배출을 차단하는 자동차
	저탄소 자동차	내연기관과 전기모터, 2가지 동력원을 갖추어 휘발유, 경유, 액화석유가스 등의 연료와 전기를 사용하는 자동차 및 2009년 이후 시행예정인 디젤자동차의 Euro V/VI에 대응한 기존 가솔린 자동차, 디젤자동차의 고효율화 및 바이오 디젤 등 대체연료 자동차
	사고없는 자동차	사고 발생 가능성을 미리 차단하거나, 사고 발생 직전에 회피하는 한편, 사고 발생 시 운전자, 보행자, 상대 운전자 등의 피해를 최소화할 수 있도록 하드웨어적 소프트웨어적 안전 기능을 갖는 자동차
	감성적인 자동차	운전자의 시각/촉각/후각/청각을 만족시키며, 운전자를 포함한 탑승자의 판별 및 각자의 기호에 따른 안락성을 제공하는 자동차
IT융합	상황인지 통합 안전 자동차	인프라센서, 차량상태센서, 서라운드센서(레이더, 영상, 초음파 등)의 종합정보를 기반으로 주행환경에 대한 실시간 인식 및 자가진단을 구현하며, 이를 바탕으로 정보제공, 주행안전 경보, 능동안전 주행제어를 유도하는 기술

<표7.5> 표준화 대상항목의 정의

구분	표준화대상 항목	상세표준화 항목	상세 표준화 내용
휴먼	HMI/운전자-차량 인터랙션	표준 음성 명령어 집합	차량 및 차량에 장착된 다양한 정보 단말 장치를 조작하기 위한 음성 명령어 집합
		제스처 인식을 위한 표준 동작	운전자의 머리움직임, 눈동자 움직임, 얼굴 표정, 손이나 팔의 동작등으로 차량에 명령을 주기 위한 표준 동작
		차내 기기 정보 UI표준	차량내 다양한 정보 장치와 운전자간 인터렉션을 위한 인터페이스 표준
		햅틱 인터페이스 표준	차량내 정보 제공장치를 운전자가 터치하여 정보를 입력하기 위한 표준 방법
		멀티모달 정보 입력표준 인터페이스 가이드	운전자의 음성, 제스처, 음향, 표정, 터치등 다양한 방법으로 차량내 정보장치로 입력을 하기 위한 인터페이스 가이드
		Human factor를 고려한 진동 정보출력표준	차량내 정보 장치로부터 핸들이나 시트등의 장치를 통하여 진동의 형태로 정보를 제공받기 위하여 고려하여야할 사항에 대한 표준
		운전자 알림을 위한 표준 경고음	사운드나 음성의 형태로 운전자에게 정보를 제공할 때 따라야 하는 표준화된 성량, 음색, 진동수등의 표준
		운전자주의분산을 고려한시각 디스플레이 표준	차량내 정보제공 장치가 운전자의 시각적 주의를 분산하지 않고 정보를 제공하기 위한 표준화된 방법
		운전자특성 고려한 정보출력	운전자의 연령, 성, 신체적 특징 등을 고려하여 정보제공 장치가 출력해야하는 정보의 표준

		표준 (성,연령등고려)	
		멀티모달 정보 출력 표준 인터페이스 가이드	음향, 음성, 진동, 디스플레이 등의 다양한 모달리티를 이용하여 운전자에게 정보를 제공할 때 준수해야할 표준화된 가이드 라인
자동차	V2X통신 및 서비스 인터페이스	V2V모뎀/RF규격	고속 이동환경(차량간 통신)에서 안정된 통신을 지원하기 위한 물리계층 규격
		분산제어 실시간 MAC규격	차량간 통신 환경에 적합한 하이브리드 MAC규격
		V2V라우팅&전달 계층규격	차량간 멀티홉 통신을 위한 라우팅 프로토콜
		V2I모뎀/RF규격	고속이동환경(차량과 기지국간)에서 안정된 통신을 지원하기 위한 물리계층 규격
		V2I대용량MAC규격	차량과 기지국간 통신 환경에 적합한 하이브리드 MAC규격
		고속 이동핸드오버 규격	차량과 기지국간 통신 환경에서 seamless한 서비스를 제공하기 위한 핸드오버 규격
		이종 통신망 지원 통합 단말규격	다양한 통신망에 접속 가능한 단말 규격
		V2X다중채널 제어 규격	차량에 적용되는 다중 미디어간 채널 제어규격
		V2X security 규격	V2X네트워킹에 수반되는 암호화 및 서비스 인증과 관련된 규격
		V2X서비스 및 API규격	V2X에 적용되는 다양한 서비스 유스케이스 및 응용계층 지원 API규격
	IVN액세스 인터페이스 규격	고속 차내망 (HighspeedIVN)	이더넷 기반의 대용량 정보전달이 가능한 고속 In-invehicle network
		노매딕 인터페이스	IVN과 노매딕 기기간의 정보 교환을 위한 통신 인터페이스
		IP기반 차량 진단 규격	기존 Serial기반 차량진단을 IP기반으로 적용하기 위한 규격
		차량 엑세스 프로토콜	차량 게이트웨이와 ICT기기 사이의 메시지 교환을 위한 응용/전송 계층 프로토콜
		차량 게이트웨이 규격	IVN과 차량 엑세스 네트워크간의 프로토콜 변환 규격
		차량 정보 Dictionary 규격	차량 정보의 종류, 타입 단위 등을 표현하는 데이터 포맷
		차량정보 Security 규격 (프로토콜, 방식 등)	차량 정보의 오용을 막기 위한 암호화 및 보안 규격 (프로토콜, 방식 등)
		차량 내부 센서 데이터 교환 프로토콜	자동차용 지능형 센서 데이터 교환 프로토콜(플랫폼)
		차량 내부 비디오 인터페이스	자동차에 적용되는 각종 비디오 입출력 기기들간의 데이터 통신 인터페이스
자동차	차량 전장 S/W플랫폼	차량 전장S/W 플랫폼규격 /	차량용 전장부품에 적용되는 운용체제와 미들웨어로서 적용되는 소프트웨어 규격

	규격	자동차용 OSEK 운영체제를 위한 표준	
	전기자동차 정보 처리 규격	충전소와 전기자동차간 데이터 통신 규격	커넥터의 종류와 설치위치, 충전용 통신 프로토콜, On/Off-board충전, 기타 부가서비스 관련 규격
기반 기술 환경	Geo-센서 기반 공간 상황 인식 및 처리	공간정보 기반 컨텐츠 표현 모델	공간정보와 연관되어 표출되는 다양한 컨텐츠들을 식별하고 활용하기 위한 공통 규격
		공간정보 기반 상황 처리 모델	공간에서의 이용자 상황에 따른 정보의 전달을 위한 개념 모델 및 상세요구사항 정의 규격
		공간 상황 질의 언어	온톨로지 기반의 공간상황질의를 위한 Geo-시멘틱 SQL규격
		공간정보컨텐츠/서비스 품질	온라인 상의 공간정보 서비스 및 컨텐츠에 대한 품질 정의 규격
		스트리밍 데이터 인코딩	스트리밍 형태로 전송되는 Geo-센서 데이터에 대한 플랫폼 중립적인 인코딩 규격
		센싱데이터 기반의 상황 처리 서비스 인터페이스	Geo-센서 기반의 상황처리 서비스를 위한 플랫폼과 클라이언트 간의 공통 인터페이스 규격
	유무선 네트워크를 기반 위치정보 획득 및 처리	2.3GhHz휴대인터넷/WLAN/Zigbee/UWB 기반 무선측위	근거리 무선통신 AP기반의 무선측위 규격
		GNSS기반 측위	전통적인 GNSS위성에 기반한 측위 규격
		센서기반 측위	각종 센서를 기반으로 위치정보 계산 및 처리를 위한 규격
		NGN기반 측위	차세대 이동통신네트워크의 측위 표준
		실내공간 내비케이션을 위한 네트워크 모델	실내외 연속측위를 위해 요구되는 실내 공간의 지도 표현을 위해 필요한 네트워크 모델 규격
		멀티모달 환승정보 제공을위한 데이터모델	다양한 Transfer Node에서의 멀티모달 환승을 위해 요구되는 데이터 모델
		실/내외 연속 측위 서비스 인터페이스	실내/실외 이동에도 끊김없는 서비스 제공을 위한 인터페이스 규격
		실내 맵 데이터 포맷/ 좌표계 표준	실내 공간 데이터 모델과 실외 좌표계 간의 서비스 연동을 위한 데이터 포맷/좌표계 연동 표준
	측위 네트워크 인터페이스	Mobile VoIP환경에서 긴급구조 서비스를 위한 인터페이스	긴급구조에서 제일 중요한 사고지점의 위치 계산을 위해 요구되는 Mobile VoIP에서의 측위 인터페이스
		A-GNSS정보에 대한 Broadcasting 서비스를 위한 인터페이스	GNSS위성시스템 수신정보를 인근 지역에 방송하기 위한 인터페이스

		단말 간 상대측위 정보 제공을위한 인터페이스	단말 상호간의 상대측위 정보를 제공해 주기 위한 인터페이스
	위치기반 서비스를 위한 공동 플랫폼	위치 기반 서비스 공동 플랫폼	여러가지 측위단말에 LBS서비스를 제공하기 위해 필요한 소프트웨어 플랫폼

7.3.3 추진경과 및 추진방향

- 2004년과 2005년에는 ITS와 텔레매틱스가 별도의 기술 분야로 나뉘어 각각 표준화로드맵 계획이 수립되었다. 하지만 2006년에는 ITS와 텔레매틱스의 기술적 융합과 시너지 제고의 관점에서 두 분야를 통합한 종합적인 표준화 로드맵을 수립하게 되었다. 그러나 각 중점 표준화항목이 텔레매틱스 및 ITS시스템을 구성하는 일반적인 요소기술들의 성격을 띠어 각 표준화 항목간 중요도의 구분이 다소 명확하지 못하였다. 그래서 2007년에는 텔레매틱스 분야를 ITS분야와 다시 별도의 기술분야로 독립시키면서 텔레매틱스의 특화되고 고도화된 중점 표준화 항목 위주로 로드맵을 수립하게 되었다.
- 2008년은 핵심 고도화 표준 개발이라는 측면에서는 2007년과 맥락을 같이하고 있지만 세계적인 텔레매틱스 기술 개발 및 서비스 추세가 인포테인먼트 보다는 안전과 운전 편의 위주로 방향이 잡혀가고 있으므로 이러한 경향을 고려하여 중점 표준화 항목을 선정하였다.
- 2009년은 자동차-IT융합이 국가적 핵심 추진 분야로 주목받으며 이의 요소기술 및 로드맵 정의가 본격화되면서 'Networked Vehicle'에 초첨이 맞추어지게 되었다. 따라서 기존에 정의되어 온 표준화 범위는 좁혀졌지만, 세부 표준화 항목 자체는 큰 폭으로 증가되었다. 따라서 2009년 국가 R&D연구개발 방향에 맞추어서 표준화 로드맵의 방향을 수립하게 되었다.
- 2010년은 국가R&D및 산업 현장에서 본격적으로 추진되고 있는 자동차-IT융합을 포괄적으로 표현하기 위해 전통적인 텔레매틱스 분야 표준화 항목에 더하여 기반 기술로서 요구되는 측위 기술과 Geo-센서를 기반으로 하는 공간정보 분야가 추가 되었다. 아울러 2009년에서부터 강조되어 온 'Networked Vehicle'을 위한 통신 및 네트워킹 기술은 현재 국제 표준화 기구에서 Hot Issue로 진행되고 있으며, 기존의 차량간(V2V), 차량-인프라간(V2I), 차량-노매딕(V2N)을 수용하고 이들간의 원활한 정보 교환을 위한 표준 영역을 'V2X 통신 및 서비스 인터페이스'라는 항목으로 묶게 되었다. 아울러 IVN액세스 인터페이스는 2007년 부터 중점 이슈로 등장하여 올해 국제 표준화 선도를 위한 굵직한 성과들이 도출되기 시작하여 이의 현황이 반영되었다. 〈표 7.6〉[3]

<표7.6>연도별 중점기술의 변천

Ver.2007	Ver.2008	Ver.2009	Ver.2010
	-위치측위		-유무선 네트워크 기반 위치정보획득 및 처리
-단말 및 HMI 기술	-휴대단말 연동 및 음성인터페이스		-HMI/운전자-차량 인터랙션
-차량정보 관리 기술	-차량진단 -차내망 인터페이스	-IVN액세스 인터페이스	-IVN액세스 인터페이스
-자동/안전운전 지원 기술	-차량통신	-V2V/V2I통신	-V2X통신 및 서비스 인터페이스
-타산업 연계 기술		-u-City인프라, 도로환경 인터페이스	
	-내비케이션 및 컨텐츠		
			-Geo-센서 기반 공간 상황 인식 및 처리

7.3.3.3 텔레매틱스

국내 텔레매틱스 기술은 실시간 교통정보제공 서비스, 경로안내 서비스, 안전운전 서비스, 개인화 서비스, 산업연계 서비스 및 infortainment(information+entertainment) 서비스 등 6대 중점 서비스를 목표로 진행하고 있다. 이를 위한 국내 텔레매틱스 기술의 발전 개념도를 〈그림7.2〉에 나타난다.

GPS 수신기를 내장한 텔레매틱스 단말이 GPS 위성으로부터 자신의 위치정보를 전송 받아 서비스 정보와 함께 모바일 네트워크로 정보를 전송하면, 텔레매틱스 센터에서는 이 정보를 처리하여 차량에게 경로안내/교통정보/인포테인먼트 서비스 등 텔레매틱스 정보를 제공하게 된다.

7.3.3.2 위치정보 탐색기술

차량의 위치 정보 탐색 기술은 단순히 차량 위치파악의 개념을 넘어 주행 중인 차량의 각종 상태를 진단 및 제어하는 데 필요한 USN 기술의 토대를 형성하고 있다. 최근 센서 네트워크와 RFID 태그 기술의 융합 및 저가의 태그 보급이 확산되면서 실현 가능성이 매우 높은 유망기술로 부각되고 있다.

위치정보 탐색기술과 모바일 네트워킹 기술을 이용하여 운전자와 탑승자에게 교통안내, 긴급 구난 및 원격 차량진단 기능 등을 수행하는 텔레매틱스 기술과 ITS 기술과의 융합기술이 개발되고 있다. 이는 미래 유비쿼터스 사회의 기반 인프라로써 물류/유통/자동차 등 산업계 전 분야에 응용이 가능하며, 특히 텔레매틱스 활성화를 저해하고 있는 기술적인 문제를 극복할 수 있을 것으로 전망된다. 그러나 국내 USN 기술을 텔레매틱스에 적용하려는 시도는 아직 미미한 실정이며, 관심도도 아직은 낮은 상태이다.

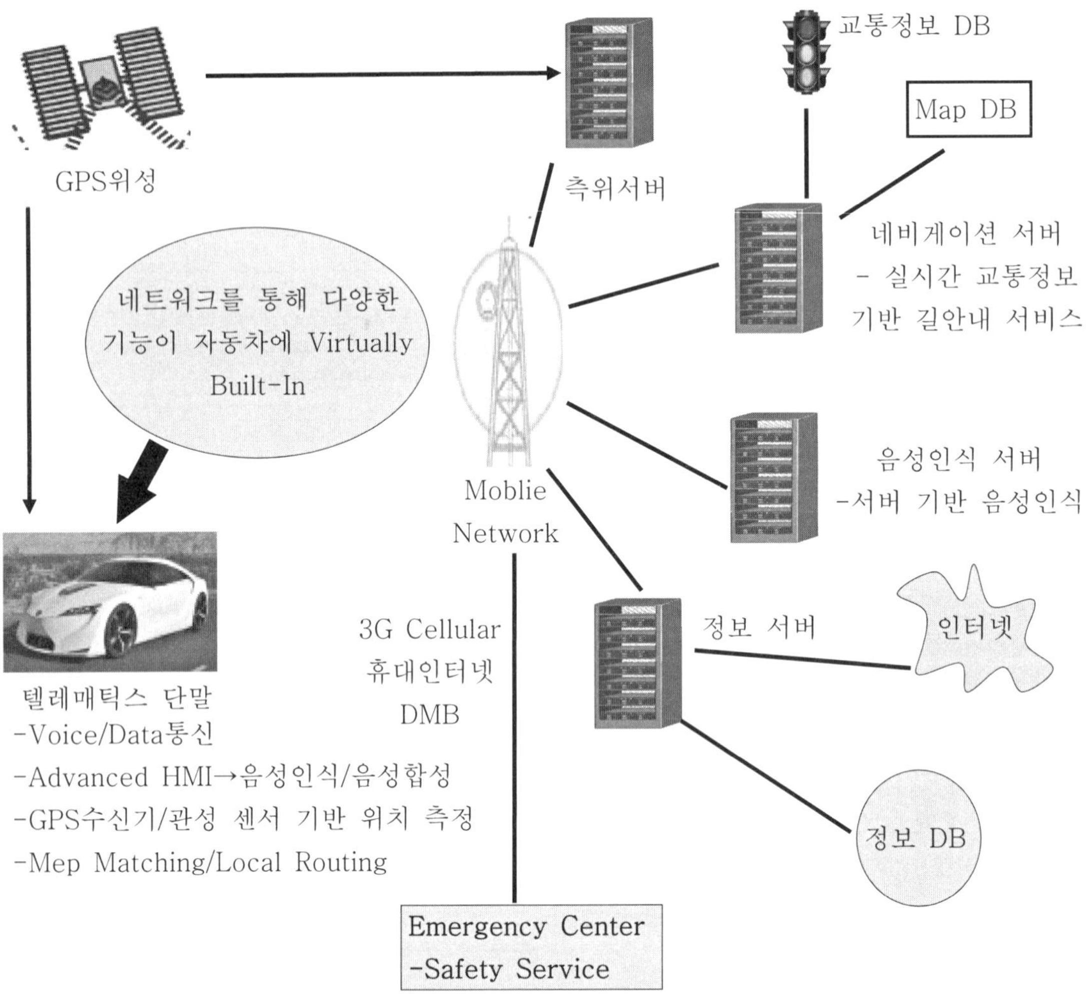

<그림7.2> 국내 Telematics 기술의 발전 개념도

ETRI를 중심으로 서버/단말/통신 분야의 연구 개발이 진행중이며, 텔레매틱스 정보센터 및 제주도 텔레매틱스 시범도시 구축사업 등을 통해 향후 서비스 보급이 활발해질 전망이다.

7.3.3.3 국내 텔레매틱스 기술의 문제점

현재 국내 시판 차량의 텔레매틱스 시스템 장착률은 4% 정도로 미미한 수준이다. 이러한 원인을 기술적 및 인프라 측면에서 분석해 보면 다음과 같은 문제점들이 해결되어야 할 것으로 판단된다.

- 셀룰러 통신 방식 사용에 따른 고비용의 모바일 통신비용

- 고가의 GPS 수신기 및 위치탐색 정보의 오차
- 차량의 각종 상태정보를 텔레매틱스 단말에서 직접 이용 가능한 시스템의 부재

이러한 원인은 텔레매틱스 단말기의 고가화와 통신비용의 증가로 연결되어 소비자에게 텔레매틱스 서비스를 제공하는데 저해요인이 되고 있다. 이를 해결하기 위해서는 WiFi/WiBro/DMB/넷북/스마트폰 등 저 비용의 모바일기기를 이용한 텔레매틱스 서비스에 대한 연구가 필요하다. 아울러 GPS 단말기 요금방식 변경 등 제도적인 측면에서의 개선도 필요하다.

7.3.3.4 국내 GPS 수신 기술의 문제점

GPS 수신기의 경우 수신기 가격도 고가이지만 GPS 위성으로부터 제공되는 위치탐색 정보 역시 위성의 궤도 및 전리층 지연 등의 오차에 따라 약 20m정도의 위치 오차가 발생한다. 아울러 터널 및 건물 밀집 지역 등 위성신호를 수신할 수 없는 전파음영 지역의 경우 GPS를 대신하는 관성센서 단말기의 고가화 등 기술적/경제적 문제를 안고 있는 것이 국내 GPS 기술 수준이다.

국내 텔레매틱스 서비스 활성화의 문제점은 차량의 상태(타이어 공기압/주유정보/자동차 안전정보 등 각종 센싱 정보)가 텔레매틱스 단말기에서 적절히 활용되지 못하고 있다는 것이다. 이점은 특히 차량이 출고된 후 설치하게 되는 AM(After Market)형태의 텔레매틱스 단말기에는 치명적인 약점이 되고 있다. 이는 센서 네트워크 기술 보급으로 차량에 존해하는 각종 센싱정보를 무선으로 텔레매틱스 단말기에서 활용할 수 있는 기술로의 진화가 필요하다.

7.3.3.5 국내 텔레매틱스 기술 특허 동향

이동통신과 자동차 기술이 융합되어 자동차의 각종기기를 제어하거나 운전정보 정보 수신등을 휴대폰으로 가능하게 함으로써 안전성과 편리성이 향상된 텔레매틱스 기술 개발이 활발하게 이루어지고 있다. 휴대폰과 자동차의 융합 분야 주요 특허출원기술은 다음과 같다.

- 차량의 주행 상태 및 고장 유무를 자동적으로 점검하여 운전자에게 알려주는 원격 차량진단 서비스 기술
- 휴대폰을 이용하여 차량의 위치를 파악하고 실시간으로 교통정보와 운전경로를 제공받는 항법 서비스 기술
- 자동차 문의 개폐나 냉난방기기 등을 음성이나 문자메시지로 제어하여 보안과 쾌적함을 유지할 수 있도록 하는 휴대폰을 이용한 원격제어 기술
- 차량 도난 시 휴대폰을 이용하여 도난 차량을 정지시키고 범인 검거에 도움을 주는 도난 사고 예방 기술 등 다양하게 나타났다.

출원 비율별로 보면 원격 차량진단 서비스 기술 41%, 도난사고 예방기술 32%, 휴대폰을 이용한 원격제어 기술 16%, 항법 서비스기술 11%로 나타났다. 이러한 텔레매틱스 기술은

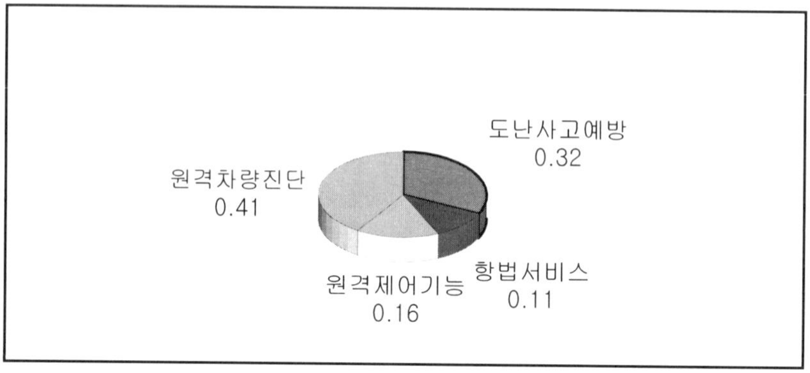

<그림7.3> 자동차/휴대폰 융합 관련 기술 분야별 특허출원 비율

휴대폰으로 각종 생활편의 서비스를 제공받고자 하는 소비자의 높은 관심과 자동차의 전자기술 비중증가 추세에 힘입어 향후 성장 가능성이 매우 높을 것으로 전망된다. 자동차/휴대폰 융합 관련 기술 분야별 특허출원 비율을〈그림7.3〉에 나타낸다.

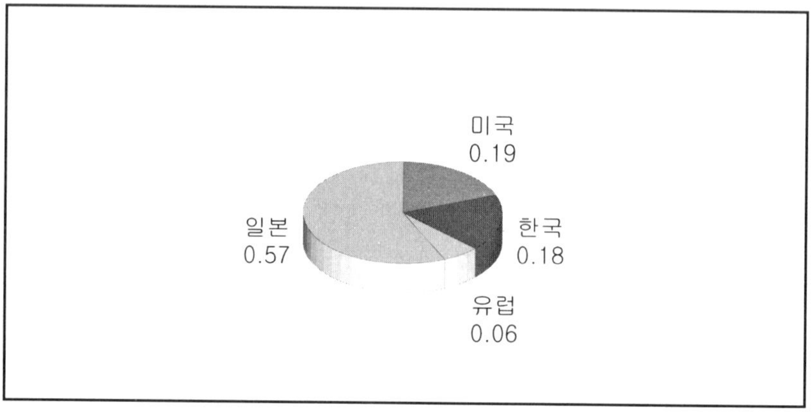

<그림7.4> 텔레매틱스 단말기 기술 관련 각국의 특허 비중

텔레매틱스 단말기 기술과 관련하여 최근 20여 년간 한국, 미국, 일본 및 유럽 특허청에 출원(미국은 등록)된 특허 비중을 보면 일본이 전체의 57%로 비중이 가장 높으며, 미국 19%, 한국 18% 및 유럽 6%의 순서로 뒤를 잇고 있다. 전반적으로 일본이 기술 개발을 선도하고 있으며, 1990년대 중

반 이후부터 미국 및 한국에서도 관련 기술이 출원이 매년 증가하는 추세를 보이고 있다. 텔레매틱스 단말기 기술 관련 각국의 특허 비중을 〈그림7.4〉에 나타낸다.[4]

7.4 국외 표준화 현황

7.4.1 미국

미국 표준은 WAVE(Wireless Access in Vehicular Environments)를 중심으로 진행되고있다. WAVE는 WLAN을 기반으로 최대 180Km/H속도의 자동차 주행 환경에서 안정을 주목적으로 PHY/MAC을 수정하여 만들어진 표준이라고 할 수 있다. 차량간 통신 그리고 차량과 노변 기지국과의 통신을 5.85~5.925GHz주파수 대역(75MHZ 대역폭)에서 7채널로 운영하도록 하였고, 안전운행에 대한 공공목적을 염두에 두고 중요 안전운행 정보일 경우 1Km까지의 전송거리를 지원하도록 하고 있으며, 120Km/H속도로 운행시 4미터 거리내에서 일어난 순간적인 운행 이벤트에 대해서도 대처할 수 있도록 100msec의 Packet Latency(사건정보 인식 시간)를 규정하고 있다.

WAVE표준은 PHY/MAC표준을 규정한 IEEE 802.11b와 안전 메시지 중심의 운영을 위한 멀티 채널 기능, 안전 메시지 처리 프로토콜, 시큐리티 및 많은 응용 서비스와의 연계를 위한 자원관리 등의 규정을 IEEE 1609.x에서 규정하고 있다. 특히 주파수 측면(Frequency-domain)에서 한 개의 제어 채널과 여섯 개의 서비스 채널(2개의 Safety 채널과 4개의 Non-safety채널) 구조 그리고 시간적인 측면(Time-domain)으로의 제어 채널 간격과 서비스 채널 간격의 구분을 통한 운영 방식인 멀티 채널 방식을 IEEE1609.4에서 정의하고 있다. 이는 안전운행 정보를 신속 (Low packet Latency Service)하고 안전(99.9%이상의 접속률)하게 정보를 전달하기 위한 목적이며, 이의 구현을 위해 멀티 채널 구조를 Frequency-domain 및 Time-domain으로 구분하여 시간 및 주파수 할당 측면에서 급박한 안전운행 정보를 어떤 조건에서도 우선적으로 보낼 수 있도록 규정한 것이다.

7.4.1.1 DSRC(Dedicated Short Range Communication) 표준화 추진현황

차량과 도로간의 통신 즉 DSRC(Dedicated Short Range Communication)에 관한 미국 표준은 미국 ASTM의 위원회 중 도로 포장과 ITS에 관련된 표준화를 담당하는 E17의 하부 위원회인 ASTM E17.51 DSRC sub-committee에서 담당하고 있다. 일본은 이 회의에 2~3명의 전문가를 매번 참석시켜 유럽표준과 쌍벽을 이루는 미국의 동향을 파악하고 있으며 ITU와 ISO의 표준화에도 적극 참여하고 있다. ITS 분야의 표준화 문제로 고충을 겪고 있는 국내의 실정에서 차세대에 필요한 기술과 표준을 다루는 미국의 표준화 현황은 향후 우리가 어떤 방식을 고려할 것인가에 대하여 많은 시사점을 던져주고 있다.

지난해까지 IEEE802.11a를 기반으로 한 무선LAN방식과, Motorola사에서 제시한 Freespace및 4Mbps급 능동방식인 일본의 T75규격을 논의한 결과 무선LAN을 근간으로 하는 RA(Road Access)방식을 채택하기로 하였다. 현재 이미 FCC(Federal Communications Commission)로부터 분배된 5.9GHz대역의 75MHz 대역폭에 적합하도록 기존 IEEE802.11a 방식을 수정 보완하는 것과 이를 차량간 통신에도 이용하도록 하는 것이 주요 목표가 되고 있다.

무선LAN에는 초기 900MHz의 제품과 5GHz대의 802.11a기술, 2.4GHz대의 802.11b 기술이 있으며, 외부간섭이나 다원방향 간섭에 영향을 받지않고 네트워크를 확대하며 전력소비가 적은 장점을 가진 주파수도약확산스펙트럼방식(FHSS: Frequency Hopping Spread Spectrum)과 하나의 사용자가 몇 개의 채널을 점유하여 사용자가 제한되기는 하나 통신거리가 최대 25마일에 달하고 데이터 전송속도가 빠르며 업체간 호환성이 좋은 직접순서확산스펙트럼방식(DSSS: Direct Sequence Spread Spectrum)이 있다. 802.11a의 필수적인 변조기술은 최근 직교주파수영역다중접속기술(OFDM: Orthogonal Frequency Division Multiplexing)으로 선정되었다. 이 기술은 하나의 고속데이터 신호를 52개의 저속신호로 쪼갬으로써 스펙트럼효율을 높이고, 잡음 간섭 반사 등에도 강해 데이터를 빠르고 효율적으로 전송할 수 있게 되었다.

무선LAN관련 표준기술에는 이외에도 802.11의 표준을 발전시켜 서비스의 품질을 향상시켜 멀티미디어 콘텐츠를 방송하는데 사용하고 있는 802.11e와 802.11b의 데이터전송속도를 높이기 위해 2001년에 초안을 승인한 802.11g, 그리고 802.11a의 기본기술에 새로운 기술을 추가해 유럽에서 사용할 수 있도록 한 802.11h, 강력한 보안솔루션을 보강한 802.11i 가 있으며, 이미 ETSI(The European Telecommunications Standards Institute)가 채택한 Hyper LAN 2 기술이 있다. ITS에 사용되는 기술은 802.11ra로 불리게 된다.

주요 차이점으로는 하나의 무선 채널을 통해 signaling과 data traffic을 전송하는 802.11a 와 달리 802.11ra에서는 하나의 공통 signaling용 RF 채널을 배정하고 노변통신을 위해 4개의 서비스 채널을 사용하며, 하나의 차량간 통신 채널 및 하나의 공용 안전 서비스(Public Safety) 채널을 배정하고 있다. 특히 Public Safety 채널은 지난 911 사태이후에 미국내에서는 공공서비스에 있어서 필수적 요소로 등장하고 있다. 주파수 채널로서 802.11ra에서는 한 채널당 10Mhz의 대역폭을 사용하고, spectrum mask도 상호 간섭을 고려하여 다르게 하는 것을 고려하고 있다. 또한 공통 시그날링 채널을 통해 채널 요청을 하고 실제 데이터 통신은 해당 서비스 채널이나 차량간 통신 채널을 통해 수행한다.

ASTM의 DSRC 표준화 일정은 살펴보면, 2002년말까지 물리 계층 및 매체제어 계층에 대한 표준화를 완료하고 이들 계층에 대한 관리 계층에 대한 규격도 완성한다. 또한 2003년 후반까지 시스템 검증 시험을 마치고 구현 가이드라인을 2004년 중반까지 완성한다. 이 작업들은 IETEE의 자원관리자와 보안계층, 메시지 세트 등과 연계되어 진행되며, 넓게는 ISO/TC204와 ITU-R WP8A의 표준화 활동과도 연계되어 진행될 것이다.

향후 DSRC에 관하여 계속 논의할 구체적 항목은 다음과 같다.

- 제어채널상에서 OBU간 전송을 허락하고
- OBU간 전송은 응용서비스방송프로토콜을 사용하며
- OBU간 전송이 RSU의 QOS를 주어진 수준이하로 손상하지 않고
- 상위계층관리자는 OBU간 전송을 규제하는 기능을 제공하지 않고
- 우선서비스로 802.11e의 MAC 메커니즘을 도입하고
- 특정채널을 'license by rule'용 채널로 규정하고
- 채널용량등을 시뮤레이션하는 시험을 Techonocom에서 수행한다.

차세대 ITS무선통신은 미국이 주도할 것으로 예상은 되나 2004년 정도가 되어야 표준화가 될 것으로 보인다. ITS 용도로 제한된 DSRC 통신망을 광역으로 구축하는 것이 매우 어려운 현실에서, 무선랜과 호환성을 갖는 DSRC 방식은 통신망 사업자와 도로사업자 또는 지방자치단체의 큰 관심을 끌 것이다. 따라서 우리도 무선랜을 이용한 ITS 서비스 방안과 국제적인 표준화 동향에 주목을 할 필요가 있을 것이다. 즉 우리가 항상 후발이 되어서는 표준화에 있어 후진국이 될 수 밖에 없고 날로 격화되는 기술경쟁에서 패배할 수 밖에 없다. 그런 면에서 일본처럼 꾸준히 회의에 참석하여 미국의 동향을 파악하여 관련업계에 정보를 제공하고 자국에 최대한 이익이 되는 방향으로 표준화 활동을 전개하는 것이 필요하다.

7.4.1.2 ACCS (Adaptive Cruise Control System)

인피니티는 자동차가 지정 차로에서 이탈 시 운전자에게 경보를 전달하는 LDW(Lane Departure Warning)시스템을 개발하였다. 이 시스템은 속도센서, 소형 카메라, 알람 및 지시계등을 탑재하여 자동차가 회전할 때 차선변경 조절단위를 도로상황에 맞게 적절히 업데이트하여 안전운전을 도모하는 것으로 Infiniti M45와 Infiniti FX crossover SUV에 장착되어 있다.

델파이 오토모티브 시스템은 ACCS 기술의 개척자로서 향상된 cruise control 해법인 Forewarn을 개발하여 41개국에서 170개의 생산라인을 운영하고 있다.

Eaton VORAD 테크놀리지는 중/경량 트럭이 다른 자동차와 충돌 위험 시 경보를 전달하는 ACCS 시스템을 개발하였다. 이는 Eaton ABS와 Eaton VORAD 충돌 경보 시스템으로 9개국에서 11개의 생산라인을 운영하고 있다.

TRW 오토모티브는 자동차 안전운전 보조시스템으로 ACCS, 브레이크, 스티어링과 서스펜션, 상용 스티어링, 팽창 제지, 스티어링 휠, 차체 조절 등의 시스템 기술을 개발/공급하고 있다.[5]

7.4.2 유럽

유럽의 ITS표준은 기본적으로 미국 WAVE를 받아들이고 있다. WAVE를 이동통신 서비스와 연계하여 끊김 없는 차량 및 교통 통신 서비스를 제공하며, 동시에 차세대 교통통신체계를 지향하여 IPv6기반 운영체계로 차량 및 노변기지국, 차량 및 차량통신방식을 규정하고 있다. 이러한 표준 진행은 유럽표준기반 ETST를 중심으로 ISO에서 진행하며, 2007년 10월 TC204산하 WG17을 출범시켜 CALM(Communication Access for Land Mobiles)표준화 작업(ISO2121x)을 하고 있다. CALM에서는 초기 형태의 유럽 ITS관련 개별 서비스가 상호 호환성을 갖고, 이동통신 서비스와 연계되어 지능형 교통 통신 체계를 갖추도록 고려하고 있으며, 유럽연합 차원의 프로젝트를 추진하고 있다. 대표적으로 벨기에, 스웨덴, 이탈리아 등의 12개 나라 자동차회사, 연구기관, 정부, 대학이 공동으로 참여하는 CVIS(Cooperative Vehicle Infrastruture Systems)대형 프로젝트 외 다수의 프로젝트를 들 수 있다. 이는 EU각국의 교통 통신 체계를 국가 차원에서 보조를 맞추도록 하면서 EU차원에서 국제 표준을 선도하고자 하는 의미가 있다.

CALM표준은 유럽의 갈릴레오 위성을 이용하여 위치기반 네트워크로 유럽 전역의 교통 서비스를 체계화하고 있으며, 언급하였듯이 물리계층은 미국의 WAVE를 따르고 있기에 지능형 교통 통신방식에 있어서 WAVE표준을 중심으로 전 세계가 표준화 되고 있다. 이를 바탕으로 우리나라 역시 한국전자 통신 연구원을 중심으로 WAVE기반 연구를 통해 시범조성 및 테스트를 수행하면서 표준화에 앞장서고 있다. 그러나 무선을 기반으로 이루어지는 교통통신 환경은 그 나라의 도로 환경과 교통문화에 따라 적합한 통신 환경을 달리한다. 특히 공공 목적으로 안전운행을 지원하는 교통통신은 신뢰성을 갖춘 통신 환경을 구축해야 하는 것이 필수적이다. 교통 통신 응용 연구에 치중하고 있는 우리나라는 도로환경 및 교통환경에 적합한 교통통신 체계를 위해 기초 연구부터 재점검할 필요가 있다.

7.4.2.1 ACCS

WABCO와 Continental Temic은 공동으로 트럭 및 버스용 ACCS 제품을 개발하였다. 이 시스템은 77GHz 레이더 센서에 의해 거리 측정 및 장애물의 충돌 경고 기능이 탑재되어 있다.

Bosch는 150m 전방 차량의 움직임을 감지하는 레이더 센서 시스템을 이용, 선행 차량의 속도를 감지하여 안전거리를 유지할 수 있도록 엔진과 브레이크를 자동으로 제어하는 ACCS를 개발하였다.

Autocruise는 200m 전방의 차량을 감지하여 기후나 도로 조건에 따라 자동으로 속도를 제어하는 ACCS를 개발하였다. 선행차량과의 안전거리 유지를 위해 운전자가 감/가속을 할 필요없이 자동으로 속도를 제어하는 기술이다. 77GHz 마이크로웨이브 레이더 전파을 이용하여 레이더와 12도의 시야를 확보할 수 있는 독특한 폴리카보네이트 렌즈로 구성된 이 시스템은 선박에서도 사용이 가능하도록 설계되어 있다.

7.4.3 일본

5.8GHz대역 주파수는 그대로 ITS용으로 이용하면서 추가로 700MHz대역인 UHF대역을 추가 할당하여 제어 채널로 운영하는 멀티 채널 구조의 ITS시스템을 제안하고 있다. 5.8GHz대역은 비 공공서비스의 목적인 사용자 데이터용으로 사용되고, 제어 채널로는 UHF대역 시스템을 사용하는 방식이다. 그러나 안전 메시지의 공공목적 서비스는 UHF대역과 5.8GHz대역 모두를 사용해서 사용자에게 전달할 수 있도록 하여 안전을 최우선으로 하였다. 동영상 및 Rich-media콘텐츠를 제공하는 전파환경에서 확실하게 안전 메시지를 사용자에게 필요 시 전달하고자 한 것이다. 즉, 고속의 자동차를 중심 한 ITS전파환경은 교통 혼잡 시 버스 및 건물, 지형 등에 전파가 가려지는 현상, 전파의 다중경로에 의한 페이딩 현상, 도플러 현상 등의 환경에서 통신이 이루어진다. 이러한 환경에서도 확실한 안전 메시지의 전달을 위해 UHF대역을 할당하여 99.9%의 통신 성공률을 보장하도록 한 것이다. 일본의 Aisinaw는 차량에 탑재된 네비게이션 시스템에서 요구하는 교통정보를 중앙통제센터의 DB 및 서버를 통해 네비게이션에 효율적으로 전송해 주는 교통정보 전송시스템을 개발하였다(PCT Patent_WO2008047606).

일본의 Toyota는 시시각각 변하는 도로상황에 따라 자동차의 주행 안전을 위한 주행예측 제어기술을 개발하였다. 이는 자동운전 제어차량에 ECU(Electric Control Unit)로 탑재되어 마이크로 컴퓨터로 동작하여 상용화 가치가 매우 높은 기술로 평가 받고 있다(PCT Patent_WO2008053373).

일본의 Toyota는 운전자의 졸음운전으로 인해 자신의 차가 전/후/측면 방향의 물체와 충돌위험이 검출되는 경우 경보신호를 발생시켜 교통사고를 예방할 수 있는 졸음방지 시스템을 개발하였다(PCT Patent_WO2008090451).

일본의 Toyata는 주행 중인 자동차가 주변에 접근하는 물체를 고속으로 검출하여 위험에 대처할 수 있는 자동차 주변감시 장치를 개발하였다(PCT Patent_WO2008084408).

7.4.3.1 ACCS

Nissan 자동차는 운전자의 피로를 줄일 수 있는 ACCS를 개발, 일본과 미국에서 소형/중형/상용차량 분야에 이를 적용하여 가치를 인정받고 있다.

Toyota 자동차는 승용차/픽업/미니밴/SUV 차량에 ACCS를 탑재하여 주행안정성 확보에 주력하고 있다. 특히 잦은 브레이크 작동으로 위험한 stop-and-go 교통체증으로부터 운전자를 방어하는 RACC(Radar-based Automative Cruise Control System)를 개발하여 차량의 속도를 0~20km/h까지 자동으로 조절할 수 있는 기술을 개발하였다.

7.5 텔레매틱스/ITS 전망

7.5.1 ITS/USN

ITS 구축을 위한 초기의 센서 네트워크 미들웨어는 USN응용 서비스를 지원할 수 있는 응용시스템의 일부에 가까운 정도로 그 기능이 매우 단순하였으며, 수요도 많지 않았다. 모바일기기의 보급이 빠르게 확산되면서 다양한 상황에 대처할 수 있는 다양한 유형의 USN 응용 서비스 모델들이 발표되고, 아울러 여러 응용 서비스가 통합되어 제공되기 시작하면서 그 수요가 크게 증가하고 있는 추세이다. 이에 대비할 수 있는 다음과 같은 기술개발 방향 설정이 필요하다.

- ITS에서 도로 및 차량 관련 센싱 정보를 통합 관리하는 컴포넌트는 센서 네트워크에서 제공하되는 센싱 정보의 실시간 관리기능, 일시성/연속성/이벤트 형태의 다양한 질의처리 기능, 멀티플 질의에 대한 동시수행 및 최적화 기능, suspend/resume/stop 등과 같은 실시간 질의에 대한 제어기능 등을 구현할 수 있는 기술 개발이 요구된다.
- 상황정보 관리 컴포넌트는 센싱 정보에 대한 데이터 마이닝 기능과 에이전트 기반의 상황 정보 모델링, 상황정보 추출 및 상황벙보 관리 기능의 개발이 요구된다.
- 지능형 이벤트 관리 컴포넌트는 USN 응용 서비스가 요구하는 복합 이벤트를 위한 지능형 이벤트 모델을 정의하고, 이를 최적하여 처리할 수 있는 엔진설계기술이 요구된다.

7.5.2 ITS 장비 및 ACCS 전망

7.5.2.1 세계 ITS장비

세계 ITS 장비 시장규모는 2005년 147억2,300만 달러에서 2010년에는 418억7,200만 달러를 예상하고 있으며, 2015년에는 2,455억2000만 달러의 대규모 시장 형성이 예상된다.

2000년까지는 자동차 네비게이션 시장과 교통정보 서비스시스템(ATIS) 시장이 가장 크게 형성되었으며, 국가별로는 2005년까지 일본 시장이 가장 큰 시장규모를 기록하였다.

2015년 세계 ITS 장비 시장을 세부 분야별로 보면, 차량관리 시스템 696억9,500만 달러, ITS 센서 475억3,100만 달러, 차량 주행보조 장치 423억4,400만 달러, 교통정보 시스템 313억6,100만 달러, 긴급구조 시스템 370억 4,500만 달러, 전자결제 시스템 153억 6,000만 달러 및 무선데이터 정보서비스(RDS) 21억8,100만 달러의 시장 형성이 예상된다.

7.5.2.2 각국의 ACCS 전망

미국의 ACCS 시장은 2004년부터 급속히 증가하여(전년대비 55.2% 증가한 88만5,900대) 2005년 128만대, 2006년 180만대를 기록하였다. 2006~2013년 동안 연평균 27.7%의 성장을 지속하여 2013년에는 1,000만 대의 대규모 시장 형성이 예상된다.

캐나다의 ACCS 시장은 2004년 53,500대에서 2005년에는 전년대비 40.75% 성장한 75,300대, 2006년에는 98,000대를 기록하였다. 2006~2013년 동안 연평균 11.27%의 성장을 지속하여 2013년에는 20만6,900대 규모가 예상된다.

일본의 ACCS 시장은 2004년 158만대에서 2005년에는 전년대비 77.03%성장한 241만대 2006년에는 331만대를 기록하였다. 2006~2013년 동안 연평균 17.98%의 성장을 지속하여 2013년에는 1,052만대의 대규모 시장 형성이 예상된다. 이는 전 세계 ACCS시장의 31.01%를 차지하는 비중이다.

유럽의 ACCS 시장은 2004년 전 세계 ACCS 시장의 40.1%인 약 175만대를 기록하였다. 유럽의 ACCS 장비 시장은 2005년 약 263만대, 2006년 369만대를 기록하였으며, 2006~2013년 동안 연평균 18.31%의 성장을 지속하여 2013년에는 1,198만대에 이를 것으로 예상된다. 이는 세계 시장의 35.32%를 차지하는 비중이다.

ITS 구축 선진국인 미국/캐나다/일본/유럽 일부 국가 등을 제외한 기타 국가의 ACCS 시스템 시장은 2005년 13만6,000대에 이어 2006년에는 19만2,000만대를 기록하였다. 2006~2013년 동안 연평균 30.04%의 성장을 지속하여 2013년에는 121만대를 기록할 것으로 예상된다.

<표7.7>ITS 선진국의 ACCS 설치 전망

구분	미국	캐나다	일본	유럽	기타국가
2006년	1,800	100	3,500	3,700	100
2007년	1,600	120	4,400	4,300	140
2008년	3,500	140	5,300	5,500	150
2009년	4,300	170	6,000	7,050	200
2010년	5,400	170	7,100	7,900	100
2011년	7,000	190	8,000	9,000	800
2012년	8,200	200	9,100	10,600	1,200
2013년	10,100	220	10,700	12,400	1,600

ITS 구축 분야의 선진국인 미국/캐나다/일본/유럽 등 국가의 2006~2013년 동안 연간 ACCS 설치 예상 대수를 생산자 통계로 전망한 예상치를 〈표7.7〉에 나타낸다.

ITS 기술은 심각한 교통문제를 해결할 수 있는 최적의 대안으로 부각되고 있으며, 아울러 국가사회의 안전성 및 효율성을 향상시켜 생활편의를 제공할 수 있어 사회 전체의 파급효과가 큰 분야이다. 또한 다양한 첨단기술이 융합된 분야이므로 기술 파급효과가 높아 선진 각국에서는 관련 연구개발에 막대한 예산을 투자하고 있다. 한국은 1997년 8월 "국가ITS 사업의 핵심공유 기반기술 연구"를 통해 ITS 기반구축의 국가 주도적 계획안이 수립되어 연구가 진행되고 있다.

ITS는 텔레매틱스/센서 네트워크/위치정보 기술이 상호 연관되어 USN 태그로 탐색된 각종 정보를 텔레매틱스 시스템에 제공함으로써 동작되는 미래 유비쿼터스 환경 구축의 기반이 되는 기술이다. ITS 기술의 확산으로 인해 휴대폰 등 모바일기기는 통신기기로서의 기능은 물론, 차량내에서는 원격지 서버로부터 제공되는 정보의 창구 역할을 하는 텔레매틱스 기기로 진화하고 있다. 아울러 실생활에서는 내장된 GPS 수신기 및 USN 리더기를 통해 서버와 통신함으로써 다양한 생활 정보를 제공받는 유비쿼터스 단말로 진화를 거듭하고 있다.

센서 네트워크 기술과 텔레매틱스 기술이 융합된 ITS기술이 IT 신성장 동력의 주요 기술로 부각되면서 새로운 산업적 가치를 지닌 비즈니스 모델을 창출하고 있다. 향후 타 산업과의 연계를 통해 관련 기술을 축적하고, 원천기술(핵심특허)를 확보하여 보다 효과적인 ITS 시스템 구축을 위한 업계의 지속적인 투자와 정부의 정책적 배려가 필요하다.[6]

연습문제

1. 표준화의 목적을 기술하라.
2. ISO의 ITS 이용자 서비스 카테고리 7가지를 기술하라.
3. 우리나라 ITS 서비스 분야 7개를 설명하라.
4. 텔레매틱스의 정의를 설명하라.
5. ACCS에 대해 설명하라.
6. 텔레매틱스/ITS 전망에 대해 기술하라.

참고문헌

[1] 산업표준화의 필요성과 동향(박영환. 산업자원부 KS인증본부 본부장)
[2] ITS 기술 및 전파환경(오인열)
[3] ICT표준화 로드맵 2010
[4] ITS의 기본개념과 국내외 추진동향(이승환)
[5] 미국의 ITS 표준화 추진현황(안교한, 오종택)
[6] 주간기술동향 통권 1457호

제8장

ITS 전망

지속적인 경제성장과 더불어 각종 교통지표는 2011년까지 비교적 높은 증가추세를 유지할 것으로 예측되고 있다. 특히 자동차 보유대수는 지속적으로 증가하는 추세로, 인구 3.4인당 1대에서 선진국 수준인 인구 2인당 1대로 증가할 것으로 예상되고 있다. 또한 지속적인 차량 증가로 인해 발생되는 제반 문제를 해결하기 위한 기존의 도로망 확충과 같은 공급위주의 정책들도 도시화와 맞물려 지가 상승, 투자재원 확보 곤란, 용지부족 등 여러 가지 한계를 드러내기 시작했다. 이에 심한 교통체증으로 인해 차량의 이동성은 급격히 떨어지고 있으며, 교통 안전성 역시 매우 심각한 문제로 대두되고 있다. 뿐만 아니라, 차량의 비효율적인 이동은 생산성 감소, 에너지 낭비 및 자동차 배기물 증가를 초래함과 동시에 우리 삶의 질을 위협하고 있는 실정이다.

이에 도로, 항만, 공항 등 기존 교통 시설의 이용 효율 극대화를 통해 교통문제 해결의 실마리를 제공하기 위한 지능형교통시스템(Intelligent Transport Systems, ITS)이 국내외에서 활발히 추진되고 있다.[1]

8.1 ITS 사업 활성화 방안

8.1.1 ITS 사업 활성화의 필요성

ITS의 필요성에 대해서는 거의 모든 사람이 동의할 것으로 생각된다. 한국의 경우는 도로율도 어느 정도 높지만, 생활수준의 상승으로 차량 대수가 증가하고 여행 횟수가 증가하여 결과적으로 교통량이 급격하게 늘고 있다. 이에 반해 부동산 가격이 비싸 도로 신설이 어려우며 현재 도심지의 평균 차량 통행 속도가 20km/h에 이르는 상황이 되었다. 이에 따른 이동 시간의 낭비 및 물류비용은 국가의 경쟁력을 약화시키고 있다. 따라서 ITS 서비스가 빨리 도입되어 개인적인 낭패나 국가적인 손실을 최소로 줄여야 할 것이다. 또한 긴 안목으로 볼 때, 자동 운행 차량 및 자동화 도로는 미래의 우리 교통 문화이다. 즉 향후 10년 또는 20년 후에는 그림 같은 이야기가 현실화되며 이를 피할 수 없는 상황이 된다. 선진국들은 국가적으로 ITS 기술 개발에 대해 천문학적인 예산과 인력을 투입하고 있고, 아직까지 실용화 기술이 확보되지 않았지만 얼마 뒤에는 ITS 기술의 선두 주자가 될 것임에 틀림없다. ITS는 교통(즉, 차량과 도로)과 통신의 결합으로 이루어지므로 미래 사회의 핵심적인 국가 인프라가 될 것이다. 이런 분야에서 선진국을 따라 잡지 못한다면 다른 분야에서 아무리 잘 해도 그 효과가 반감되는 것이다.

ITS 기술의 다양성과 막대한 투자 규모 때문에 ITS 사업이 산업체와 국가 경제에 미치는 효과는 엄청나다. 많은 새로운 사업과 직업, 인력 수요가 창출될 것이며, 기존의 사업을 활성화 시키는 효과도 클 것이다. ITS는 국가의 미래이며, 미래는 갑자기 다가오지 않는다. 미리 준비하고 노력하며 하나 하나 이루어 나갈 때만 미래는 현실이 될 수 있다.

8.1.2 한국의 ITS 사업 현황

이상적인 사업 개발을 위해서는 사업과 기술 개발, 표준화가 삼위일체 되어야 한다. 즉, 사업자가 있어 서비스 시나리오와 시스템 기능 등을 정립하고, 이를 구현하기 위해 산업체와 연구소, 학교가 유기적으로 연동되어 기술 개발을 수행하고 개발된 기술이 규격화되어 국내외 표준화 기관에서 표준으로 반영되도록 노력하여야 한다. 물론 순서는 상황에 따라 변동될 수 있으나, 사업과 기술 개발, 표준화는 서로 뗄 수 없는 관계이다. PCS나 IMT-2000의 경우는 음성 통신과 데이터 통신을 위한 일반적인 플랫폼이므로 특별한 서비스 시나리오나 기능 요구사항이 없어 사업과 기술 개발/표준화의 연관 관계가 약하지만, ITS의 경우는 차량과 도로, 정보통신, 시스템 등의 복잡한 요소들이 적절하게 연계되어야 하며, 국내외적으로 아직 모델 시스템이 없어 ITS 서비스를 제공하려는 사업자의 강력한 리드없이는 사업화나 기술 개발, 표준화가 모두 어려운 상황이다. 또한 국내의 중소기업에서 ITS의 각 하부 서비스 시스템을 개발하여 사업에 적용하고 있으나 체계적이지 못하고 규모가 작아 활성화되지 못하고 있는 실정이다. 그리고 정부의 예산을 지원받아 연구소와 학교에서 기반 기술 개발이나 표준화 연구가 진행되고 있지만 그 결과가 산업화나 국가 표준으로 연결되지 못하고 있다.

이런 전반적인 상황의 기본적인 배경은 국내의 ITS 사업이 활성화되지 않았고 ITS 사업에 대한 확신 부족 때문이다. 사업이 없으니 자본과 기술, 인력이 투입되지 않는 것이고, 따라서 기초적인 연구나 시험 서비스 수준의 사업이 진행될 뿐이다. ITS의 특성상 최소한의 인프라와 자본 확보, 대국민 인지도 향상 등 이 선결되어야 하므로 전체적인 ITS 사업이 활성화되지 못하고 있다.

8.1.3 ITS 사업 활성화 방안

국내의 ITS 사업 활성화를 위해서는 든든한 자본력을 갖추고 복잡한 ITS 사업 환경을 이끌고 나갈 수 있는 역량이 있는 사업자가 나서야 한다. 이 사업자가 ITS 서비스 시나리오 정립 및 기술 개발, 표준화 등을 체계적으로 주도하여 국내 제조업체와 SI업체, 지도업체, 차량항법장치 업체 등을 이끌고 나아가야 한다. 이런 ITS 인프라가 구성되면 그 다음부터는 이를 기반으로 단말기 사업, 콘텐츠 사업, 지도 사업, 시스템 사업 등 많은 사업들이 파생되며 발전하게 된다.

ITS 사업에 있어 공공부문과 민간부문의 협력은 아무리 강조해도 지나치지 않다. 도로 시설물 설치나 차량 통제, 도로정보 입수 등 공공부문의 허가나 협조 없이 불가능한 부분이 있고, ITS 사업 시나리오 정립부터 기술 개발, 표준화, 콘텐트 개발, 막대한 비용의 기반 시설 설치, 네트워크 운영/유지/보수, 타 시스템과의 경쟁 등 공공부문이 수행하기 어려운 부분도 있다. 따라서 국내의 ITS 주도 사업자가 빨리 선정되어 공공부문의 요구 사항과 협조를 수용하고 관련 민간 업체, 연구소, 학교 등을 연계하여 체계적으로 사업을 추진하는 방법만이 ITS 사업 활성화의 방법이 될 것이다.

8.2 미래 ITS 시장 전망과 주목할 기술

8.2.1 ITS 시장 전망

국내외 ITS 시장은 주로 정부단위 프로젝트를 중심으로 형성되어 있다. 이 같은 이유는 먼저, 아직까지 견고한 ITS 인프라 구축을 위한 제반기술의 표준 미비와 전체적인 ITS 망 구축표준안이 존재하지 않는다는 기술적 요인이 작용한다. 둘째, 이같은 인프라 구축을 위해서는 엄청난 비용이 소모되며, 이러한 비용에 따른 효과의 구체적인 모습도 불투명하다는 것에도 그 이유가 있다. 각종 ITS 인프라를 활용할 수 있는 차량 및 관련 소프트웨어적인 측면의 서비스가 아직 초기단계이고, 가격 역시 고가여서 공공 성격을 띤 프로젝트에 걸맞는 시스템의 당위성을 얻지 못하고 있는 실정이다. 넷째, 국내외 ITS 시장 전반에 걸쳐 아직까지 가시적인 거래의 장을 제공하지 못하고 있다. 즉, 수요자는 소비자 요구를 만족시킬 만한 제품을 찾지 못하고 있고, 공급자는 주로 정부추진 프로젝트에 따른 제품공급으로 공급자와 수요자가 상호 win-win 하기 위한 창의적이고 고수익의 비즈니스 모델을 개발하지 못하고 있다. 또한, 차량항법장치, 교통카드, ETCS, 텔레매틱스 사업 등 시장 형성을 주도하고 있는 제품이나 서비스에 대한 표준화 및 보급정책이 미비하기 때문에 현 단계에서는 시장에서 수익을 올릴 수 있는 제품의 공급보다는 공격적인 연구개발만이 추진되고 있는 실정이다. 따라서, ITS 시장은 인프라 구축에 장기간이 소요되는 관계로 단기적인 시장 성장에 제약을 갖고 있다.〈표8.1 참조〉[3][4]

<표8.1> ITS 수요의 주요 요인

주요 요인	특징
국가 경제 수준	ITS는 국가 인프라 중심의대규모 자본이 소요됨
ITS와 교통에 대한 정부정책	ITS는 교통문제에 대한 국가 정책적 프로젝트 성격이 강함
민간기업의 기술 및 시장 수준	ITS 프로젝트 수행을 위한 민간기업의기술 수준 및 적절한 시장 규모가 필요함
도시화와 자동차 보급률	도시화와 자동차 보급률이 높을수록 ITS의 필요성은 증대됨
국가 통신망 수준	교통관련 정보의 통신을 위한 유·무선통신망의 구축이 필요함

그러나, 최근 ITS 시장은 이동통신 기술을 포함한 무선통신기술의 급속한 발달과 인터넷을 중심으로 한 정보단말기기의 다양한 활용, 그리고 자동차 제조업체들의 추가적인 수익모델로서의 텔레매틱스 시장 참여 등으로 인하여 기술적 혹은 비용측면에서의 장애물이 완화되고 있으며 시장내 수요가 점차적으로 증가하고 있다. 특히, ETCS, 차량항법장치, 텔레매틱스 서비스, 스마트카드 및 GPS 애플리케이션의 확대 등 다양한 ITS 시스템 및 애플리케이션 개발이 추진되어 상용화되는 등 ITS 서브시스템들 중 시장성이 높은 시스템이나 서비스를 중심으로 시장이 확대되어 나가고 있다.

이처럼 최근에 ITS 시장성이 성장하고 이에 따라 다양한 애플리케이션들의 개발이 활발하게 이루어지고 있는 것은 무엇보다 정보통신 인프라가 빠르게 발전하고 있으며, 이에 따른 부가 서비스들의 개발이 활발하게 이루어지고 있기 때문이다. 특히, 전 세계적으로 브로드밴드 네트워크의 확대에 따라 ITS를 지원하기 위한 유선통신의 전송속도 및 대역폭의 확대가 이루어지고 있고 폭넓은 지역에 보급되어 이를 이용한 교통 인프라의 활용이 다양하게 추진되고 있다. 그리고 전 세계적인 무선통신 네트워크의 활발한 보급에 따라 무선통신을 이용한 ITS 서비스가 가능해져 차량과 노변간의 교통관련 정보 송수신이 용이해지고 있다. 최근 지역별로 차이는 있지만 3G 서비스 보급에 따른 무선통신 광대역화 진행으로 멀티미디어 전송 서비스가 가능해져 이를 이용한 다양한 ITS의 교통관리 및 교통정보제공 서비스 개발이 다양하게 진행되고 있다. 그리고 세계 각국이 교통시스템의 고도화를 추진하고 있고, 기업들이 새로운 수익원 및 제품의 판매 촉진을 위한 수단으로 ITS 관련 투자를 크게 늘리고 있다. 특히 각국 정부는 교통 시스템의 고도화를 추진하기 위해서 이미 1980년대부터 투자를 진행해오고 있으며, 국내의 경우에도 1994년 건설교통부 주관으로 ITS 기본계획 용역을 시작하였고, 2001년 3월 'ITS 기본계획 21'을 확정하여 투자를 지속적으로 확대할 계획을 갖고 있다. 또한, 기업들의 경우에도 자동차 판매촉진을 위한 차량 첨단화 계획으로 각종 첨단 센서 및 정보제공 단말의 개발을 추진하고 있으며 텔레매틱스 서비스 등과 같은 신 사업기회 개발을 위해 적극적으로 ITS 관련 시장 진출을 추진하고 있다. 이처럼 지금까지 정부주도의 인프라 구축 사업이 주를 이루었던 ITS 시장은 점차 사업성 및 시장성이 있는 민간기업들의 참여를 통해 인프라뿐만 아니라

ITS를 구성하는 하부시스템, 정보단말, 서비스, 콘텐츠와 같은 다양한 애플리케이션 개발에 따라 빠른 시장성장을 보이는 등 시장 환경의 변화가 급속히 진행될 것으로 전망된다.

8.2.2 일본에서의 미래 ITS 시장 전망

후지카메라연구소는 일본에서의 2020년 ITS의 시장 규모를 예측한 결과를 발표했다. 일본의 ITS 목표는 세계에서 가장 안전한 도로 교통 사회를 구현하는 것이며, 주요 지역에 안전 운전 지원 시스템의 보급과 차재기의 실용화를 통해 대중화되도록 ITS의 현황과 미래 동향을 조사하여 발표했다. ITS의 9대 서비스 분야 중에서 내비게이션 시스템의 고도화, 자동요금징수 시스템, 안전 운전 지원 분야는 보급 단계로 다른 서비스보다 앞서고 있다. 한편, 자동차와 도로 인프라가 통신하는 안전 운전 지원 시스템 분야는 인프라의 지능화에 어려움이 있어 보급이 지연되고 있다. 특히, 도로 관리나 교통류의 최적화는 관련 부처가 적극적으로 대응하지 않으면 안 되는 분야이며, 보행자 등의 지원 서비스도 아직 보급단계에 이르지 않았다.[5]

8.2.2.1 ITS 관련 차재 기기·시스템의 시장

첨단 안전자동차(ASV) 분야에서 차재기 12품목, 차세대 도로시스템 인프라 분야 7품목의 08년의 국내 시장은 각각 4,697억 엔, 133억 엔이었다. 차재기는 자동차 생산과 판매의 급격한 감소로 2011년까지는 2008년 수준을 그대로 유지할 것으로 예측했다. 2011년 이후는 크게 확대될 것으로 전망되어 차재기의 2015년, 2020년의 성장률은 2008년 대비 131.4%, 135.7%가 될 것으로 예측했다. 도로 인프라는 2012년 이후부터 확대될 것으로 예상되었고, 2020년의 성장률은 대비 122.5%로 성장할 것으로 예상되었다.

첨단 안전자동차(ASV) 콤포넌트는 내비게이션 시스템의 급속한 보급 증가로, ITS의 핵심적인 기기로 인식되었다. 2000년대에는 경로 안내 외에 교통정보센터로부터 교통 정보를 실시간으로 수신하는 기능을 갖춘 실시간 교통정보 내비게이션이 보급되면서 이를 구현하는 통신 서비스가 비약적으로 발전했다. 또한 내비게이션이 인프라와 협력하면서 안전 운전 지원 시스템으로 발전하면서, 도로 주변의 주의 안내 및 경고 장비로서 향후 중요한 역할을 담당한다. 이와 같이 ITS에서는 인접 차량이나 도로 인프라와 내비게이션의 협력이 중요시되어, 자동차 회사의 내비게이션 장착률이 높아지고 있으며, 향후에도 이러한 추세는 계속 될 것으로 예측되었다.

레이더 센서(2020년 530억 엔 예상)나 차재 카메라 등은 ASV추진계획에 의해 연구되었고, 2000년대부터 자동차 옵션으로 장착되고 있다. 밀리미터파 레이더 센서는 초기 도입 당시 보다 1/10로 코스트 다운되었다.

차세대 도로 시스템 인프라는 2000년대 초 ETC 서비스 전용 게이트를 도입한 후, 계속 확대되고 있다. ETC 시스템은 2020년 11억 엔으로 2008년 대비 407.4%의 성장을 예상하였으며, 주차장 게이트나 고속도로 서비스 구역 등의 출입구에도 응용되고 있다. 반면 ITS 발전을 담당하는 인프라 구축이 별로 진행되지 않았는데, ITS는 차량 측면에서 지능화뿐만 아니라 도로 인프라의 지능화를 반드시 실현해야 하고, 신속한 인프라 정비가 바람직하다.

ITS 용용 서비스는 앞서 두 개 분야에서 실용화된 기기나 인프라를 이용해 다양하게 실용화되고 있다. 내비게이션 통신 서비스, 협역 통신 방식의 DSRC 응용 서비스(ETC), 안전 운전 주행 지원 시스템(차량 독립형), VICS(도로교통 정보통신 시스템) 등과 같은 응용 서비스가 2000년대 초부터 실용화되었다. DSRC 응용 서비스는 ETC 차재기에 고기능의 DSRC 기능을 탑재하였고, ETC 차재기 시장을 민간에게 개방하면서 다양한 서비스로의 확대를 예상했다.

끊김 없는(seamless) ITS 통신기술은 2.4Hz, 5.8GHz대 DSRC, GPS, 휴대 전화 등을 적용하면서 향후, 차량 간 통신(Vehicle to Vehicle)으로 5.8GHz나 700MHz대를 표준화하여 WiMAX나 500MHz UWB 통신기술 등 ITS 고도화 실현을 위해 통신기술도 크게 발전하고 있다.

에너지 ITS 및 에코 드라이브는 ITS로 실현될 수 있는 에코 환경, 에너지 절약 효과를 통해 ITS 보급을 촉진하여 이미 에코 드라이브 지운 내비게이션이나 아이들링 스톱 시스템을 실용화하였다. EH 로드 프라이싱(road pricing)이나 카 쉐어링(car Sharing) 등의 서비스를 개발한다.[5]

8.2.2.2 주목받은 ITS 품목 시장

내비게이션 시장은 최근 경기 침체의 영향을 받았으나, 서서히 확대될 것으로 전망했다. 또한 휴대형 내비게이션은 표시 화면이 크고, 터치 패널로 조작성이 좋은 스마트 폰과의 차별화가 어려워질 것으로 예측되어, 장기적으로는 스마트 폰에 시장을 빼앗길 가능성이 있다. 시장을 확대하기 위해 내비게이션은 자도아의 제어 기능 등을 장착하고, 휴대형 장치의 경우 편리성 향상과 저가격화, 그리고 보행자 내비게이션 등으로 보급될 필요가 있다.

ETC&DSRC 차재기 시장은 2008년 185억 엔, 2020년에는 310억 엔으로 167.6% 성장할 것으로 예상된다. 차재 카메라로는 CCD 카메라, CMOS 카메라가 있고, 차재 카메라에는 내비게이션의 표준 장비화가 진행되면, 탑재율이 상승할 것으로 예측된다. 자동차의 수요가 회복하는 2011년부터는 해외시장을 중심으로 급격하게 확대된다고 했다.

적외선 카메라는 야간의 안전 주행을 지원하는 야간 운전 지원 시스템으로 사용된다. 아직 시스템의 가격이 비싸지만, 향후는 졸음운전이나 부주의 운전 등을 검지해 경고하는 시스템, 에어백 제어 시스템 등 드라이버 인식용으로 근적외선 카메라가 채용될 전망이다. 또한 유럽에서는 사망 사고의 주요 원인으로 차선이탈 사고를 방지하기 위해, 차선 이탈 경보 또는 차선유도(Lane Keeping) 기능을 탑재할 전망이다. 그리고 시야 확보용 CMOS 카메라 보급으로 저가화되고 전방 카메라와의 기능 복합화, 차량 제어의 고도화로 더욱 탑재율을 증가시킬 것이다.

<표8.2> 카 쉐어링

회원수	09년	12,500명(전년대비 195.3%)	20년	375,000명(08년 연비 30배)
차량 대수	09년	1,100대(전년대비 196.4%)	20년	25,000대(08 연비 23배)

카 쉐어링은 1대의 차를 여러 사람이 공동 이용하는 시스템이며, 월 기본요금과 이용 요금을 지불하면 차를 사용할 수 있어 각종 세금, 자동차 보험료, 주차장 이용 부담도 없다. 차의 이용 빈도가 낮은 운전자라면 저비용으로 차를 이용할 수 있다. 또, 차를 공동 이용하기 때문에 자동차 이용을 감소시켜, CO2 배출량을 줄이는 효과를 기대할 수 있다.〈표8.2〉

회원수는 환경과 카 쉐어링의 인식이 좋아져 향후 증가할 것으로 전망했다. 2008년의 회원수는 6,000명에서 2009년 12,500명, 2020년에는 355,000명으로 2008년 대비 30배 증가할 것으로 예상했고, 도시지역을 중심으로 차를 소유해야 한다는 인식이 변하고 있으나, 아직 회원의 약 80%가 개인회원이며 이용 시간대, 장소 등 제약이 있다.

향후, 이용자의 편리성을 높이기 위해서는 다른 교통기관과 제휴를 어떻게 도모할지가 중요하다. 또, 사업자간에 인증 시스템의 통일이나 IC카드의 상호 이용이 필요하다.[5]

8.3 미래형 ITS 발전 방향

우리나라는 ITS 사업추진의 법적근거를 확보하기 위한 노력의 성과로 '교통체계의 지능화'를 포함하는 교통체계효율화법 제정을 시작으로 사회 전반적인 부분에 있어 ITS 도입의 확산에 노력해왔다. 하지만 서비스의 효과를 제고하기에는 관련 인프라 부족, 사업추진체계의 미정립, 운영상의 미숙, 유관 시스템의 연계 부족으로 인한 서비스의 사각지대 발생, 원활한 교통체계지능화 사업 추진의 기반조성 미흡 등의 한계에 도달한 실정이다. 이러한 제반 문제점을 해결하고 보다 나은 교통정보 서비스를 제공하기 위하여 국도 ITS에 대한 몇 가지 발전방향을 제안하고자 한다.[6]

첫째, 운영 센터의 기능 고도화 전략과 체계적인 실행이 필요하다. 기존의 교통관리 중심의 관리기법에서 도로관리, 교량 및 터널관리, 하천관리, 재해·재난관리 등 복합적이고 유기적인 첨단 관리시스템으로 발전할 수 있는 전략과 기술 개발, 현장 적용이 필요하다. 또한, 실시간으로 수집되는 방대한 데이터를 정책적 지표 및 멀티미디어와 연계한 실시간 정보 서비스에 적극적으로 활용하는 전략이 요구된다.

둘째, 정보 이용의 활용도 제고 및 홍보 전략이 중요하다. 도로 이용자는 새로운 첨단 통신 기기와 통신 서비스를 쉽게 이용할 수 있기를 원하지만, 적재적소에 원하는 정보를 이용자에게 제공하는 기술이 부족한 것이 현실이다. 통신 분야의 새로운 정보 전달 기술(차량 내비게이션 등)을 적극적으로 활용하고, 정보 이용자의 생활 패턴을 예측하여 앞서가는 기술 개발과 정책적 추진이 필요하다.

셋째, 광역적인 정보는 보편적인 정보 서비스를 보다 신속하고 정확하게 전달할 수 있어야 하며, 동시에 지역적 특색에 맞는 지역형 정보 서비스 제공이 필요하다. 국도는 시가지 내 도로와 달리 주행속도가 높고 교통량이 상대적으로 적어서, 반복 정체, 돌발 상황 등 교통의 흐름이 시가지 내 도로와 다른 패턴을 보인다. 다시 말해, 지역적 특성에 따른 통행 패턴의 차이를 반영하는 알고리즘 개발과 정보 서비스 전략이 개발되어야 한다.

넷째, 운영 센터의 전문가 확보이다. 교통의 흐름을 이해하고 누적된 자료의 활용이 가능한 전문 인력의 충원은 필수 불가결한 사안이다.

결론적으로, 우리나라의 국도 ITS 사업은 도로 인프라와 차량을 연계시키기 위한 기술로서 발전하는 것이 바람직한 방향으로 생각한다. 전통적인 건설 중심의 예산 투자에서 관리 효율화 및 새로운 기술과의 융합으로 창조적인 건설시장을 개척하는 방향으로 전환해야 한다. 〈그림 8.1 참조〉

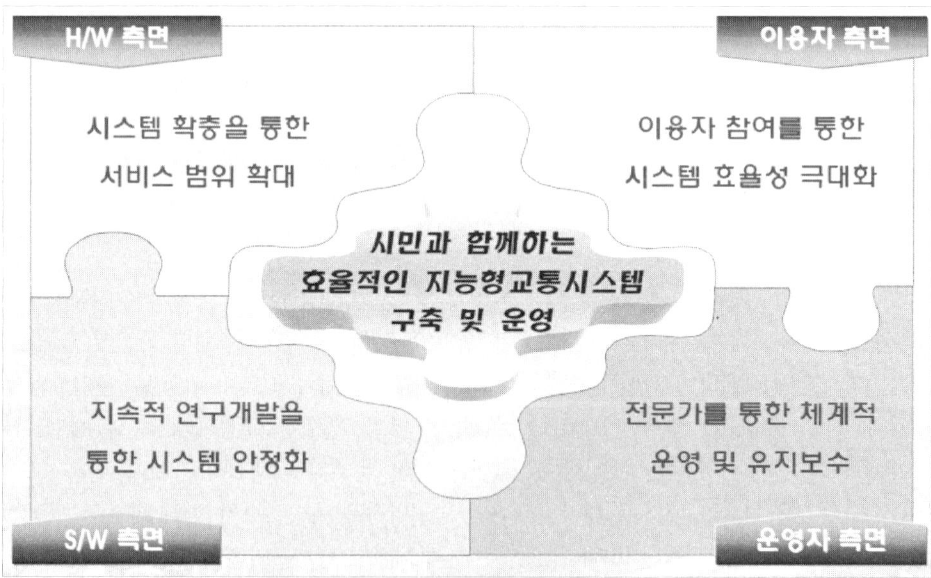

<그림8.1> ITS 발전 방향[7]

국도 ITS는 국토해양부 사업 중에서 첨단 기술과의 융합을 적극적으로 시도하고 있는 창조적인 사업이라고 평가할 수 있으며, 더욱 더 생활 패턴의 변화에 순응하는 사업으로 변모되어야 한다. 아울러, 최근 몇 년간 강조되고 있는 유비쿼터스 환경을 구현하여 미래 생활의 모빌리티를 변화시키는 국도 ITS의 유비쿼터스화를 생각해 본다.

8.3.1 u-City

u-City는 첨단 IT인프라와 유비쿼터스 기술이 도시공간에 융합되어 도시 생활의 편의성을 증대시키고 삶의 질과 시민복지의 향상, 신산업 창출 등 도시 제반 기능을 혁신시킴에 따라 경쟁력 있는 신도시 건설을 의미한다.[8]

u-City 인프라를 구축하려는 공공기관 및 자치단체에서 참조하기 위한 추진절차를 정리하였다. 「유비쿼터스도시의건설등에관한법률」등에 포함되어있는 도시건설 프로세스와 「정보통신공사업법」, 「엔지니어링기술진흥법」, 「소프트웨어산업진흥법」등에 포함되어 있는 IT 추진 절차를 결합하여 도출된 u-City 추진절차의 수립배경은 다음 〈그림8.2〉와 같다.[9]

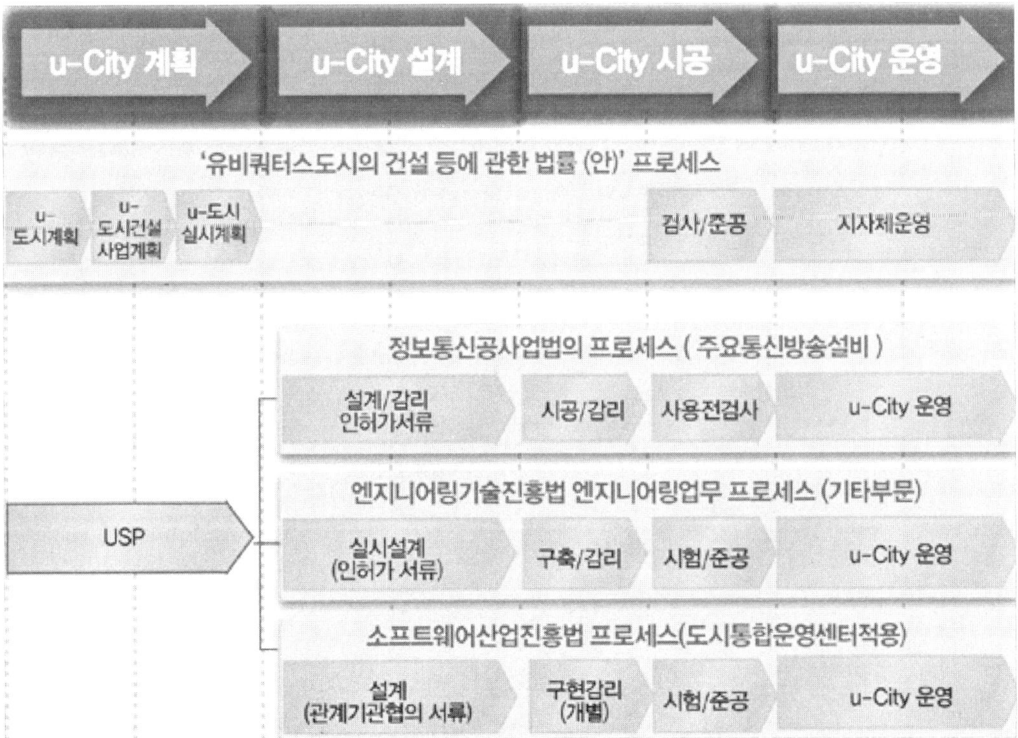

<그림8.2> 유비쿼터스 도시 건설 프로세스

u-City IT 인프라구축 세부 가이드라인은 u-City 사업추진에 실제 적용할 수 있도록 u-City 추진절차를 4개 단계, 10개 프로세스, 30개 상세 프로세스로 정의하였다. 각 단계별 추진절차는 다음 〈그림8.3〉과 같다.

<그림8.3> 유비쿼터스 도시 건설 단계별 추진 현황

8.3.1.1 표준코드

u-City 추진절차를 체계적으로 관리하기 위하여 표준 코드를 부여하였다. 4단계와 10개 프로세스에 대하여는 표준화된 코드를 부여하고, 30개 세부 프로세스(분류체계의 하부 활동)에 대하여는 u-City 사업을 추진하는 자치단체에서 부여하도록 한다. 코드 분류체계는 다음과 같다.〈그림8.4 참조〉

- u-City 추진 단계별 분류체계의 구성
- 계획단계 : PL (Planning)
- 설계단계 : DE (Design)

- 시공단계 : CO (Construction)
- 운영단계 : OP (Operation)

● 10개 프로세스(단계별 세부 분류체계)의 구성

단 계	비 고
계획단계(PL)	USP (PL-UP)
설계단계(DE)	기본설계(DE-BD)
	실시설계(DE-DO)
시공단계(CO)	시공계획(CO-GN)
	시공(CO-EX)
	감리(CO-SP)
	시험/검사/준공(CO-IS)
운영단계(OP)	운영계획수립(OP-OM)
	운영관리(OP-MG)
	성과평가(OP-EV)

<그림8.4> u-City 추진 단계별 분류세계의 구성

8.3.1.2 u-City 발주방안

u-City의 발주 프로세스는 u-City 개발계획단계(유비쿼터스 도시계획, 유비쿼터스 도시건설사업계획, 유비쿼터스 도시건설사업 실시계획) 이후에 USP, 설계, 시공 단계에서 수행된다. u-City 발주방안은 일괄입찰과 설계·시공 분리입찰로 구분할 수 있다. 본 가이드라인에서는 일반적인 발주형태인 설계·시공을 분리발주하는 유형에 대하여 기술하였다. 정보시스템만 발주하는 경우에는 "행정기관 정보화사업 관리점검 가이드 Ver 1.0"을 참조하도록 한다.

<그림8.5> u-City 발주방안

8.3.2 향후 ITS 개발 방향

녹색성장 환경에서 추진되어야 할 차후 ITS 개발방향은 크게 3가지로 요약할 수 있는데 첫째, 도로운영시스템의 고도화 둘째, 유비쿼터스 정보화도로 실현 셋째, 미래 도로환경의 순응과 대응방향 수립으로 나눌 수 있을 것이다.

우선, 현재 도로에 성공적으로 적용되고 있는 ITS시스템이지만 향후 녹색성장에 본격적으로 기여하기 위해서는 도로운영시스템이 좀 더 고도화 되어야 한다. 몇 가지 예를 들면 요금소 부근에서 30Km/h로 서행하면서 요금을 지불하는 고속도로 하이패스는 기존방식보다 획기적으로 개선된 것이나 장기적으로는 일반 주행상태에서 통행료를 지불할 수 있도록 진화가 필요하다. 또한 시가지도로에서 최적의 연비가 실현되도록 신호뿐만 아니라 차량속도까지 제어하는 방향으로 발전시켜야 하고 현재 길안내 위주의 내비게이션도 실시간 교통정보제공이 활성화되도록 고도화되어야 한다. 버스와 같은 고효율 대중교통수단의 경쟁력을 강화하기 위한 버스우대시스템, 안내시스템, 환승체계 등 도로운영시스템도 고도화되어야 한다.

유비쿼터스 정보화도로 실현도 꼭 추진되어야 할 사항이다. 도로교통정보의 제약이나 부재는 도로소통 정보를 제때에 취득하지 못한 운전자들이 특정도로에 집중해 상습 지정체를 유발하는 등 사회적 손실을 발생시키게 된다. 도로교통정보력을 강화하면 도로의 모든 구성요소가 유기적으로 정보를 공유하게 되어 교통혼잡을 예방하고 교통사고를 줄이며 대중교통을 선호하게 하는 등의 효과를 나타낼 수 있다. 이용자가 원하는 정보를 원하는 시간대에 원하는 매체로 제공받을 수 있는 유비쿼터스 정보환경의 실현은 도로의 경쟁력과 더불어 교통수단간의 효율적 배분을 촉발할 수 있는 계기가 될 것이다.

마지막으로 미래 도로환경에 대한 대응방향도 미리 준비해야 한다. 미래에는 지하도로와 같은 새로운 도로환경이 형성되고 전기자동차와 같은 교통수단들이 동참하게 될 것이다. 또한 IT기술의 발달로 도로내부뿐 아니라 도로외부까지 관계가 확장될 것이다. 도로외부의 진보는 도로의 발전을 요구하게 되고 도로의 진화는 외부시스템을 발전시키는 효과를 제공하게 된다. 이것이 장래 ITS가 담당해야 할 가장 큰 역할인 것이다.

정부에서는 2009년 5월 ITS사업을 포함한 '신 성장동력 스타브랜드'로 62개를 선정했으며 5년간 24조원을 투자하기 위한 마스터플랜을 제시했다. 저탄소 녹색성장에 발맞추어 도로 효율성을 높이고 사회적 고부가가치를 창출하는 것, 정보력의 부재로 인해 발생되는 불필요한 지정체나 사고를 줄이는 것, 미래의 도로환경 변화에 순응하는 것 등이 미래의 도로가 갖추어야 할 주요기능이며 이를 실현하기 위해서는 고도화된 ITS의 적용과 활용이 가장 큰 해결책일 것이다.

8.3.3 미래 ITS 추진 방향

최첨단 지능형 교통시스템 ITS는 차량의 증가로 인한 교통체증과 환경오염, 그리고 교통사고 등의 교통문제 해결을 위한 21세기의 첨단과학 기술의 눈부신 발전에 따른 효율적인 교통관리 방안이다. ITS의 도입은 교통문제를 획기적으로 개선시켜 교통 혼잡 및 교통사고의 현저한 감소 등 시민의 불편을 줄이고, 안전하고 쾌적한 교통 환경을 조성시켜 국민들의 다양한 요구에 부응하고 있다.

아름답고 살기 좋은 국토실현을 위해, 미래사회의 최첨단 지능형 교통시스템 ITS는 보다 안전하고 쾌적하며 신속한 서비스를 통하여 유기적인 통합교통 환경을 구축하고, 교통 이용자에게는 안전하고 지속가능한 이동성을 제공할 것이다. 나아가 인간 중심의 새로운 교통공간을 구현하기 위해 앞으로도 장기적인 계획에 따라 지속적으로 추진될 것이다.

- 인간중심의 신교통공간 구현
- 지속적인 서비스 구축으로 서비스의 공간적 범위 확장
  - 지방자치단체 등 사업 추진주체의 원활한 자원 확보를 통해 서비스의 공간적 제한을 극복하고, 전국단위 서비스 구축
- 효과적인 서비스 운영으로 서비스의 품질, 신뢰성 제고
  - 전문인력 확보, 교육 · 훈련 등을 통해 안정적인 서비스 운영
  - 지속적인 서비스 평가를 바탕으로 서비스 기능 개선 · 고도화
- 원활한 정보연계로 단절 없는 서비스 구현
  - 표준, 아키텍쳐 적용을 통한 상호 운영성 확보
  - 권역단위, 전국단위의 교통정보 연계 · 통합 · 관리

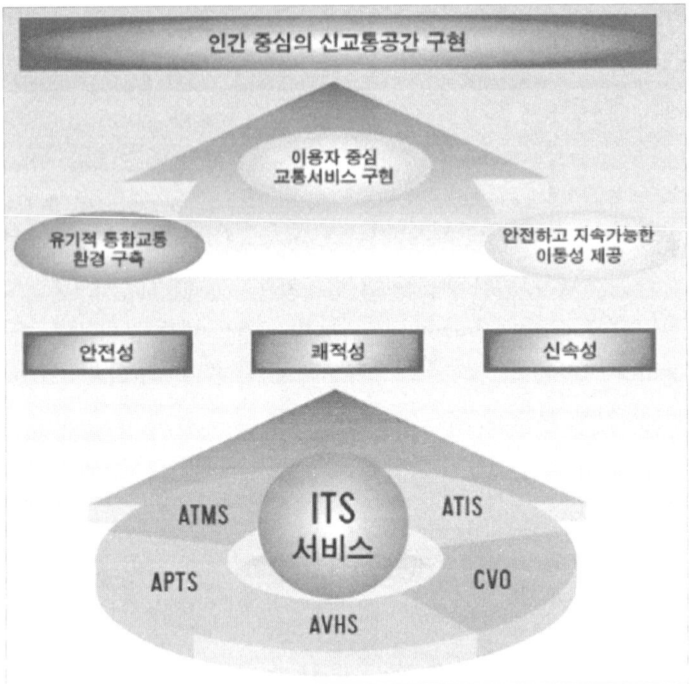

<그림8.6> 미래 ITS추진 방향

8.4 향후 기대효과 및 추진 전략

8.4.1 국내 ITS 시장동향

국내 ITS산업은 크게 정부 및 지방자치단체 중심의 사업과 민간 중심의 사업으로 분류되지만, 현재까지 초기 단계이고 기본 인프라 구축이 민간의 본격적인 ITS 시장 참여를 지원하기에는 미비한 상태이기 때문에 관련 산업의 파급효과가 현재로서는 작다. 또한, 차량항법장치의 보급과 최근 텔레매틱스 및 위치기반 서비스의 도입 등을 통해 민간의 시장참여가 이루어지고 있으나, 여전히 국가기반시설로서의 도로망과 통신망 같은 인프라 확충과 교통제어와 차량단속 등의 교통관리 최적화 분야가 정부의 주요투자대상이며 시장을 주도하고 있기 때문에 정부 및 지방자치단체 등 도로와 교통을 관리하는 공공부문을 주축으로 시장이 형성되고 있다.

그러나 다양한 산업의 관련 업체들이 시장에 참여하기에는 수익성 확보에 어려움이 있기 때문에 시장성이 있는 분야를 중심으로 민간 업체들이 참여할 수 있는 비즈니스 모델의 개발이 시급한 실정이다.

8.4.2 세계 ITS 시장동향

세계 ITS시장은 주로 정부단위 프로젝트를 중심으로 형성되어 있다. 이 같은 이유는 아직까지 견고한 ITS인프라 구축을 위한 제반 기술의 표준 미비와 전체적인 ITS망 구축표준안이 존재하지 않는다는 기술적 요인이 작용하고, 엄청난 비용이 소모되며, 이러한 비용에 따른 효과의 구체적인 모습도 불투명하다는 것에도 그 이유가 있다. 그리고 각종 ITS인프라를 활용할 수 있는 차량 및 관련 소프트웨어적인 측면의 서비스가 아직 초기단계이고, 가격 역시 고가여서 공공 성격을 띤 프로젝트에 걸맞는 시스템의 당위성을 얻지 못하고 있는 실정이며, 세계 ITS 시장 전반에 걸쳐 아직까지 가시적인 거래의 장을 제공하지 못하고 있다.

전 세계적으로 브로드밴드 네트워크의 확대에 따라 ITS를 지원하기 위한 유선통신의 전송속도 및 대역폭의 확대가 이루어지고 있고, 폭넓은 지역에 보급되어 이를 이용한 교통 인프라의 활용이 다양하게 추진되고 있다. 그리고 전 세계적인 무선통신 네트워크의 활발한 보급에 따라 무선통신을 이용한 ITS 서비스가 가능해져 차량과 노변간의 교통관련 정보 송수신이 용이해지고 있다.
기업들의 경우 자동차 판매촉진을 위한 차량 첨단화 계획으로 각종 첨단 센서 및 정보제공 단말의 개발을 추진하고 있으며, 텔레매틱스 서비스 등과 같은 신 사업기회 개발을 위해 적극적으로 ITS 관련 시상 신출을 추진하고 있다.

이처럼 지금까지 정부주도의 인프라 구축 사업이 주를 이루었던 세계 ITS 시장은 점차 사업성 및 시장성이 있는 민간기업들의 참여를 통해 인프라뿐만 아니라 ITS를 구성하는 하부시스템, 정보단말, 서비스, 콘텐츠와 같은 다양한 애플리케이션 개발에 따라 빠른 시장성장을 보이는 등 시장환경이 변화가 급속히 진행될 것으로 전망된다.

8.4.3 향후 기대효과 및 추진전략

우리나라는 1990년대 중반에 국가 ITS 기본계획을 수립하여 체계적인 ITS 기술 개발 및 구축 사업을 추진하고 있다. 도입 초기 우리나라 ITS 추진은 정부(국토해양부) 주도의 하향식 사업 방식에 의해 추진되었고, 2000년 이후부터는 지자체 중심의 사업으로 변하면서 ITS 서비스 구현이 가속화되는 계기가 되었다. 정부 주도의 국책사업으로는 2002년 첨단 교통 모델 도시 건설사업과, 1997년부터 지속되어온 국도 ITS 사업이 대표적이다.

이러한 ITS 사업은 돌발상황 및 반복적인 정체에 대한 감지·대응 체계를 구축하여 교통량 분산을 통해 교통 혼잡을 완화하기 위해 추진되고 있다. 고속국도 우회도로 ITS 구축으로 국도, 지방도 등 우회도로에 대한 정보를 도로 전광표지, 인터넷, 휴대폰 등으로 제공하고 있으며, 지능화사업을 마친 고속국도와의 연계를 적극적으로 추진하고 있다.

국도 ITS 사업은 전국을 대상으로 한 도로 지능화 사업으로서, 1997년 수도권 국도 3호선 성남~

이천(50km)구간을 지능화하기 시작한 이후로, 꾸준한 확장을 통해 서울을 비롯하여 서울, 부산, 익산, 대전을 중심으로 이루어졌다. 국토해양부는 아래 표에 제시된 바와 같이 주요 국도의 교통정체 해소를 위하여 1997년을 시작으로 2007년까지 1,624억원을 투자하여 일반국도 1,719km에 ITS를 구축하였다. 2004년에 "국도 지능형교통체계 중기투자 계획(이하, 중기투자계획)"을 수립하여 총사업비 2,420억원에 2010년까지 2,015km 구축을 목표로 추진되었다. [1]

<표8.3> 국도 ITS 구축 현황

구분	계	1997년	2000년	2001년	2002년	2004년	2005년	2006년	2007년
연장(km)	1,719	50	35	53	627	66	125	594	169
예산(억원)	1,624	42	25	51	509	63	114	638	182

국토해양부는 중기투자계획 상의 ITS 구축으로 인한 경제성 분석결과 B/C 3.04, 연간 약 7,900억원의 혼잡비용 절감, 도로 건설비용의 35% 절감, 교통사고 감소, 환경오염 감소 등을 기대하고 있다. 한편 중기투자계획은 2005년 디지털 국력강화 대책의 일환으로 국도 ITS 구축 예산이 당초 250억원에서 888억원으로 대폭 증액되면서 계획과 구축의 차이가 발생하였다. 또한, ITS 구축 및 운영 업무를 2008년부터 지방국토관리청으로 이관하고, 한국도로공사에서 운영 중인 고속도로 우회도로 ITS 센터가 2007년에 해당 지방국토관리청(서울 및 대전지방국토관리청)으로 이관되는 등 많은 변화를 겪고 있다. 이런 이유로, 중기투자계획의 수정계획의 필요성이 대두되어 2006년에 중기투자계획을 수정 보완한 "국도 지능형교통체계(ITS) 중기투자계획 수정계획(이하, 중기투자계획 수정계획)"이 수립되었다.

중기투자계획의 수정 계획 수립 방향은 인프라 조기구축, 자가통신망 구축, 지방국토관리청 중심의 교통센터 기능 활성화에 두고 있다. 국토해양부는 아래 표에 제시된 바와 같이 중기투자 계획 수정계획에 근거하여 향후 2010년까지 892억원을 투자하여 807km에 ITS를 구축할 예정이다. 한편 현재까지 국도 ITS가 추진되지 않고 있는 강원권 내의 국도는 재해, 재난 등의 피해가 상습적으로 발생하고, 주말 및 휴가철에 교통정체가 자주 발생하는 특성이 있는 지역으로서, 교통관리와 도로관리 기능을 동시에 수행할 수 있는 도로교통 통합관리 시스템을 2009년부터 구축할 예정이다. 또한 2010년 이후의 구축 계획을 담은 국도 ITS 기본 계획 수립 용역이 2008년 말 완료 예정으로 진행 중에 있다. 〈표8.4 참조〉

국도 ITS는 타 기관의 ITS와 마찬가지로 크게 정보수집-정보처리-정보제공 시스템으로 구성된다. 현장에 설치된 현장장비를 통해 도로교통정보를 수집하고, 수집된 정보를 ITS 센터에서 가공·처리하며, VMS, 인터넷 등을 통해 도로 이용자 및 관리자에게 정보를 제공하게 된다.

<표8.4> 국도 ITS 구축 계획

구분	계	2008년	2009년	2010년
연장(km)	807	182	289	336
예산(억원)	892	189	325	378

자료 : 국토해양부, 국도 지능형교통체계(ITS) 중기투자계획 수정 연구, 2006. 12.

전국 단위의 교통정보를 통합·관리하는 국토해양부 건설교통종합정보센터와 권역 단위의 교통정보를 통합·관리하는 지방국토관리청의 권역 ITS센터를 운영하고 있다. 2006년 7월 서울, 대전, 익산, 부산지방국토관리청에 국도 ITS 센터를 구축(2006. 7.) 하였으며, 원주지방국토관리청은 교통 여건 추이에 따라 ITS 센터를 구축할 예정이다.

향후 지방국토관리청을 중심으로 국도 ITS를 구축·운영할 예정이며, 이에 따라 2002년부터 고속국도와 인접하는 일반국도의 교통관리를 위해 한국도로공사 ITS 센터에서 운영하는 고속국도 우회도로를 관할 지방국토관리청(서울청 및 대전청)으로 이관하였다.

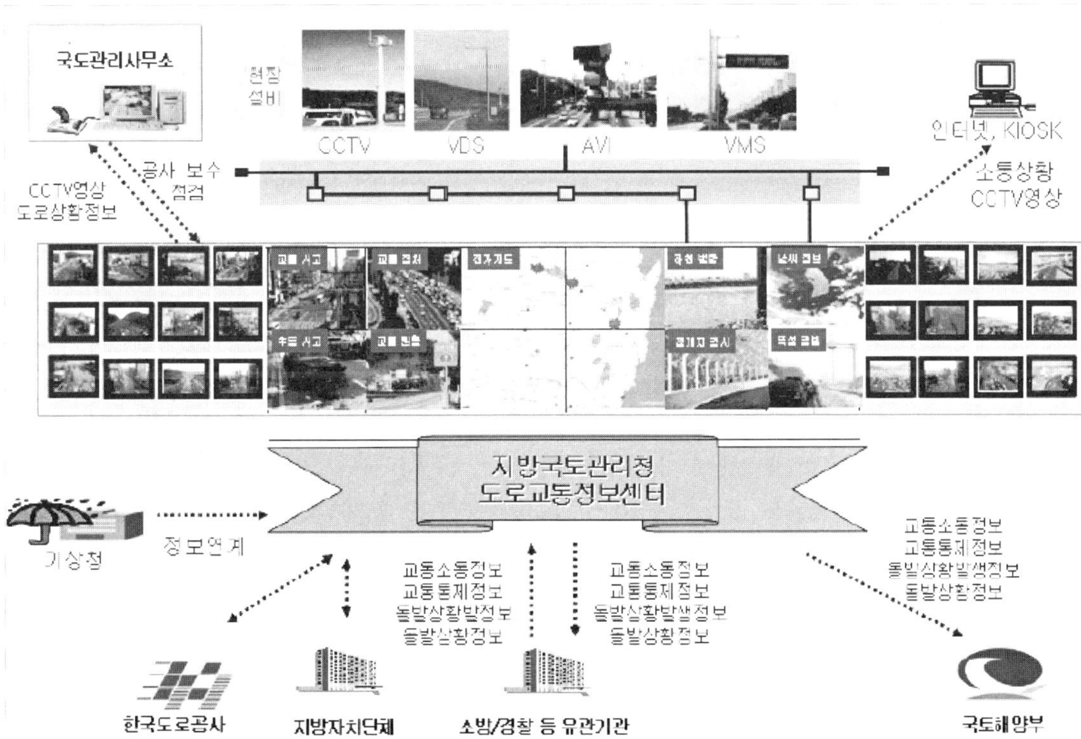

<그림8.7>국도 ITS 시스템

지방국토관리청 ITS 센터의 업무분야는 ITS 센터장을 중심으로 예산집행, 상황관리, ITS 구축업무, 교통전략을 담당하는 관리담당, 도로교통모니터링, 도로교정보 제공, 돌발상황 대응 등을 담당하는 운영담당, 현장설비, 센터설비, 통신망의 점검 및 유지보수를 담당하는 유지관리 담당으로 구성된다. 국도 ITS에서 수집된 도로교통정보는 VMS, 인터넷 홈페이지, 자동응답전화 서비스(1333), 방송국 등을 통해 제공되고 있다. 국토해양부는 1995년 9월 한국도로공사를 시작으로 타 기관과 도로교통정보를 연계하고 있다. 현재 한국도로공사, 교통방송, 경찰청, 지자 체 등과 정보를 연계하고 있으며, 민간사업자 및 공공기관으로부터 연계 필요성이 증가하고 있는 실정이다. 〈그림8.7 참조〉

ITS는 사람, 차량, 국가기간시설 간의 지능적인 링크를 제공하는 효율적인 교통 솔루션을 제공할 것으로 기대되고 있으며, 이의 실현에는 정보처리 · 통신 · 제어 · 전자 등 수많은 핵심요소 기술들간의 조화가 필요하다. ITS를 통해 교통체계 운영효율성 및 용량의 증가를 통한 교통혼잡 완화, 여행자 서비스 개선을 통한 운전자의 이동성, 편의성 및 안전성 향상, 교통시스템의 안전성 제고, 국가산업 경쟁력의 강화, 에너지 효율의 제고 및 대기오염의 절감을 통한 환경비용의 절감, 자동차 및 ITS 관련 산업의 발전 등을 이룰 수 있다.

이를 위해 미국, 일본, 유럽 등 선진국을 중심으로 물류 및 운송시스템의 효율화 등 교통, 운송, 물류시스템의 첨단화를 위한 연구가 진행되고 있다. 최근에는 다양한 민간업체들의 적극적인 시장참여를 통해 상용화가 가능한 분야를 중심으로 서비스, 단말기, 시스템 시장이 부분적으로 조성되고 있으며, 특히, ITS의 핵심기술인 정보통신 관련 산업부문들의 참여로 ITS 기술의 상용화가 촉진되고 시장이 확대되고 있다. 그러므로 민간부문과 공공부문의 협조체제하에서 ITS 기술개발을 이끌어냄과 동시에 ITS 선진외국과의 관련 분야의 긴밀한 협조를 통하여 국내외 관련 시장에 적극적으로 참여할 기반을 조성해야 할 것이다.

8.5 미래 ITS 진화 및 트랜드

21세기 들어 ITS는 크게 변화해 왔다. ITS를 변화시킨 중요한 요인들로는 1) ITS 환경변화, 2) ITS기술의 다양화, 3) IT기술의 진보, 4) 친환경으로 모토전환을 들 수 있다. 이러한 4가지 ITS 트렌드들은 교통 환경 변화를 추동하는 근본적인 힘으로서, 앞으로도 ITS진화에 지속적인 영향을 미칠 전망이다. 다만 향후 단기적인 관점에서 볼 때, 국내외경기상황 악화로 인해 ITS정책의 변화가 ITS 트렌드에 미비한 영향을 미칠 수는 있다. 즉, ITS의 미래상은 근본적 변화 원인인 4대 ITS 트렌드가 어떤 형태로 추진되는가에 의해 결정될 것이다.

4가지 ITS 트렌드는 기술관점에서 크게 3가지 의미를 갖는다. 첫째, 이러한 동인들은 새로운 ITS 도전과제를 제시하며, 문제 해결 상 기술의 역할이 점점 더 중요해지고 있다. 예를 들어 21세 들어 기후 변화 문제는 국가정책의 핵심 의제가 되고 있다. 잘 알려진 것처럼 기후 변화에 대응에 "저탄소 녹색성장"녹색성장" 위주로 환경중심의 교통정책 등 GT(Green Technology)의 역할이 매우 중요하다.

둘째, IT기술의 패러다임 변화를 야기한다. 인간의 라이프스타일 변화 및 연령계층의 다양화(고령화 포함)는 포함)는 IT 부문의 기술 패러다임을 변화시킬 가능성이 크다. 이미 고속화, 대용량화 같은 성향과 더불어 사용하기 쉽고 감성적 매력을 창출하는 기술개발에 무게가 더 실리는 추세다. 이러한 변화는 ITS 트렌드와 IT기술과 공생관계를 갖고 있는 기술적 환경 탓에 그 의미는 매우 중요하다.

셋째, 기술과 환경기반의 ITS 신 성장동력을 창출한다. 예를 들어 도로환경변화 및 교통상황변화는 새로운 ITS기술의 융합 및 응용기술을 장기적으로 성장 발전시키는 원동력이 될 전망이다.

8.5.1 ITS 환경변화

1990년대 이래 ITS는 시대적 흐름에 따라 결정되었다. 이에 따라 ITS 아키텍처, 정보형식의 표준, 첨단모델도시, 지역단위의 ITS시스템, 대중교통정보시스템(BIS)으로 전환되면서 ITS의 영역이 광역화(모듈화) 단위로 확대되고 있다. 그렇다면 향후 21세기의 ITS 환경이 보여줄 특징들은 다음과 같다. 첫째, 진정한 의미에서의미에서 모듈단위별로 ITS 진화하면서 새로운 통합 환경이 형성될 것이다. 현재의 각 기관별, 지자체별, 관리주체간의 ITS 업무범위가 광역화(모듈화)로 넓어지면서 ITS 시장 규모도 크게 커질 것이다. 예를 들어 ITS 시스템 구축 환경은 2000년대 초기에는 각 관리주체별로만 시스템을 구축하면 되었지만, ITS 환경이 광역화되는 과정에서는 다른 관리주체와 데이터, 정보, 시스템의 연계가 필수항목으로 되었다. 이 과정에서 정보, 인력, 시스템, 예산의 변화는 더욱 많아질 전망이다.

둘째, 유비쿼터스(Ubiquitous) 등 새로운 환경의 출현이다. 이 과정에서 유비쿼터스 시대에 가장 큰 특징은 도시형태(도시, 지역, 지구단위 포함)로 진행된다는 것이다. 이 과정에서 u-City라는u-City라는 큰 사업이 많은 행정기관에서 계획하고 있다. 특히 ITS가 핵심이 되면서 유비쿼터스에서도 ITS가 중심적 역할을 하고 있다. 대부분의 u-City 사업을 보면, 공공분야에서 ITS가 가장 활성화된 가운데, ITS가 또 한번 새로운 성장드라이브를 진행한다는 것에 긍정적인긍정적인 전망이다.

셋째, 국가차원의 녹색교통시대가 열릴 것이다. 기구 온난화와 저탄소 녹색성장 등으로 우리나라의 국가비전이 바뀌고 시장과 기술이 친환경모드로 전환되면서 ITS 환경도 이에 대응할 것이다. 게다가 원유가격 상승으로 친환경 교통수단의 이용이 많아지면서 다양한 ITS 기술이 변화될 가능성이 크다. TV, 자동차, IT분야에서는 이미 이러한 조짐이 현실화되고 있다. 그 증거로 세계경기침체로 인하여 전 세계적으로 경기활성화 차원에서 많은 지원자금의 확보가 되고 사업의사업의 조기발주가 진행되면서 ITS 분야에 긍정적인 전망이 예상된다.

8.5.2 ITS기술의 다양화

지금까지의 ITS은 수집, 가공/처리, 제공의 큰 범주별로 기술이 발전되어 왔다. 기능의 고도화, 비용절감, 자료의 대용량화 등으로 ITS 기술을 지속적으로 변화시킬 전망이다.

첫째, 수집기술의 지속적인 고도화이다. 이미 교통검지기술은 빠르게 디지털화되고, 기기는 고성능화, 융합화되고 있다. 이제는 하나의 영상검지기로 교통량, 속도 등 뿐 만 아니라 기상자료를 동시에 수집 가능한 세상이다. 향후 몇 년내에는 다양한 자료를 동시에 수집하면서 가공이 가능해 진다. 또한 기존의 도로에서 수집한 기술이 진화하여 항공기술을 활용한 새로운 교통검지기술이 가능한 4G 시대(1G: 루프검지기, 2G: 영상검지기, 3G: 복합검지기, 4G: 광역검지기)가 열릴 것이다.

둘째, 가공/처리기술의 인공지능시대 개막이다. 다양한 교통자료의 영상화가 되고, 자료는 지식화로 전환되며, 스스로 판단하여 가공/처리가 가능하게 될 것이다. 이미 우리는 많은 ITS시스템 구축을 하면서 자료를 자동으로 가공/처리하여 관리자 및 이용자들에게 원하는 정보를 이용할 수 있게 하는 세상에서 살고 있다.

셋째, 제공기술은 IT기술, 인간, 환경과 융합할 것이다. 즉 환경의 변화에 따른 인간의 라이프스타일이 개개인별로 다양화되면서 IT기술을 이용한 ITS 정보제공기술은 하나의 흐름이 될 것이다. 또한 ITS 시스템 기반의 네트워크 중심에서 개인 중심의 컨버전스 네트워크로 전환되면서 ITS 정보제공기술 패러다임이 바뀔 것이다. 나아가 장기적으로 이용자의 정보가 또 다른 정보로 생성되고 이를 다른 이용자들이 이용하는 정보의 프리슈머가 형성될 것이다.

8.5.3 IT기술과의 융합

"향후 IT기술은 크게 3가지 방향으로 발전하며 인류의 생활 방식과 사회구조를 지속적으로 변화시킬 전망이다"(LGERI 리포트, "글로벌 트렌드를 통해 본 10대 미래 유망 기술 키워드" 인용). 이는 네트워크 컨버전스, 단말기 컨버전스, 콘텐츠 컨버전스를 기반으로 하는 IT 컨버전스의 확대로 ITS 진화 및 트렌드 변화에 많은 영향을 받는다는 것이다.

첫째, 네트워크 컨버전스의 고도화이다. IT기술의 디지털화가 되면서 기존 네트워크-단말기-콘텐츠의 수직계열화에서 네트워크, 단말기, 콘텐츠가 수평적으로 융합화 전환될 것이다. 이는 ITS 기술 또한 각각 영역별로 수집 장치, 센터시스템, 정보표출매체가 각각 구성되는 현 환경에서 기술의 상호융합, 콘텐츠는 웹서비스 기반의 디지털 기술로 표준화된 환경으로 전환되는 시대가 열릴 것이다.

둘째, 진정한 유비쿼터스 시대의 개막이다. 다양한 사물에 디지털과 네트워크기능이 부여되고, 인터넷은 우리생활 구석구석에서 사용가능한 생필품이 되며, 사회시스템은 IT를 기반으로 재구축, 통합될 것이다. 이는 기존의 ITS에서 거대한 개별 시스템 구조에서 Femto (10-15(비교-나노:10(비교-나노:10 -9)보다 작은 단위) 기반으로 인프라를 구축하여 새로운 네트워크기반의 데이터/정보/지식을 처리하는 시대가 열릴 것이다. 언제 어디서나 인간의 활동에 필요한 ITS를 유비쿼터스 환경에서 가장 필요한 구상요소가 될 것이다.

셋째, ITS 기술은 산업, 과학, 인간이 기반이 되는 IT기술과 융합할 것이다. 즉 모바일, IPTV 등 다양한 IT자원과 결합하며 새로운 발견을 가능하게 할 것이다. 나아가 인간과 융합한 IT가 인간을 정보 신진대사체로 진화시켜 ITS에 새로운 동력원으로 진화시킬 것이다. 일본의 저널리스트 다치바나 다카이사가 말한 것처럼, 끊임없이 정보를 입력, 가공, 산출하고 정보와 함께 살아가는 것이 인간의 존재 의미가 된다는 것이다.

8.5.4 친환경으로 모토전환(녹색교통-GT : Green IT)

고유가 상황이 지속되고 지구온난화 등 기후변화로 인한 이상고온현상 및 자연재해가 급증하면서 탄소배출 저감이 국세적인 이슈로 부상하였다. 따라서 21세기는 기후변화, 천연자원 희소화, 환경오염 등에 대한 ITS 대응이 중요해 질 것이다. "저탄소 녹색성장"이 부각되고 Green IT(환경을 의미하는 녹색(Green)과 정보기술(IT)의 합성어로합성어로 "GT"라고 함)가 등장하면서 ITS 방향 또한 이동성 중심의 교통에서 녹색교통으로 이슈가 자리매김하는 추세이다.

첫째, 고유가로 인한 자동차 이용의 감소와 친환경 교통수단의 이용증가는 기존 Mobility를 높이기 위한 ITS 체계를 친환경 체계로 재편될 것이다. 이미 미국 등 여러 국가에서는 "GreenDrive-깨끗하고 경제적인 차량 운전 정보"와 "SafeDrive-외부로부터 안전하게 운전하게 하는 정보"가 중심이 되는 ITS정보기술을 개발해 오고 있다. 나아가 천연자원 희소화도 ITS 큰 영향이 될 것이다. 차량에서 녹색교통으로 전환되면서 국가차원에서 녹색교통을 성장시킬 전략을 수립하고 있다. 그 결과 최근 ITS분야에서는 자전거 대여시스템 등 많은 지자체에서 사업을 발주하는 모습이다.

마지막으로 ITS 부분의 탄소배출과 ITS를 활용한 탄소배출 저감효과가 필요하다는 것이다. 한 연구보고서에 따르면 다양한 ITS기술을 활용하여 우리나라의 탄소배출량이 감소했다는 것으로 조사되었다. 이는 ITS를 더욱더 활성화하여 "저탄소 녹색성장"중심으로 전환되는 국가정책에 무엇보다도 ITS가 크게 기여하고 있다는 것이며 향후 유비쿼터스 세상으로 진화하면서 그 중심에 ITS가 핵심적 역할을 할 것으로 기대한다.

지난 20년간 ITS는 수많은 우리생활에 긍정적으로 많은 영향을 주었다. 고비용의 도로건설 중심의 도로교통정책에서 저비용 고효율의 교통정책의 패러다임 변화에 ITS가 핵심적인 역할을 수행하였다. 그 결과로 많은 사람들의 생활 속에 ITS는 하나의 생활이 되기도 하였다. 도로상의 VMS를 통해 하루의 교통상황을 파악하고, 차량 내 내비게이션을 통해 경로안내정보를 서비스 받고, 모바일 또는 인터넷을 통해 하루에도 수 십번 교통정보를 체크하는 것은 ITS가 얼마나 많은 이들이게 중요한 존재가 되고 있는가에 증거이기도 하다.

또한, 많은 공공기관 및 민간기업에서 ITS와 관련된 사업을 앞다투어 추진하고 있는 현실에서 향후에도 그 중요성은 무한하다고 할 수 있다.

하지만 ITS가 지금보다 더욱더 발전하기 위해서는 가장 중요한 것은 정확한 정보의 신뢰성 향상, H/W중심에서 S/W중심으로 슬림화된 첨단기술로 ITS의 발전, 지구온난화에 따른 친환경적 ITS로 모토전환을 들 수 있다.

이러한 결과를 수행하는데 있어서 가장 중요한 ITS 트렌드는 크게 1) ITS 환경변화, 2) ITS기술의 다양화 , 3) IT기술의 진보, 4) 친환경으로 모토전환을 고려해야 하며 이러한 4가지 ITS 트렌드들은 ITS를 지금보다 발전하는데 근본적인 힘으로서, 앞으로도 ITS기술적 진화에 지속적으로 힘을 기울려야 한다.[10]

연습문제

1. ITS 사업 활성화가 필요한 이유에 대해 설명하시오.
2. ITS 발전 방향에 대해 설명하시오.

참고문헌

[1] 국도 ITS 추진 현황 및 향후 발전방향, 교통 기술과 정책, 제5권 제4호, 2008. 12
[2] ITS 사업 활성화 방안, 한국전파진흥협회, 한국통신 가입자망연구소, 오종택, 2000. 02
[3] ITS[지능형 교통시스템]의 전망, http://blog.naver.com/mltm_nsdi?Redirect =Log&logNo=90044030779
[4] IT 전략품목 무선통신(ITS시장정보)-01, 한국전자통신연구원, 2001. 12
[5] 2020년 미래 ITS 시장 전망과 주목할 기술, http://www.fcr.co.jp/
[6] 국도ITS추진현황 및 개선방향, 한국건설기술연구원, 임성한, 2009. 07, 제21호
[7] 수원시 지능형교통체계(ITS)의 현황 및 향후 발전방향, 아주대학교 교통연구센터, 2005, 12
[8] u-City의 기본개념, http://blog.naver.com/ubsmart?Redirect=Log&logNo =9006542 0089
[9] u-City 단계별 추진절차1, ubiquitous city Magazine, 2010. 05
- 해외 ITS 사례분석을 통한 정책방향과 과제, 배상훈, 2003. 1. pp11~18
[10] 미래 ITS 진화 및 트렌드, http://tago.textcube.com/4

저자약력

장종욱

동의대학교 컴퓨터공학과 교수

ITS 시스템 및 자동차 네트워크

인　　쇄 : 2010년 12월 15일
발　　행 : 2010년 12월 20일
저　　자 : 장종욱
발 행 처 : 도서출판 한산
서울시 서대문구 남가좌동 379 래미안 2차
105-602
TEL : (02)304-3504 FAX : (02)304-3505
발 행 인 : 김 기 영
등록번호 : 제 10-1745 호
ISBN : 978-89 89215-57-8 93560

주 의

1. 본 보고서는 지식경제부의 대학IT전공역량강화사업(NEXT)의 수행결과입니다.
2. 본 보고서의 내용을 발표할 때에는 반드시 지식경제부의 사업결과임을 밝혀야 합니다.
3. 국가과학기술 기밀유지에 필요한 내용은 대외적으로 발표 또는 공개할 수 없습니다.

정가. 19,000원